国家林业和草原局职业教育"十三五"规划教材

家具材料（第3版）

Furniture Materials

李 婷 巫国富 主编

中国林业出版社

内容简介

本书建构了模块、单元、实训层层相扣的模式。共设计了4大模块，13个教学单元，在每个教学单元中配套了实训任务，对每个单元实训都有明确的实训目标，要求教学成果可视化，并针对可视化教学成果设有注重新技术、新材料和新工艺等应用的考核标准。最后还安排了家具材料应用综合实训，通过一系列由浅入深、由易到难的教学步骤，将众多知识点、知识面进行有效串联，在课堂内外对学生进行目标明确、效果可测的教学工作。

本书主要内容为木材，人造板，竹材与藤材，金属，玻璃，石材，纤维织物、皮革、填充材料，塑料，胶黏剂，饰面材料与封边材料，家具涂料，家具配件，家具材料应用分析及实训。本书紧扣教学培养目标，主要讲解各种家具材料的种类、规格、性能特点、技术质量标准、性能检测、识别方法、选购经验及其应用等方面的知识。

本书主要作为高职家具设计与制造、雕刻艺术与家具设计、木材加工技术、室内设计技术、装潢设计等专业的家具材料课程教材。同时也可作为木材加工、室内与家具设计等行业的培训教材及参考用书。

图书在版编目(CIP)数据

家具材料/李婷，巫国富主编. —3版. —北京：中国林业出版社，2019.10(2022.2重印)
"十四五"职业教育国家规划教材　国家林业和草原局职业教育"十三五"规划教材
ISBN 978-7-5219-0382-9

Ⅰ. ①家… Ⅱ. ①李… ②巫… Ⅲ. ①家具材料－高等职业教育－教材
Ⅳ. ①TS664.02

中国版本图书馆CIP数据核字(2019)第274250号

中国林业出版社·教育分社
策划编辑：杜　娟　　责任编辑：杜　娟　田夏青　张　佳
电　　话：(010)83143559　　传　　真：(010)83143516

出版发行　中国林业出版社(100009　北京市西城区德内大街刘海胡同7号)
　　　　　E-mail：jiaocaipublic@163.com　电话：(010)83143500
印　　刷　北京中科印刷有限公司
版　　次　2019年10月第3版
　　　　　2016年5月第2版(共印2次)
　　　　　2007年1月第1版(共印3次)
印　　次　2022年2月第2次印刷
开　　本　787mm×1092mm　1/16
印　　张　18.5
字　　数　498千字
定　　价　48.00元

《家具材料》(第3版)
编写人员

主　编

李　婷　巫国富

副主编

肖琼霞　王淑敏

编写人员

李　　婷　湖北生态工程职业技术学院

巫 国 富　广西生态工程职业技术学院

肖 琼 霞　湖北生态工程职业技术学院

王 淑 敏　黑龙江林业职业技术学院

饶　　鑫　江苏农林职业技术学院

郭叶莹子　江苏农林职业技术学院

孟 昭 磊　湖北生态工程职业技术学院

赵 红 霞　黑龙江林业职业技术学院

汪　　坤　湖北生态工程职业技术学院

周 晋 超　湖北生态工程职业技术学院

陈　　竹　云南林业职业技术学院

主　审

梅启毅　湖北生态工程职业技术学院

《家具材料》课程 PPT

第 3 版前言

本教材第 1 版于 2007 年 1 月出版，由梅启毅教授主编；2016 年 5 月第 2 版出版，由梅启毅教授统筹，李婷主编，自改版以来，得到许多同行的关心与支持。现结合高职教育特点进行第 3 版修订。

职业教育提出的“1＋x”证书制度，实施体现工学结合的项目化教学模式，强化生产性实训，实现理论教学与生产实践对接，课程成绩考核与岗位技能考核对接，要求教学成果可视化，并针对可视化教学成果设有注重新技术、新材料和新工艺等应用的考核标准。加之行业内新技术、新材料、新工艺的不断涌现，均对教材中各方面知识的更新提出了更高要求，亟需进行一次系统的完善和补充。在新的历史时期，我们应主动适应经济社会发展需要，引进行业企业技术标准，融知识技能培养和职业技能鉴定为一体，进一步开发工学结合、项目教学、“教、学、做”一体的教材。根据多年的教学实践检验，编者时刻关注行业前沿动态，注重新材料、新国标、新技术使用情况的收集和运用，同时吸纳了广大专家学者、一线教师，以及学生的意见建议，在第 2 版《家具材料》的内容结构基本不变的情况下做了更新和完善，更新了标准与相关技术要求，增加了图片、PPT 课件、题库，利用二维码技术增加了数字资源供扫描阅读，大大增加了本书的信息量，丰富了教材的呈现形式，教材内容更符合工学结合及信息化教学要求。

本教材主要内容为木材，人造板，竹材与藤材，金属，玻璃，石材，纤维织物、皮革、填充材料，塑料，胶黏剂，饰面材料与封边材料，家具涂料，家具配件，家具材料应用分析及实训。本教材结合行业生产与实际应用情况，针对性强，实用性好，便于学习，教材面向家具设计与制造、雕刻艺术与家具设计、木材加工技术、建筑室内设计技术及室内艺术设计等专业，同时也可作为木材加工、室内和家具设计等行业的培训教材及参考用书。

本教材由梅启毅主审。李婷、巫国富主编并负责统稿。肖琼霞、王淑敏任副主编，参与制订编写教材大纲、设计教材的内容体系等。编写分工为：李婷、肖琼霞负责绪论、单元 2；巫国富负责单元 1、13；陈竹负责单元 3；周晋超负责单元 4；赵红霞负责单元 5；汪坤、周晋超负责单元 6；郭叶莹子负责单元 7、9；李婷负责单元 8、10；孟昭磊负责单元 11；饶鑫负责单元 12。

本书的编著与出版，承蒙全国林业职业教育教学指导委员会、中国林业出版社、湖北生态工程职业技术学院领导和同仁的筹划、指导与支持，在此一并向他们表示衷心的感谢。

在此向所有支持本书编著工作和提供素材的单位与个人表示衷心的感谢。个别作品因资讯不全未能详细注明，特此致歉，待修订时再补正。

由于编者水平有限，书中存在不足之处，敬请有关专家、学者和各界人士不吝指正。

李婷　巫国富

2019 年 10 月

第2版前言

本教材自2007年1月第1版出版以来，重印数次，得到了不少同行的关心与支持。本书结合行业生产与实际应用情况，针对性强，实用性好，便于学习，可面向家具设计与制造、雕刻艺术与家具设计、木材加工技术、室内设计技术等专业，同时也可作为木材加工、室内和家具设计等行业的培训教材及参考用书。

随着我国家具工业的迅猛发展及对专业人才要求的不断提高，加之行业内新技术、新材料、新工艺的不断涌现，均对教材中各方面知识的更新提出了更高要求，亟须进行一次系统的完善和补充。在新的历史时期，我们应主动适应经济社会发展需要，引进行业、企业技术标准，融知识技能培养和职业技能鉴定为一体，进一步开发工学结合、项目教学、“教、学、做”一体的教材。根据多年的教学实践检验，我们教材编著人员时刻关注行业前沿动态，注重新材料、新国标、新技术使用情况的收集，同时吸纳了广大专家学者、一线教师，以及学生的意见、建议，在第2版《家具材料》的内容修订中作了较大的修改，增加了大量材料图片，实训项目的引用更符合工学结合教学要求。

本书建构了模块、单元、实训层层相扣的模式。本教材设计了4大模块，13个教学单元，在每个教学单元中配套了实训任务，对每个单元实训都有明确的实训目标，要求教学成果可视化，并针对可视化教学成果设有注重新技术、新材料和新工艺等应用的考核标准。最后还安排家具材料应用综合实训。通过这一系列由浅入深、由易到难的教学步骤，将众多知识点、知识面进行有效串联，在课堂内外对学生进行目标明确、效果可测的教学工作。同时，我们也完成了单元实训的设置和教学模块的构建组合，既要注重教材的实用性，又要增强课程教学的新颖性和独特性，让学生愿意学习，乐于学习，在潜移默化中将被动地接受灌输转变为主动的寻求探索。

本书主要内容为木材，人造板，竹材与藤材，金属，玻璃，石材，纤维织物、皮革、填充材料，塑料，胶黏剂，饰面材料与封边材料，涂料，家具配件，家具材料应用分析及实训。

本书紧扣高职家具设计与制造专业的教学培养目标，主要讲解各种家具材料的种类、规格、性能特点、技术质量标准、性能检测、识别方法、选购经验及其应用等方面的知识。本书力求内容结构合理、图文并茂、通俗易懂、可操作性强，并尽量提供最新的专业资讯。根据家具行业需注重实践技能培训的特点，精心安排了每个单元的基本技能实训、思考与练习，安排了整个课程的综合实训——家具材料应用分析及实训。通过实训与练习，充分解析家具材料的性能、特点及实际应用，帮助学生将理论知识在实践中得以转化，以强化技能培养和岗位实训。

本教材是《高职院校雕刻与家具设计专业现代学徒制运用研究——以湖北生态工程职业技术学院为例》项目研究成果之一，该项目获批湖北省重点课题，项目编号 ZJGA201511。

本教材由李婷、梅启毅主编并负责统稿。张英杰、黄启真及陈伟红任副主编，参与制订编写教材大纲、设计教材的内容体系等。编写分工为：李婷、梅启毅负责编写绪论、单元 2；李婷负责编写单元 8、单元 10；张英杰负责编写单元 1、单元 13；黄启真、贺辉负责编写单元 6；陈伟红负责编写单元 4；饶鑫负责编写单元 12；郭叶莹子负责编写单元 7、单元 9；赵红霞负责编写单元 5；孟昭磊负责编写单元 11；陈竹负责编写单元 3。

本书的编写与出版，承蒙全国林业职业教育教学指导委员会、中国林业出版社、黑龙江林业职业技术学院领导和同仁的筹划、指导与支持，在此一并向他们表示衷心的感谢。

本书在编写过程中参考和借鉴了有关专家的资料成果，参考了国内外相关教材、专业杂志和参考书中的部分图表资料，参考了相关企业产品样本中部分图表资料，在书中已全部注明，在此向所有支持本书编写工作和提供素材的单位与个人表示衷心的感谢。个别作品因资讯不全未能详细注明，特此致歉，待修订时再补正。

由于编者水平有限，书中存在疏漏与不妥之处，敬请有关专家、学者和各界人士不吝指正。

李婷　梅启毅

2015 年 12 月 12 日

目　录

绪 论

家具是由各种材料按一定的结构技术制造而成的。家具品质主要取决于设计、用材及制作三个方面的因素。其中设计是前提，材料是基础，制作是保障。各种材料都有其自身的特性、质感和触感，并且通过加工体现出材质美。不同的材料有不同的加工工艺，会产生不同的形态特征与装饰效果；同一种材料，因加工工艺的不同也可以产生不同的材质效果。能否合理选用和搭配各种家具材料，直接影响家具的结构表现形式、艺术效果、使用功能、经济成本和耐久性等。现代材料技术发展迅速，新材料不断涌现，为家具设计与制造提供了广阔的用材空间。家具设计与制造工程技术人员应该熟悉材料的各种性能、品质、特征、规格、分类和用途，尊重材料本质，善于利用材料本身的属性，更好地为家具设计与制造服务。

家具材料种类繁多，按材质分类有木材，人造板，竹材与藤材，金属，玻璃，石材，纤维织物、皮革、填充材料，塑料，胶黏剂，饰面材料与封边材料，家具涂料，家具配件等。家具材料按其用途可分为结构材料、装饰材料和辅助材料三大类。结构材料用于家具的主体结构，承受所存放物品的应力与外部环境因素的影响，是家具的基材，可保持制品结构强度、刚度和稳定性，通常使用的有木材、人造板、竹藤材、金属、塑料、玻璃、石材等。其中木材（含木质材料）是制作木质家具的传统材料，至今仍占主导地位。装饰材料起保护家具基材和装饰的双重作用，通常使用的有涂料、各种贴面材料与封边材料、软质蒙面材料等。家具的辅助材料主要有胶黏剂和家具配件等。

（1）家具材料的基本特性与作用

家具艺术效果的表现在很大程度上受到材料的制约。家具设计水平的体现往往取决于设计师对材料的了解程度和对材料的运用控制能力。设计师必须熟知材料的外在特性与内在特性。如材料的肌理、色彩、质地、强度、硬度、延伸性、收缩性、防潮、防腐、防虫、耐老化及耐氧化等特性。其中材料的外在特性，如材料的肌理美感、色彩美感和质地美感等，是家具风格艺术表达的重要因素。材料的美感和功能可从多方面得到体现，如木材色彩柔和、纹理清晰显出自然淳朴的美；铝合金轻快明丽、光亮辉煌；塑料细腻光滑、优雅轻柔。因此，材料的色泽、纹理、质感等巧妙组合，可以形成不同的家具风格。如金属与玻璃等材料的组合，向人们展示出特有的光亮夺目、绚丽多彩、交相辉映的现代派家具风格。

新材料的发现与运用，可为家具设计的新颖、多样性提供广阔天地。对新材料的研究、开发与利用，历来是家具新品开发的源泉。每一种新材料的出现都产生了新的家具品种，新型材料具有新的结构特征和审美特征，所制作的产品也体现了新的材料风格。如当今各种装饰玻璃的开发，使得玻璃材料在家具上得到了广泛应用，给许多玻璃家具带来了前所未有的新颖性。一些新型钢化玻璃，其透明度比普通玻璃高得多，同时还具有较高的硬度和耐高温等特性。目前，我国大多数家具产品还局限于运用传统的材料与工艺，设计制作在整体上落后于西方发达国家。其中，材料上落后，特别是新型材料的研发与运用落后，直接影响家具产品设计前沿发展。因此，开发新型家具材料，是家具创新之源。

（2）家具材料的选择

不同功能的家具，对材料的要求不同，即使是同一类家具，也因设计标准不同而用材要求相异。通常家具分为普级、中级、高级，各等级家具对材料等级要求也不相同。家具材料大多数有多级产品标准和检验标准，家具设计时应根据不同档次要求选择相应等级的材料。

家具选材的大体原则为：根据家具设计要求着重考虑材种（如木材、金属）、等级、色泽、纹理、性能、规格；在保证产品质量和符合技术要求的前提下，节约使用优质材料，合理利用低质材，做到物尽其用；还需考虑产品的质量要求以及材种的合理搭配，零部件在家具产品中的部位、功能、受力状况、结构强度以及某些特殊要求等。一般来说，家具材料的选用可根据以下几个方面综合考虑：

①材料质感　材质是材料本身的组织与结构，是光与色呈现的基体。质感是经视觉和触觉综合处理后产生的一种心理现象，其内容包括材料的形态、色彩、质地和肌理等几个方面。材料的形态和色彩直观明了，易被感知，而质地与肌理则需仔细观察才能觉察其本质所在。材料的色彩、质地和肌理是构成家具风格的主要物质因素。如玻璃具有光洁、透明、晶莹剔透的特性，能使家具空间层次幽深、延伸和扩大，能调节家具整体与部分的虚实关系。

俗话说，“远看色彩近看花”，家具映入人们眼帘的第一印象是颜色。红、橙、黄使人感到温暖，绿、蓝、青给人感觉宁静。各种家具材料都具有固有色彩和花纹。这些自然形成的色彩和花纹（如红木的暗红、檀木的黄色、白松的奶油白），或深沉、或淡雅，十分宜人。为了保持珍贵木家具的自然美，可通过透明涂饰或打蜡抛光的方法增其光彩而不遮其色，独具纯朴材质美。

质地和肌理是显示家具材质美的重要因素，如光洁的大理石表面能令人产生坚硬与力度感，进而产生稳定、安全及信任感。而棉麻织物、纺织品及竹藤材料等则使人产生温暖、舒适或柔软的联想。不同形态的材料肌理，具有不同的审美品质与个性，即使是同类材料，不同的品种也存在微妙的肌理变化，如木材的树种不同，呈现的肌理也不同，木纹有粗有细，有通直状、波纹状、螺旋纹状、交错状等。因此，材料表面的肌理组织、形状变化、疏密和自然风韵等，是家具选材的重要因素之一。

②装饰流派与风格　家具设计有各种流派和风格，不同风格的家具对材料有一定的选择性。例如，古典风格的家具崇尚自然，木、竹、藤、石是主要用材。当今流行的田园风格家具，主要用自然天成的原始材料做成，如树根、树枝、树桩等；用真皮、棉、麻、毛、丝等织物作为面料制作的布艺沙发也备受欢迎。当今主流风格是现代式家具，其用材特点是提倡简洁、淡雅，往往利用材料本身的色彩和质地作为装饰要素（同时提倡多种材料的合理搭配）。曲木家具、板式家具、玻璃家具、不锈钢和铝合金家具等都是具有典型材料特征的现代式家具。

高技派家具主张用最新的材料，如高强度钢材、硬铝材、塑料、镜面玻璃等，经常把简洁的装配式钢架坦率而醒目地暴露在外，着意展示现代材料美。

北欧式家具设计师认为：“将材料特性发挥到最大限度，是任何完美设计的第一原理。”因而他们运用熟练灵巧的技法，从木材、皮革、编藤和纺织品等家具材料的特殊质感里面去求取完美的结合和表现。对木材特别钟爱，常以本色装饰，并暴露木节，给人一种完全自然和舒适亲切的感觉。

综上所述，家具设计各种流派和风格，在材料选择上，都十分注重装饰效果。

③环保要求　家具在室内装饰装修中通常占有较大比重。因此，家具材料的质量及环保性直接影响室内环境，即材料在生产和使用过程是否破坏环境，是否能保证清洁生产，是否释放有毒有害物质（如甲醛、重金属等）。有害物质应符合相关国家标准规定的释放限量要求，如家具生产

必须执行国家标准《室内装饰装修材料人造板及其制品中甲醛释放限量》(GB 18580—2017)及国家标准《室内装饰装修材料　木家具中有害物质限量》(GB 18584—2001)等相关规定。家具应尽量选择环保、可降解、可循环利用、可再生的资源材料（如木材、竹材、藤材）。在选用塑料或其他高分子原料作家具材料时，也要注意选用能回收、回炉再生的原料，否则废弃家具会成为公害。

④耐久性与经济性　据有关统计和预测，家具的更换周期少则五六年，多则几十年，因此，要求家具材料既美观又耐久。对于家具材料的耐久性，应从力学、物理及化学等方面来考虑。力学性能主要包括强度（抗拉、抗压、抗弯、冲击韧性等）、塑性、受力变形、黏结性、硬度、耐磨性以及可加工性能等。物理性能主要包括密度、耐水性、干缩与湿胀性、耐热性、绝缘性、隔音性、光泽度等。化学性能主要包括耐污染性、耐酸碱性、阻燃性、耐候性与抗风化性等。

根据材料应用部位和使用环境来选择性能合适的家具材料。这里所说的性能合适，是指材料的经济性。既不要过分考虑耐久性而追求高档次的材料，也不能为降低成本而降低选材要求。同时，在规格幅面方面要尽量考虑材料的合理利用。如组合单体柜规格为 600mm × 600mm × 2 400mm时，可选用 1 220mm × 2 440mm 幅面的人造板，这样可提高材料的利用率。

（3）家具材料的发展趋势

我国家具材料经过长时间的发展，现已形成品种齐全的工业体系，除了产品向多品种、多规格、多花色等常规技术方面发展外，还呈现出许多积极健康的发展趋势。

①向绿色化、高质量方向发展　随着人类环保意思的增强，环保型绿色材料将成为家具制造的首选。所谓绿色家具材料包括两个方面的含义，一是材料在家具制造和使用过程中，对环境友好，能节省资源和能源，不产生和不排放污染环境、破坏生态、危害人类健康的有毒有害物质；二是家具使用之后其材料可回收（或循环）利用，或能快速分解并对环境保护和生态平衡具有一定的积极作用。

家具材料来源广，涉及多个产业和部门。目前我国产品标准不全，许多新产品的标准还在组织制订（或修订中），现有的标准与国外同类标准要求差距较大。产品质量受到原料来源、加工技术、行业标准等多方面的限制，因此，提高产品质量是家具材料发展的主要趋势。

②向材料多元化方向发展　受回归自然思潮的影响，木质材料的家具特别是实木家具很受欢迎，现代木质家具约占整个家具市场的 60%。而且这个比例还将进一步提高，木材的供需缺口还会进一步加大。因此，家具业必须开发新的材料资源来缓解这一供需矛盾。材料多元化发展正是基于这种要求，由单一材料向多种材料的组合方向发展，如木质、竹藤、草编、金属、纺织物、皮革、玻璃等材料的组合应用，可以使家具更显缤纷多彩。尽管目前家具市场上，全木质材料的家具并没有因为环保呼声的高涨而改变其主流地位，但多种材料的综合应用，已成为家具制造的一个发展趋势。

③向多功能、复合材料方向发展　现代家具材料除了具备使用和装饰的基本性能外，某些场合还要求有特殊的功能。如厨房家具材料要求具有耐潮湿、防水、防火等功能。如各种新推出的装饰板（俗称防火板）正在向耐紫外线、抗化学试剂、抗硬物磨刮、抑制有害细菌生长、超强耐火型等多功能方向发展。

人类最早是使用天然材料作为家具材料（如木、石、动物皮毛），但天然材料资源有限，功能少。近半个多世纪以来，人们研发了许多合成材料，如人造薄木、人造石材、泡沫塑料、人造皮革等，极大地丰富了家具材料。随着科技的进步，各种多功能、复合材料也将不断推出。

④向可持续利用方向发展　我国既是一个家具生产大国，也是一个家具消费大国。要持续稳定地发展家具产业，首先必须考虑木材资源的持

续利用。另外，我国竹藤等自然资源丰富，也是家具材料开发利用的方向。

木材资源持续利用可从劣材优用、合理利用废材、提高木材附加值等方面着手。将普通（或材质较差）树种的木材经过一定的物理化学方法或工艺技术处理后作为家具用材或高档用材，如将橡胶木通过化学防腐处理后可作高档家具用材；将杨木切片、染色、层压后再刨切，可制得仿柚木人造薄木，作为家具的高档装饰用材。废材合理利用：一是将生产过程中的余料及小料加工成指接材、细木工板等，作为家具常规用材；二是利用小径次等材、枝桠材、间伐材及其他加工剩余物做原料，生产中密度纤维板、刨花板等。这是将废材变为高档家具材料的有效途径。提高木材附加值的主要手段是利用刨切和旋切技术将珍贵木材制成薄木，贴在普通木质（如一般木材、刨花板、中密度纤维板）家具表面，使其具有珍贵木材的色泽、花纹和质地，这样可以提高普通木质家具的附加值，也充分利用和节约珍贵木材。

思考与练习

1. 填空题

（1）家具品质主要取决于设计、________及________三个方面的因素，其中设计是前提，________是基础，________是保障。

（2）家具材料按其用途一般可分为________、________和________三大类。

2. 问答题

（1）简述家具材料的选择主要需考虑的因素。

（2）查阅相关资料，阐述家具材料的发展趋势。

模块 1
木质家具材料

单元 1　木材
单元 2　人造板
单元 3　竹材与藤材

单元 1
木材

知识目标

1. 熟悉木材的分类方法。
2. 掌握木材宏观与微观构造特征。
3. 熟悉木材物理与化学性质。
4. 掌握木材力学性质特征。
5. 熟悉木材优缺点及缺陷的类别。
6. 熟悉木材干燥基本方法与应用。
7. 熟悉木材防虫、防腐与防火方法。
8. 熟悉锯材标准与分类。
9. 掌握家具用木材选用原则。
10. 熟悉红木的宏观特征结构。

技能目标

1. 能根据木材的宏观与微观特征，正确识别常见的家具用木材。
2. 能根据国家标准，正确测定木材含水率和密度。
3. 能合理选用家具木材干燥方式。
4. 能根据设计要求，正确合理选择家具用木材。
5. 能根据红木宏观与微观特征，正确识别常见的家具用红木木材。

1.1 木材的构造与识别

木材在家具设计与制造中占有重要的地位。木材由于质量适中、富有韧性、材色悦目、纹理美观、取材方便、易于加工，因此成为制造家具的最常用、最广泛的材料。虽然新型材料不断出现，但木材至今仍然是家具制造中的重要材料。

我国地域辽阔，森林分布很广，树种繁多，有三千多种，其中，材质优良，经济价值较高的有数百种，适用于家具的主要木材有几十种。木材是宝贵的天然资源，生长缓慢，从保护环境和解决市场供求矛盾的角度出发，在家具制作和室内装饰中都应合理、节约使用，使有限的木材资源得到保护，同时应积极合理采用新工艺、新技术、新材料。

木材的种类很多，材质构造又比较复杂，它们除了共性以外，每一种木材都有其特殊性。我们识别木材，主要靠看、摸（捏）、嗅这三种手段。要注意从木材的表皮、切面、花纹、质量、颜色、气味、结构等各个方面进行观察和分析，善于抓住主要特征，进行比较和鉴别，在识别木材时对具体问题要作具体的分析。

1.1.1 木材的分类

（1）按树种分类

木材是用树木的躯干加工而成的，按树木的分类方法，可以把木材分为针叶材和阔叶材两种。

针叶树树干高大通直，容易制成大规格木材。它的纹理顺直、材质均匀，一般木质较软，易加工（故又称软材）。针叶材膨胀变形小，耐腐性较强。常用木材有软松（红松、华山松等）、硬松（马尾松、樟子松等）、冷杉、云杉、落叶松、杉木、柏木等。

阔叶树树干通直部分一般较短，除个别树种外，所产木材一般木质较硬。它具有密度大、强度高、不易加工（故又称硬材）、翘曲变形大、易开裂等特点，常用于制作家具承重件。常用木材有水曲柳、榆木、榉木、槭木、栎木、水青冈、核桃楸、柚木、紫檀等。

（2）按材种分类

木材按材种可分为原木和锯材。生长的活树木称为立木；树木伐倒后除去枝桠与树根的树干称为原条；沿原条长度按尺寸、形状、质量、标准以及材种计划等截成一定规格的木段称为原木；原木经锯机（按一定的规格和质量要求）纵向或横向锯解加工所得到的板材和方材称为锯材，又称成材或板方材。

1.1.2 木材的宏观构造

（1）木材的三切面

由于木材构造的不均匀性，研究木材的性能时必须从各个方向观察其构造。从不同方向锯解木材，可以得到无数的切面，我们观察和研究木材，通常在木材的三个典型切面上进行。这三个切面就是：横切面、径切面和弦切面，如图 1－1 所示。各种木材的构造，基本上都能在这三个切面上反映出来，通过对木材三切面的观察、分析，就能够充分了解木材的结构特征。

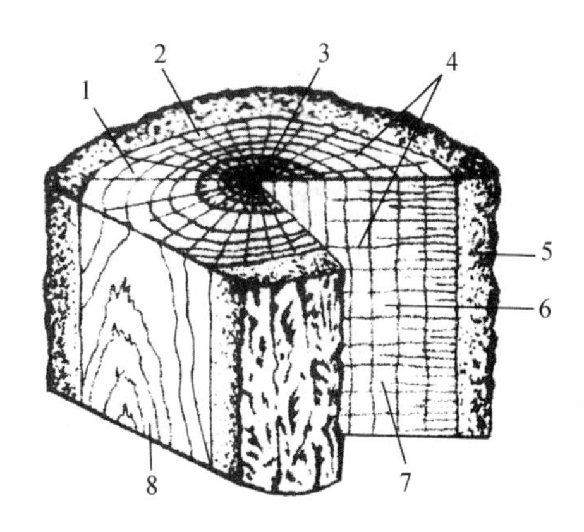

图 1－1　木材的三切面
1. 横切面　2. 年轮　3. 髓心　4. 髓线　5. 树皮
6. 木质部　7. 径切面　8. 弦切面

①横切面　垂直于树轴方向锯开的切面，称为横切面（亦称端面）。在这个切面上，木材组织间的相互关系都能清楚地反映出来。横切面是识别木材的重要切面。木材在横切面上硬度大、耐磨损，但难刨削。

②径切面　沿树轴生长的方向，通过髓心锯开的切面，称为径切面。径切板面上生长层呈现条纹状的直纹理，基本相互平行。径切板材收缩小，不易翘曲，纹理相对直。

③弦切面　沿树轴生长的方向，但不通过髓心锯开的切面称为弦切面。标准的弦切面与年轮平行，为曲面而不是平面。因此，通常的弦切板都是非标准弦切面。弦切板面上的生长层呈 v 字形花纹，较美观。弦切板材干燥后翘曲变形较大。

在进行家具造型与结构设计时，应合理选择木材的纹理，并考虑锯材可能产生的翘曲和变形，以取得良好的效果。

（2）木材的宏观构造

由于观察手段的不同，木材构造可分为两类：一类是凭借肉眼或借助放大镜所观察到的木材构造，称为木材的宏观构造；另一类是用光学显微镜才能观察到的木材构造，称为木材的显微构造。这里我们主要介绍木材的宏视构造，如图 1－2所示，包括心材与边材，生长轮、早材和晚材，木射线，导管，轴向薄壁组织，树脂道等。

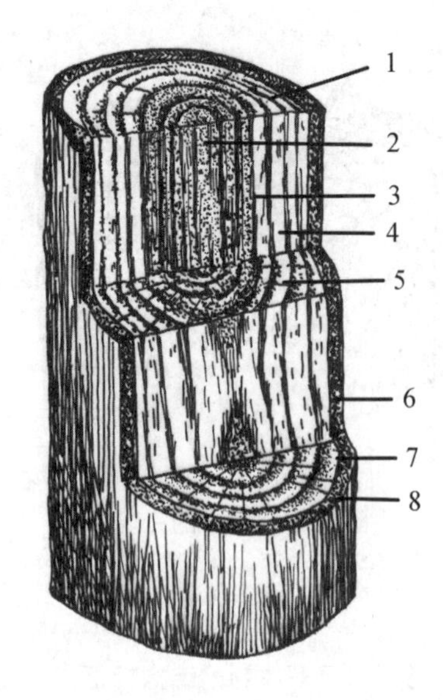

图 1－2　木材的宏观构造

1.年轮　2.髓　3.心材　4.边材　5.木射线
6.形成层　7.内皮　8.外皮

①边材、心材和熟材　有些树种的木材颜色有深浅不同的差异，靠近树皮部分颜色较浅，靠近髓心部分色深。一般讲，颜色浅的部分称为边材，颜色深的部分称为心材。这种边、心材有明显差别的树种，称为显心材树种。常见的显心材树种，有针叶材中的落叶松、马尾松、杉木、柏木，以及阔叶材中的麻栎、栓皮栎、香椿、榆木等。显心材树种的心材部分之所以颜色较深，是由于沉积了大量的树胶、单宁、色素和挥发性油类等物质。因此，这部分木材密度较大，耐腐性强，但难以蒸煮和漂白。

有些树种的木材颜色虽均匀一致，但从含水率上看，中心部分和周边部分有明显的差别，中心部分含水较少。中心部分称为熟材，这类树种称为熟材树种，如针叶材中的云杉、冷杉；阔叶材中的水青冈等。

还有一些树种的木材既无颜色深浅的区分，亦无含水率上的差别。这类木材属于边材树种，多为阔叶材，如桦木、椴木等。

有些边材树种，如桦木、杨木，当遭受了真菌侵害，发生心材初腐时，木质部（位于形成层和髓之间，为树干的主要部分）中心部分的材色会变深，这部分木材叫作伪心材。在横切面或纵切面上，其边缘不规则，并且色调也不均匀。有些心材树种，例如，圆柏的心材部分，由于真菌为害，偶尔出现材色浅的环带，这部分颇似内含边材。上述两种情况均属木材缺陷，应注意区别。

②生长轮、早材和晚材　随着树木的生长，在一个生长周期内，形成层都要向内分生一层木材，这一层木材称为生长层。生长层在横切面上，形成许多同心圆，亦称为生长轮；在径切面上，形成许多条状的生长带；在弦切面上，形成许多斜条、山峰形或波浪形花纹。一般生长在温带的树木，一年只有一度的生长，所以，生长轮又称为年轮。树木在生长季节，有时因受旱灾、虫灾或其他灾害的影响，会使生长停滞，而过一段时间后又恢复生长。这样在一年之内会形成两个年轮，此年轮称为假（伪）年轮。对于生长在热带和亚热带的树木，由于一年之中气候温差不大，生长季节与非生长季节之间并无明显的区分，故这类木材多数没有明显的生长轮。

在每一个年轮中都可以划分为两部分：靠髓心一边是生长季节初期生长的，一般在春季，气候适宜，生长速度较快，以肉眼观察，其材质较松，颜色较浅，称为早材（亦叫春材）；靠树皮一边，是生长季节后期生长的，一般在秋季，生长速度较慢，但材质致密、坚硬、颜色深沉，称为晚材（亦叫秋材）。

③木射线　在木材横切面上，凭肉眼或借助放大镜可以看到一条条自髓心（或任一生长轮）向树皮方向呈辐射状生长的略带光泽的断续线条，这种线条称为木射线。我们认识了木射线就可以用另一种方法来判断径切面和弦切面：即顺木射线锯开的切面为径切面，垂直于木射线锯开的切面为弦切面。同一条木射线，在木材的三切面上表现出不同的形态：木射线在横切面上呈径向辐射线，显露其宽度和长度；在径切面上呈横行的短带，色浅而有光泽，显露其长度和高度；在弦切面上顺木纹方向呈梭形或线条状，颜色略深，显露其宽度和高度。

木射线的宽窄随树种而不同。在肉眼或放大镜下，按其可见程度分为宽木射线、细木射线和极细木射线三种。针叶材均为极细木射线；阔叶材的木射线较复杂，有宽的、细的或极细的，还有几种兼而有之的。

木射线是木材中唯一呈辐射状，横向排列的组织。它在树木生长过程中，起横向输送水分和养料的作用。在木材的利用上，它是构成木材美丽花纹的因素之一。因此，具有宽木射线的树种是制造家具的好材料。但是，木射线由薄壁细胞组成，是木材中较脆弱、强度较低之处，因而木材干燥时常沿木射线方向发生裂纹，使木材的利用价值降低。

④导管　导管是阔叶材特有的输导组织。导管的粗细差别很大，有些木材的导管很粗，凭肉眼就可以看得很清楚，有些木材的导管很细，要在放大镜下才能看见：导管的走向与树木生长的方向是一致的。因此，在横切面上，导管呈现出大小不同的孔，称为管孔。所以，我们称阔叶材为有孔材（图 1－3）；针叶材因没有导管，横切面上看不出有孔，故称无孔材（图 1－4）。

有些阔叶材在生长季节开始时生长的导管特别粗大，而后生长的导管细小。体现在横切面上有明显的差别，即在一个年轮内早材管孔大，呈环状排列，故称环孔材，如刺槐、麻栎、檫木、榆木等。有些阔叶材在整个生长季节，生长的导管粗细较一致，且均匀地分布在整个年轮中。从横切面上看，管孔呈无规则的分散状，故称散孔材，如桦木、椴木、木荷、楠木等；介于环孔材和散孔材之间的一类木材，称为半环孔材，如柿木、核桃木、水青冈等。

阔叶材管孔的大小、排列及组合，反映出不同的规律，了解它的规律对识别木材具有重要意义。根据管孔在横切面分布类型不同，我国阔叶材可分为下述六大类（图 1－5）。

其中，环孔材晚材管孔的排列有三种类型（图 1－6）。

星散型：晚材管孔多数单独散生，近均匀分布，如水曲柳等。

弦列型：晚材管孔呈弦向倾斜排列，与生长轮近平行或呈波浪形。如榆木、榉木等，亦称榆木状。

径列型：晚材管孔径向排列成 1 列至数列。有的树种晚材管孔排列与木射线成一定角度，称斜列状，如化香、梓树等；有的管孔聚集径列，形似火焰状，如苦槠、槲栎等。

⑤轴向薄壁组织　轴向薄壁组织是树木的储藏组织，专门储藏养分。对木材识别来讲是重要特征之一。在木材横切面上，可以看见一部分材

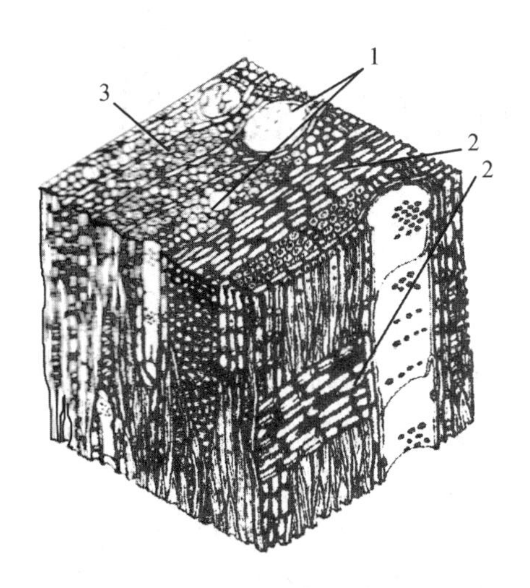

图 1－3　柞木的显微构造

1. 导管　2. 髓线　3. 木纤维

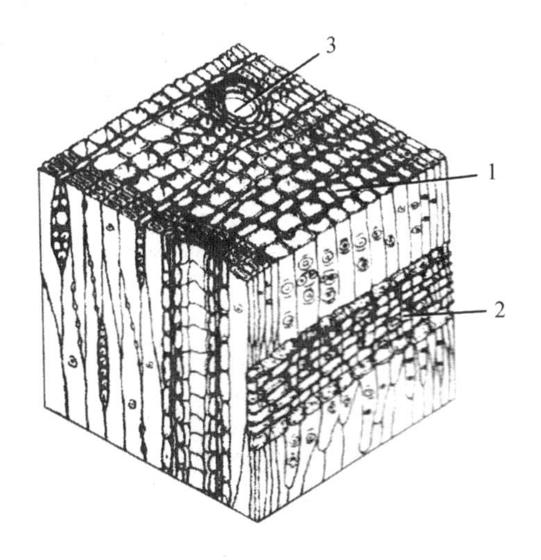

图 1－4　马尾松的显微构造

1. 管胞　2. 髓线　3. 树脂道

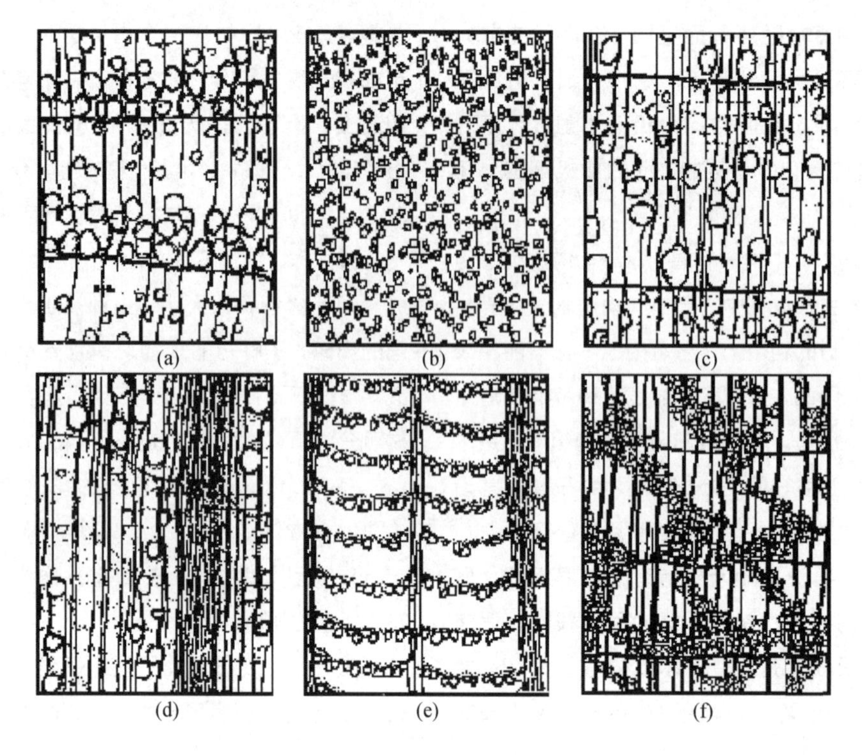

图 1－5　管孔的分布类型

(a)环孔材　(b)散孔材　(c)半散孔材　(d)辐射孔材　(e)切线孔材　(f)交叉孔材

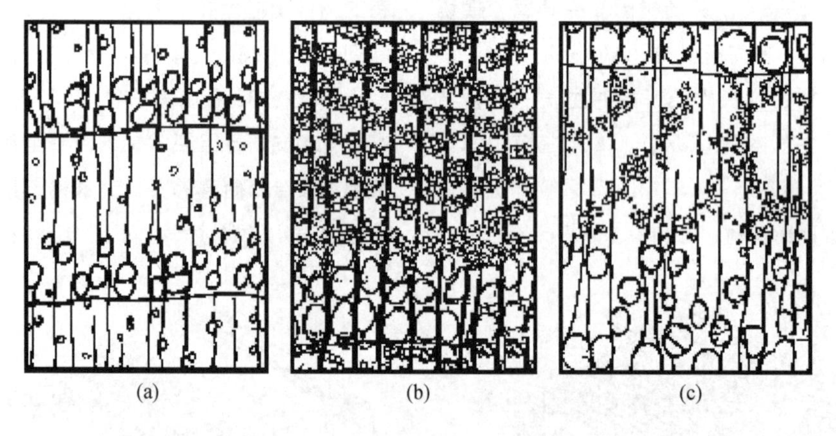

图 1－6　环孔材晚材管孔的排列

(a)星散状　(b)弦列状　(c)径列状

色较周围的略浅，水湿后更显著，这部分组织，称轴向薄壁组织。针叶材的轴向薄壁组织不发达，用肉眼或放大镜都看不见。在阔叶材中，多数比较丰富，而且它的分布类型是多种多样的。根据轴向薄壁组织和导管连接的关系，可分为离管类和傍管类。离管类——指轴向薄壁组织和导管之间夹有其他组织，不与导管相邻接。有星散状、星散—聚合状、短弦线状、离管带状、轮界状等。傍管类——指轴向薄壁组织环绕导管周围，与导管相邻接。有疏环管状、环管束状、翼状、聚翼状、傍管带状等（图 1-7）。

有的树种只有一种轴向薄壁组织类型，而有的树种会有两种，甚至三四种类型。树木的薄壁组织容易开裂和降低强度，因为贮藏有不少养

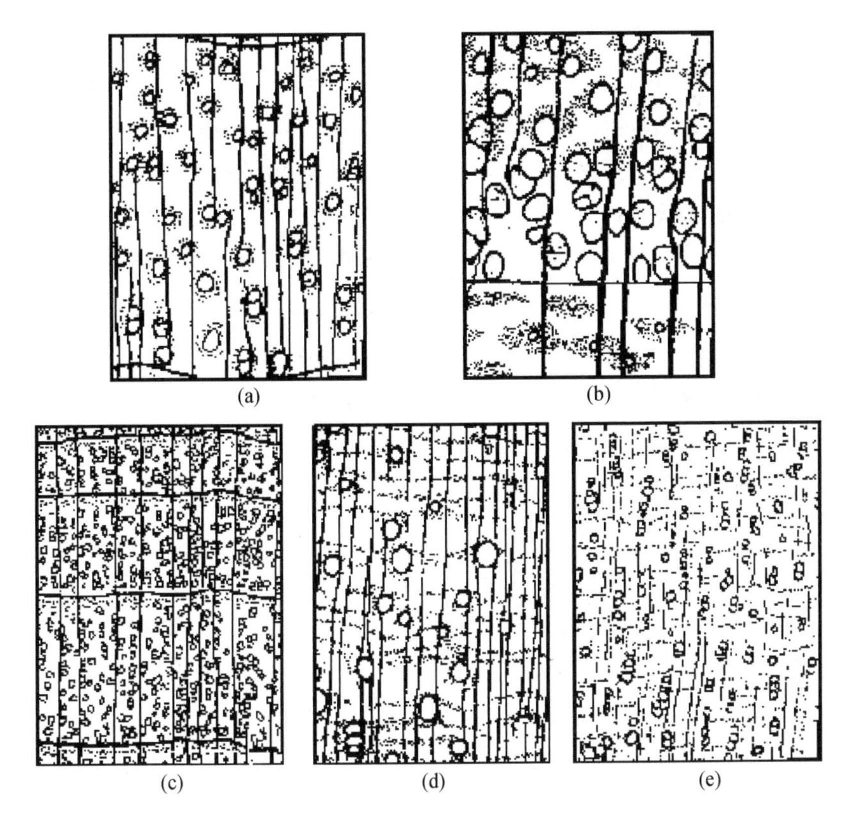

图 1-7 轴向薄壁组织

(a)环管束状 (b)翼状、聚翼状 (c)轮界状 (d)带状 (e)切线状

分，所以又容易遭受虫害和菌类侵害。

⑥胞间道与树脂道 胞间道系分泌细胞围绕而成的长形胞间空隙，并非胞腔连接成的管道。储藏树脂的叫树脂道（属针叶材）；储藏树胶的叫树胶道（属阔叶材）。胞间道有轴向和径向两种，有的树种只有一种，有些树种两种都有。有些树种往往由于受伤而形成不正常的胞间道，叫创伤胞间道。

树脂道是某些针叶材特有的细胞间隙，其中充满树脂，如松、落叶松、云杉、银杉、黄杉和油杉等（共6属）木材。凭肉眼在横切面的晚材部分可以看到明显的浅色小斑点，在纵切面上看到深色的沟槽或线条，这就是树脂道。

松属树脂道较大，其他针叶材的树脂道较小，如云杉等。还有些树种不具有正常树脂道，如冷杉、铁杉、雪松、红杉、水杉等，但树木受伤后，会产生受伤树脂道。

具有树脂道的木材往往比较耐腐，但树脂不利于胶接和涂饰，做成的家具容易污染存放的物品。所以，这类木材最好是除去树脂后再进行加工，或用作非接触部位及不影响胶接和涂饰的部件。

（3）木材的其他特征

木材是在一定自然条件下形成的，它的构造特点，决定了木材的性质。这里主要讲述木材作为家具的原材料所涉及的其他特征及特性。

①材色 木材的颜色称为材色。木材的颜色是多种多样的，不同树种的木材，其材色也各不相同，如云杉洁白如霜，乌木漆黑如墨，黄杨浅黄如玉，柏木橘黄似橙，香椿朱红等。因此，材色是识别木材的一个标志。但应注意，有时同一树种的木材，因生长条件的不同或部位不一，其材色会有所差异。另外，木材长久暴露在空气和阳光中，材色也会发生很大变化。如将一块松木的一半暴露于空气中，另一半遮盖起来，数日后，即可看到材色的差异。若把龙脑香木置于阳光

下，阳光会对龙脑香木产生漂白作用。对木材加热或浸水等，亦能使材色发生变化。所以，我们从材色上鉴别木材，宜以新锯解的切面为准。

②光泽　木材的光泽是材面对光线的吸收和反射的结果。它与木材的构造、内含物、光线角度及腐朽等有关。光泽不同于材色，也不能代表木材是否容易磨光的性质。木材如经打磨后仍不显示光泽，则说明木材已有初期腐朽的现象。一般硬材比软材的天然光泽强而美丽。木材的表面长期暴露在空气中，其光泽会逐渐减退，甚至消失，但经刨切或打磨后，又会恢复其原有的光泽。

③气味　走进家具厂的木工车间，立刻可以嗅到木材特有的芳香气息。特别是刚锯开的木材，更具有一股清香、辛辣、刺鼻之感。这些看不见、摸不到的奇异味，主要是由木材细胞里的挥发成分所散发的。各种木材因其细胞内所含化学成分的不同，它们的气味也各不相同，如松木含有松脂气味，樟木含有樟脑气味，杉木有其特有的清香，椴木则有一股腻子气味等。

木材在空气中搁置久了，表面的芳香油类会逐渐挥发，其气味也就逐渐淡薄，甚至完全消失，但当再行锯切或刨切后，气味又复增强。木材的气味，不仅在识别木材中有一定的作用，在利用上也有意义。如樟木的气味可以杀菌防蛀，因此用来做箱柜、衣柜等比较适宜，但不宜做贮藏食品的器具。

④纹理　木材的纹理是由木材的年轮、木射线、节疤等组合而成的。根据纹理的排列和组合，可分为直纹理、斜纹理和乱纹理三种。直纹理的木材强度较大，易于加工；斜纹理和乱纹理的木材强度差异大，难于加工。特别是后者表面易起毛刺，不光洁，但处理得当，如将其刨切成带奇特花纹的薄木，用于家具表面薄木胶贴和拼花，会起到很好的装饰效果。

⑤质量和硬度　木材的质量与木材的软硬有相当的一致性。通常木材质量越大，其硬度也就越高。所谓硬度，是指木材抵抗外加压力不致发生压痕的能力。在家具选材中，木材的质量和硬度也是重要的选择指标。

⑥加工性和涂饰性　木材加工比金属方便，它可以用硬度不太大的简单手工工具或机械设备进行锯、刨、雕刻等切削加工；可以用榫接、钉接、胶黏合等多种方法，比较容易而牢固地进行产品构件的接合；由于木材的管状细胞容易吸潮受润，因而油漆的附着力强，容易着色和涂饰。

⑦材表特征　材表特征类型如下（图 1-8）。

波痕：细木射线等高排列（叠生）。

细纱纹：中至细木射线整齐排列。

网纹：中至宽木射线整齐排列。

槽棱：宽木射线与韧皮射线折断（沟槽/突棱）。

棱条：树皮压力不平衡。

枝刺：不发育短枝。

平滑：无明显特征，针叶材材表均平滑。

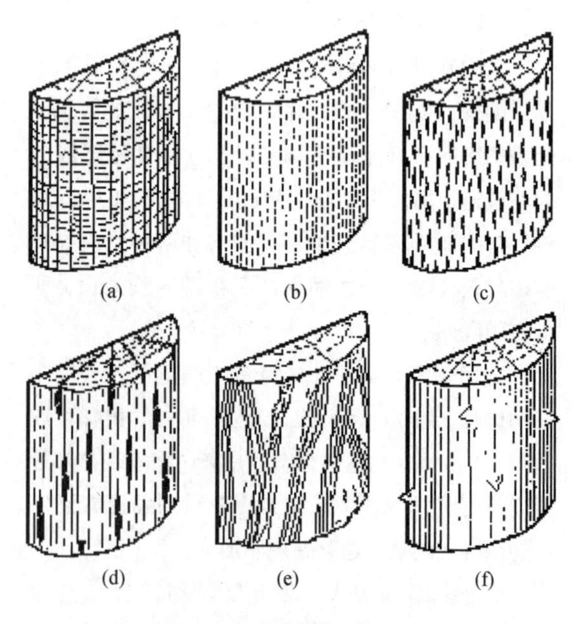

图 1-8　材表特征的类型
(a)波痕　(b)细纱纹　(c)网纹
(d)槽棱　(e)棱条　(f)枝刺

1.2 木材的主要性质

1.2.1 木材的化学性质

木材是一种天然生长的有机材料，主要由纤维素、半纤维素、木质素（木素）和木材抽提物（内含物）组成。这些化学成分和木材材性、加工工艺有密切关系。

（1）纤维素、半纤维素和木质素的化学性质

纤维素和半纤维素是木材细胞壁物质的多糖部分，占木材干物质质量的 70% 左右；木质素是木材细胞壁物质的非糖部分，约占木材干物质质量的 18% ~40% 。

纤维素是化学性质相当稳定的物质，无色，不溶于水、醇和苯等中性溶剂，也不溶于稀碱溶液，难溶于稀酸溶液。

半纤维素大都不溶于水，但可溶于稀碱及热的稀无机酸溶液。

以上两种多糖物质，由于糖分子链上带有大量亲水羟基（—OH），故吸湿性很强。

木质素是木材先以水、酒精、苯液抽提，除去溶解于抽提液的物质，再以 70% 硫酸或 45% 盐酸处理，使之发生水解，水解后剩余的不溶解物。它是苯丙烷类结构单元组成的复杂多酚类高分子化合物，含有多种活性官能团，同时木质素分子上有少量自由酚羟基，可发生酚羟基的一些典型反应。木质素对阳光，特别是阳光中的紫外波段很敏感，长期暴露在阳光下，容易发生光氧化降解反应，导致木材颜色变黄；对强氧化剂不稳定，易被氧化成小分子碎片。

（2）木材化学性质与各种成分的关系

木材主要成分的化学性质决定了木材共同的化学特性：易燃，具有吸湿性，耐盐水和稀酸侵蚀，不溶于水，在阳光下表面易变黄（材色加深），有一定耐腐性等。但木材的少量成分浸提物（内含物）也对木材的化学性质起作用。浸提物的成分非常复杂，包括的化合物种类十分广泛，如芳香族（酚类）化合物、萜稀化合物、醇类化合物、饱和与未饱和脂肪酸等，其组成随树种不同差异很大，对木材化学性质所起的作用也各不相同。木材的主要成分决定木材在化学上的共性，而浸提物则在很大程度上表现为不同树种木材的个性。

作为一种天然高分子有机复合材料，木材的化学性质是其各种化学成分在性质上和功能上相互补充、取长补短的结果。纤维素对光化学氧化有较强的抵抗能力，能对表层以下的木质素起保护作用，从而使黏结作用不显著下降，并赋予木材以一定刚性（否则会因日光辐射而发生降解，导致木材自然解体）；木质素的憎水性使木材具有湿强度，保证木材在潮湿环境中或浸泡在水中仍能保持其整体性；浸提物中的某些成分对蛀木虫或真菌有不同程度的毒性，使含这些成分的木材有一定的抗虫性和耐腐朽性。正是由于木材化学成分的这些性质，才使木材具有相当好的耐久性，对使用环境如温度、湿度变化，光照，稀的酸、碱、盐溶液，微生物侵害等，呈现相当好的化学稳定性，在许多方面优于其他材料，因而得到广泛地使用。

了解木材的化学性质，利用木材成分的化学反应特性，对木材的改性、防虫防腐保护以及合理加工利用（油漆、胶黏、着色、离析等），都有指导意义。

1.2.2 木材的物理性质

木材的物理性质指不改变木材化学成分，不破坏试样完整性所测出的木材性质。如木材水分、木材胀缩性、木材密度、木材热学性质、木材电学性质等。木材物理性质是木材科学加工与合理利用的基础之一，许多木材加工处理工艺的制定，以及用材部门对于木材的选择，都依赖于对木材物理性质的了解。

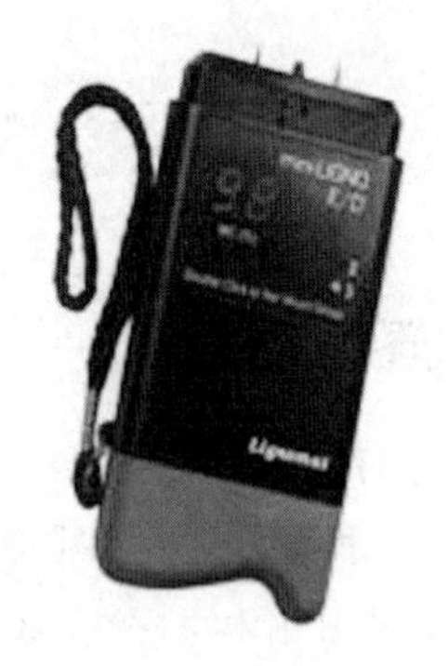

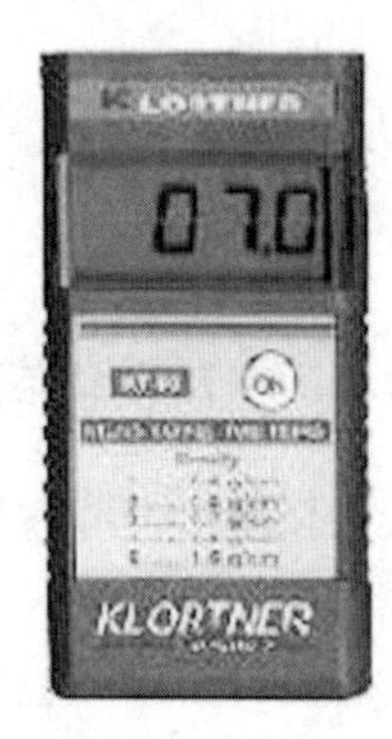

图 1－9　木材测试仪

（1）木材水分

木材中的水分占木材质量的一部分。这些水分直接影响到木材的许多性质，如质量、强度、干缩、湿胀、耐久性、燃烧性、传导性、渗透性及加工性质等。因此，了解木材的水分是十分重要的。

①木材中水分的种类　木材中的水分按其存在形式可分为两种。一种是自由水，它存在于木材细胞腔和细胞间隙中。这种水分只影响木材的质量、燃烧性和渗透性，对木材其他物理力学性质无显著影响。另一种是吸附水，存在于木材各种细胞的细胞壁里。它与细胞壁物质相结合，直接影响木材的胀缩性和强度。因此，这种水分在木材利用上要特别考虑。

②含水率的计算与测定　木材中所含水分的数量，通常用含水率表示，即以水分质量占木材质量的百分率表示。其中因木材质量的基数不同分为绝对含水率和相对含水率两种。绝对含水率是木材水分质量占木材全干质量的百分数。相对含水率是木材水分质量占湿木材质量的百分数。两种含水率的计算公式如下：

绝对含水率 = [（湿材质量 - 全干材质量）/全干材质量] × 100%

相对含水率 = [（湿材质量 - 全干材质量）/湿材质量] × 100%

在木材科学和工业生产中，木材含水率通常都以绝对含水率表示。木材含水率在一般木材工业中，普遍用含水率测定仪来测定，这种方法精度差，但方便快捷，有时为了准确，也用烘干称重法测定。

烘干法是将欲测含水率的木材称其初重（G_w）后放入烘箱，先在 60℃低温下烘干 2h，之后将温度调至 103℃ ± 2℃，连续烘干 8 ~ 10h 后至质量（G_0）不变，然后根据含水率计算公式进行计算。

含水率测定仪主要利用木材电学性质如电阻率、介电常数和损耗因素等与木材含水率的关系设计出一种测湿仪，主要有电阻式和电磁波感应式两种，分别见图 1 - 9，左图为电阻式插入式木材测湿仪，右图为电磁波感应式水分测定仪。

③木材纤维饱和点　潮湿木材放置在干燥环境中，湿木材中的水分就会向空气中蒸发，首先蒸发的是存在细胞腔中的自由水。纤维饱和点是指木材内自由水完全散失而吸着水处于最大状态时的这个点（或者说纤维饱和点是指木材胞壁含水率处于饱和状态而胞腔无自由水时的含水率）。由此可知纤维饱和点是木材的一种特定的含水状态。木材纤维饱和点的确切数值因树种、温度以及测定方法的不同而有差异，约为 23% ~ 32%，通常以 30% 作为木材的纤维饱和点。

纤维饱和点的重要意义，不在于其含水率的具体数值，而在于它的实用价值和理论意义。实践证明，纤维饱和点是木材性质变化的转折点。木材含水率在纤维饱和点以上变化时，木材的形体尺寸、强度、电、热性质等都几乎不受影响。而当木材含水率在纤维饱和点以下发生变化时，上述木材性质就会因含水率的增减发生显著而有规律的变化。

④木材的吸湿性与木材平衡含水率

木材的吸湿性：木材的吸湿性是指木材由空气中吸收水分或蒸发水分的能力。木材具有吸湿性的原因有二：其一是组成木材细胞壁（主要是纤维素和半纤维素）的化学成分结构中有许多自由羟基（—OH），它们在一定温度和湿度条件下具有很强的吸湿能力；其二木材是一种微毛细多孔体，它具有很高的空隙率和很大的内表面，所以木材有强烈的吸附性和毛细管凝结现象。

木材平衡含水率：木材含水率与环境条件密切相关，生材或湿材在干空气中会发生水分蒸发，称为解吸过程。反之，干材会从湿空气中吸着水分，称为吸湿过程。木材在解吸或吸湿过程的初期，进行都十分强烈，此后就逐渐缓慢下来，直至速度几乎降为零而达到动态平衡。

木材的吸湿速度与解吸速度达到平衡时的木材含水率，称为平衡含水率。木材平衡含水率的高低主要取决于木材所处条件下的空气的温度和相对湿度，而和树种关系不大。当温度一定而相对湿度不同时，木材平衡含水率随空气湿度升高而增大；当相对湿度一定而温度不同时，木材平衡含水率则随温度升高而减小。

根据木材平衡含水率与空气温度和湿度的关系，可依照试验数据绘制出平衡含水率图，由图即可查出任一温度、湿度条件下的木材平衡含水率。木材平衡含水率在木材利用上，具有十分重要的意义。其作用在于，它使人们认识到，木材在利用前，必须将其干燥到与所在地区空气温度和湿度相适应的木材平衡含水率。只有这样才可避免因受使用地区温度和湿度的影响而发生木材含水率的变化，也就不会引起木材尺寸或形状的变化，从而保证了木制品的质量。

木材的含水状态：为了更好地合理加工利用木材，木材加工企业对含水量状态不同的木材有不同的称谓，如生材、湿材、气干材、窑干材（炉干材、室干材）和全干材等。

生材——树木新伐倒的木材称为生材，含水率一般在 80% ~ 100%或更高。

湿材——长期浸泡在水中的木材，含水率大于生材。

气干材——生材或湿材放置于大气中自然干燥，水分逐渐蒸发，最后与大气湿度平衡时的木材称为气干材。按各地空气含水率不同，其含水率在 8% ~20%，一般为 12% ~ 15%。

窑干材（炉干材、室干材）——经过人工干燥的木材称为窑干材，通常含水率为 7% ~ 15%。

全干材——经过 103℃ ± 2℃ 条件干燥，含水率接近零的木材。全干材仅应用于木材科学试验中，在利用上应用价值较小。

（2）木材的干缩与湿胀

①木材的干缩湿胀现象　木材在纤维饱和点以下时，随着含水率降低，吸附水逐渐蒸发，细胞壁逐渐紧缩变薄，使单个细胞体积变小导致木材收缩，直至含水率降到零为止；在此范围内，随含水率的增高，木材细胞壁逐渐吸水膨胀，细胞壁逐渐疏松变厚，使单个细胞体积变大导致木材膨胀，直至含水率达到纤维饱和点为止。当木材含水率超过纤维饱和点后，木材含水率增加就不会再使木材膨胀。由于木材构造不均匀，各方向胀缩程度也不一样。

在实际应用中，以干缩系数来表示木材的干缩性能。所谓干缩系数是指木材在纤维饱和点以下时，含水率每变化 1%而产生的干缩率。主要树种木材的干缩系数大致是：弦向为 0.24% ~ 0.4%；径向为 0.12% ~0.27%；体积干缩系数为 0.36% ~0.59%。

②木材的干缩湿胀变形　木材的干缩与湿胀在三个切面方向不均一，导致木材构件在干燥或吸湿过程中各个方向变形量不同，使其物理性质表现为十分明显的各向异性。木材的干缩湿胀变形率同样具有各向异性，通常纵向干缩湿胀变形率很小，约为 0.1% ~ 0.2%；而横向干缩湿胀变形率较大，约为 3% ~ 10%。弦向的干缩湿胀变形率约为径向的两倍，个别情况还可能更大些。不同树种的木材，其干缩湿胀变形率也不同。一般阔叶材的变形大于针叶材的变形。

木材变形的各向异性是导致加工后的各种型材变形、开裂的主要原因。干缩会造成木结构拼缝不严、接口松弛、翘曲开裂；而湿胀会使木材产生凸起变形。由于木材的干缩湿胀明显，因此在加工前应尽量将其干燥至当地年平均温度和湿度所对应的平衡含水率，以减少木制品在使用过程中的干缩湿胀变形。另外，木材存放时间也影响干缩湿胀变形。存放时间长，木质细胞老化，相应的变形就小。

（3）木材的密度

①定义及测定方法

定义：木材密度是指单位体积木材的质量。因为木材的体积和质量都是随含水率的变化而改变的，因此木材的密度、相对密度均应加注测定时的含水率。如全干状态、气干状态、生材状态的密度，分别称为全干、气干、生材密度。另一种特殊的密度称为基本密度。它是全干材质量与生材时的体积之比。尽管这两个状态不可能同时存在，因全干时质量最小，生材时的体积最大，而两者的数值是固定不变的，所以比值也不随含水率变化而变化。与其他密度相比数值最小，最固定，最能反映该树种材性特征的密度指标，应用较广泛。各类密度可用下列各式表示。

全干密度 $$\rho_0 = \frac{m_0}{V_0}$$

式中 ρ_0——试样全干时的密度，单位为克每立方厘米（g/cm^3）；

m_0——试样全干时的质量，单位为克（g）；

V_0——试样全干时的体积，单位为立方厘米（cm^3）。

气干密度 $$\rho_W = \frac{m_W}{V_W}$$

式中 ρ_W——试样含水率为 W 时的气干密度，单位为克每立方厘米（g/cm^3）；

m_W——试样含水率为 W 时的质量，单位为克（g）；

V_W——试样含水率为 W 时的体积，单位为立方厘米（cm^3）。

基本密度 $$\rho_y = \frac{m_0}{V_{max}}$$

式中 ρ_y——试样的基本密度，单位为克每立方厘米（g/cm^3）；

m_0——试样全干时的质量，单位为克（g）；

V_{max}——试样水分饱和时的体积，单位为立方厘米（cm^3）。

密度的测定方法：木材密度测定方法最简单而常用的为体积测量法。它适用于测量形状规则的木材。我国《木材密度测定方法》（GB/T 1933—2009）规定，标准试样尺寸为 20mm × 20mm × 20mm。在试样各相对面的中心位置，分别测出弦向、径向和顺纹方向尺寸，精确到 0.001mm。可以使用排水法测量试样的体积，结果准确至 0.001cm^3。将试样放入烘箱内，开始温度 60℃保持 4h，再按 GB/T 1931—2009 中的 5.2～5.4 规定进行烘干和称量。试样全干质量称出后，立即于试样各相对面的中心位置，分别测出弦向、径向和顺纹方向尺寸，精确到 0.001mm。再计算结果，先计算试样的体积干缩系数 K（含水率变化 1% 时的体积干缩率），按下式计算，精确至0.001%。

体积干缩系数 $$K = \frac{V_W - V_0}{V_0 W} \times 100\%$$

式中 K——试样的体积干缩系数（%）；

V_W——试样含水率为 w 时的体积，单位为立方厘米（cm^3）；

V_0——试样全干时的体积，单位为立方厘米（cm^3）；

W——试样含水率（%）。

试样含水率为 12% 时的气干密度按下式计算，结果精确至 0.001 g/cm^3。

$$\rho_{12} = \rho_W [1 - 0.01(1 - K)(W - 12)]$$

式中 ρ_{12}——试样含水率为 12%时的气干密度，单位为克每立方厘米（g/cm^3）；

ρ_W——试样含水率为 W 时的气干密度，单位为克每立方厘米（g/cm^3）。

K——试样含水率变化 1% 时的体积干缩系数；

W——试样含水率（%）。

试样含水率在 9%～15%范围内时，按上式计算有效。

木材的密度与含水率有很大关系。含水率越高，密度就越大。在实际生产中，一般都以含水率为 12%时的木材密度来比较。

②影响木材密度的因素和木材质量分类　常根据木材的密度来判别材性好坏。一般在含水率相同的情况下，密度大的木材其强度也大。所以，木材的密度除了可以帮助鉴别木材以外，也可估计木材工艺性质的好坏。家具用材一般要求密度适中。木材的密之度所以有差异，主要是取决于木材孔隙度的大小和细胞壁物质的多少。木材孔隙度大，细胞壁物质就少，密度也就小了；反之，木材孔隙度小，细胞壁物质就多，其密度就大。

根据木材的密度，可把木材分成轻、中、重三等。

轻材——气干密度小于 $0.4g/cm^3$，如泡桐、红松、椴木等。

中等材——气干密度在 $0.5\sim0.8g/cm^3$，如水曲柳、香樟、落叶松等。

重材——气干密度大于 $0.8g/cm^3$，如紫檀、青冈、麻栎等。

（4）木材的热学、电学和其他性质

①木材的导热性　木材是多孔性物质，其孔隙中充满了空气。由于空气的导热系数小，所以一般说来，木材是属于隔热材料。木材的含水率表示木材孔隙中的空气被水分替代的程度。因此，木材的导热系数随着含水率的增高而增大。实验证明，含水率对其导热性的影响明显。也就是说，木材含水率越低，导热性越小。木材的低导热性是木材适宜作家具用材的特殊属性。因此当人们看到天然木材本色时，在视觉上就会产生温和与舒适的感觉。

②木材的导电性　木材的导电性很小，在一般电压下，木材在全干状态或含水率极低时，基木可以看做是电的绝缘体。木材的导电性随着含水率的变化而变化。含水率增大，电阻变小，导电性增加；反之含水率减少，电阻变大，导电性减小。由于木材导电性很小，所以常被用来做电气工具的手柄，电工接线板等。木制家具也往往给人以安全感。

③木材的其他传导性　木材的透光性也较差，普通光线和紫外线都不能透过较厚的木材；即使 X 射线，其透过木材的最大厚度也只有 47cm；红外线能透过木材的量，也是很少的。据试验，红外线照射木材后 90% 以上的能量被吸收，故木材表面很快就被灼热。利用这个性质，我们可以用红外线对木材进行干燥。

木材的传声性能较好。一些年轮均匀，材质致密，纹理通直的木材，如云杉、泡桐、槭木等，具有良好的共振特性，可以做成各种各样的乐器和共鸣箱。

1.2.3　木材的力学性质

木材是一种非均质材料，其力学性质有很强的方向性。木材三个切面方向的力学性质有很大差异，木材的顺纹强度远高于横纹强度，横纹受力时，弦向强度和径向强度也有不同。木材的力学性质还受到含水率和木材本身缺陷的影响。

①抗压强度　木材受到外加压力时，能抵抗压缩变形破坏的能力，称为抗压强度。木材的抗压强度可分为顺纹抗压与横纹抗压两种（图 1－10）。

木材顺纹抗压强度是指外部机械压力与纤维方向平行时的抗压强度。木材的顺纹抗压强度较高，仅次于顺纹抗拉和抗弯强度，木材缺陷对顺纹抗压强度的影响也较小。在家具结构中各种支柱、斜撑和桁架等都是顺纹受压。

木材顺纹抗压试验遵照国家标准《木材顺纹

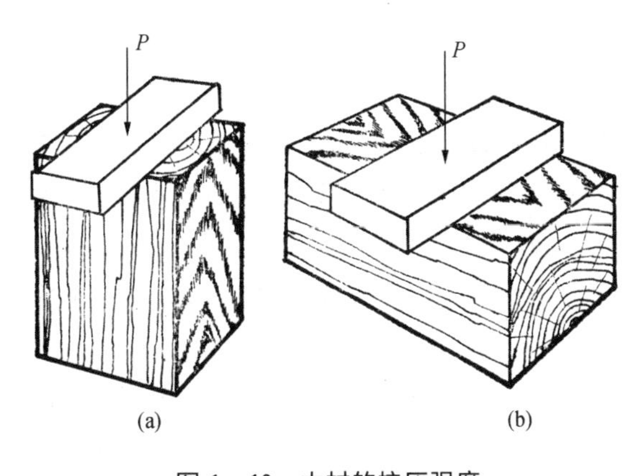

图 1－10　木材的抗压强度
(a)顺纹抗压　(b)横纹抗压

抗压强度试验方法》(GB/T 1935—2009)进行。

木材横纹抗压强度是指外部机械压力与木材纤维方向互相垂直时的抗压强度。由于木材主要是由许多管状细胞组成的，当木材横纹受压时，这些管状细胞很容易被压扁。所以，木材的横纹抗压极限强度比顺纹抗压极限低。在家具中，束腰线、底线、面材等部件均受横纹压力。

木材横纹抗压试验。按照《木材横纹抗压试验方法》(GB/T 1939—2009)进行。

②抗拉强度　木材的抗拉强度也有顺纹和横纹两种（图 1－11）。木材的顺纹抗拉强度是指拉力方向与木材纤维方向一致时的抗拉强度。在这种受力状态下，由于木材纤维排列方向不规整，木纹的顺纹抗拉强度是木材抗拉强度中最大的。

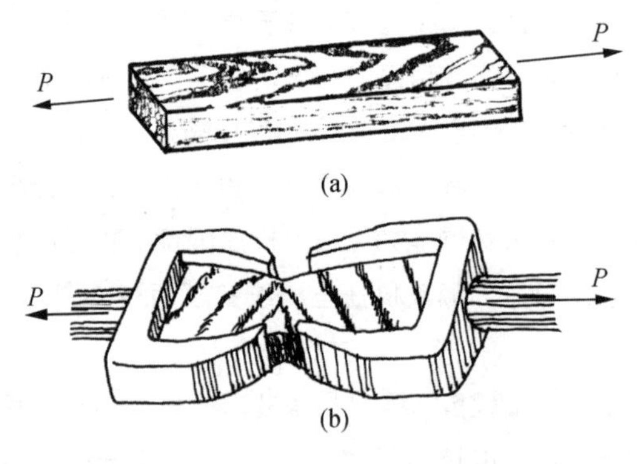

图 1－11　木材的抗拉强度
(a)顺纹抗拉　(b)横纹抗拉

木材顺纹抗拉强度试验遵照国家标准《木材顺纹抗拉强度试验方法》(GB/T 1938—2009)进行。

顺纹抗拉强度是木材的最大强度，约两倍于顺纹抗压强度，12～40 倍于横纹抗压强度，10～16 倍于顺纹抗剪强度。木材顺纹抗拉强度取决于木材纤维或管胞的强度、长度及方向。纤维长度直接涉及微纤丝与轴向的夹角（纤丝角），纤维越长，纤丝角越小，则强度越大。密度大者，顺纹抗拉强度也大。

木材抵抗垂直于纹理拉伸的最大应力称为横纹抗拉强度。木材横纹抗拉强度的值通常很低，且在干燥过程中常常会发生开裂，导致木材横纹抗拉强度完全丧失。因此，在任何木结构部件中都要尽量避免产生横纹拉伸应力。

横纹抗拉强度值很低，通常仅为顺纹抗拉强度的 1/10 ~ 1/65。由于横纹抗拉强度不是很重要，且使用较少，这里不介绍实验方法和影响因素。有时，横纹抗拉强度可以作为预测木材干燥时开裂易否的重要指标。

③抗弯强度和抗弯弹性模量　有一定跨度的木材（或木构件），受到垂直于木材纤维方向的外力作用后，会产生弯曲变形。木材的这种抗弯曲变形破坏的能力，称为木材的抗弯强度。

如果外力的施加速度是缓慢、均匀的，则称之为静力。

我们把在静力作用下木材的抗弯极限强度称为木材的静力弯曲极限强度（图 1－12）。木材弯曲时应力比较复杂。以梁为例，梁的上部承受压应力，下部承受拉应力，而中性面承受剪切应力。木材做抗弯部件时不仅可能出现断裂失效，还可能出现变形失效。即木材虽然没有断裂，但它的变形量超出了允许范围，部件就不能使用。当木材弯曲破坏（断裂）时，一般品质高的木材，其断面呈纤维状；品质低的木材则呈平整脆断（图 1－13）。

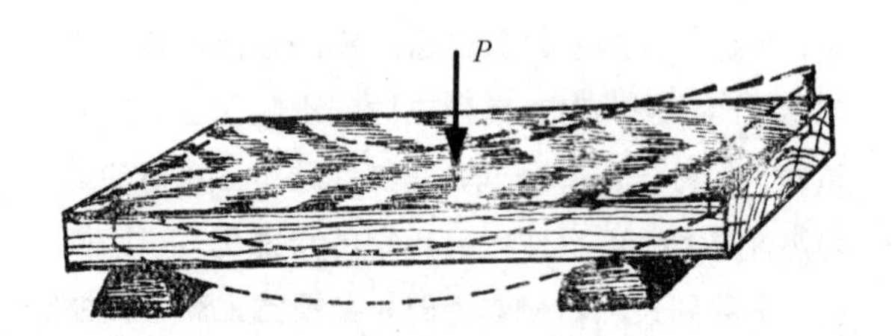

图 1－12　木材的静力弯

木材抗弯强度测试遵照国家标准《木材抗弯强度试验方法》(GB/T 1936.1—2009)进行。

木材抗弯弹性模量代表木材的劲度或弹性，是木材产生一个一致的正应变所需要的正应力，亦即比例极限内抵抗弯曲变形的能力。木梁在承受荷载时，其变形与其抗弯弹性模量成反比，木材的抗弯弹性模量值越大，则越刚硬，越不易发生弯曲变形；反之，则比较柔曲。

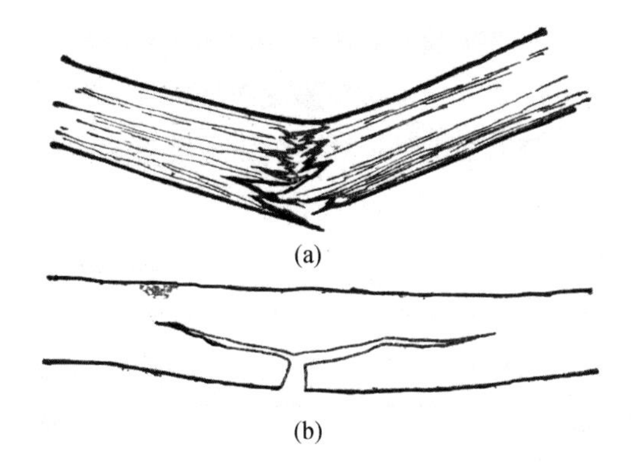

图 1－13　弯曲破坏
(a)呈纤维状　(b)平整脆断

顺纹抗弯弹性模量测试遵照国家标准《木材抗弯弹性模量测定方法》(GB/T 1936.2—2009)进行。

由于各向异性，木材三个方向的抗弯弹性模量不同，通常径向及弦向仅为顺纹的 1/20～1/12。对于木梁而言，顺纹抗弯弹性模量最为重要。

④木材顺纹抗剪强度　当木材受大小相等、方向相反的平行力时，在垂直于力接触面的方向上，使物体一部分与另一部分产生滑移所引起的应力，称为剪应力。由于剪应力的作用使木材一表面对另一表面的顺纹相对滑移造成的破坏，称为剪切破坏。木材抵抗剪应力的能力称为抗剪强度。

木材用作结构材时，常常承受剪切力，例如，当梁的高度较大、跨度较短，承受中央荷载时，会产生较大的水平剪应力；木材接榫处，会产生平行或垂直于纤维的剪应力；螺栓联结木材处，也会产生平行和垂直于纤维的剪应力。胶合板和层积材常在胶接层处，会产生剪应力。顺纹抗剪强度是剪切强度中最小的，在木材使用中最常见顺纹剪切破坏，所以经常测试它。

木材顺纹抗剪强度测试遵照国家标准《木材顺纹抗剪强度试验方法》(GB/T 1937—2009)进行。

木材顺纹抗剪强度较小，平均只有顺纹抗压强度的 10%～30%。阔叶材的顺纹抗剪强度平均比针叶材高出 50%。针叶材径面和弦面的抗剪强度基本相同；阔叶材弦面的抗剪强度较径面高出 10%～30%，木射线越发达，差异越明显。对于纹理交错或斜行、混乱的木材，其抗剪强度会明显增加。

⑤冲击韧性　冲击韧性亦称冲击弯曲比能量、冲击功或冲击系数，是木材在非常短的时间内受冲击荷载作用而产生破坏时，试样单位面积吸收的能量。冲击韧性试验的目的是为了测定木材在冲击荷载条件下对破坏的抵抗能力。同时，由于冲击荷载的作用时间短促，比在短时间内受静力弯曲的破坏强度大，也可作为评价木材的韧性或脆性的指标。通常木梁、枕木、坑木、木梭、船桨等部件用材都需要有较好的冲击韧性。

国际上常用的冲击韧性试验方法有两种：一种是将试样一次击断的摆锤式冲击试验（在两端支撑梁的中央打击）；另一种是连续敲打的落锤式冲击试验。冲击韧性试验方法见国家标准《木材冲击韧性试验方法》(GB/T 1940—2009)。

冲击韧性与生长轮宽度具有一定关联性，生长轮特别宽的针叶材，因密度低，冲击韧性也低。胞壁过薄、壁腔比过低，S_2 层的微纤丝倾角过大，都会降低木材的韧性；从化学组分上，木质素含量过高也会降低木材的韧性。

早晚材差别明显的树种，其弦向和径向的冲击韧性有明显差别。如落叶松径向冲击韧性比弦向高 50%，云杉径向冲击韧性比弦向高 35%，水曲柳径向冲击韧性比弦向高 20%。早晚材差别不明显的树种，径、弦向冲击韧性几乎相同。

⑥硬度与耐磨性　木材硬度表示木材抵抗其他刚体压入木材的能力；耐磨性是表征木材表面抵抗摩擦、挤压、冲击和剥蚀以及这几种因子综合作用的耐磨能力。两者具有一定的内在联系，通常木材硬度高者耐磨性大；反之，耐磨性小。硬度和耐磨性可作为选择建筑、车辆、造船、运动器械、雕刻、模型等用材的依据。

硬度：木材硬度测试方法见国家标准《木材

硬度试验方法》(GB/T 1941—2009)。木材硬度又分弦面、径面和端面硬度三种。端面硬度高于弦面和径面硬度，大多数树种的弦面和径面硬度相近，但木射线发达树种的木材，弦面硬度可高出径面 5% ~ 10%。木材硬度因树种而异，通常多数针叶材的硬度小于阔叶材。木材密度对硬度的影响极大，密度越大，则硬度也越大。

耐磨性：木材与任何物体的摩擦，均产生磨损，例如，人在地板上行走，车辆在木桥上驰行，都可造成磨损，其变化大小以磨损部分损失的重量或体积来计量。

由于导致磨损的原因很多，磨损的现象又十分复杂，所以难以制定统一的耐磨性标准试验方法。各种试验方法都是模拟某种实际磨损情况，连续反复磨损，然后以试件重量或厚度的损失来衡量。因此，耐磨性试验的结果只具有比较意义。常用的磨耗仪有科尔曼磨耗仪、泰伯磨耗仪和斯塔特加磨耗仪。

⑦抗劈力　木材纤维方向具有易开裂的性质，抗劈力是木材抵抗在尖楔作用下顺纹劈开的力。

木材抗劈测试根据国家标准《木材抗劈力试验方法》(GB/T 1942—2009)，测试原理是模拟斧劈木材施力状态，于试样一端垂直于木材纹理方向施加压力，使试样沿纹理劈裂，以测定木材的抗劈能力。

劈裂按其破坏面分为弦面劈裂和径面劈裂。针叶材随着开裂从弦面向径面变化，抗劈力值增加，阔叶材相反。特别是木射线组织大且数量多的木材，抗劈力值显著减小。

⑧握钉力　木材的握钉力是指钉子在从木材中被拔出时的阻力。有许多因素影响握钉力，如木材的密度、可劈裂性、木材的含水率、钉尖形状、钉身直径、钉入深度等。

1.3 木材的优缺点

木材具有许多优良性能，如轻质高强；有较高的弹性和韧性，耐冲击、振动；易于加工和连接，能够做成各种形状的部件和制品；吸音性能好，导热性低；在干燥条件下寿命长。木材特有的天然纹理和质感赋予了家具生命力，同时可以给居室营造清新、淡雅、华贵的气氛。木材也有一些缺点，如内部构造不均匀，会导致材料的各向异性；吸潮性较高，会随着环境的湿度变化引起体积膨胀、收缩和不均匀变形；容易受到虫蛀和腐朽；易燃。采取一定的方式对木材进行加工和处理，上述缺点均可以得到克服和改善。

1.3.1 木材的优点

①木材质轻而强度高　木材的强度与密度的比值较一般金属高。

②木材容易加工　木材材质较轻、较软，使用各种手工工具和木工机械均可加工制成各种形状的产品。加工时，木材容易连接或胶合，这为家具制作、室内装修带来很多方便。加工过程消耗的能源少，属节能材料。

③实木产品具有一定的安全感　木材超负荷断裂时不发脆，在破坏前有警告声。因此，使用木质家具具有一定的安全性。木材在高温条件下虽然会燃烧，但大件木结构比金属结构变形小而慢，在逐渐燃烧或炭化时还仍然能保持一定强度，而金属结构会因高温发生蠕变快速变形倒塌。

④实木产品较舒适　木材（干木材）对热、电的传导性弱，对温度变化的反应小，绝缘性能好，热胀冷缩的现象不显著。因此，木材适宜用在隔热保温和电绝缘性要求高的地方，木质家具能给人以冬暖夏凉的舒适感。

⑤木材不会生锈，不易被腐蚀。

⑥木材颜色、花纹美观　它适于家具、仪器盒、室内装修、工艺品等制作要求。同时经过涂饰渲染会使材色更加悦目。

⑦木材容易改性　通过化学处理，比较容易改变或改进木材的性能，如木材塑化、木材防腐、防虫、防火处理等。

⑧木材缺陷比较直观　木材缺陷在加工过程中因直观而比较容易挑选和剔除。

⑨木材资源丰富　木材是一种可再生资源，如能合理经营，可以做到取之不尽，用之不竭。

1.3.2　木材的缺点

①木材容易变形　木材是一种吸湿性材料，在自然条件下易发生湿胀干缩，影响木制品的尺寸稳定。

②木材材质不均匀　木材是各向异性的非均质材料，表现在各种物理性质和力学性质方面。不均匀胀缩性使木材变形加甚，加之强度各向的差异而易导致木材开裂。

③木材易遭虫菌侵蚀　木材是自然高分子有机聚合物，这就使一些昆虫和菌类（霉菌、木腐菌）可以寄生，使木材降等、木制品毁坏，造成极大的人力、物力和财力的损失。

④木材易燃　大量使用木材的地方，一定要注意强化防火措施。

⑤木材干燥比较困难　木制品一定要用经过干燥后的木材制作。木材干燥要消耗较多的能源，而且稍不留意还会发生翘曲、开裂等缺陷，带来不必要的损失。

⑥木材有天然缺陷　树木在自然生长过程中，会形成一些不可避免的天然缺陷，如节子、扭转纹、应力木等。

1.3.3　木材的缺陷

国家标准《原木缺陷》（GB/T 155—2006）对木材可见缺陷的定义：从原木材身用肉眼可以看到的影响木材质量和使用价值或降低强度、耐久性的各种缺点。

《原木缺陷》（GB/T 155—2006）对原木可见缺陷根据产生的原因分为六大类：节子、裂纹、干形缺陷、木材结构缺陷、由真菌造成的缺陷、伤害。各个大类又分为若干种类和细目。各种缺陷对木材的质量影响是极不相同的。一些可以扩大到整个树干，如尖削；有一些只在木材局部，如裂纹。对于部分缺陷，只要除去缺陷存在的范围，就可消除它的不利影响。

木材缺陷有的是木材生长过程自然形成的，不可消除的，只能在木材使用中将其剔除，如节子。而有的缺陷，只要人们在木材使用中注意，是可以预防的。木材缺陷常用的预防措施有：木材科学保管、木材干燥、木材防虫、木材防腐等。

1.4　木材干燥及处理

木材取自树木，是一种天然高分子多孔性材料。由于树木的生理需要，木材中含有大量的水分，只有当这些水分大部分排出后，木材才能有效利用。所谓木材干燥就是指排除木材中所含水分的处理过程。

木材干燥的目的，概括起来主要有以下四个方面：

①防止木材产生开裂和变形　木材中的水分在向空气中排除时，尤其是当木材的水分含量在木材的纤维饱和点以下时，就会引起木材体积的收缩。如果收缩的不均匀，木材就会出现开裂或变形。若是将木材干燥到与使用环境相适应的程度或使用要求的状态，就能保持木材的体积尺寸的相对稳定，而且能经久耐用。

②提高木材的力学强度，改善木材的物理性能和加工工艺条件　当木材的水分含量在纤维饱

和点以下时，木材的物理力学强度会随其减低而增高；同时木材也易于锯割和刨削加工，减少了对木工机械的损耗。

③防止木材发生霉变、腐朽和虫蛀　木材中的水分含量在20%～150%范围时，极易产生霉菌，使木材发生霉变、腐朽和虫蛀。如果将木材的水分含量干燥到20%以下，木材内产生霉菌的条件就被破坏了，增强了木材抗霉变、腐朽和虫蛀的能力，保持了木材的原有特性。

④减轻木材质量，提高运输能力　经过干燥的木材，其质量能减少30%～40%。如果是在木材的供应地区集中制材和集中干燥木材，则可以大大提高木材的运输能力；同时也可以防止木材在运输途中产生霉变和腐朽，保证木材的质量。

木材干燥是合理利用和节约木材的重要技术措施，是木材加工生产中不可缺少的一道重要工序。作为一种原材料，木材应用的领域很多，而且大都需要进行干燥，所以木材干燥对国民经济建设具有很重要的现实意义。

1.4.1　木材的干燥

（1）天然干燥法

木材天然干燥利用的是自然条件：阳光和空气流动。天然干燥不需要什么特殊设备，只要将木材合理堆放在阳光充足和空气流通的地方，经一定的时间就可以使木材得到干燥，达到与使用环境相适应的含水率。

天然干燥法的优点是不需要专用设备；也不需要热源和电；干燥成本较低；工艺技术较简单，易于实施；其木材收缩率比人工干燥要小，内应力也较小，不易发生翘曲和变形。缺点是受自然条件的限制，一般只能干燥到10%～20%的含水率；占用的场地较大，干燥时间较长；质量不好控制；木材较长时间堆放在露天环境，容易发生虫蛀、腐朽、变色，致使木材降等，同时还须警惕火灾。我国主要城市木材平衡含水率各月及年平均值见表1-1。

木材天然干燥速度的快慢及质量的好坏与合理堆放有很大的关系。一般堆积方法有：纵横堆积、交塔堆积、三角交叉平面堆积、交替倾斜堆积、X形堆置等（图1-14）。

干燥时间随气候条件、树种和规格不同而不一样。薄板和小规格料采用天然干燥比较理想。在夏季一般20～30mm厚松木板，含水率从60%降至于15%约需10～15d，而同规格水曲柳则需20d。较厚的硬杂木要半年甚至更长时间，冬季、雨季天然干燥比夏季、旱季速度要慢。

（2）人工干燥法

窑干（炉干、室干）：即将木材放在保温性和气密性都很完好的特制容器或建筑物内，利用加湿、加热设备，人工控制介质的温湿度以及气流循环速度，使木材在一定的时间内干燥到指定含水率的一种干燥方法。

①烟熏干燥法　利用锯末、刨屑、碎木料燃烧产生的热烟来干燥木材。此法只要湿度控制得好，含水率即可达到要求，干燥变形也小。但此法容易使木材表面发黑，影响美观，操作不当时易于发生火灾。

②木材炉气干燥法　以炉灶燃烧燃料所生成的炽热炉气为热源、以炉气和湿空气的混合气体为干燥介质，在干燥室内人为地控制介质参数对木材进行干燥处理。

炉气直接加热的木材干燥，此法是以煤、木竹材废料、石油或天然气为燃料，以炉气作为干燥介质直接加热干燥木材，其特点是热能利用率较高，虽木材表面会变黑，但经刨削后即可恢复本色，适宜于资金和电力不足的小型木材加工企业使用。

炉气间接加热干燥指炉气通过分布在室内的火管、烟道等加热室内湿空气，用湿空气作干燥介质，由风机强制循环加热干燥木材。用这种方法干燥木材较炉气直接干燥安全，干燥质量可靠，在中、小型木材加工企业中应用十分广泛。

③蒸汽加热干燥法　以蒸汽加热器加热窑内空气，再通过强制循环把热量传给木材，使木材中的水分不断向外扩散。这种蒸汽加热干燥法，

表 1-1　我国主要城市木材平衡含水率各月及年平均值

城市	1月	2月	3月	4月	5月	6月	7月	8月	9月	10月	11月	12月	平均
哈尔滨	17.2	15.1	12.4	10.8	10.1	13.2	15.0	14.5	14.6	14.0	12.3	15.2	13.6
沈阳	14.1	13.1	12.0	10.9	11.4	13.8	15.5	15.6	13.9	14.3	14.2	14.5	13.6
大连	12.6	12.8	12.3	10.6	12.2	14.3	18.3	16.9	14.6	12.5	12.5	12.3	13.0
乌鲁木齐	16.0	18.8	15.5	14.6	8.5	8.8	8.4	8.0	8.7	11.2	15.9	18.7	12.1
西安	13.7	14.2	13.4	13.1	13.0	9.8	13.7	15.0	16.0	15.5	15.5	15.2	14.3
北京	10.3	10.7	10.6	8.5	9.8	11.1	14.7	15.6	12.8	12.2	12.0	10.8	11.4
天津	11.6	12.1	11.6	9.7	10.5	11.9	14.4	15.2	13.7	12.7	13.3	12.1	12.1
青岛	13.2	14.0	13.9	13.0	14.9	17.1	20.0	18.3	14.3	12.8	13.1	13.5	14.4
上海	15.8	16.8	16.5	15.5	16.3	17.9	17.5	16.6	15.8	14.7	15.8	15.9	16.0
杭州	16.3	18.0	16.9	16.0	16.0	16.4	15.4	15.7	16.3	16.3	16.7	17.0	16.5
温州	15.9	18.1	19.0	18.4	19.7	19.9	18.0	17.0	17.1	14.9	14.9	15.1	17.3
福州	15.1	16.8	17.5	16.5	18.0	17.1	15.5	14.8	15.1	13.5	14.4	14.8	15.6
厦门	14.5	15.5	16.6	16.4	17.9	18.0	16.5	15.0	14.6	12.6	13.1	13.8	15.2
郑州	13.2	14.0	14.1	11.2	10.6	10.2	14.0	14.6	13.2	12.4	13.4	13.0	12.4
武汉	16.4	16.7	16.0	16.0	15.5	15.2	15.3	15.0	14.5	14.5	14.8	15.3	15.4
南昌	16.1	19.3	18.2	17.4	17.0	16.3	14.7	12.7	15.0	14.4	14.7	15.2	16.0
广州	13.3	16.0	17.3	17.6	17.6	17.5	16.6	16.1	14.7	13.0	12.4	12.9	15.1
海口	19.2	19.1	17.9	17.6	17.1	16.1	15.7	17.5	18.0	16.9	16.1	17.2	17.3
成都	15.9	16.1	14.4	15.0	14.2	15.2	16.8	16.8	17.5	18.3	17.6	17.4	16.0
重庆	17.4	15.4	14.9	14.7	14.8	14.7	15.4	14.8	15.7	18.1	18.0	18.2	15.9
昆明	12.7	11.0	10.7	9.8	12.4	15.2	16.2	16.3	15.7	16.6	15.3	14.9	13.5
拉萨	7.2	7.2	7.6	7.7	7.6	10.2	12.2	12.7	11.9	9.0	7.2	7.8	8.6

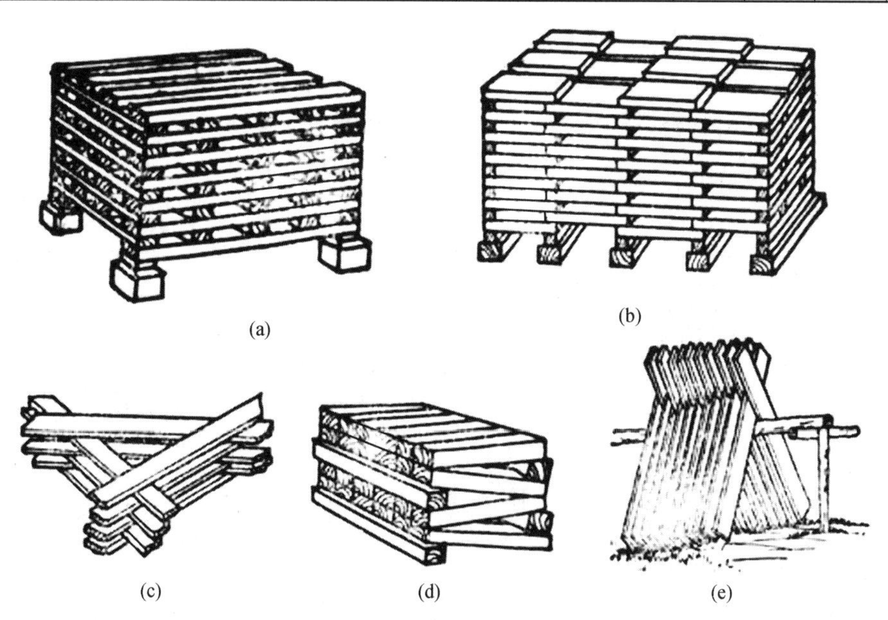

图 1－14　木材天然干燥堆积法

(a)纵横堆积　(b)交搭堆积　(c)三角形交叉平面堆积　(d)交替倾斜堆积　(e)X 形堆置

因工艺成熟、操作方便（温、湿度易于调节与控制）、干燥质量稳定、干燥窑的容量大、节能效果好、干燥成本适中，目前80%的企业采用这种干燥法，其干燥窑装载量为20~200m³不等。

按气流循环方式，木材蒸汽干燥窑分为：

顶风机型：主要特点是风速场和温、湿度场分布均匀，工艺性能好，干燥均匀；干燥室的容量大，能量、场地利用率高，经济性能好，适用于规格不复杂的树种，及干燥批量较大的大、中型企业。

端风机型：这类窑维修保养方便，空气动力学特性好，投资较少，但窑体不宜过长，故装载量较少，适用于中、小型企业的小批量木材干燥。

侧风机型：该窑型结构简单，投资较少，效率较高，易获较大的材堆循环风速，但也存在因风速分布不均而影响木料干燥均匀性的缺点，同时风机的直径较大。窑型通常设计成材堆宽度不超过1.8m的单列轨窑，能量利用不够经济。适用于干燥产量不大的中、小型企业。

通过对3种窑型的实测分析，顶风机型的气流均匀性比端风机型好，端风机型又比侧风机型好。目前应用最广的是以饱和蒸汽为热源的顶风机直联型周期式强制循环干燥窑。

（3）其他干燥法

①远红外线干燥法　利用远红外线使物体升温，加速干燥。红外线干燥操作简便，易于控制。其热量稳定、均匀，干燥速度快。但在目前，一般的辐射热源所产生的红外线透入木材的深度还有限，在湿木材内则更小。因此，家具行业中，红外线干燥法一般仅用于单板薄木的烘干和油漆层的固化。

②除湿干燥　除湿干燥又可称为热泵干燥，它是借用水泵将水从低水位聚至高水位的含义。热泵依靠制冷工质在低温下吸热，经压缩机在高温下放出热量，空气经热泵提高了空气的温度，即提高了热能的品质。除湿干燥与常规干燥的原理基本相同，干燥介质为湿空气，以对流换热为主；主要区别是湿空气的去湿方法不同。除湿机回收了干燥室空气排湿放出的热量，因此它是一种节能干燥设备，与常规干燥相比，除湿机的节能率在40%~70%，除湿干燥系统原理如图1-15所示。

③真空干燥　木材真空干燥是把木材堆放在密闭容器内，在低于大气压力条件下进行干燥的方法。在真空条件下，水的沸点降低，蒸发速度加快，从而可在较低温度下获得较快干燥速度。一些常规窑干中易开裂、皱缩的木材，较难干燥

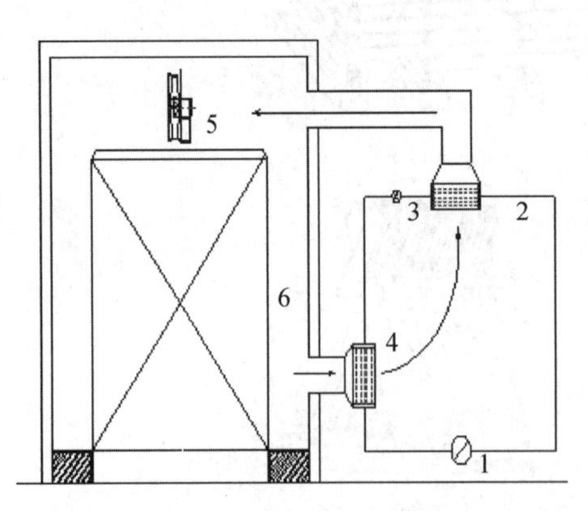

图1-15　木材除湿干燥系统原理
1.压缩机　2.冷凝器　3.膨胀阀
4.蒸发器　5.干燥室　6.材堆

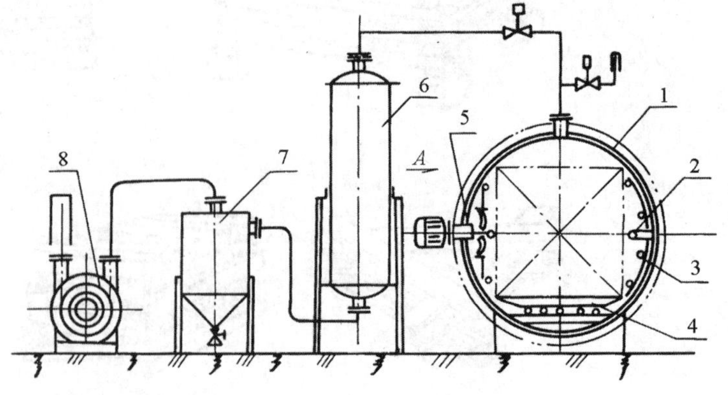

图1-16　木材真空干燥机结构示意
1.真空干燥箱　2.喷蒸管　3.加热管　4.材车
5.风机　6.冷凝器　7.汽水分离器　8.真空泵

的厚木材，采用真空干燥法干燥，周期明显缩短，能提高干燥质量。木材真空干燥设备主要由干燥筒、真空泵、加热系统、控制系统组成，如图 1－16 所示。

④高频干燥法　以木材为电介质，使木材内部加热，蒸发水分。高频电介质干燥与气干、窑干方法的区别在于热量不是从外传入，而是在木材内部直接发生的，木材沿整个厚度同时彻底热透。气干或窑干木材时，自由水比较容易排除，当木材达到纤维饱和点以下时，再干燥就比较困难。而高频电介质干燥正好相反，木材在高含水率阶段的预热和干燥比较困难，要消耗大量电能；而低含水率阶段的干燥却很顺利，消耗的电能大为减少。故一般都是在初步干燥后再进行高频电介质干燥，以使特殊要求的工件达到高质量干燥目的。

⑤微波干燥法　微波木材干燥是一种全新的干燥方法，它与传统干燥方法的最大区别是：热量不是从木材外部传入，而是通过微波交变电场与木材中水分子的相互作用而直接在内部发生。只要木料不是特别厚，木料沿整个厚度能同时热透，且热透所需时间与木料厚度无关。

木材微波干燥除了具有微波加热技术的即时性、选择性、整体性和高效性的特点外，还具有一些其他特点。

干燥速度快，时间短。微波干燥木材时，木料中的大量水分与微波场之间发生相互作用，产生大量的热，使物料的升温和蒸发在整个木料中同时进行，大大缩短了传统干燥方法中热传导所需要的时间。

产品质量好，节约木材。由于微波具有强的穿透力，在干燥过程中，加热均匀，温度梯度和含水率梯度小，如果能控制好微波处理的功率大小、干燥时间和通风排湿，微波干燥的质量比热空气对流干燥更容易得到保证。

可保持木材原有的色泽。木材颜色的改变与温度、作用时间及木材含水率有关，温度越高、作用时间越长、含水率越高则木材变色越快。

杀虫灭菌效果好。微波干燥木材过程中能彻底杀灭各种虫菌类，消除木制品虫害，利于提高制品强度和延长使用寿命。

设备占用场地小，适于流水线生产。微波干燥设备，其主机及辅助设备简单，外廓尺寸小，占地面积小。微波干燥加工能够实现自动化、连续化加工，适于流水生产线，生产率高。

微波干燥木材还可以取消常规干燥中经常采用的浸泡、蒸煮、喷蒸等工艺流程，易于实现木材设备操作的自动化等优点，其在木材干燥中的应用必将有广阔的前景。

⑥太阳能干燥法　将空气晒热后传导至窑内，吸收木材水分使之干燥。太阳能干燥比大气干燥时间短，干燥缺陷少，而且比普通窑干法投资少，能源不受限制，设备运转费相应较低，干燥成本较低。太阳能是取之不尽、用之不竭的无污染能源，对于能源比较紧张的地区是很可取的，所以近年来这种干燥窑在国外研究和发展得很快。太阳能木材干燥法，一定程度上受地理位置和气候条件限制。我国使用太阳能木材干燥窑的数量正在不断增加，大部分是设在阳光充足的热带和亚热带(图1－17)。

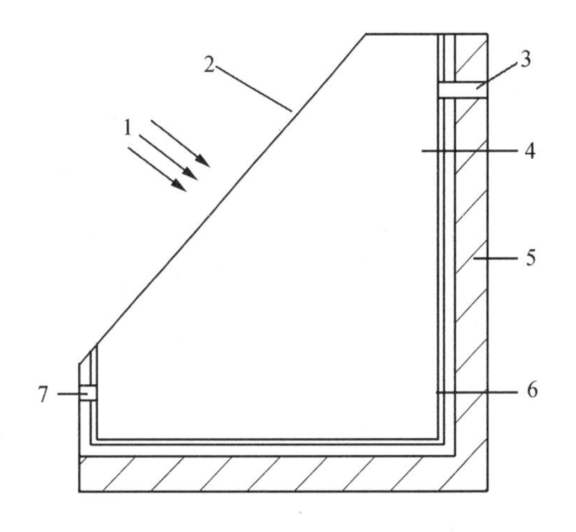

图 1－17　温室型太阳能干燥窑

1.太阳光　2.玻璃　3.排气口　4.干燥窑
5.墙体　6.黑色涂层　7.排气口

1.4.2 木材的防虫、防腐与防火

（1）木材的腐朽与虫害

木材中常见的真菌有三种：霉菌、变色菌和腐朽菌。霉菌只寄生在木材表面，它对木材不起实质破坏作用，通过刨削可以除去。变色菌常见于边材中，它使木材变成青、蓝、红、绿、灰等颜色。变色菌以木材细胞腔内的淀粉、糖类为养料，不破坏细胞壁，对强度影响不大。腐朽菌能够分解细胞壁物质作为养料供给自身生长和繁殖，使木材腐朽破坏。

真菌的繁殖和生存必须同时具备适宜的温度、湿度，足够的氧气和养分。温度在 25～30℃，含水率在纤维饱和点以上到 50%，又有一定量的空气，最适宜真菌繁殖。当温度高于 40℃或低于 3℃时真菌就不能生长。如含水率小于 20%，或把木材浸泡在水中及深埋在土壤中真菌都难以生存。

木材的虫害主要是某些种类的天牛、小蠹虫和白蚁造成的。除树木生长过程和木材加工、贮运过程外，家具及室内设施在使用中也有可能产生虫害。害虫在木材中钻蛀各种孔道和虫眼，影响木材强度和美观，降低使用价值，还为腐朽菌进入木材内部滋生创造了条件。在危害严重的情况下，木材布满虫眼并伴随严重腐朽，会使木材失去使用价值。

（2）木材的防腐与防虫

木材的防腐与防虫通常采用两种形式，一种是改变木材的自身状态，使其不适应真菌寄生与繁殖；另一种是采用有毒试剂处理，使木材不再成为真菌或蛀虫的养料，并将其毒死。

第一种形式是将木材进行干燥处理，使其含水率保持在 20% 以下；改善木材贮运和使用条件，避免再次吸湿，如对木制品表面涂刷油漆，防止水分进入。木材始终保持干燥状态就可以达到防腐的目的。

第二种形式是使用化学防腐、防虫药剂处理，方法主要有：表面刷涂法、表面喷涂法、浸渍法、冷热槽浸透法、压力渗透法等。其中表面刷涂法和表面喷涂法适宜于现场施工。浸渍法、冷热槽浸透法和压力浸透法处理批量大，药剂浸入深，适于成批重要木构件用料的处理。

（3）木材的防火处理

①木材常用阻燃剂

磷—氮系列阻燃剂：磷酸铵、磷酸氢二铵、磷酸二氢铵、聚磷酸铵、三聚氰胺、甲醛—磷酸树脂等。

硼系列阻燃剂：硼砂、硼酸、硼酸锌、五硼酸铵等。

卤素系列阻燃剂：氯化铵、溴化铵、氯化石蜡等。

铝、镁、锑等金属的氧化物或氢氧化物阻燃剂：含水氧化铝、氢氧化镁、三氧化二锑等。

其他阻燃剂：碳酸铵、硫酸铵、水玻璃等。

②木材防火处理方法

表面涂敷法：在木材的表面涂敷防火涂料能起到防火、防腐和装饰的综合效果。木材防火表面涂敷法施工方便，适用于家具及室内装饰现场施工。

溶液浸渍法：木材防火溶液浸渍的药剂、方法和等级要求应根据建筑物受火灾的危险程度来决定。木材防火浸渍等级的要求分为三级：

一级浸渍——吸收量应达到 $80kg/m^3$，保证木材无可燃性；

二级浸渍——吸收量应达到 $48kg/m^3$，保证木材缓燃；

三级浸渍——吸收量应达到 $20kg/m^3$，在露天火源下，能延迟木材燃烧起火。

木材进行防火浸渍前，必须达到气干并经初步加工成型。以免防火处理后再进行大量加工，使木材表面浸有阻燃剂的部分被除掉。溶液浸渍法一般用于大批量木制品原材料的防火处理。

1.5 实木家具用材的选用

1.5.1 锯材（成材）标准与分类

锯材是家具业应用最广泛的传统材料，按其宽度与厚度的比例而分为板材和方材。

（1）板材

锯材的宽度为厚度的 2 倍或 2 倍以上的称为板材。板材依据断面年轮与板面所成的角度可分为径向板和弦向板，由于径向干缩只是弦向的一半，所以径向板比弦向板的干缩变形小，也比弦向板翘曲小。板材按厚度不同又可分为：

①薄板　厚度在 21mm 以下，宽度为 60 ~ 300mm（以 10mm 进级）。

②中板　厚度为 22 ~ 35mm，宽度为 60 ~ 300mm（以 10mm 进级）。

③厚板　厚度为 36 ~ 60mm，宽度为 60 ~ 300mm（以 10mm 进级）。

④特厚板　厚度在 60mm 以上，宽度为 60 ~ 300mm（以 10mm 进级）。

（2）方材

锯材的宽度不足厚度的 2 倍称为方材。方材按宽、厚相乘积的大小分为：

①小方　宽、厚乘积在 $55cm^2$ 以下。

②中方　宽、厚乘积为 $55 \sim 100cm^2$。

③大方　宽、厚乘积为 $101 \sim 225cm^2$。

④特大方　宽、厚乘积在 $226cm^2$ 以上。

（3）锯材标准

针、阔叶锯材的种类、尺寸、材质要求及分等，可参照相应国家标准、行业标准的规定，如《针叶树锯材》(GB/T 153—2009)、《阔叶树锯材》(GB/T 4817—2009) 及《毛边锯材》(LY/T 1352—2012) 等。

1.5.2 家具选材原则

识别木材，是为了合理地选用木材。家具用材一般要求质量适中、强度好、胀缩变形小、易于加工。高级家具用的木材，还必须具备这样一些条件：纹理美观、悦目，物理性能良好（如耐摩擦、变形小、不易开裂和腐朽等），加工和涂饰性能好、支承料强度大。一般用料的要求则相对地可以低些，能满足部件的强度要求就可以了。例如，有些带缺陷的木材，做外表用料会影响外观，但用于内部却一点也不影响质量。如果将名贵的柚木、水曲柳等木材做内部用料，则是很大的浪费，一定要做到物尽其用。

在家具的具体应用上，由于使用部位和使用条件的不同，而对材质的要求有所不同。因此合理选材与用材对家具产品的强度、外形及成本都有直接的影响。选材的主要技术条件及适宜树种如下：

（1）技术条件

①质量适中，材质结构细致，材色悦目，纹理美观。

②弯曲性能好。

③胀缩性和翘曲变形性小，尺寸稳定性好。

④易加工，切削性能良好，握钉力好，不易劈裂。

⑤着色、胶黏、油漆性能好。

（2）适宜树种

①家具外部用材应选用质地较硬，纹理美观的阔叶树种，如水曲柳、榆木、桦木、槲栎、麻栎、核桃楸、黄波罗、柚木、紫檀、龙脑香等。

②家具内部用材，要求较低，可选用材质较松、材色和纹理不显著的树材，如红松、椴木、杉木等。

1.5.3 家具常用材种

本节所有家具常用材种详细介绍请扫描右侧二维码。

家具常用材种

1.5.3.1 针叶材类

①银杏（白果木）*Ginkgo biloba* 银杏科银杏属

②冷杉（白松）*Abies* spp. 松科冷杉属

③云杉（白松）*Picea* spp. 松科云杉属

④铁杉（铁夹杉）*Tsuga* spp. 松科铁杉属

⑤落叶松（黄花松、义气松）*Larix* spp. 松科落叶松属

⑥软松（红松、华山松、新疆红松等）*Pinus* spp. 松科松属

⑦硬松（樟子松、马尾松、油松、高山松等）*Pinus* spp. 松科松属

⑧杉木 *Cunninghamia lanceolata* 杉科杉属

⑨柳杉（孔雀杉）*Cryptomeria fortunei* 杉科柳杉属

⑩红豆杉（卷柏、扁柏）*Taxus* spp. 红豆杉科红豆杉属

1.5.3.2 阔叶材类

①水曲柳 *Fraxinus mandshurica* 木犀科白蜡属

②黄波罗（黄檗）*Phellodendron amurense* 芸香科黄檗属

③核桃楸（楸木、胡桃楸）*Juglans mandshurica* 核桃科核桃属

④槲栎（槲树、辽东栎等）*Quercus* spp. 壳斗科栎属

⑤麻栎（栓皮栎）*Quercus* spp. 壳斗科栎属

⑥青冈（青冈栎）*Cyclobalanopsis glauca* 壳斗科青冈属

⑦水青冈（山毛榉）*Fagus* spp. 壳斗科水青冈属

⑧栲树（红椎）*Castanopsis hystrix* 壳斗科栲属

⑨罗浮椎（白椎）*Castanopsis fabri* 壳斗科栲属

⑩香樟（樟木）*Cinnamomum camphora* 樟科樟属

⑪刨花楠 *Machilus pingii* 樟科润楠属

⑫桢楠（雅楠、楠木、小叶楠）*Phoebe zhennan* 樟科桢楠属

⑬檫木（梓木）*Sassafras tzumu* 樟科檫木属

⑭榆木 *Ulmus* spp. 榆科榆属

⑮榉木（鸡油树）*Zelkova* spp. 榆科榉属

⑯楝木（苦楝、川楝子）*Melia* spp. 楝科楝属

⑰香椿（红椿）*Toona sinensis* 楝科香椿属

⑱泡桐 *Paulownia* spp. 玄参科泡桐属

⑲臭椿（白椿）*Ailanthus altissima* 苦木科臭椿属

⑳南酸枣 *Choerospondias axil-laris* 漆树科南酸枣属

㉑花榈木（花梨木）*Ormosia henryi* 蝶形花科红豆属

㉒桦木 *Betula* spp. 桦木科桦木属

㉓槭木（硬槭）*Acer* spp. 槭树科槭属

㉔椴木 *Tilia* spp. 椴树科椴树属

㉕枫香（枫树）*Liquidambar formosana* 金缕梅科枫香属

㉖荷木（木荷）*Schima* spp. 山茶科荷木属

㉗橡胶木 *Hevea brasiliensis* 大戟科橡胶树属

㉘野漆 *Toxicodendron succedanea* 漆树科漆属

㉙黄连木 *Pistacia chinensis* 漆树科黄连木属

㉚紫油木 *Pistacia Weinmannifolia* 漆树科黄连木属

㉛冬青 *Ilex purpurea* 冬青科冬青属

㉜刺楸 *Kalopanax spetemlobus* 五加科刺楸属

㉝西南桤木 *Alnus nepalensis* 桦木科桤属

㉞乌桕 *Sapium sebiferum* 大戟科乌桕属

㉟黄杨 *Buxus sinica* 黄杨科黄杨属

㊱柿树 *Diospyros kaki* 柿树科柿属

㊲降香黄檀 *Dalbergia odorifera* 蝶形花科黄檀属

㊳木莲 *Manglietia fordiana* 木兰科木莲属

㊴合欢 *Albizia julibrissin* 含羞草科合欢属

㊵女贞树 *Ligustrum lucidum* 木犀科女贞属

㊶山龙眼 *Helicia* sp. 山龙眼科山龙眼属

㊷乌木（西里伯斯柿、条纹乌木）*Diospyros celebica* 柿树科柿属

㊸乌木（厚瓣乌木）*Diospyros crassiflora* 柿树科柿属

㊹交趾黄檀（红酸枝）*Dalbergia cochinchinensis* 蝶形花科黄檀属

㊺阔叶黄檀（黑酸枝）*Dalbergia latifolia* 蝶形花科黄檀属

㊻大果紫檀（花梨木）*Pterocarpus macrocarpus* 蝶形花科紫檀属

㊼白花崖豆木（鸡翅木）*Millettia leucantha* 蝶形花科崖豆藤属

㊽柚木 *Tectona grandis* 马鞭草科柚木属

㊾筒状非洲楝（沙佩莱）*Entandrophragma cylindricum* 楝科非洲楝属

㊿桃花心木 *Swietenia mahagoni* 楝科桃花心木属

51黑核桃木 *Juglans nigra* 核桃科核桃属

52小鞋木豆（斑马木）*Microberlinia brazzavillensis* 苏木科小鞋木豆属

53大花龙脑香（克隆、巴劳、阿必通）*Dipterocarpus grandiflorus* 龙脑香科龙脑香属

54棱柱木（白木）*Gonystylus bancanus* 棱柱木科棱柱木属

55黑樱桃（红樱桃）*Prunus serotina* 蔷薇科李属

1.5.4 红木的识别与选购

1.5.4.1 红木的定义

红木 Hongmu——紫檀属、黄檀属、柿属、崖豆属及决明属树种的心材，其密度、结构和材色（以在大气中变深的材色进行红木分类）符合国家标准《红木》(GB/T 18107—2017)规定的必备条件的木材。

目前，红木只有 29 个树种，可以分为 5 属 8 类。5 属是以树木学的属来命名的，即紫檀属、黄檀属、柿属、崖豆属及决明属。8 类则是以木材的商品名来命名的，即紫檀木类、花梨木类、香枝木类、黑酸枝木类、红酸枝木类、乌木类、条纹乌木类和鸡翅木类。

①檀香紫檀（*Pterocarpus santalinus*）主产于印度南部。商品名为 red sanders，red sandalwood。

②安达曼紫檀（*Pterocarpus dalbergioides*）主产于印度安达曼群岛。商品名为 Andaman padauk，Andaman redwood，vermilion。

③刺猬紫檀（*Pterocarpus erinaceus*）主产于热带非洲。商品名为 ambila。

④印度紫檀（*Pterocarpus indicus*）主产于印度、缅甸、菲律宾、巴布亚新几内亚，马来西亚及印度尼西亚，中国广东、广西、海南及云南引种栽培。商品名为 amboyna，Burmacoast padauk，sena，Manilla padauk，narra。

⑤大果紫檀（*Pterocarpus macarocarpus*）主

产于缅甸、泰国和老挝。商品名为 Burma padauk，pradeo，may dou。

⑥囊状紫檀（*Pterocarpus marsupium*）主产于印度。商品名为 bijasal，narra，padauk。

⑦降香黄檀（*Dalbergia odorifera*）主产于中国海南。商品名为 scented rosewood。

⑧刀状黑黄檀（*Dalbergia cultrate*）主产于缅甸。商品名为 Burma blackwood，Indian cocobolo。

⑨阔叶黄檀（*Dalbergia latifolia*）主产于印度、印度尼西亚的爪哇。商品名为 Indian rosewood，sonkeling，sonobrits，Bombay blackwood，rosewood，java－palisandre，angsana keeling。

⑩卢氏黑黄檀（*Dalbergia louvelii*）主产于马达加斯加。商品名为 Bois de rose。

⑪东非黑黄檀（*Dalbergia melanoxylon*）主产于非洲东部。商品名为 African blackwood，Mozambique ebony，African rosewood。

⑫巴西黑黄檀（*Dalbergia nigra*）主产于巴西。商品名为 Brazilian wood， jacaranda。

⑬亚马孙黄檀（*Dalbergia spruceana*）主产于巴西。商品名为 jacararda，Brazilian rosewood。

⑭伯利兹黄檀（*Dalbergia stevensonii*）主产于伯利兹。商品名为 Honduras rosewood，hogaed。

⑮巴里黄檀（*Dalbergin bariensis*）主产于亚洲热带地区。商品名为 neans nuon。

⑯赛州黄檀（*Dalbergia cearensis*）主产于巴西。商品名为 kingwood，violetta，violetwood。

⑰交趾黄檀（*Dalbergia cochinchinensis*）主产于泰国、越南和柬埔寨。商品名 Siam rosewood，paying，trac，kranghung。

⑱绒毛黄檀（*Dalbergia frulescens* var. *tomentosa*）主产于巴西。商品名为 Brazillan tulipwood，pinkwood。

⑲中美洲黄檀（*Dalbergia granadillo*）主产于墨西哥，中美洲。商品名为 cocobolo。

⑳奥氏黄檀（*Dalbergia oliveri*）主产于缅甸、泰国和老挝。商品名为 Burma tulipwood，chingchan，tamalan。

㉑微凹黄檀（*Dalbergia retusa*）主产于中美洲。商品名为 cocobolo。

㉒厚瓣乌木（*Diospyros crassiflora*）主产于西非热带地区。商品名为 Africanebory，blackebory，Afri-canpersimmon。

㉓乌木（*Diospyros ebenum*）主产于斯里兰卡及印度南部。商品名为 Ceylonebon，Eastindiaebony，ebony。

㉔毛药乌木（*Diospyros pilosanthera*）主产于菲律宾。商品名为 bolong－eta。

㉕苏拉威西乌木（*Diospyros celehica*）主产于印度尼西亚苏拉威西岛。商品名为 macassar ebony，ebony，toetandu。

㉖菲律宾乌木（*Diospyros philippensis*）主产于菲律宾。商品名为 kamagony。

㉗非洲崖豆木（*Millettia laurentii*）主产于非洲刚果盆地。商品名为 wenge，bokonge，awoung，uson－so。

㉘白花崖豆木 *Millettia leucantha*（*M. pendula*）主产于缅甸、泰国。商品名为 thinwin，theng－weng，sothon。

㉙铁刀木（*Cassia siamea*）主产于东南亚，中国云南、广东普遍引种栽培。商品名为 siamese senna。

1.5.4.2 红木构造特征

紫檀木类树种的木材构造特征见表 1-2。

表 1-2 紫檀木类树种及其木材特征

树种名称		商品名	木材特征							主要产地	备注
中文名	学名		生长轮类型	心材材色	轴向薄壁组织	结构	气干密度	波痕	香气		
紫檀木（类）	*Pterocarpus* spp.	紫檀木	散孔材	红至紫红色，久则转为深色或黑紫	同心层式细线状	细至甚细	甚大	可见	有香气或微弱	热带地区	木材甚重硬，色黑紫
檀香紫檀	*Pterocarpus santalinas*	red sanders	散孔材	新切面橘红色，久则转为深紫或黑紫	同心层式或略呈波浪形的傍管细线状	细至甚细	甚大	略见	香气无或很微弱	印度	木材甚重硬，色黑紫

花梨木类树种的木材构造特征见表 1-3。

表 1-3 花梨木类树种及其木材特征

树种名称		商品名	木材特征							主要产地	备注
中文名	学名		生长轮类型	心材材色	轴向薄壁组织	结构	气干密度	波痕	香气		
花梨木（类）	*Pterocarpus* spp.	花梨木	散孔材至半环孔材	红褐、浅红褐至紫红褐色	傍管断续波浪形及同心层细线状	细	通常大	可见	有香气或很微弱	热带地区	1. 散孔材至半环孔材倾向；2. 越柬紫檀和鸟足紫檀常沉于水
安达曼紫檀	*Pterocarpus dalbergioides*	Andaman padauk	散孔材，半环孔材倾向明显	红褐至紫红褐色，常带黑色条纹	傍管带状，断续聚翼状及细线状	细	中至大	略见	香气无或很微弱	安达曼群岛	1. 轴向薄壁组织较多；2. 管孔数较少
刺猬紫檀	*Pterocarpus erinaceus*	ambila	散孔材，半环孔材倾向明显	紫红褐或红褐色，常带黑色条纹	带状及细线状	细	大	可见	香气无或很微弱	热带亚洲	1. 轴向薄壁组织较多；2. 管孔数较少
印度紫檀	*Pterocarpus indicus*	amboyna	散孔材或半环孔材	红褐、深红褐或金黄色，常带深浅相间的深色条纹	同心层式傍管窄带断续聚翼状及细线状	细	大	明显	有香气或很微弱	印度、东南亚；中国台湾，广东及云南	1. 有著名的 amboyna 树包（瘤）花纹；2. 株间材色和质量变异甚大；3. 轴向薄壁组织较多
大果紫檀	*Pterocarpus macarocarpus*	Burma padauk	散孔材或半环孔材	橘、砖红或紫红色，常带深色条纹	同心层式傍管窄带断续翼状及细线状	细	甚大	明显	香气浓郁	中南半岛	轴向薄壁组织较多

（续）

树种名称		商品名	木材特征							主要产地	备注
中文名	学名		生长轮类型	心材材色	轴向薄壁组织	结构	气干密度	波痕	香气		
囊状紫檀	*Pterocarpus marsupium*	Bijasal	散孔材或半环孔材	金黄褐或浅黄紫红褐色，常带深色条纹	同心层式傍管带状及细线状	细	大	略明显或明显	香气无或很微弱	印度、斯里兰卡	射线组织同形单列及 2 列

注：紫檀属为非紫檀木和花梨木类的非红木称为亚花梨。

香枝木类树种的木材构造特征 见表 1-4。

表 1-4　香枝木类树种及其木材特征

树种名称		商品名	木材特征							主要产地	备注
中文名	学名		生长轮类型	心材材色	轴向薄壁组织	结构	气干密度	波痕	香气		
香枝木（类）	*Dalbergia* spp.	香脂木	散孔材至半环孔材	红褐或深红褐色	同心层式细线状或窄带状	细	大	可见	新切面辛辣气味浓郁	亚洲热带地区	
降香黄檀	*Dalbergia odorifera*	Scented rosewood	散孔材至半环孔材	紫红褐或深红褐色，常带黑色条纹	傍管带状	细	大	可见	新切面辛辣气味浓郁，久则微香	中国海南	1. 轴向薄壁组织较少；2. 射线 1～3 列，4 列可见

黑酸枝木类树种的木材构造特征见表 1-5。

表 1-5　黑酸枝木类树种及其木材特征

树种名称		商品名	木材特征							主要产地	备注
中文名	学名		生长轮类型	心材材色	轴向薄壁组织	结构	气干密度	波痕	香气		
黑酸枝木（类）	*Dalbergia* spp.	黑酸枝木	散孔材	栗褐色，常带明显的黑条纹	同心层式细线状或窄带状	细	绝大多数甚大	可见或明显	有酸香气或很微弱	热带地区	1. 绝大多数沉于水；2. 散孔材
刀状黑黄檀	*Dalbergia cultrate*	Burma blackwood	散孔材	新切面紫色、黑或栗褐，常带紫或黑褐色窄条纹	同心层式波浪形，傍管带状及细线状	细	大至甚大	可见	新切面有酸香气	缅甸、印度	轴向薄壁组织较多
阔叶黄檀	*Dalbergia latifolia*	Indian rosewood	散孔材	浅金褐、黑褐、紫褐或深紫红色，常有紫黑色条纹	断续带状，局部波浪形	细	大至甚大	可见	新切面有酸香气	印度、印度尼西亚	射线组织有异形Ⅲ型倾向
卢氏黑黄檀	*Dalbergia louvelii*	Bois de rose	散孔材	新切面橘红色，久则转为深紫色	同心层式略呈波浪形的傍管细线状	甚细至细	甚大	可见	酸香气微弱	马达加斯加	1. 射线单列；2. 轴向薄壁组织较少

（续）

树种名称		商品名	木材特征							主要产地	备注
中文名	学名		生长轮类型	心材材色	轴向薄壁组织	结构	气干密度	波痕	香气		
东非黑黄檀	*Dalbergia melanoxylon*	African blackwood Grenadille afrique	散孔材	黑褐至黑紫褐色，常带黑色条纹	星散聚合，断续聚翼状	甚细	甚大	可见	无酸香气或很微弱	东非	1. 木射线迭生不明显 2. 轴向薄壁组织较少
巴西黑黄檀	*Dalbergia nigra*	Brazilian rosewood	散孔材	黑褐、巧克力至紫褐色，常带有明显的黑色窄条纹	细线状	细	大至甚大	明显	新切面酸香气浓郁	热带南美洲，特别是巴西	射线组织异形 III 型倾向明显
亚马孙黄檀	*Dalbergia spruceana*	Jacararda-dopara	散孔材	红褐、深紫灰褐色，常带黑色条纹细线状	环管束状	细	大	不明显	无酸香气或很微弱	南美亚马孙	管孔数较少
伯利兹黄檀	*Dalbergia stevensonii*	Honduras rosewood	散孔材	浅红褐、黑褐或紫褐色，常带黑色条纹	细线状	细	大至甚大	可见	无酸香气或很微弱	中美洲伯利兹	1. 轴向薄壁组织较少； 2. 管孔数较少

红酸枝木类树种的木材构造特征见表 1-6。

表 1-6　红酸枝木类树种及其木材特征

树种名称		商品名	木材特征							主要产地	备注
中文名	学名		生长轮类型	心材材色	轴向薄壁组织	结构	气干密度	波痕	香气		
红酸枝木（类）	*Dalbergia* spp.	红酸枝木	散孔材至半环孔材	红褐或紫红褐色	同心层式细线状或窄带状	细	绝大多数甚大	可见或明显	有酸香气或很微弱	热带地区	1. 绝大多数沉于水； 2. 由于纹理交错在径切面上常形成带状花纹
巴里黄檀	*Dalbergin bariensis*	Neans nuon	散孔材	新切面紫红褐或暗红褐色，常带黑褐或栗褐色细条纹	细线状	细	甚大	未见或可见	无酸香气或很微弱	亚洲	常沉于水
赛州黄檀	*Dalbergia cearensis*	Kingwood，Violetta	散孔材	粉红褐、深紫褐或金黄色，常带紫褐或黑褐色细条纹	星散和环管束状，稀短聚翼及细线状	甚细	甚大	明显	无酸香气或微弱	热带南美洲，特别是巴西	1. 射线组织有异形 Ⅲ 型倾向； 2. 管孔小而数多
交趾黄檀	*Dalbergia cochinchinensis*	Siam rosewood	散孔材	新切面紫红褐或暗红褐色，常带黑褐或栗褐色细条纹	同心层式细线状	细	甚大	可见	有酸香气或微弱	中南半岛	射线单列及 2 列，3 列可见
绒毛黄檀	*Dalbergia frulescens* var. *tomentosa*	Brazillan tulipwood	散孔材至半环孔材	微红、紫红色，常带深红褐或橙红褐色深条纹	星散聚合、聚翼	细	大至甚大	可见	无酸香气或很微弱	热带南美洲，特别是巴西	射线组织有异形 Ⅲ 型倾向

（续）

树种名称		商品名	木材特征							主要产地	备注
中文名	学名		生长轮类型	心材材色	轴向薄壁组织	结构	气干密度	波痕	香气		
中美洲黄檀	*Dalbergia granadillo*	Cocobolo Granadillo	散孔材	新切面暗红褐色、橘红褐至深红褐，常带黑褐色条纹	细线状、星散聚合、环管束状	细	甚大	明显	新切面气味辛辣	南美洲，以及墨西哥	1. 特征和用途与微凹黄檀略同；2. 射线组织同形单列，2列可见
奥氏黄檀	*Dalbergia oliveri*	Burma tulip-wood	散孔材	新切面柠檬红、红褐至深红褐色，常带明显的黑色条纹	同心层式带状及细线状	细	甚大	可见	新切面有酸香气或微弱	中南半岛	1. 射线组织有异形Ⅲ型稀见；2. 轴向薄壁组织较多
微凹黄檀	*Dalbergia retusa*	Cocobolo	散孔材	新切面暗红褐、橘红褐至深红褐色，常带黑褐色条纹	细线状、星散聚合、环管束状	细	甚大	不明显	新切面气味辛辣	南美及中美洲	1. 特征和用途与中美洲黄檀略同；2. 射线单列，2列成对可见

乌木类树种的木材构造特征见表1-7。

表 1-7　乌木类树种及其木材特征

树种名称		商品名	木材特征							主要产地	备注
中文名	学名		生长轮类型	心材材色	轴向薄壁组织	结构	气干密度	波痕	香气		
乌木（类）	*Diospyros* spp.	乌木	散孔材	全部乌黑	同心层式离管细线，疏环管数少	细	甚大	未见	无	热带地区	心材全部乌黑色
厚瓣乌木	*Diospyros crassiflora*	Africane-bory	散孔材	全部乌黑	同心层式离管细线	甚细	甚大	未见	无	热带西非	
乌木	*Diospyros ebebum*	Ceylon ebony	散孔材	全部乌黑，浅色条纹稀见	同心层式离管细线	甚细	大至甚大	未见	无	斯里兰卡及印度南部	轴向薄壁组织较多

条纹乌木类树种的木材构造特征见表1-8。

表 1-8　条纹乌木类树种及其木材特征

树种名称		商品名	木材特征							主要产地	备注
中文名	学名		生长轮类型	心材材色	轴向薄壁组织	结构	气干密度	波痕	香气		
条纹乌木（类）	*Diospyros* spp.	条纹乌木	散孔材	黑或栗褐色，间有浅色黑条纹	同心层式离管细线，疏环管数少	细	绝大多数甚大	未见	无	热带地区	心材乌黑色，带有条纹

（续）

树种名称		商品名	木材特征							主要产地	备注
中文名	学名		生长轮类型	心材材色	轴向薄壁组织	结构	气干密度	波痕	香气		
苏拉威西乌木	*Diospyros celehica*	Macassar ebony	散孔材	黑或栗褐色，带深色条纹	同心层式离管细线	细	甚大	未见	无	印度尼西亚	
菲律宾乌木	*Diospyros philippensis*	Kamagony	散孔材	黑、乌黑或栗褐色，带黑及栗褐色条纹	同心层式离管细线	甚细	大至甚大	未见	无	菲律宾斯里兰卡，中国台湾	包括台湾乌木 *D. discolorilld*.
毛药乌木	*Diospyros pilosan-thera*	Bolong-eta	散孔材	全部乌黑	同心层式离管细线	细	大至甚大	未见	无	菲律宾	

鸡翅木类树种的木材构造特征见表 1-9。

表 1-9　鸡翅木类树种及其木材特征

树种名称		商品名	木材特征							主要产地	备注
中文名	学名		生长轮类型	心材材色	轴向薄壁组织	结构	气干密度	波痕	香气		
鸡翅木（类）	*Millettia* spp.	鸡翅木	散孔材	黑褐或栗褐色	傍管带状或聚翼状	细至中	通常大	未见或略见	无	热带地区	略等宽浅色的轴向薄壁组织带与深色的纤维带在弦切面上相间，形成鸡翅花纹
非洲崖豆木	*Millettia laurentii*	Wenge	散孔材	黑褐色，带黑色条纹	傍管带状或聚翼状	细至中	大	不明显	无	刚果（布）及刚果（金）	轴向薄壁组织带与纤维组织带略等宽或稍窄
白花崖豆木	*Millettia leucantha*	Thinwin	散孔材	黑褐或栗褐色，带黑色条纹	傍管带状或聚翼状	细至中	甚大	略见	无	缅甸及泰国	轴向薄壁组织带与纤维组织带略等宽或稍窄
铁刀木	*Cassia siamea*	Siamese senna	散孔材	栗褐或黑褐色，带黑色条纹	聚翼状或傍管带状	细至中	中至甚大	未见	无	南亚及东南亚；中国云南、福建、广东、广西	轴向薄壁组织带较纤维组织带窄或略等宽

1.5.4.3　红木各类木材宏观图

红木各类木材宏观图如图 1-18 所示。

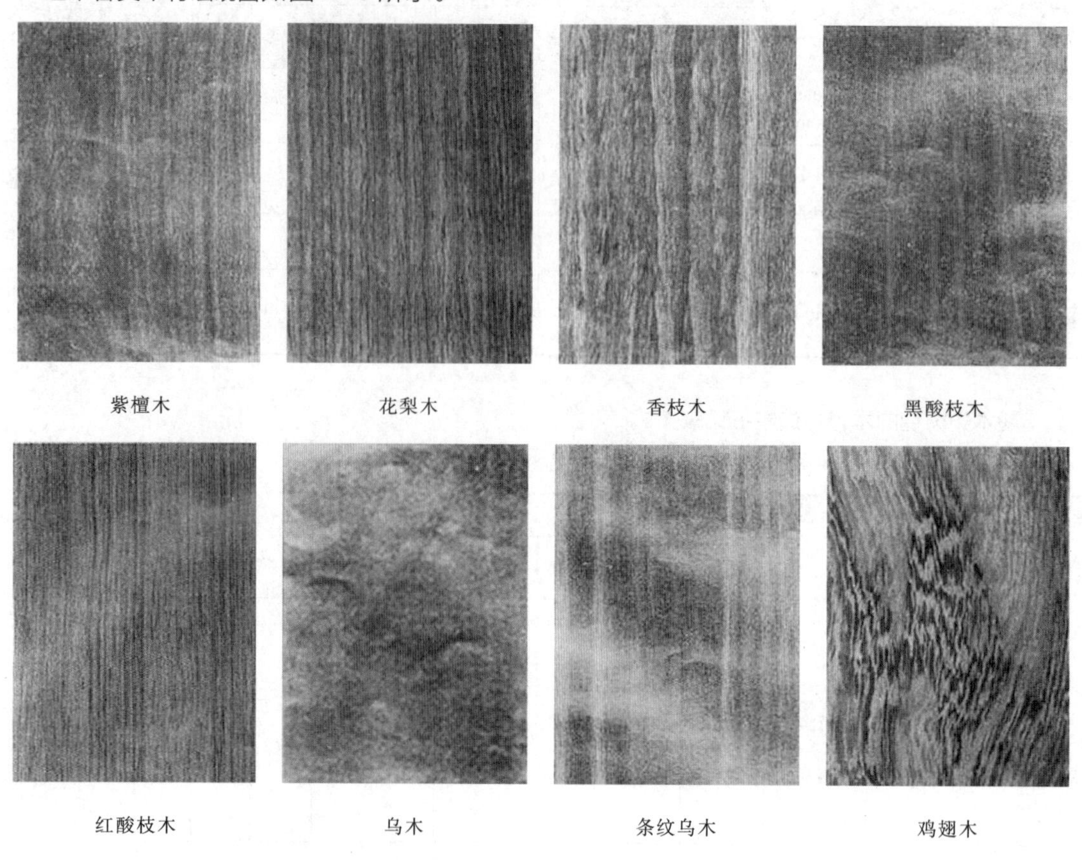

紫檀木　　花梨木　　香枝木　　黑酸枝木

红酸枝木　　乌木　　条纹乌木　　鸡翅木

图 1-18　红木各类木材宏观图

1.5.4.4　红木显微构造照片

8 类红木 29 个树种木材的显微构造照片如图 1-19 至图 1-47 所示，每种均有三个切面，横切面放大 30 倍，弦切面放大 100 倍，径切面放大 130 倍。

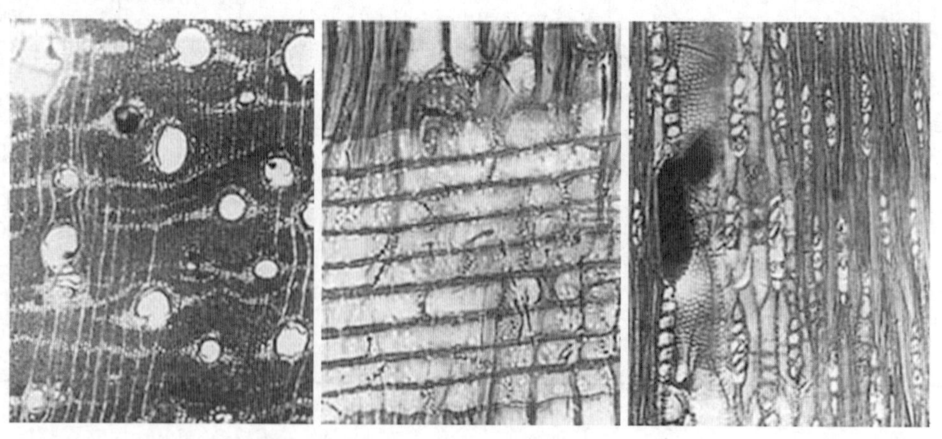

图 1-19　檀香紫檀

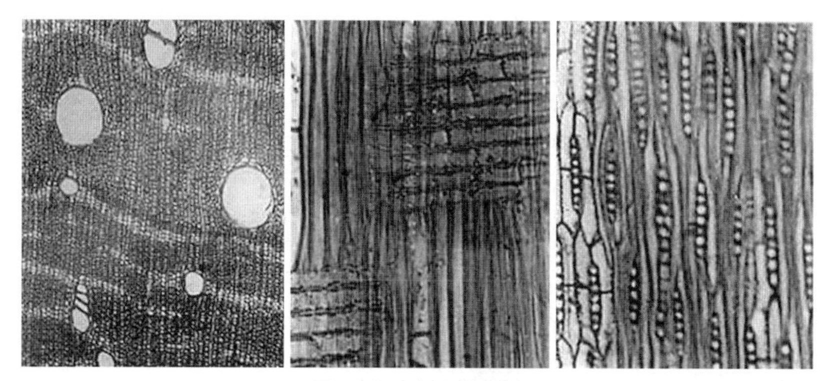

图 1-20 安达曼紫檀

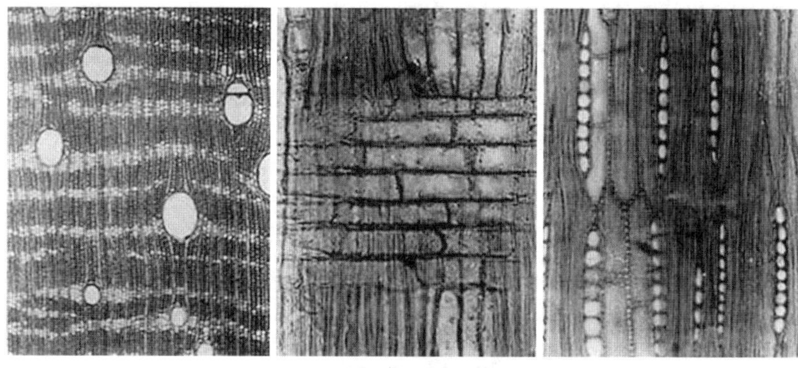

图 1-21 刺猬紫檀

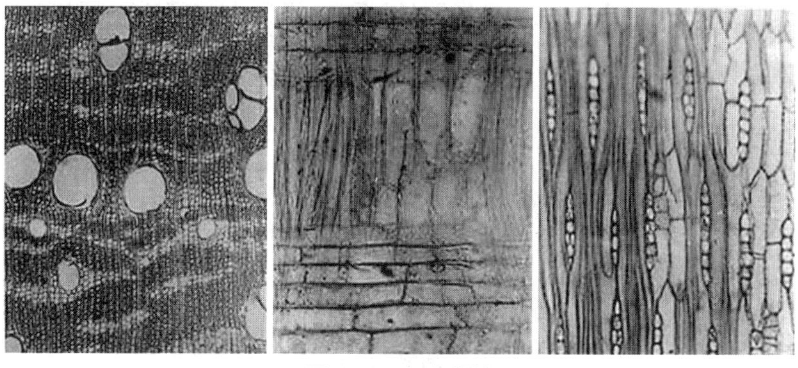

图 1-22 印度紫檀

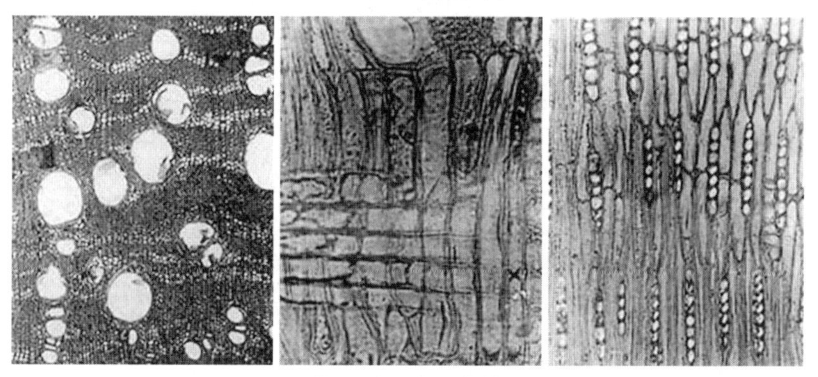

图 1-23 大果紫檀

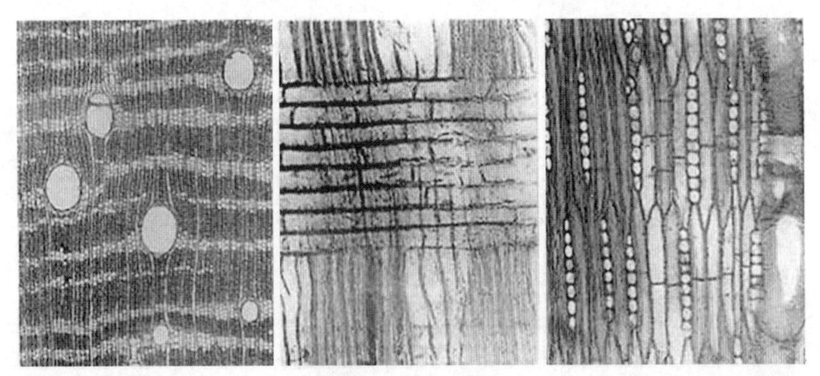

图 1-24　囊状紫檀

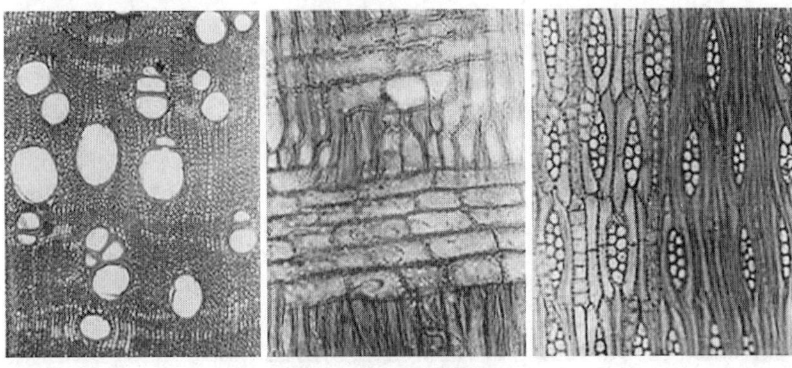

图 1-25　降香黄檀

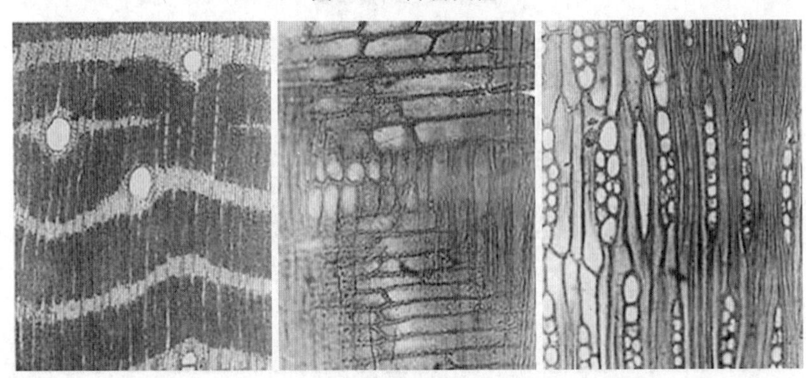

图 1-26　刀状黑黄檀

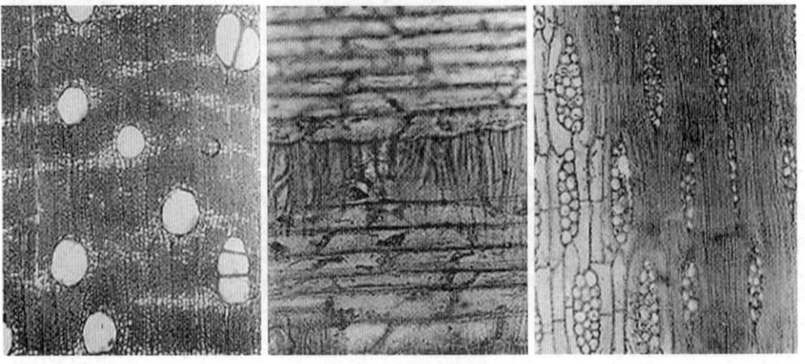

图 1-27　阔叶黄檀

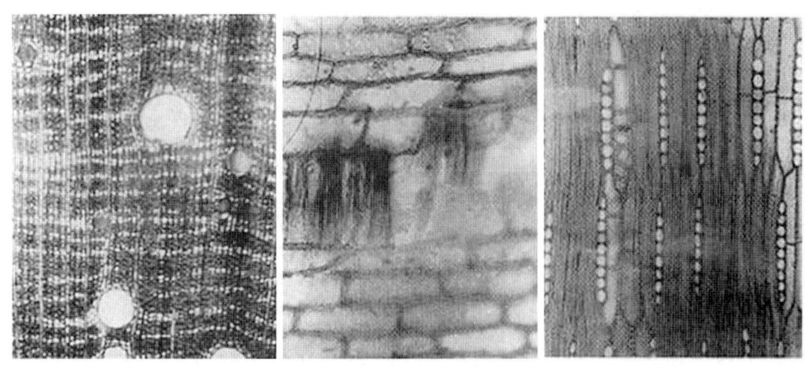

图 1-28　卢氏黑黄檀

图 1-29　东非黑黄檀

图 1-30　巴西黑黄檀

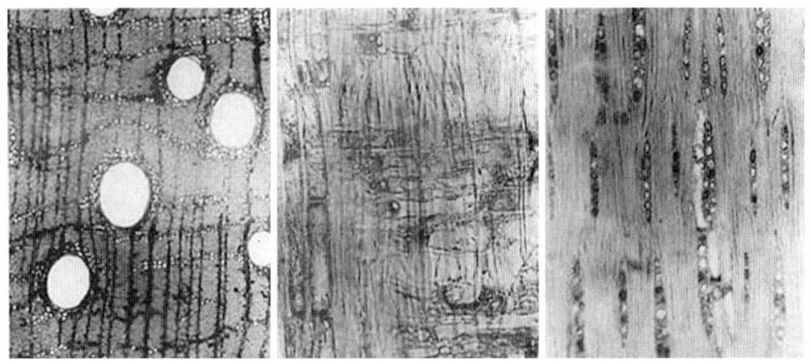

图 1-31　亚马孙黄檀

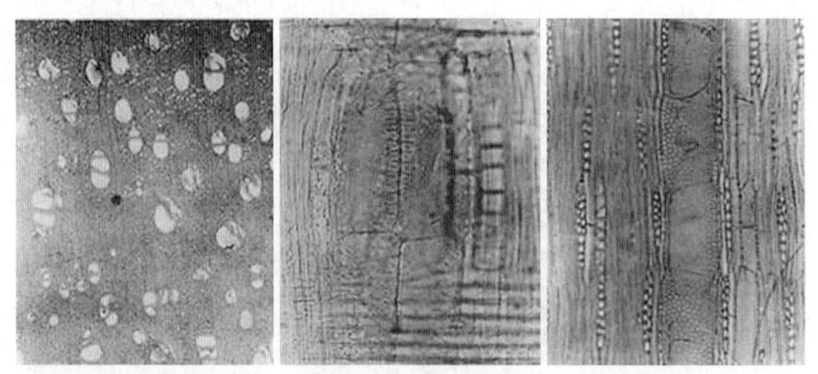

图 1-32　伯利兹黄檀

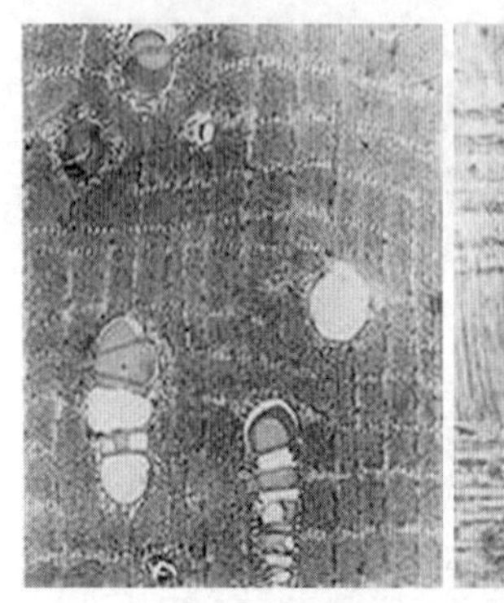
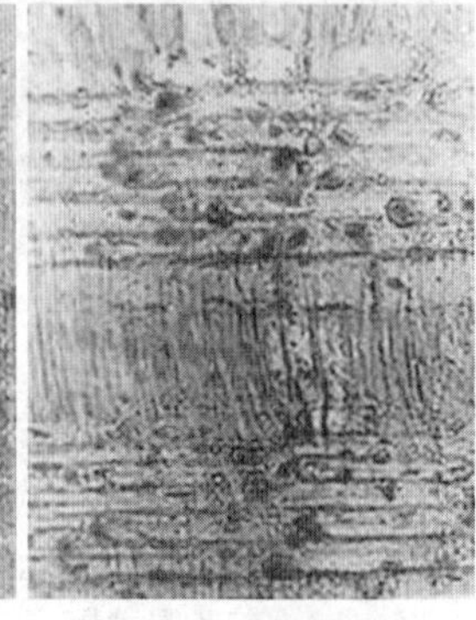
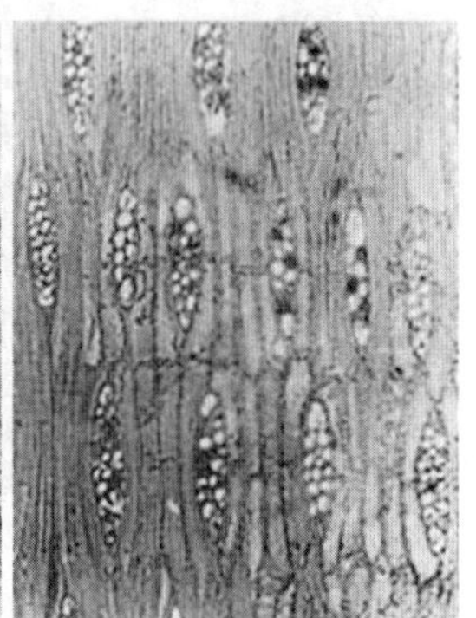

图 1-33　巴里黄檀

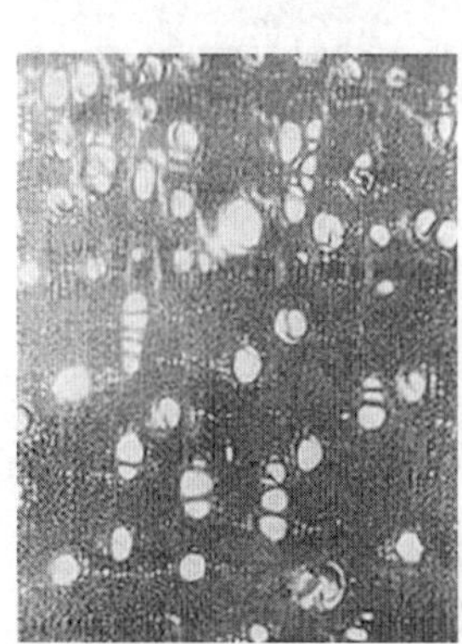
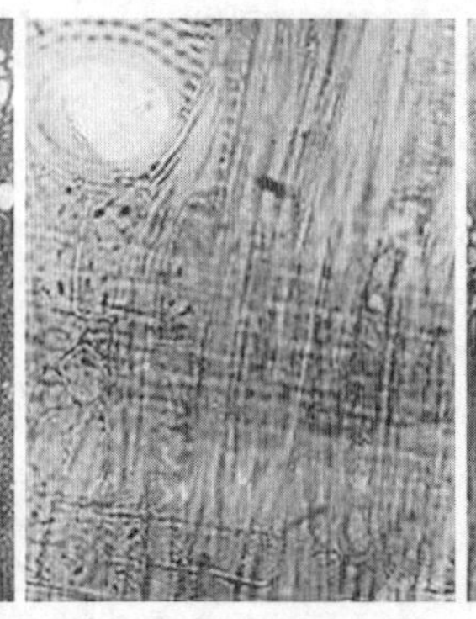
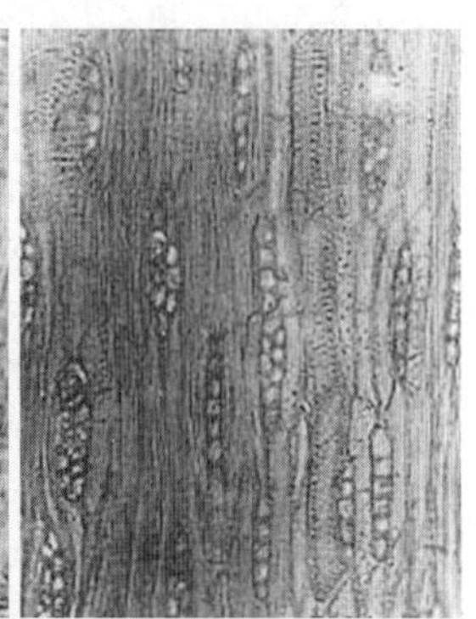

图 1-34　赛州黄檀

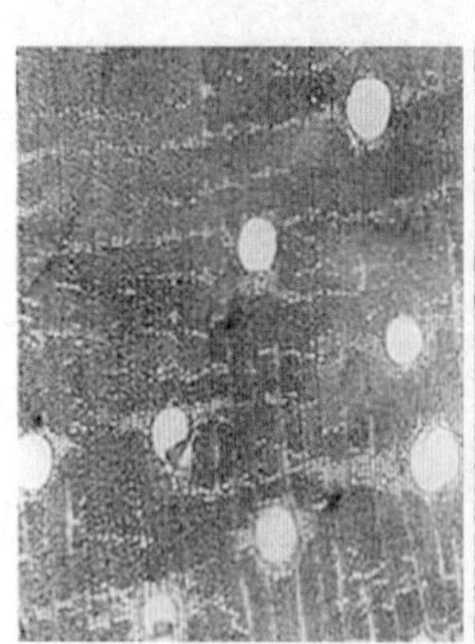

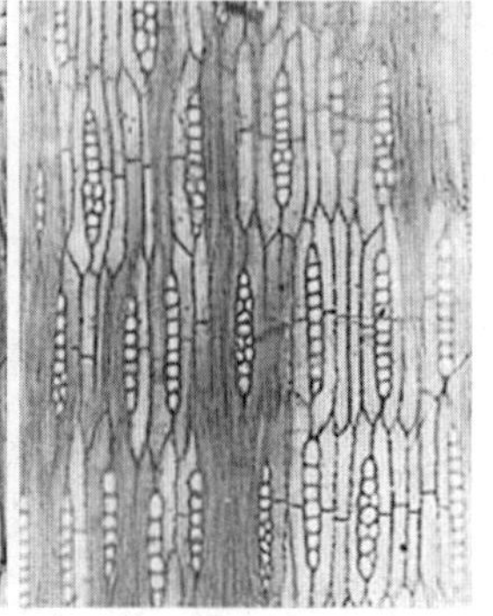

图 1-35　交趾黄檀

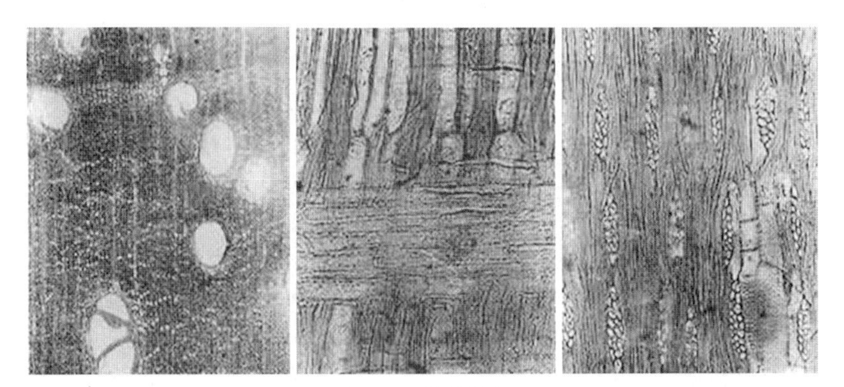
图 1-36　绒毛黄檀

图 1-37　中美洲黄檀

图 1-38　奥氏黄檀

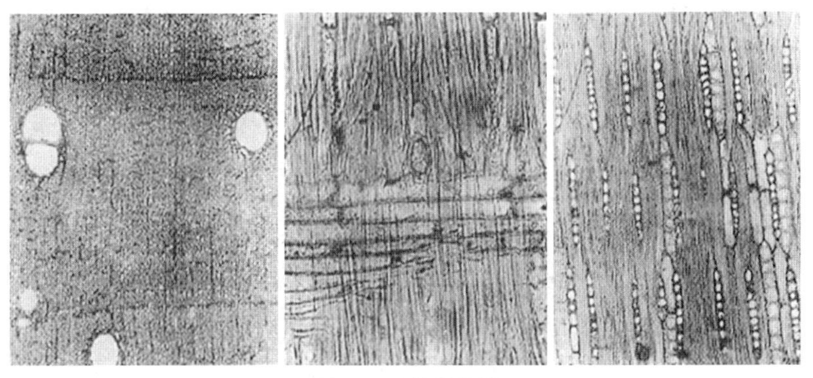
图 1-39　微凹黄檀

图 1-40　厚瓣乌木

图 1-41　乌木

图 1-42　苏拉威西乌木

图 1-43　菲律宾乌木

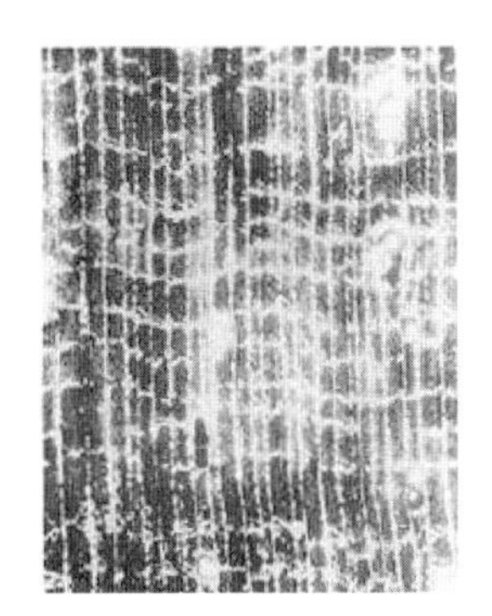

图 1-44　毛药乌木

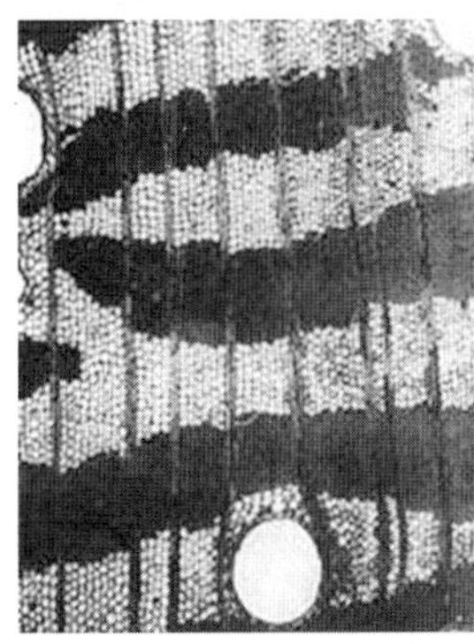
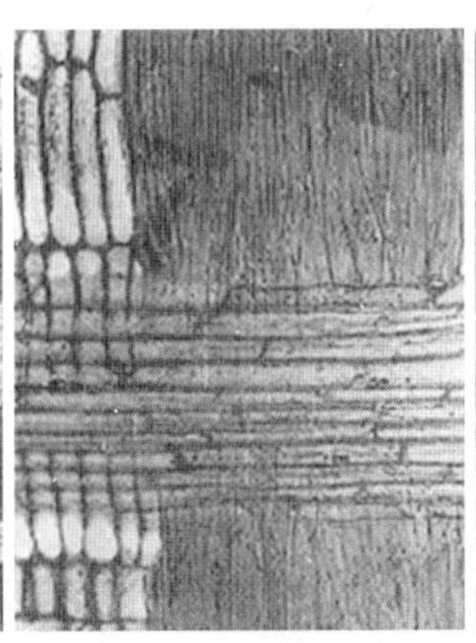
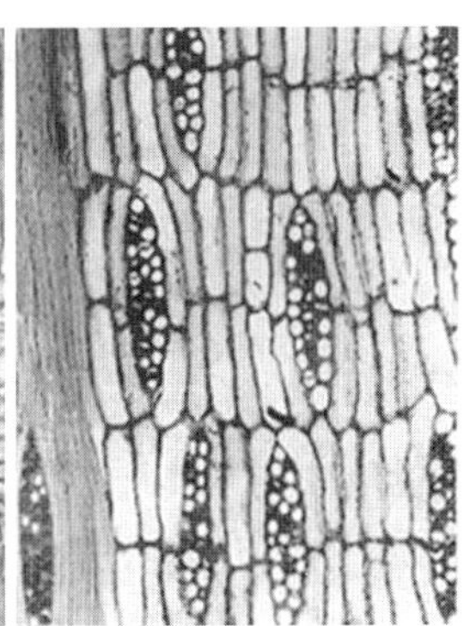

图 1-45　非洲崖豆木

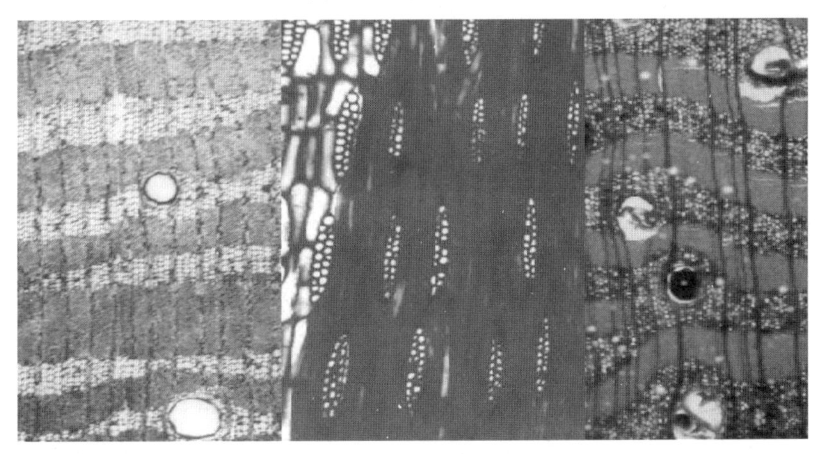

图 1-46　白花崖豆木

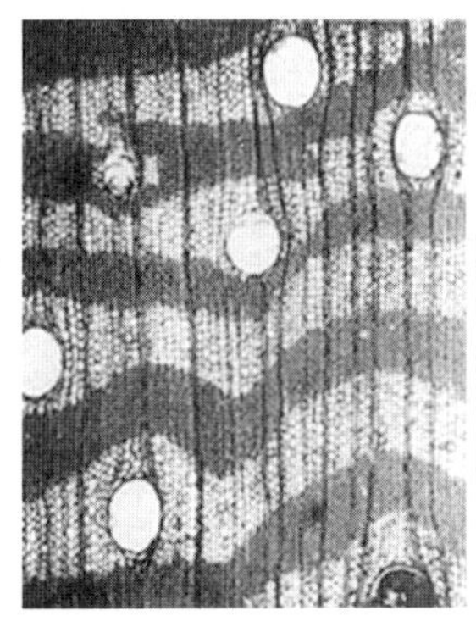

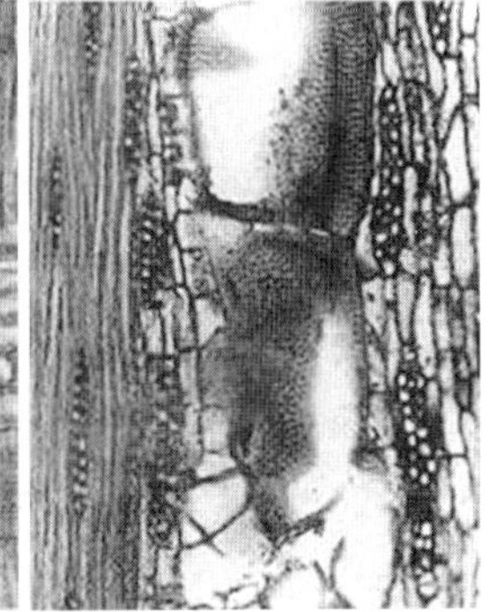

图 1-47　铁刀木

单元实训

实训项目 1　木材宏观构造的识别与鉴别

1. 实训目标

（1）通过对木材宏观结构的分析和鉴别，使得学生能够熟悉木材的三个切面，认识木材的年轮（或生长轮）、早材和晚材、心材和边材、木射线、无孔材和有孔材、树脂道和树皮等构造特征，比较这些特征在三个切面的不同，并比较针、阔叶材构造的区别。

（2）掌握家具常用木材的外观构造特征。

2. 实训场所与形式

实训场所为木材标本实验室、装饰材料商场或家具厂。以 4～6 人为实训小组，到实训现场对木材宏观构造进行识别。

3. 实训材料与设备

材料：常见的针叶材和阔叶材三切面结构样本及试样若干种（试样至少不少于 10 种）。

（1）红松 *Pinus koraiensis*

（2）兴安落叶松 *Larix dahurica*

（3）鱼鳞云杉 *Picea jezocnsis*

（4）马尾杉 *Pinus massoniana*

（5）杉木 *Cunninghamia lanceolata*

（6）臭冷杉 *Abies nephrolepis*

（7）水曲柳 *Fraxinus mandshurica*

（8）苦槠 *Castanopsis sclerophylla*

（9）白榆 *Ulmus pumila*

（10）香樟 *Cinnamomum camphora*

（11）白桦 *Betula platyphylla*

（12）毛白杨 *Populus tomentosa*

（13）黄檀 *Dalbergia hupeana*

（14）红豆树 *Ormosia henryi*

（15）泡桐 *Paulownia tonentosa*

（16）栓皮栎 *Quercus variabilis*

（17）柿树 *Diospyros* sp.

（18）核桃楸 *Juglans mandshurica*

（19）鹅掌楸 *Liriodendron chinense*

仪器和工具：5～10 倍的放大镜，凿刀。

4. 实训内容与方法

由于家具用木材的种类很多，在此仅对家具常用木材的宏观结构进行分析和识别。

以实训小组为单位，由组长向实训教师领取实训所需材料与工具。

（1）实训准备和三切面的初步识别

实训前由实训教师准备好家具常用木材三切面结构样本和试样等。三切面样本选取有代表性的 1～2 个即可，但是试样不能少于 10 种，试样的规格通常取长 12～15cm，宽度 6～8 cm，厚度1.5～2.0 cm 的毛坯，用刨刀刨光。试样必须取自生长正常、健全且不含缺陷的部位。让学生按组轮流进行宏观识别，针对书中讲解的内容，就木材三个切面（横切面、径切面、弦切面）的宏观结构特征如何分析与鉴别，进行讨论和记录，最后由教师进行总结。

（2）木材宏观结构的识别

①在横切面上进行心材与边材的区别　分辨心材与边材及其颜色，熟悉心边材变化明显的，心边材急变和缓变的情况。认识伪心材，国产桦属、杨属、柳属、槭属比较常见。

②年轮、早材和晚材的识别　认识年轮在三个切面的形状和特征，了解伪年轮的特征和形状。认识早晚材的颜色和特征。

早材和晚材，在一个年轮内，向髓心一边的为早材，质松色浅，向树皮一边的为晚材，质密色深，在横切面上观察早材至晚材的转变度，有缓急之别，同一种树，因气候土壤等生长条件而异；此种转变不但对木材识别有些帮助，而且与材质致密有密切关系，一般分下列三级：

缓——早晚材的区别不甚明显，通常晚材带很窄，如红松；

略急——早、晚材的区别略明显，如鱼鳞松；

急——早、晚材的区别明显，通常晚材带具一定宽度，如落叶松。

③木射线的识别　能正确分析和认识木射线的宽度、长度及结构。

④管孔的识别　熟悉散孔材、环孔材、半环孔材的基本特征，能进行正确识别。

⑤轴向薄壁组织的识别　能正确认识离管类和傍管类的薄壁组织的形态和结构特征。

⑥胞间道的识别　能正确分析正常树脂道和创伤树脂道。

⑦对木材颜色，光泽、气味等次要宏观特征，作一般性了解与识别。

5. 实训要求与报告

（1）实训前，学生应认真查阅资料，了解有关木材宏观构造的基本特征，明确实训内容、方法及要求。

（2）在整个实训过程中，每位学生均应借助放大镜和凿刀仔细分析和识别木材各个切面的宏观特征，做好实训记录（附表 1－1）。

（3）实训完毕，及时整理好实训报告，并将观察结果和该种木材的宏观构造描述的有关资料进行比较，找到差距，进行分析，如实报告，做到准确完整、规范清楚。

6. 实训考核标准

（1）能够正确识别木材各个切面的宏观构造基本特征。

（2）能够对所观察的结果和有关资料的描述进行比较，正确分析各种木材的结构差别。

（3）能达到上述两点标准，实训报告完整的学生，可酌情将成绩评定为合格、良好或优秀。

附表 1-1　木材宏观构造特征记载表

树种名称	树皮				生长轮			管孔有无	树脂（胶）道		心边材			木射线	纹理	结构	气味	轻重	材表	备注
	外皮形态	内皮			明显度	形状	早材至晚材变化		类型	分布	心材		边材颜色							
		石细胞	花纹	树脂囊（腔）							大小	颜色								

实训项目 2　木材含水率、密度的测定

1. 实训目标

通过实训，基本掌握木材含水率和密度测定方法以及试验的整理。

2. 实训场所与形式

实训场所为木材物理实验室。以 4～6 人为实训小组，对木材含水率和密度进行测定。

3. 实训材料与设备

天平（0.001g）、螺旋测微计（0.01mm）、烘箱、玻璃干燥器；木材标准试块若干种（不少于 10 种）。

4. 实训内容与方法

本次实训，含水率、气干密度与全干密度用同一个已气干的试样。试样须具代表性，在距木材一端 30cm 处取材，试样尺寸为 20mm × 20mm × 20mm，并应具备三个标准切面。含水率和气干密度在同一试样上测定。

（1）含水率

将试样清除锯屑及灰尘，称取其质量，精确到 0.001g；随即将试样放入烘箱中干燥，开始温度 60℃，保持 4h，然后逐渐上升到 103℃ ± 2℃，维持 8h，至最后每隔 2 h 再称取其质量，若前后两次称量之差不超过 0.002g，即认为试样达到全干。将已烘干的试样从烘箱取出，放入干燥器内至室温后迅速称量。

（2）气干密度与全干密度

气干试样在初次称量后，随即在其各相对面的中心位置，分别测出弦向、径向和纵向的尺寸，准确至 0.01mm。试样烘干后，同样量取其弦向、径向和纵向三个方向的尺寸。干燥前后测得的质量、尺寸、分别填入记录表中。体积的测定参照气干密度与全干密度时测定体积的方法，全干质量的测定参照含水率测定的方法。数据分别填入记录附表 1－2 中。

5. 实验结果整理

（1）木材的含水率

按下式计算，准确至0.1%。

$$W = \frac{(m_W - m_0)}{m_0} \times 100\%$$

式中　W——试样含水率（%）；

m_W——试样含水率为W时的质量（g，本实验即为气干时的质量）；

m_0—试样全干时的质量（g）。

（2）气干密度

按下式计算，准确至$0.001g/cm^3$。

$$\rho_W = \frac{m_W}{V_W}$$

式中　ρ_W——试样含水率为W时的气干密度，单位为克每立方厘米（g/cm^3）；

m_W——试样含水率为W时的质量，单位为克（g）；

V_W——试样含水率为W时的体积，单位为立方厘米（cm^3）。

为了比较各种木材密度，须调整到同一含水率（12%）时气干密度，计算公式如下：

$$\rho_{12} = \rho_W [1 - 0.01(1 - K)(W - 12)]$$

式中　ρ_{12}——试样含水率为12%时的气干密度，单位为克每立方厘米（g/cm^3）；

K——试样含水率变化1%时的体积干缩系数；

W——试样含水率；

ρ_W——试样含水率为W时的气干密度，单位为克每立方厘米（g/cm^3）。

（3）全干密度

按下式计算，准确至$0.001\ g/cm^3$。

$$\rho_0 = \frac{m_0}{V_0}$$

式中　ρ_0——试样全干时的密度，单位为克每立方厘米（g/cm^3）；

m_0——试样全干时的质量，单位为克（g）；

V_0——试样全干时的体积，单位为立方厘米（cm^3）。

（4）基本密度

按下式计算，准确至$0.001g/cm^3$。

$$\rho_y = \frac{m_0}{V_{max}}$$

式中　ρ_y——试样的基本密度，单位为克每立方厘米（g/cm^3）；

m_0——试样全干时的质量，单位为克（g）；

V_{max}——试样水分饱和时的体积，单位为立方厘米（cm^3）。

6. 实训考核标准

（1）能够认真仔细地做好木材含水率和密度测定试验。

（2）能够做好木材物理性质测定记录（附表1－2），较好地完成实验结果的整理。

（3）能达到上述两点标准，实训报告完整的学生，可酌情将成绩评定为合格、良好或优秀。

附表 1-2　木材物理性质测定记录表

试样编号	质量（g）		含水率（%）	试样尺寸								气干密度	全干密度	基本密度	备注
				试验前（气干或湿材）				烘干后							
	烘干前	烘干后		弦向（mm）	径向（mm）	纵向（mm）	体积（cm^3）	弦向（mm）	径向（mm）	纵向（mm）	体积（cm^3）				

思考与练习

1. 名称解释

心材　边材　早材　晚材　管孔　纹孔　树脂道　木射线　导管　胞间道

2. 填空题

（1）按树木的分类方法，可以把木材分为________和________两种。

（2）木材作为家具的原材料所涉及的其他特性一般有________、________、________和________等。

（3）木材中的水分占木材质量的一部分。这些水分直接影响到木材的许多性质，如________、________、________、________、________、________、________及________性质等。

（4）木材纤维饱和点的确切数值因树种、温度以及测定方法的不同而有差异，约为________，通常以________作为木材的纤维饱和点。

（5）木材天然干燥速度的快慢及质量的好坏与________有很大的关系。一般堆积方法有：________、________、________、________和________等。

（6）实木板材按厚度不同可分为________、________、________和________。

（7）在木材的表面涂敷防火涂料能起到________、________和________的综合效果。

（8）木材缺陷常用的预防措施有________、________、________和________等。

3. 问答题

（1）简述木材的优缺点，说明木材宏观识别的主要依据。

（2）怎么样得到木材的三个典型切面？ 各切面的特征是什么？

（3）识别木材有哪些方法？

（4）家具用材有哪些要求？ 家具外表用料和内部用料有哪些常用木材？

（5）木材中含有几种水分？ 其存在状态如何？ 哪种水分对材性影响大？

（6）原木缺陷主要可以分为哪几大类？

（7）简述家具的选材原则。

4. 分析题

（1）针叶材和阔叶材在细胞组成和纤维利用上有何差异？ 木材中有哪些构造特征影响水分的移动？

（2）有两块松木湿板，一块为径切板，另一块为弦切板。现分别从两块板中心挖一个大小相等小圆洞，分析当两块湿板均干燥到含水率为 12％时的小圆洞的形状和大小变化及差异。

（3）现有 4 块未贴标签的木材标本，只知它们是马尾松、南方铁杉、榉木和黄檀，根据哪些宏观构造特征能将它们识别出来?

5. 计算题

有一块标准的马尾松湿材，已知弦向尺寸为 20cm，径向尺寸为 15cm，现将其干燥到含水率为 6%，弦向和径向尺寸分别变为 10cm 和 12cm，试分别计算弦向、径向干缩系数和差异干缩。

推荐阅读书目

1. 吴悦琦. 木材工业实用大全：家具卷[M]. 北京：中国林业出版社，1998.
2. 郑宏奎. 室内及家具材料学[M]. 北京：中国林业出版社，1997.
3. 赵砺. 家具用木材[M]. 西安：西北农林科技大学出版社，2003.
4. 林金国. 室内与家具材料应用[M]. 北京：北京大学出版社，2011.
5. 张求慧. 家具材料学[M]. 2 版. 北京：中国林业出版社，2018.

单元 2 人造板

知识目标

1. 了解胶合板、中密度纤维板、刨花板与细木工板的分类，熟悉各种板的国家标准及常用规格。
2. 掌握胶合板、中密度纤维板、刨花板、细木工板的特点和应用，并熟悉其选购方法。
3. 熟悉空心板、集成材、单板层积材、科技木的特点与应用。

技能目标

1. 掌握各种人造板外观质量识别的方法，熟练掌握人造板幅面尺寸的测量方法。
2. 掌握胶合板试件的制备和测量。
3. 掌握中密度纤维板取样和试件的制备。
4. 学会测定人造板的密度、含水率和吸水厚度膨胀率等物理性能。

2.1 胶合板

胶合板是原木经过蒸煮软化、旋切或刨切成单板（图 2－1），将单板经过干燥，使单板的含水率控制在 8%～12%范围内，再按相邻纤维方向互相垂直的原则组成三层或多层（一般为奇数层）板坯，涂胶热压而制成的人造板，如图 2－2 所示。胶合板的最外层单板称为表板，其中在胶合板的正面、材质较好的表板称为面板，反面的表板称为背板；内层单板称为芯板或中板，其中与表板纤维纹理方向相同的芯板称为长芯板，与表板纤维纹理方向相互垂直的芯板称为短芯板。胶合板俗称为三夹板、五夹板、七夹板、九夹板或三合板、五合板或三厘板、五厘板等。

2.1.1 胶合板概述

胶合板的生产工艺流程主要为：原木→截断→水热处理→剥皮→定中心旋切→单板剪切与干燥→单板拼接与修补→芯板（中板）涂胶→组坯→冷预压→热压→合板齐边→砂光→检验→成品。

胶合板制造工艺过程，不是一成不变的，根据生产条件与科学技术进步情况，工艺过程中各工序可以适当调整变动。

图 2－1 单板

图 2－2　胶合板

图 2－3　厚胶合板

2.1.2　胶合板分类

胶合板的分类方法很多，国家标准《普通胶合板》（GB/T 9846—2015）推荐有以下分类方法：

（1）按使用环境分

按使用环境分为干燥条件下使用、潮湿条件下使用和室外条件下使用三种。

（2）按表面加工状况分

按表面加工状况分为：未砂光胶合板和砂光胶合板。

（3）按用途分

普通胶合板是指适应广泛用途的胶合板，由奇数层单板根据对称原则组坯胶压而成，是产量最多、用途最广的胶合板产品。

普通胶合板，按树种分为阔叶材胶合板和针叶材胶合板（胶合板面板的树种为该胶合板的树种）；根据耐久性情况又分为三类：

① Ⅰ类胶合板　能通过煮沸试验，耐气候胶合板。

② Ⅱ类胶合板　能通过 63℃ ±3℃热水浸渍试验，供潮湿条件下使用的耐水胶合板。

③ Ⅲ类胶合板　能通过 20℃ ±3℃冷水浸渍试验，供干燥条件下使用的耐水胶合板。通常，胶合板还可以按结构和制造工艺分为薄胶合板、厚胶合板、装饰胶合板与特殊胶合板。一般厚度在 4mm 以下的三层板为薄胶合板；厚度在 4mm 以上的多层（五层、七层、九层等）板为厚胶合板（图 2－3）；装饰（或饰面）胶合板即表面用薄木、木纹纸、浸渍纸、塑料薄膜以及金属片材等贴面做成的胶合板；特殊胶合板即经特殊处理有专门用途的胶合板，如塑化胶合板、防火（阻燃）胶合板、航空胶合板、船舶胶合板、车厢胶合板与异型胶合板等。

2.1.3　胶合板标准与规格

（1）胶合板国家标准

国家标准《普通胶合板》（GB/T 9846—2015）规定了普通胶合板的术语和定义、分类、要求、测量及试验方法、检验规则以及标志、包装、运输和储存等。

本标准适用于普通胶合板，不适用于细木工板、单板层积材等不同结构和特殊性能要求的胶合板。家具用材时应执行国家标准的相关规定。

（2）胶合板尺寸规格

①幅面尺寸　应符合表 2－1 的规定。

表 2－1　胶合板的幅面尺寸　mm

宽度	长度				
915	915	1 220	1 830	2 135	—
1 220	—	1 220	1 830	2 135	2 440

注：1. 特殊尺寸由供需双方协议。

2. 此表摘自国家标准《普通胶合板》（GB/T 9846—2015）。

胶合板常用幅面尺寸为 1 220mm × 2 440mm（4′ ×8′ ）等。

②厚度规格　主要有 2.7mm、3mm、3.5mm、4mm、5mm、5.5mm、6mm（6mm 以上以 1mm 递增）……一般三层胶合板为 2.7 ~ 6mm；五层胶合板为 5 ~ 12mm；七至九层胶合板为 7 ~ 19mm；十一层胶合板为 11 ~ 30mm 等。3mm、3.5mm、4mm 厚的胶合板为常用规格。

胶合板厚度尺寸由供需双方协商确定。

胶合板的尺寸偏差及公差要求、翘曲度等技术指标和技术要求可参见国家标准《普通胶合板》（GB/T 9846—2015）中的相关规定。

2.1.4 普通胶合板物理力学性能及甲醛释放量

（1）胶合板物理力学性能

胶合板物理力学性能用含水率、胶合强度来衡量。

①含水率　胶合板出厂时的含水率应符合表 2 - 2的规定。

表 2 - 2　胶合板的含水率值　　%

胶合板材种	Ⅰ、Ⅱ类	Ⅲ类
阔叶树材（含热带阔叶树材）	5 ~ 14	5 ~ 16
针叶树材		

注：此表摘自国家标准《普通胶合板》（GB/T 9846—2015）。

②胶合强度　各类胶合板的胶合强度指标值应符合表 2 - 3 的规定。

对用不同树种搭配制成的胶合板的胶合强度指标值，应取各树种中胶合强度指标值要求最小的指标值。

其他国产阔叶树材或针叶树材制成的胶合板，其胶合强度指标值可根据其密度分别比照表 2 - 3所规定的椴木、水曲柳或马尾松的指标值；其他热带阔叶树材制成的胶合板，其胶合板强度指标值可根据树种的密度比照表 2 - 3 的规定，密度自 0.60g/cm^3 以下的采用柳安的指标值，超过的则采用阿必东的指标值。供需双方对树种的密度有争议时，按 GB/T 9846—2015 的规定测定。

表 2 - 3　胶合强度指标值　　MPa

树种名称或木材名称或国外商品材名称	类别	
	Ⅰ、Ⅱ类	Ⅲ类
椴木、杨木、拟赤杨、泡桐、橡胶木、柳桉、奥克榄、白梧桐、异翅香、海棠木、桉木	≥0.70	≥0.70
水曲柳、荷木、枫香、槭木、榆木、柞木、阿必东、克隆、山樟	≥0.80	
桦木	≥1.00	
马尾松、云南松、落叶松、云杉、辐射松	≥0.80	

注：此表摘自国家标准《普通胶合板》（GB/T 9846—2015）。

（2）胶合板甲醛释放量

室内家具用胶合板的甲醛释放量应符合表 2 - 4的规定。

表 2 - 4　胶合板的甲醛释放限量　　mg/L

产品名称	试验方法	限量值	备注	级别标志
胶合板、装饰单板贴面胶合板	干燥器法	≤1.5	可直接用于室内	E_1
		≤5.0	必须饰面处理后可允许用于室内	E_2

注：此表摘自国家标准《室内装饰装修材料 人造板及其制品中甲醛释放量》（GB/T 18580—2015）。

2.1.5 普通胶合板外观分等技术条件

（1）分等

普通胶合板按成品板面板上可见的材质缺陷和加工缺陷的数量和范围分成三个等级，即优等品、一等品和合格品。这三个等级的面板均应砂（刮）光，特殊需要的可不砂（刮）光或两面砂（刮）光。可按用户需求，生产由不同等级面，背板组合的胶合板。

普通胶合板的各个等级主要按面板上的允许缺陷进行确定，并对背板、内层单板的允许缺陷及胶合板的加工缺陷加以限定。

一般通过目测胶合板上的允许缺陷来判定其等级。可参见国家标准《普通胶合板》（GB/T

9846—2015）。

（2）允许缺陷（技术条件）

以阔叶树材单板为表板的各等级普通胶合板的允许缺陷见表 2－5。

以针叶树材单板为表板的各等级普通胶合板的允许缺陷见表 2－6。

以热带阔叶树单板为表板的各等级普通胶合板的允许缺陷见表 2－7。

表 2－5　阔叶材胶合板外观分等的允许缺陷

<table>
<tr><th colspan="2" rowspan="3">缺陷种类</th><th rowspan="3">检量项目</th><th colspan="3">面板</th><th rowspan="3">背板</th></tr>
<tr><th colspan="3">胶合板等级</th></tr>
<tr><th>优等品</th><th>一等品</th><th>合格品</th></tr>
<tr><td colspan="2">（1）针节</td><td>—</td><td colspan="4">允许</td></tr>
<tr><td colspan="2">（2）活节</td><td>最大单个直径(mm)</td><td>10</td><td>20</td><td colspan="2">不限</td></tr>
<tr><td rowspan="4">（3）</td><td>半活节、死节、夹皮</td><td>每平方米板面上总个数</td><td>不允许</td><td>4</td><td>6</td><td>不限</td></tr>
<tr><td>半活节</td><td>最大单个直径(mm)</td><td>不允许</td><td>15（自 5 以下不计）</td><td colspan="2">不限</td></tr>
<tr><td>死节</td><td>最大单个直径(mm)</td><td>不允许</td><td>4（自 2 以下不计）</td><td>15</td><td>不限</td></tr>
<tr><td>夹皮</td><td>单个最大长度(mm)</td><td>不允许</td><td>20（自 5 以下不计）</td><td colspan="2">不限</td></tr>
<tr><td colspan="2">（4）木材异常结构</td><td>—</td><td colspan="4">允许</td></tr>
<tr><td colspan="2" rowspan="2">（5）裂缝</td><td>单个最大宽度(mm)</td><td rowspan="2">不允许</td><td>1.5
椴木 0.5</td><td>3
椴木 1.5
南方材 4</td><td>6</td></tr>
<tr><td>单个最大长度(mm)</td><td>200
南方材 250</td><td>400
南方材 450</td><td>800
南方材
1 000</td></tr>
<tr><td colspan="2" rowspan="2">（6）虫孔、排钉孔、孔洞</td><td>最大单个直径(mm)</td><td rowspan="2">不允许</td><td>4</td><td>8</td><td>15</td></tr>
<tr><td>每平方米板面上个数</td><td>4</td><td colspan="2">不呈筛孔状不限</td></tr>
<tr><td colspan="2" rowspan="2">（7）变色</td><td rowspan="2">不超过板面积（%）</td><td>不允许</td><td>30</td><td colspan="2">不限</td></tr>
<tr><td colspan="4">注 1：浅色斑条按变色计。
注 2：一等品板深色斑条宽度不得超过 2mm，长度不得超过 20mm。
注 3：桦木除优等品板外，允许有伪心材，但一等品板的色泽应调和。
注 4：桦木一等品板不允许有密集的褐色或黑色髓斑。
注 5：优等品和一等品板的异色边心材按变色计</td></tr>
<tr><td colspan="2">（8）腐朽</td><td>—</td><td colspan="2">不允许</td><td>允许有不影响强度的初腐象征，但面积不超过板面的 1%</td><td>允许有初腐</td></tr>
<tr><td colspan="2" rowspan="3">（9）树脂道</td><td>单个最大长度（mm）</td><td colspan="2" rowspan="3">不允许</td><td>150</td><td rowspan="3">不限</td></tr>
<tr><td>单个最大宽度（mm）</td><td>10</td></tr>
<tr><td>每平方米板面上个数</td><td>4</td></tr>
<tr><td colspan="2" rowspan="3">（10）表板拼接离缝</td><td>单个最大宽度(mm)</td><td rowspan="3">不允许</td><td>0.5</td><td>1</td><td>2</td></tr>
<tr><td>单个最大长度为板长（%）</td><td>10</td><td>30</td><td>50</td></tr>
<tr><td>每米板宽内条数</td><td>1</td><td>2</td><td>不限</td></tr>
</table>

（续）

缺陷种类	检量项目	面板			背板
		胶合板等级			
		优等品	一等品	合格品	
（11）表板叠层	单个最大宽度（mm）	不允许		8	10
	单个最大长度为板长（%）			20	不限
（12）芯板叠离	紧贴表板的芯板叠离 单个最大宽度（mm）	不允许	2	6	8
	紧贴表板的芯板叠离 每米板宽内条数		2	不限	
	其他各层离缝的最大宽度（mm）		8		—
（13）长中板叠离	单个最大宽度（mm）	不允许	8		—
（14）鼓泡、分层	—	不允许			—
（15）凹陷、压痕、鼓包	单个最大面积（mm^2）	不允许	50	400	不限
	每平方米板面上个数		1	4	
（16）毛刺沟痕	不超过板面积（%）	不允许	1	20	不限
	深度不得超过（mm）		0.2	不允许穿透	
（17）表板砂透	每平方米板面上（mm^2）	不允许		400	不限
（18）透胶及其他人为污染	不超过板面积（%）	不允许	0.5	30	不限
（19）补片、补条	允许制作适当且填补牢固的，每平方米板面上的数	不允许	3	不限	不限
	累计面积不超过板面积（%）		0.5	3	
	缝隙不得超过（mm）		0.5	1	2
（20）内含铝质书钉	—	不允许			
（21）板边缺损	自公称幅面内不得超过（mm）	不允许		10	
（22）其他缺陷	—	不允许	按最类似缺陷考虑		

注：此表摘自国家标准《普通胶合板》（GB/T 9846—2015）。

表 2-6　针叶材胶合板外观分等的允许缺陷

缺陷种类		检量项目	面板			背板
			胶合板等级			
			优等品	一等品	合格品	
（1）针节		—	允许			
（2）	活节、半活节、死节	每平方米板面上总个数	5	8	10	不限
	活节	最大单个直径（mm）	20	30（自 10 以下不计）	不限	
	半活节、死节	最大单个直径（mm）	不允许	5	30（自 10 以下不计）	不限
（3）木材异常结构		—	允许			
（4）夹皮、树脂道		每平方米板面上个数	3	4（自 10 以下不计）	10（自 15 以下不计）	不限
		单个最大长度（mm）	15	30	不限	

（续）

缺陷种类	检量项目	面板			背板
		胶合板等级			
		优等品	一等品	合格品	
（5）裂缝	单个最大宽度(mm)	不允许	1	2	6
	单个最大长度(mm)		200	400	1 000
（6）虫孔、排钉孔、孔洞	最大单个直径(mm)	不允许	2	10	15
	每平方米板面上个数		4	10（自3以下不计）	不允许呈筛孔状
（7）变色	不超过板面积（%）	不允许	浅色 10	不限	
（8）腐朽	—	不允许		允许有不影响强度的初腐现象，但面积不超过板面的1%	允许有初腐
（9）树脂漏（树脂条）	单个最大长度(mm)	不允许	150	不限	
	单个最大宽度(mm)		10		
	每平方米板面上个数		4		
（10）表板拼接离缝	单个最大宽度(mm)	不允许	0.5	1	2
	单个最大长度为板长（%）		10	30	50
	每米板宽内条数		1	2	不限
（11）表板叠层	单个最大宽度(mm)	不允许		2	10
	单个最大长度为板长（%）			20	不限
（12）芯板叠离	紧贴表板的芯板叠离：单个最大宽度(mm)	不允许	2	4	8
	紧贴表板的芯板叠离：每米板宽内条数		2	不限	
	其他各层离缝的最大宽度(mm)		8		—
（13）长中板叠离	单个最大宽度(mm)	不允许	8		—
（14）鼓泡、分层	—	不允许			—
（15）凹陷、压痕、鼓包	单个最大面积(mm^2)	不允许	50	400	不限
	每平方米板面上个数		2	6	
（16）毛刺沟痕	不超过板面积（%）	不允许	5	20	不限
	深度不得超过(mm)		0.5	不允许穿透	
（17）表板砂透	每平方米板面上(mm^2)	不允许		400	不限
（18）透胶及其他人为污染	不超过板面积（%）	不允许	1	不限	
（19）补片、补条	允许制作适当且填补牢固的，每平方米板面上个数	不允许	6	不限	
	累计面积不超过板面积（%）		1	5	不限
	缝隙不得超过(mm)		0.5	1	2
（20）内含铝质书钉	—	不允许			—
（21）板边缺损	自公称幅面内不得超过(mm)	不允许		10	
（22）其他缺陷	—	不允许	按最类似缺陷考虑		

注：此表摘自国家标准《普通胶合板》（GB/T 9846—2015）。

表 2-7 热带阔叶材胶合板外观分等的允许缺陷

缺陷种类		检量项目	面板			背板
			胶合板等级			
			优等品	一等品	合格品	
(1)针节		—	允许			
(2)活节		单个最大直径(mm)	10	20	不限	
(3)	半活节、死节	每平方米板面上个数	不允许	3	5	不限
	半活节	最大单个直径(mm)		10（自 5 以下不计）	不限	
	死节	最大单个直径(mm)		4（自 2 以下不计）	15	不限
(4)木材异常结构		—	允许			
(5)裂缝		单个最大宽度(mm)	不允许	1.5	2	6
		单个最大长度(mm)		250	350	800
(6)夹皮		每平方米板面上总个数	不允许	2	4	不限
		单个最大长度(mm)		10（自 5 以下不计）	不限	
(7)蛀虫造成的缺陷	虫孔	每平方米板面上个数	不允许	8(自 1.5 以下不计）	不允许呈筛孔状	
		单个最大直径(mm)		2		
	虫道	每平方米板面上个数		2		
		单个最大长度(mm)		10		
(8)排钉孔、孔洞		单个最大直径(mm)	不允许	2	8	15
		每平方米板面上个数		1	不限	
(9)变色		不超过板面积（%）	不允许	5	不限	
(10)腐蚀		—	不允许		允许有不影响强度的初腐象征，但面积不超过板面积的 1%	允许有
(11)树脂道		单个最大长度（mm）	不允许		150	不限
		单个最大宽度（mm）			10	
		每平方米板面上个数			4	
(12)表板拼接离缝		单个最大宽度(mm)	不允许		1	2
		单个最大长度，相对于板长的百分比（%）			30	50
		每米板宽内条数			2	不限
(13)表板叠层		单个最大宽度(mm)	不允许		2	10
		单个最大长度，相对于板长的百分比（%）			10	不限
(14)芯板叠离	紧贴表板的芯板叠离	单个最大宽度(mm)	不允许	2	4	8
		每米板宽内条数		2	不限	
		其他各层离缝的最大宽度(mm)		8		—
(15)长中板叠离		单个最大宽度(mm)	不允许	8		—
(16)鼓泡、分层		—	不允许			—

（续）

缺陷种类	检量项目	面板			背板
		胶合板等级			
		优等品	一等品	合格品	
（17）凹陷、压痕、鼓包	单个最大面积(mm^2)	不允许	50	400	不限
	每平方米板面上个数		1	4	
（18）毛刺沟痕	不超过板面积（%）	不允许	1	25	不限
	最大深度(mm)		0.4	不允许穿透	
（19）表板砂透	每平方米板面上(mm^2)	不允许		400	不限
（20）透胶及其他人为污染	不超过板面积（%）	不允许	0.5	30	不限
（21）补片、补条	允许制作适当且填补牢固的，每平方米板面上个数	不允许	3	不限	不限
	累计面积不超过板面积（%）		0.5	3	
	最大缝隙(mm)		0.5	1	2
（22）内含铝质书钉	—	不允许			—
（23）板边缺损	自公称幅面内不得超过(mm)	不允许		10	
（24）其他缺陷	—	不允许	按最类似缺陷考虑，不影响使用		

注：1. 髓斑和斑条按变色计。
2. 优等品和一等品的异色边心材按变色计。
3. 此表摘自国家标准《普通胶合板》（GB/T 9846—2015）。

限制缺陷的数量，累积尺寸或范围应按整张板面积的平均每平方米上的数量进行计算，板宽度（或长度）上缺陷应按最严重一端的平均每米内的数量进行计算，其结果应取最接近相邻整数中的大数。

从表板上可以看到的内层单板的各种缺陷不得超过每个等级表板的允许限度。紧贴面板的芯板孔洞直径不得超过 20mm，因芯板孔洞使一等品胶合板面板产生凹陷时，凹陷面积不得超过 $50mm^2$。孔洞在板边形成的缺陷，其深度不得超过孔洞尺寸的 1/2，超过者按芯板离缝计。

普通胶合板的节子或孔洞直径系指最大直径和最小直径的平均值。节子或孔洞直径，按节子或孔洞轮廓线的切线间的垂直距离测定。

公称幅面尺寸以外的各种缺陷均不计。

胶合板各等级品的面板的拼接要求等，可参见国家标准《普通胶合板》（GB/T 9846—2015）中的相关规定。

2.1.6 胶合板的特点与应用

普通胶合板品种多数为三层、五层、七层、九层等，家具工业普遍使用的是三层和五层胶合板。

（1）胶合板的特点

胶合板具有幅面大、厚度小、木纹美观、表面平整、板材纵横向强度均匀、尺寸稳定性好、不易翘曲变形、轻巧坚固、强度高、耐久性较好、耐水性好、易于各种加工等优良特性。

为了尽量消除木材本身的缺点，增强胶合板的特性，胶合板制造时要遵守结构三原则：即对称原则、奇数层原则、层厚原则。因此，胶合板的结构决定了它各个方向的物理力学性能都比较均匀，克服了木材各向异性的天然缺陷。

（2）胶合板的应用

胶合板适宜于家具工业作原材料（图 2－4），目前它被广泛地应用于家具生产及室内装修

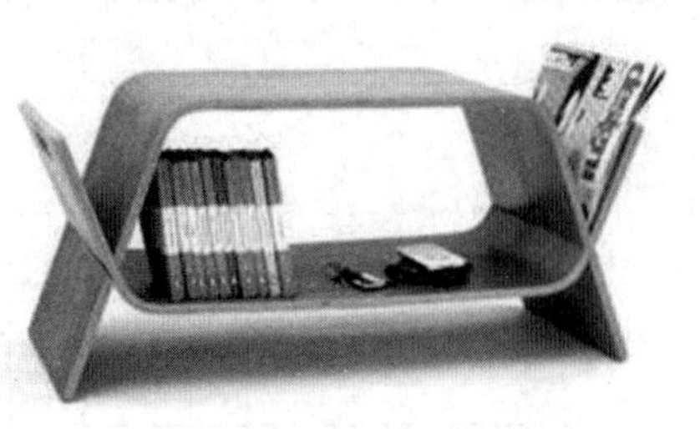

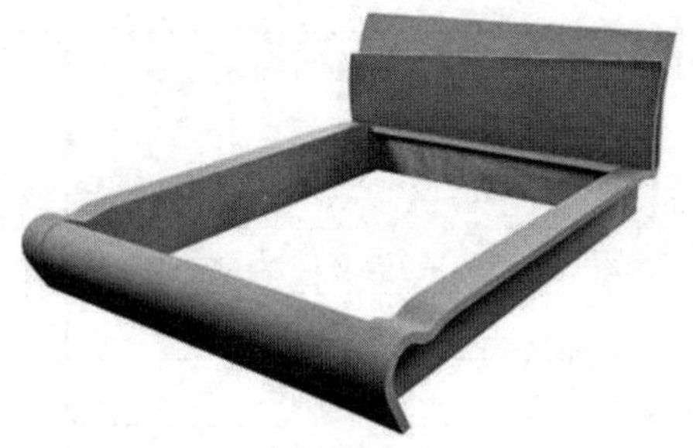

图 2-4　胶合板家具

等。胶合板在家具工业上主要用来制造板式家具部件，它特别适用于家具上较大面积的部件，无论是作外部还是内部用料都很合适。如各种柜类家具的旁板、面板、顶板、底板、背板、门板，抽屉的底板、侧板和面板，以及成型部件如折椅的靠背板、坐面板、沙发扶手、桌台类的望板等。

对胶合板表面进行修饰加工，可制成各种装饰胶合板。如将胶合板的一面或两面贴上刨切薄木、装饰纸、塑料、金属及其他饰面材料，可进一步提高胶合板的利用价值及使用范围。如用刨切榉木片、柚木片饰面的胶合板，可代替珍贵木材应用于中、高档家具部件上。用热固性树脂浸渍纸高压装饰层积板贴面的胶合板，常用于厨房家具、车厢、船舶等家具及内部装饰。

胶合板在加工使用时需注意两点：一是因胶层的缘故，锯剖时刀具易变钝；二是薄型胶合板易于弯曲，在使用时应注意利用恰当的结构加以改进或消除。

普通胶合板按各等级主要用途如下：

优等品：适用于高档家具、室内高档装饰及其他特殊需要的制品。

一等品：适用于中档家具、室内高档装饰与各种电器外壳制品等。

合格品：适用于普档家具、普通建筑、车辆、船舶等装修，适用于一般包装材料等。

2.1.7　胶合板的选购

胶合板选购注意事项：

（1）看标志

在每张胶合板背板的右下角或侧面用不褪色的油墨加盖表明该胶合板的类别、等级、甲醛释放量级别（分别用 E_0、E_1 和 E_2 标示）、生产厂代号、检验员代号及生产日期等标记。胶合板上加盖号印的等级标志是：

优等品

一等品

合格品

（2）看标签

每包胶合板应有标签，其上应标明生产厂名、地址、品名、商标、产品标准号、规格、树种、类别、等级、甲醛释放量级别、张数与生产日期等，消费者可以查验。

（3）甲醛释放量

选材时要特别考虑环保和清洁生产，室内家具用胶合板的甲醛释放量应符合表 2－4 的规定。

（4）胶合板有正反两面的区别

选购时，胶合板板面要木纹清晰，正面光滑、平整无滞手感；反面至少要不毛糙。整张胶合板都不能有脱胶、开裂、腐朽、沾污、缺角等缺陷。

（5）胶合板无脱胶现象

挑选时，用手敲击胶合板各部位时，声音发脆、均匀，则证明质量良好；若声音发闷、参差不齐，则表示胶合板已出现脱胶现象。

（6）看外观

有的胶合板是将两个不同纹路的单板黏贴在一起制成的，所以在选择时要注意胶合板拼缝处是否严密，有没有高低不平的现象。不严密、不整齐的胶合板制作出来的家具会很难看。

（7）胶合强度可以自行检测

方法是用锋利的平口刀片沿胶层撬开，如果胶层被破坏，而木材未被破坏，说明胶合强度差。

2.2 纤维板

纤维板是以木材或其他植物纤维（如竹材、芦苇、棉秆、甘蔗渣、麦秸秆等）为原料，经过削片、制浆、成型、干燥和热压而制成的一种人造板材，常称为密度板。

2.2.1 纤维板概述

纤维板生产工艺流程的方案很多，通常根据原料、产品种类、质量要求、动力来源及生产规模等具体条件进行设计和选择。实际上，纤维板的生产过程是一个先分离然后再重新组合的过程。概括起来，纤维板的主要生产工艺流程包括：

原料准备→削片→（水洗）→筛选→蒸煮软化→纤维热磨与分离→纤维干燥→（施胶）→铺装→预压→热压→冷却→裁边→堆放→砂光→检验→成品。

2.2.2 纤维板种类

（1）按原料分

①木质纤维板　用木质废料和树木采伐剩余物、枝桠、废单板等加工制成。

②非木质纤维板　由竹材和草本植物（如芦苇、棉秆、甘蔗渣、稻草等）加工制成。

（2）按制造方法分

①湿法纤维板　在生产过程中，主要以水为介质，一般不加胶黏剂或加入少量的胶黏剂。但由于湿法纤维板生产需要耗费大量的水，而且在生产过程中工艺废水的排放又造成严重的环境污染，因此，这种生产方式在发展上受到了限制。

②干法纤维板　在生产过程中，主要以空气为介质，用水量极少，基本无水污染，但生产中需要用一定量的胶黏剂。目前，总的趋势是发展干法纤维板生产。

（3）按密度分

纤维板按密度可分为：高密度纤维板、中密度纤维板和低密度纤维板。

2.2.3 中密度纤维板概述

中密度纤维板（英文名：Medium Density Fiberboard，缩写为 MDF，如图 2－5 所示）是以木质纤维或其他植物纤维为原料，经纤维制备，施加合成树脂，在加热加压条件下，压制成厚度不小于 1.5mm，名义密度范围在 0.65～0.80g/cm^3（允许偏差为 ± 10%）的板材。

进入 21 世纪以来，我国中密度纤维板行业以惊人的速度迅猛发展，这种良好的发展态势同时也促进了国产设备的研发，使国产设备总体水平得到提高，自动化程度有所增强，生产线单机设计规模已由原来的 2 万～4 万 m^3，提高到 5 万～8 万m^3，实现了上线板材年产规模的翻番，全国现有年产量在 10 万 m^{3}以上的生产线已达十多条。目前，在我国大陆地区的 31 个省（自治区、直辖市）中，除了西藏、甘肃和青海外，其他地区都有中密度纤维板生产线。随着家具业的发展，近年

图 2－5　中密度纤维板

来中密度纤维板的发展也更加迅速，全国中密度纤维板的产量已经由 2010 年的 4 355 万 m^3，增至 2012 年 11 月的 5 065.7 万 m^3，提升约为 16%。

目前国内中密度纤维板产品的 2/3 用于家具制造业，少量用于建筑、包装、家用电器等行业，其主要分布为：家具占 65%，建材占 15%，地板占 10%，包装占 5%，其他占 5%。

2.2.4 中密度纤维板分类与等级

（1）中密度纤维板分类

中密度纤维板可按照国家标准《中密度纤维板》（GB/T 11718—2009）分类，根据用途分为普通（临时展板、隔墙板）、家具（家具制造、橱柜制作）和承重（室内地面铺设、棚架、室内普通建筑部件）3 类；根据适用条件又分为干燥、潮湿、高湿和室外 4 种；另外还有附加分类为阻燃（FR）、防虫害（I）、抗真菌（F）等。表 2－8 规定了中密度纤维板的所有分类，其中包括了目前现有的所有定型产品，也包括将来在市场上有可能出现的未定型产品。

普通型中密度纤维板通常不在承重场合使用，也不用于家具制造；家具型中密度纤维板作为家具或装饰装修使用，通常需要进行表面二次加工处理；承重型中密度纤维板通常用于小型结构部件，或在承重状态下使用。

干燥状态是指在室内环境或者有保护措施的室外环境中，通常温度为 20℃，相对湿度不高于 65%，或在一年中仅有几周相对湿度超过 65% 的环境状态。潮湿状态是指在室内环境或者有保护措施的室外环境中，通常温度为 20℃，相对湿度高于 65%，但不超过 85%，或在一年中仅有几个星期相对湿度超过 85% 的环境状态。高湿状态是指在室内环境或者有保护措施的室外环境中，通常温度高于 20℃，相对湿度大于 85%，或偶有可能与水接触（浸水或浇水除外）的环境状态。室外状态是指在自然气候所具有的日晒、雨淋和空气污染的环境状态。

表 2－8 中密度纤维板的分类及类型符号

类型	适用条件	类型符号
普通型中密度纤维板	干燥	MDF－GP REG
	潮湿	MDF－GP MR
	高湿度	MDF－GP HMR
	室外	MDF－GP EXT
家具型中密度纤维板	干燥	MDF－FN REG
	潮湿	MDF－ FN MR
	高湿度	MDF－ FN HMR
	室外	MDF－ FN EXT
承重型中密度纤维板	干燥	MDF－LB REG
	潮湿	MDF－ LB MR
	高湿度	MDF－ LB HMR
	室外	MDF－ LB EXT

注：此表摘自国家标准《中密度纤维板》（GB/T 11718—2009）。

（2）中密度纤维板等级

中密度纤维板产品按外观质量分为优等品和合格品两个等级。

中密度纤维板砂光板产品不允许有分层、鼓泡和碳化。其表面质量要求应符合表 2－9 规定。不砂光板的表面质量由供需双方确定。

表 2－9 砂光中密度纤维板表面质量要求

名称	质量要求	允许范围	
		优等品	合格品
分层、鼓泡或炭化	—	不允许	
局部松软	单个面积 ≤2 000 mm^2	不允许	3 个
板边缺损	宽度 ≤ 10mm	不允许	允许
油污斑点或异物	单个面积 ≤40 mm^2	不允许	1 个
压痕	—	不允许	允许

注：1. 同一张板不应有两项或以上的外观缺陷。
2. 局部松软——铺装不良或胶接不佳而产生的局部疏松。
3. 板边缺损——板的四角和边缘破坏而造成的缺损。
4. 此表摘自国家标准《中密度纤维板》（GB/T 11718—2009）。

2.2.5 中密度纤维板的物理力学性能

普通型中密度纤维板、家具型中密度纤维板和承重型中密度纤维板在不同的适用条件下物理力学性能各不相同，可参见国家标准《中密度纤维板》（GB/T 11718—2009），这里着重对家具型中密度纤维板物理力学性能进行讲解。在干燥状态下，家具型中密度纤维板物理力学性能指标应符合表 2－10 的规定；在潮湿状态下，家具型中密度纤维板物理力学性能指标应符合表 2－11 的规定；在高湿状态下，家具型中密度纤维板物理力学性能指标应符合表 2－12 的规定；在室外状态下，家具型中密度纤维板物理力学性能指标应符合表 2－13 的规定。

中密度纤维板的甲醛释放量应符合表 2－14 的限量值。

表 2－10　干燥状态下家具型中密度纤维板（MDF－FN REG）物理力学性能指标

性能	单位	公称厚度范围(mm)						
		≥1.5～3.5	＞3.5～6	＞6～9	＞9～13	＞13～22	＞22～34	＞34
静曲强度	MPa	30.0	28.0	27.0	26.0	24.0	23.0	21.0
弹性模量	MPa	2 800	2 600	2 600	2 500	2 300	1 800	1 800
内结合强度	MPa	0.60	0.60	0.60	0.50	0.45	0.40	0.40
吸水厚度膨胀率	%	45.0	35.0	20.0	15.0	12.0	10.0	8.0
表面结合强度	MPa	0.60	0.60	0.60	0.60	0.90	0.90	0.90

注：此表摘自国家标准《中密度纤维板》（GB/T 11718—2009）。

表 2－11　潮湿状态下家具型中密度纤维板（MDF－FN MR）物理力学性能指标

性能		单位	公称厚度范围(mm)						
			≥1.5～3.5	＞3.5～6	＞6～9	＞9～13	＞13～22	＞22～34	＞34
静曲强度		MPa	30.0	28.0	27.0	26.0	24.0	23.0	21.0
弹性模量		MPa	2 800	2 600	2 600	2 500	2 300	1 800	1 800
内结合强度		MPa	0.70	0.70	0.70	0.60	0.50	0.45	0.40
吸水厚度膨胀率		%	32.0	18.0	14.0	12.0	9.0	9.0	7.0
表面结合强度		MPa	0.60	0.70	0.70	0.80	0.90	0.90	0.90
防潮性能	选项 1：循环试验后内结合强度	MPa	0.35	0.30	0.30	0.25	0.20	0.15	0.10
	循环试验后吸水厚度膨胀率	%	45.0	25.0	20.0	18.0	13.0	12.0	10.0
	选项 2：沸腾试验后内结合强度	MPa	0.20	0.18	0.16	0.15	0.12	0.10	0.08
	选项 3：湿静曲强度（70℃热水浸泡）	MPa	8.0	7.0	7.0	6.0	5.0	4.0	4.0

注：此表摘自国家标准《中密度纤维板》（GB/T 11718—2009）。

表 2－12　高湿状态下家具型中密度纤维板（MDF－FN HMR）物理力学性能指标

性能		单位	公称厚度范围(mm)						
			≥1.5～3.5	>3.5～6	>6～9	>9～13	>13～22	>22～34	>34
静曲强度		MPa	30.0	28.0	27.0	26.0	24.0	23.0	21.0
弹性模量		MPa	2 800	2 600	2 600	2 500	2 300	1 800	1 800
内结合强度		MPa	0.70	0.70	0.70	0.60	0.50	0.45	0.40
吸水厚度膨胀率		%	20.0	14.0	12.0	10.0	7.0	6.0	5.0
表面结合强度		MPa	0.60	0.70	0.70	0.90	0.90	0.90	0.90
防潮性能	选项 1：循环试验后内结合强度	MPa	0.40	0.35	0.35	0.30	0.25	0.20	0.18
	循环试验后吸水厚度膨胀率	%	25.0	20.0	17.0	15.0	11.0	9.0	7.0
	选项 2：沸腾试验后内结合强度	MPa	0.25	0.20	0.20	0.18	0.15	0.12	0.10
	选项 3：湿静曲强度（70℃热水浸泡）	MPa	14.0	12.0	12.0	12.0	10.0	9.0	8.0

注：此表摘自国家标准《中密度纤维板》(GB/T 11718—2009)。

表 2－13　室外状态下家具型中密度纤维板（MDF－FN EXT）物理力学性能指标

性能		单位	公称厚度范围(mm)						
			≥1.5～3.5	>3.5～6	>6～9	>9～13	>13～22	>22～34	>34
静曲强度		MPa	34.0	30.0	30.0	28.0	26.0	23.0	21.0
弹性模量		MPa	2800	2600	2500	2400	2000	1800	1800
内结合强度		MPa	0.70	0.70	0.70	0.65	0.60	0.55	0.50
吸水厚度膨胀率		%	15.0	12.0	10.0	7.0	5.0	4.0	4.0
防潮性能	选项 1：循环试验后内结合强度	MPa	0.50	0.40	0.40	0.35	0.30	0.25	0.22
	循环试验后吸水厚度膨胀率	%	20.0	16.0	15.0	12.0	10.0	8.0	7.0
	选项 2：沸腾试验后内结合强度	MPa	0.30	0.25	0.24	0.22	0.20	0.20	0.18
	选项 3：湿静曲强度（100℃热水浸泡）	MPa	12.0	12.0	12.0	12.0	10.0	9.0	8.0

注：此表摘自国家标准《中密度纤维板》(GB/T 11718—2009)。

中密度纤维板的其他技术要求，如握螺钉力、含砂量、表面吸收性能、尺寸稳定性等，可参见国家标准《中密度纤维板》(GB/T 11718—2009)中的相关规定。

表 2－14　中密度纤维板的甲醛释放限量

方法	气候箱法	小型容器法	气体分析法	干燥器法	穿孔法
单位	mg／m^3	mg／m^3	mg／（m^2·h）	mg／L	mg／100g
限量值	0.124	—	3.5	—	8.0

注：1. 甲醛释放量应符合气候箱法、气体分析法或穿孔法中的任一项限量值，由供需双方协商选择。如果小型容器法或干燥器法应用于生产控制检验，则应确定其与气候箱法之间的有效相关性，即相当于气候箱法对应的限量值。

2. 此表摘自国家标准《中密度纤维板》（GB/T 11718—2009）。

2.2.6　中密度纤维板标准与规格

（1）中密度纤维板国家标准

国家标准《中密度纤维板》（GB/T 11718—2009)的内容，主要包括：术语、定义和缩略语，分类和附加分类，要求，测量和试验方法，检验规则，标志、包装、运输和贮存等。作为家具用材时应执行国家标准的相关规定。

（2）中密度纤维板尺寸规格

①尺寸规格　幅面尺寸宽度为 1 220mm（1 830mm），长度为 2 440mm。特殊幅面尺寸由供需双方确定。

中密度纤维板常用厚度规格为 6mm、8mm、9mm、12mm、15mm、16mm、18mm、19mm、21mm、24mm、25mm 等。

②尺寸偏差　应符合表 2－15 规定。

表 2－15　中密度纤维板尺寸偏差

性能		单位	公称厚度范围(mm)	
			≤12	＞12
厚度偏差	不砂光板	mm	－0.30～＋1.50	－0.50～＋1.70
	砂光板	mm	±0.20	±0.30
长度和宽度偏差		mm/m	±2.0	
垂直度		mm/m	＜2.0	

注：1. 每张砂光板内各测量点的厚度不应超过其算术平均值的±0.15mm。

2. 此表摘自国家标准《中密度纤维板》（GB/T 11718—2009）。

2.2.7　中密度纤维板的特点与应用

（1）中密度纤维板的特点

①幅面大，尺寸稳定性好，厚度可在较大范围内变动。

②板材内部结构均匀，物理力学性能较好。由于将木质原料分解到纤维状态，可大大减少木质原料之间的变异，因此其结构趋于均匀，加上密度适中，故有较高的力学强度。板材的抗弯强度为刨花板的 2 倍。平面抗拉强度（内部结合力）、冲击强度均大于刨花板，吸湿膨胀性也优于刨花板。

③板面平整细腻光滑，便于直接胶贴各种饰面材料、涂饰涂料和印刷处理。

④中密度纤维板兼有原木和胶合板的优点，机械加工性能和装配性能良好，易于切削加工，适合锯截、开榫、钻孔、开槽、镂铣成型和磨光等机械加工，对刀具的磨损比刨花板小，与其他材料的黏接力强，用木螺钉、圆钉接合的强度高。板材边缘密实坚固，可以加工成各种异型的边缘，并可直接进行涂饰。

（2）中密度纤维板的应用

目前，中密度纤维板已被许多行业广泛使用。它是一种中高档木质板材，在家具制造方面，可用于制作各种民用家具、办公家具等。中密度纤维板在家具部件上的具体应用有：制作各种柜体部件、抽屉面板，桌面、桌腿，床的各个零部件，沙发的模框，以及公共场所座椅的坐面、靠背、扶手，剧场皮椅垫等。也能用来制造卷纸架、瓶架和厨房中许多其他附件。中密度纤维板的竞争对象为钢材、铝材、塑料等非木质材料以及实体木材、胶合板、刨花板等木质材料，在上述用途方面可相互替代，相互竞争，相互媲美。

2.2.8　中密度纤维板的选购

中密度纤维板选购注意事项：

（1）看标志

产品应加盖表明产品类型符号（表2－8）、

幅面尺寸、生产日期和甲醛释放限量等标志。需方自用的产品，或厚度小于等于 6mm 的产品且供需合同规定不需加盖产品标志的，可不加盖产品标志。

（2）看包装

应按不同的类型、规格分别妥善包装。每个包装应附有注明产品名称、类型、等级、生产厂名、商标、幅面尺寸、数量、产品标准号、生产许可证编号、QS 标志和甲醛释放限量标志的检验标签。

（3）看甲醛释放量

要重点考虑板材的环保要求，甲醛释放量必须符合表 2－14 中密度纤维板甲醛释放限量的相关规定。中密度纤维板用穿孔法检测甲醛释放限量值一般要求小于或等于 8.0mg/100g。

（4）看外观质量

板厚度要均匀；板面平整光滑，没有水渍、污渍和黏痕；板面四周密实，不起毛边。

（5）看含水率

含水率低，吸湿性越小越好。

（6）听声音

可以用手敲击板面，如发出清脆的响声，则板的强度好、质量较好；如声音发闷，则有可能已发生脱胶问题。

（7）浸水试验

锯一小块中密度纤维板放在 20℃的温水中浸泡 24h，观察其厚度和板面有无小鼓包。如果厚度变化大，板面有小鼓包，说明板面防水性差。

2.3 刨花板

刨花板（亦称碎料板、微粒板）是利用小径木、木材加工剩余物（板皮、截头、刨花、碎木片、锯屑、稻草等）、采伐剩余物和其他植物性材料加工成一定规格和形态的碎料或刨花，施加一定量胶黏剂，经铺装成型热压而制成的一种板材。刨花板（图 2－6）生产是充分利用废材，解决木材资源短缺和综合利用木材的重要途径。

2.3.1 刨花板概述

不同的刨花板产品，不同的设备，形成了多种多样的刨花板生产工艺流程，概括起来，刨花板的生产工艺流程主要为：原料准备→刨花制备→湿刨花料仓→刨花干燥→刨花筛选→干刨花料仓→拌胶→铺装→预压→热压→冷却→裁边→砂光→检验→成品。

2.3.2 刨花板分类

国家标准《刨花板》（GB/T 4897—2015）推荐，刨花板进行如下分类：

图 2－6 刨花板

图 2－7 定向刨花板

（1）按用途分

P1 型　干燥状态下使用的普通型刨花板；

P2 型　干燥状态下使用的家具型刨花板；

P3 型　干燥状态下使用的承载型刨花板；

P4 型　干燥状态下使用的重载型刨花板；

P5 型　潮湿状态下使用的普通型刨花板；

P6 型　潮湿状态下使用的家具型刨花板；

P7 型　潮湿状态下使用的承载型刨花板；

P8 型　潮湿状态下使用的重载型刨花板；

P9 型　高湿状态下使用的普通型刨花板；

P10 型　高湿状态下使用的家具型刨花板；

P11 型　高湿状态下使用的承载型刨花板；

P12 型　高湿状态下使用的重载型刨花板。

（2）按功能分

阻燃刨花板；

防虫害刨花板；

抗真菌刨花板等。

2.3.3　刨花板标准、规格及外观质量

（1）刨花板国家标准

本标准规定了刨花板的术语和定义、分类、要求、测量及试验方法、检验规则以及标志、包装、运输和储存等。

本标准适用于普通型、家居型、承载型、重载型等类型的刨花板。

（2）刨花板尺寸规格

①幅面尺寸　为 1 220mm × 2 440mm。经供需双方协议，可生产其他幅面尺寸的刨花板。

刨花板尺寸偏差应符合表 2 - 16 规定。

②厚度规格　由供需双方协商确定。

③刨花板　外观质量要求 刨花板一般外观质量应符合表 2 - 17 规定。

家具型刨花板作为家具或装饰装修用，通常需要进行表面二次加工处理的板面外观质量、理化性能指标、握螺钉力以及刨花板出厂时的共同指标等技术要求，可参见国家标准《刨花板》（GB/T 4897—2015）中的相关规定。

表 2 - 16　尺寸偏差要求

项目		基本厚度范围（mm）	
		≤ 12	＞ 12
厚度偏差	未砂光板	＋ 1.5 － 0.3	＋ 1.7 － 0.5
	砂光板	± 0.3	
长度和宽度偏差		± 2mm/m，最大值 ± 5mm	
垂直度		＜ 2mm/m	
边缘直度		≤ 1mm/m	
平整度		≤ 12mm/m	

注：此表摘自国家标准《刨花板》（GB/T 4897—2015）。

表 2 - 17　刨花板外观质量

缺陷名称	允许值
断痕、透裂	不允许
压痕	肉眼不允许
单个面积 ＞ 40mm² 的胶斑、石蜡斑、油污斑等污染点	不允许
边角残损	在公称尺寸内不允许

注：1. 其他缺陷及要求由供需双方协商确定。
　　2. 此表摘自国家标准《刨花板》（GB/T 4897—2015）。

2.3.4　刨花板的特点与应用

（1）刨花板的特点

①刨花板的主要优点　可按需要加工成相应厚度及大幅面的板材，表面平整，结构均匀，长宽同性，无生长缺陷；不需干燥，可直接使用；隔音隔热性能好，有一定强度；易于加工，有利于实现机械化生产；价格低廉，利用率高等。

②刨花板的主要缺点　边部较毛糙，易吸湿变形，厚度膨胀率较大，甚至导致边部刨花脱落，影响加工质量；一般不宜开榫，握钉力较低，紧固件不易多次拆卸；密度较大，通常高于普通木材，用其做家具，一般较笨重；表面无木纹。另外，刨花板平面抗拉强度低，用于横向构件易产生下垂变形等（这是某些国产刨花板的缺点，进口刨花板基本可替代中密度纤维板用作家具材

料，国外刨花板是发展最快、产量最高的人造板）。

（2）刨花板的应用

生产刨花板是节约和综合利用木材的有效途径之一，具有一定的生态和经济效益。刨花板广泛应用于家具制作、音箱设备、建筑装修等方面，特别是在家具工业中的应用比例较大，可以制作办公家具、民用家具等。例如，各种柜橱、写字台、桌子、书架和书橱等。可以根据要求设计不同形式的刨花板家具。在刨花板的应用中，还需要考虑表面二次加工装饰（表面贴面或涂饰）。刨花板家具制造工艺中，可以设计或选用一些特殊的专用设备。

对刨花板及其制品都应当妥善保存及使用。不适当的储存方式，会严重影响成品的质量和寿命。刨花板不要储放在临时性的棚架内，也不要储存室外，更不应当储存在湿度太大的地方，否则会严重影响板材的质量。

2.3.5 其他刨花板介绍

（1）定向刨花板

①定向刨花板定义　简称 OSB，又称欧松板、定向结构刨花板，由规定形状和厚度的木质大片刨花（图 2－8）施胶后定向铺装，再经热压制成的多层结构板材，其表面刨花沿板材的长度或宽度方向定向排列。

图 2－8　木质大片刨花

定向刨花板表层刨片呈纵向排列，芯层刨片呈横向排列，这种纵横交错的排列，重组了木质纹理结构，完全消除了木材内应力的影响，不易变形，抗冲击和抗弯强度高，可完全代替家具制造中的侧板和承重隔板，而且其力学性能具有方向性，可根据不同用途，在生产过程中控制各层刨花的比例和角度，以满足各种强度要求，不仅可充当门框、窗框、门芯板、地板、橱柜及地板基材，也可直接用于墙面和房顶饰面装饰，是细木工板和胶合板的良好替代产品。

定向刨花板的生产过程中，所采用的胶黏剂始终保持世界领先地位，多用酚醛树脂胶或异氰酸酯胶制造，成品的甲醛释放量符合欧洲最高标准（欧洲 E_1 标准），高温高压以及低施胶量的制作工艺，使胶内游离甲醛充分蒸腾，不仅膨胀系数小，含水率稳定，且相较于其他板材更为绿色环保。定向刨花板内部为定向结构，无接头、无缝隙、无裂痕，整体均匀性好，内部结合强度极高，也解决了中密度纤维板、胶合板和普通刨花板的板面四周钉钉开裂的现象，握钉性能优良。

②定向刨花板依据　使用条件可分为四种类型。

OSB/1——一般用途的非承载板材，用于干燥状态条件下的室内装修材料和家具，本书主要介绍 OSB/1；

OSB/2——承载板材，用于干燥状态条件；

OSB/3——承载板材，用于潮湿状态条件；

OSB/4——承重载板材，用于潮湿状态条件。

③OSB/1 型定向刨花板性能要求　当 OSB 出厂时，所有种类的 OSB 均应满足表 2－18 所列的基本性能要求。主要使用于家具的 OSB/1 型还应满足表 2－19 所列出的力学性能和膨胀性能要求。

表 2－18　OSB 的基本性能要求

序号	性能		要求
1	尺寸偏差	厚度（已砂光），板内和板间	±0.3 mm
		厚度（未砂光），板内和板间	±0.8 mm
		长度和宽度	±3.0 mm
2	边缘不垂直		1.5mm/m
3	垂直度		2.0mm/m
4	含水率		2%～12%
5	板内平均密度偏差		±10%
6	甲醛释放量	1 m^3气候箱法	≤0.124mg／m^3
		穿孔法	≤8mg／100g

注：1. 甲醛释放量可根据需要选择 1 m^3气候箱法或穿孔法进行测试。仲裁方法以 1 m^3气候箱法为准。

2. 用酚醛树脂胶或异氰酸酯胶制造的 OSB 产品不需测定甲醛释放量。

3. 此表摘自林业行业标准 LY/T 1580—2010《定向刨花板》。

表 2－19　干燥状态条件下一般用途非承载板材力学性能和膨胀性能的要求

板类型：OSB/1	单位	性能要求		
		板厚范围（名义尺寸）(mm)		
性能		6～10	>10，<18	18～25
静曲强度（平行）	MPa	20	18	16
静曲强度（垂直）	MPa	10	9	8
弹性模量（平行）	MPa	2 500	2 500	2 500
弹性模量（垂直）	MPa	1 200	1 200	1 200
内结合强度	MPa	0.30	0.28	0.26
24h 吸水厚度膨胀率	%	25	25	25

注：1. 平行是指沿着板材长度的方向，垂直是指垂直于板材长度方向。

2. 根据供需双方协商，确定是否测定握螺钉力。具体指标要求根据产品用途，由供需双方协商确定。

3. 此表摘自林业行业标准《定向刨花板》（LY/T 1580—2010）。

（2）麦（稻）秸秆刨花板

①麦（稻）秸秆刨花板定义　以麦（稻）秸秆为原料，以异氰酸酯（MDI）树脂为胶黏剂，通过粉碎、干燥、分选、施胶、成型、预压、热压、冷却、裁边和砂光等工序制成的板材。它板面强度高、尺寸稳定性好、结构均匀对称，具有优良的机械加工性能，特别是异形边加工。此外，它表面平整光滑，且具有阻燃和耐候性好的特点，适用于各种表面装饰处理，可广泛代替木质人造板和天然木材使用。尤其值得一提的是，麦（稻）秸秆刨花板在环保方面的优势非常明显，它采用高分子合成原料为黏合剂，做到了真正意义的零甲醛，而且在生产过程中也杜绝了以往传统纤维板废水、废物的大量排放，是首屈一指的环保型板材。

②国家标准　《麦（稻）秸秆刨花板》(GB/T 21723—2008)推荐，麦（稻）秸秆刨花板进行如下分类：

按制造方法分：平压法麦（稻）秸秆刨花板，辊压法麦（稻）秸秆刨花板和挤压法麦（稻）秸秆刨花板。

按表面状态分：未砂光板，砂光板，装饰材料饰面板（装饰材料如涂料、装饰单板、浸渍胶膜纸、装饰层压板、薄膜等）。

按表面形状分：平压板和模压板。

按板的构成分：均质结构麦（稻）秸秆刨花板，三层结构麦（稻）秸刨秆花板，渐变结构麦（稻）秸秆刨花板和空心结构麦（稻）秸秆刨花板。

③麦（稻）秸秆刨花板规格　幅面尺寸为 1 220mm×2 440mm；1 830 mm×2 440 mm。经供需双方协议，可生产其他幅面尺寸的麦（稻）秸秆刨花板。公称厚度为 3mm、6mm、8mm、10mm、12mm、14mm、15mm、16mm、17mm、18mm、20mm、22mm、25mm、30mm、40mm 等。经供需双方协议，可生产其他厚度的麦（稻）秸秆刨花板。

麦（稻）秸秆刨花板对角线之差允许值和刨花板对角线之差允许值相同，参照表 2－16。

④麦（稻）秸秆刨花板外观质量　应符合表 2－20规定。

家具及室内装修用麦（稻）秸秆刨花板要砂光，砂光后的板面外观质量、理化性能指标、握螺钉力以及麦（稻）秸秆刨花板出厂时的共同指标等技术要求，可参见国家标准《麦（稻）秸秆刨花板》(GB/T 21723—2008)中的相关规定。

表 2－20　麦（稻）秸秆刨花板外观质量

缺陷名称	允许值
断痕、透裂	不允许
单个面积 $>40\text{mm}^2$ 的胶斑、石蜡斑、油污斑等污染点	不允许
边角残损	在基本尺寸内不允许
边部钝棱	不允许

注：此表摘自国家标准《麦（稻）秸秆刨花板》（GB/T 21723—2008）。

2.3.6　刨花板的选购

（1）看标记

每张刨花板背面的右下角用不褪色的油墨加盖表明该产品类别、规格、生产日期和检验员代号等标记，如图 2－9 所示。

（2）看标签

每包刨花板需挂有标签，其上应注明：产品名称、生产厂名、厂址、执行标准、商标、规格、数量、防潮以及盖有合格章的标签。消费者可以查验。

（3）甲醛释放量

刨花板甲醛释放量与中密度纤维板选购注意事项相同。

（4）刨花板外观质量

选购刨花板时，要检查板面，要求光滑平整，颜色浅淡、均匀正常，没有水渍、油污和黏痕。边角不能有缺损，板面不能有局部疏松（因为铺装不良或胶接不佳而产生）等现象。

（5）刨花板防水防潮处理

因刨花板有遇水或潮湿膨胀变形甚至损坏的特点，使用前可以根据需要，在板面和端面上刷一到两层清漆，可以起到防水防潮的作用。

（6）刨花板品牌选择

刨花板选购还应注重品牌，是进口设备还是国产设备生产，是多层压机还是连续式压机生产的产品，质量相差比较大。一般进口设备和多层压机生产的产品质量较好。

图 2－9　油墨标记

2.4　细木工板

细工木板属于一种特殊胶合板。国家标准《细木工板》（GB/T 5849—2016）将由木条沿顺纹方向组成板芯；两面与单板或胶合板组坯胶合而成的一种人造板定义为细木工板，如图 2－10 所示。其板芯由木条沿顺纹方向组成拼板。木条在长度和宽度上拼接或不拼接而成的板状材料为实体板芯；而用木条组成的方格子板芯为方格板芯。

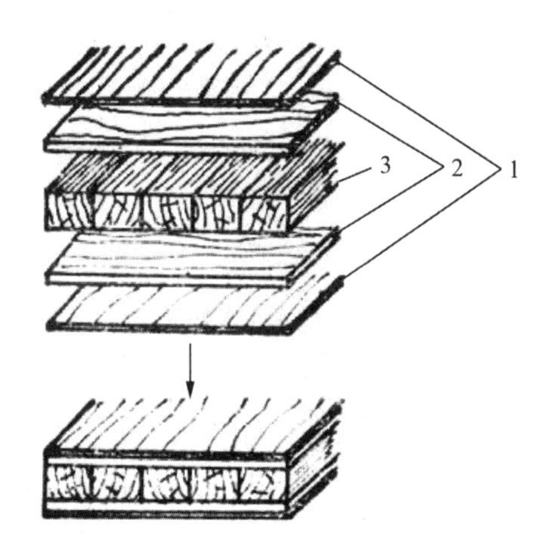

图 2－10　细木工板（实木板芯）
1.表板（面板和背板）　2.芯板　3.板芯

习惯上说的细木工板都是指具有实体板芯的细木工板，因此，在本节内容里面只介绍这一种，平时又俗称木芯板、大芯板、木工板、实芯板等。而具有方格板芯的空心细木工板属于我们常说的空心板的一种，将在后面 2.5 内容中介绍。

2.4.1　细木工板概述

细木工板以五层结构的比较多，如图 2－11 所示，三层结构的比较少。我国目前生产的细木工板都是五层结构。细木工板最外层的单板称为表板。正面的表板称为面板；反面的表板称为背板。内层的单板称为芯板。表板芯板都是覆盖在木条拼成的板芯之上，所以统称为覆面材料。组成板芯的木条称为芯条，如图 2－12 所示。

在细木工板中，板芯、芯板和表板的作用各不相同。它们各尽其能，使细木工板得到良好的性能。板芯的主要作用是使板材具有一定的厚度和强度。芯板的作用，一是将板芯横向联系起来，使板材有足够的横向强度；二是降低板面的不平度，板芯小木条厚度不均匀可能会反映到板面上来，有芯板作缓冲，就可以消除或削弱这种影响。表板的作用也有两个，一是使板面美观；二是增加板材的纵向强度。

细木工板的板芯一般都是用小径原木、旋切木芯或者边材小料等为原料。对于一定厚度的细木工板来说，板芯越厚，成本越低。但覆面材料过薄也会影响板材的强度和稳定性，即容易破坏和变形。根据专业研究，板芯厚度占细木工板总厚度的 60%～80% 时，就能保证板材有足够的强度和稳定性。

细木工板是在木条所组成的板芯两面覆贴单板制成的，所以它的生产工艺过程可以分为单板制造、板芯制造（因原料不同，板芯制造部分的工艺过程也有区别）以及细木工板的胶合与加工三大部分，其主要（典型）工艺流程为：小径原木（旋切木芯等）→制材→干燥→（横截）→双面刨平→纵解→横截→选料→（芯条涂胶→横向胶拼→陈放→板芯双面刨光或砂光）→芯板（内层单板）整理与涂胶→表背板（面、底板）整理→组坯→预压→热压→陈放→裁边→砂光→检验分等→修补→成品。

上面只是典型的工艺流程。在实际生产中，

图 2－11　五层细木工板

图 2－12　芯条

工艺多种多样，工序有增有减，顺序也有变化，因产品质量要求、设备、原料、生产习惯的不同而不同。例如，在五层结构的细木工板生产中，配坯与预热压主要有两种形式：第一种是传统工艺，即将经双面涂胶的芯板（即内层单板——第二、四层）与未涂胶的细木工板芯（第三层）和表背板（第一、五层）一起组坯，一次配板，一次预压热压。第二种是新工艺，由于目前常用的表背板的厚度较薄及内层单板（如杨木）翘曲变形较大或不平整，因此，常在细木工板芯的两面先各配置1张经单面涂胶的内层单板，并进行第一次配板及预压热压，然后进行修补整理，再双面涂胶，与表背板进行第二次配板及预压热压成板。这两种胶合方案中，第二种方案最为常用，因它最能保证其产品质量。

2.4.2 细木工板分类和命名

细木工板可以从不同的方面分类，这里介绍国家标准《细木工板》(GB/T 5849—2016)推荐的常规分类：

（1）按板芯拼接状况分

按板芯拼接状况分为板芯胶拼细木工板（机拼板和手拼板）和板芯不胶拼细木工板（未拼板或排芯板）。

（2）按表面加工状况分

按表面加工状况分为单面砂光细木工板、双面砂光细木工板和不砂光细木工板。

（3）按使用环境分

按使用环境分为室内用细木工板和室外用细木工板。

（4）按层数分

按层数分为三层细木工板、五层细木工板和多层细木工板。

2.4.3 细木工板标准与规格

（1）细木工板国家标准

国家标准《细木工板》(GB/T 5849—2016)的内容，主要包括：术语和定义，分类和命名，要求，检验方法，检验规则，标志、标签、包装和贮运等。家具用材时应执行国家标准的相关规定。

（2）细木工板尺寸规格

①幅面尺寸　应符合表2-21规定。

表2-21　细木工板幅面尺寸　mm

宽度	长度				
915	915	—	1 830	2 135	—
1 220	—	1 220	1 830	2 135	2 440

注：此表摘自国家标准《细木工板》(GB/T 5849—2016)。

表板纹理方向为细木工板的长度方向。经供需双方协议可以生产其他幅面尺寸的细木工板。细木工板长度和宽度的公差为$^{+5}_{0}$mm，不允许有负公差。

细木工板常用幅面尺寸为1 220mm×2 440mm等。

②厚度规格　主要为12mm、14mm、16mm、19mm、22mm、25mm。经供需双方协议可以生产其他厚度的细木工板。

细木工板厚度偏差、垂直度、边缘直度、翘曲度、波纹度等要求，可参见国家标准《细木工板》(GB/T 5849—2016)中的相关规定。

2.4.4 细木工板分等

（1）分等

细木工板在规格尺寸及偏差和其他理化性能达到本标准要求的情况下，按其外观质量分为优等品、一等品和合格品。

一般通过目测细木工板上的允许缺陷来判定其等级。

（2）外观质量

根据面板的材质缺陷和加工缺陷判定外观质量等级。

以阔叶材单板为表板的各等级细木工板允许缺陷见表2-22。

表 2－22　阔叶材细木工板外观分等的允许缺陷

检量缺陷名称	检量项目		面板			背板
			细木工板等级			
			优等品	一等品	合格品	
（1）针节	—		允许			
（2）活节	最大单个直径(mm)		10	20	不限	
（3）半活节、死节、夹皮	每平方米板面上总个数		不允许	4	6	不限
	半活节	最大单个直径(mm)		20（自 5 以下不计）	不限	
	死节	最大单个直径(mm)		5（自 2 以下不计）	15	不限
	夹皮	最大单个长度(mm)		20（自 5 以下不计）	不限	
（4）木材异常结构	—		允许			
（5）裂缝	每米板宽内条数		不允许	1	2	不限
	最大单个宽度(mm)			1.5	3	6
	最大单个长度为板长(%)			10	15	30
（6）虫孔、排钉孔、孔洞	最大单个直径(mm)		不允许	4	8	15
	每平方米板面上个数			4	不呈筛孔状不限	
（7）变色	不超过板面积（%）		不允许	30	不限	
（8）腐朽	—		不允许		允许初腐，但面积不超过板面积的 1%	允许初腐
（9）表板拼接离缝	最大单个宽度(mm)		不允许	0.5	1	2
	最大单个长度为板长（%）			10	30	50
	每米板宽内条数			1	2	不限
（10）表板叠层	最大单个宽度(mm)		不允许		8	10
	最大单个长度为板长（%）				20	不限
（11）芯板叠离	紧贴表板的芯板叠离	最大单个宽度(mm)	不允许	2	8	10
		每米板长内条数		2	不限	
	其他各层离缝的最大宽度(mm)			10		—
（12）鼓泡、分层	—		不允许			
（13）凹陷、压痕、鼓包	最大单个面积(mm^2)		不允许	50	400	不限
	每平方米板面上个数			1	4	
（14）毛刺沟痕	不超过板面积（%）		不允许	1	20	不限
	深度			不允许穿透		
（15）表板砂透	每平方米板面上不超过(mm^2)		不允许		400	10 000
（16）透胶及其他人为污染	不超过板面积(%)		不允许	0.5	10	30
（17）补片、补条	允许制作适当且填补牢固的，每平方米板面上的数		不允许	3	不限	不限
	不超过板面积（%）			0.5	3	
	缝隙不超过(mm)			0.5	1	2

（续）

检量缺陷名称	检量项目	面板 细木工板等级 优等品	一等品	合格品	背板
（18）内含铝质书钉	—	不允许			
（19）板边缺损	自基本幅面内不超过(mm)	不允许			10
（20）其他缺陷	—	不允许		按最类似缺陷考虑	

注：1. 变色——浅色斑条按变色计；一等品板深色斑条宽度不允许超过 2mm，长度不允许超过 20mm；桦木除优等品外，允许有伪心材，但一等品板的色泽应调和；桦木一等品板不允许有密集的褐色或黑色髓斑；优等品和一等品板的异色边心材按变色计。

2. 此表摘自国家标准《细木工板》(GB/T 5849—2016)。

以针叶材单板为表板的各等级细木工板允许缺陷见表 2 - 23。

优等品背板外观质量要求不低于合格品面板的要求。

表 2 - 22、表 2 - 23 中允许缺陷的面积，除明确指出外均指累计面积。检量缺陷的数量、累积尺寸或范围应按整张板面积的平均每平方米板上的数量进行计算，板宽度（或长度）上缺陷应按最严重一端的平均每米内的数量进行计算，其结果应取最接近的整数。芯板和板芯带有的缺陷反映到表板上，应按表板上的缺陷允许限度检量。节子和孔洞的直径是长径和短径的平均值。脱落节孔、严重腐朽节按孔洞计。基本幅面尺寸以外的各种缺陷均不计。

表 2 - 23　针叶材细木工板外观分等的允许缺陷

检量缺陷名称	检量项目		面板 细木工板等级 优等品	一等品	合格品	背板
（1）针节	—		允许			
（2）活节、半活节、死节	每平方米板面上总个数		5	8	10	不限
	活节	最大单个直径(mm)	20	30（小于 10 不计）	不限	
	半活节、死节	最大单个直径(mm)	不允许	5	30（小于 10 不计）	不限
（3）木材异常结构	—		允许			
（4）夹皮、树脂道	每平方米板面上总个数		3	4（小于 10 不计）	10（小于 15 不计）	不限
	最大单个长度		15	30	不限	
（5）裂缝	每米板宽内条数		不允许	1	2	不限
	最大单个宽度(mm)			1.5	3	6
	最大单个长度为板长（%）			10	15	30
（6）虫孔、排钉孔、孔洞	最大单个直径(mm)		不允许	2	6	15
	每平方米板面上个数			4	10（小于 3 不计）	不呈筛孔状不限
（7）变色	不超过板面积（%）		不允许	浅色 10	不限	

（续）

<table>
<tr><th rowspan="3">检量缺陷名称</th><th rowspan="3" colspan="2">检量项目</th><th colspan="3">面板</th><th rowspan="3">背板</th></tr>
<tr><th colspan="3">细木工板等级</th></tr>
<tr><th>优等品</th><th>一等品</th><th>合格品</th></tr>
<tr><td>（8）腐朽</td><td colspan="2">—</td><td colspan="2">不允许</td><td>允许初腐，但面积不超过板面积的 1%</td><td>允许初腐</td></tr>
<tr><td rowspan="3">（9）树脂漏（树脂条）</td><td colspan="2">最大单个长度(mm)</td><td rowspan="3">不允许</td><td>150</td><td colspan="2" rowspan="3">不限</td></tr>
<tr><td colspan="2">最大单个宽度(mm)</td><td>10</td></tr>
<tr><td colspan="2">每平方米板面上个数</td><td>4</td></tr>
<tr><td rowspan="3">（10）表板拼接离缝</td><td colspan="2">最大单个宽度(mm)</td><td rowspan="3">不允许</td><td>0.5</td><td>1</td><td>2</td></tr>
<tr><td colspan="2">最大单个长度为板长(%)</td><td>10</td><td>30</td><td>50</td></tr>
<tr><td colspan="2">每米板宽内条数</td><td>1</td><td>2</td><td>不限</td></tr>
<tr><td rowspan="2">（11）表板叠层</td><td colspan="2">最大单个宽度(mm)</td><td colspan="2" rowspan="2">不允许</td><td>2</td><td>10</td></tr>
<tr><td colspan="2">最大单个长度为板长(%)</td><td>20</td><td>不限</td></tr>
<tr><td rowspan="3">（12）芯板叠离</td><td rowspan="2">紧贴表板的芯板叠离</td><td>最大单个宽度(mm)</td><td rowspan="3">不允许</td><td>2</td><td>4</td><td>10</td></tr>
<tr><td>每米板长内条数</td><td>2</td><td colspan="2">不限</td></tr>
<tr><td colspan="2">其他各层离缝的最大宽度(mm)</td><td colspan="2">10</td><td>—</td></tr>
<tr><td>（13）鼓泡、分层</td><td colspan="2">—</td><td colspan="4">不允许</td></tr>
<tr><td rowspan="2">（14）凹陷、压痕、鼓泡</td><td colspan="2">最大单个面积(mm^2)</td><td rowspan="2">不允许</td><td>50</td><td>400</td><td rowspan="2">不限</td></tr>
<tr><td colspan="2">每平方米板面上个数</td><td>2</td><td>6</td></tr>
<tr><td rowspan="2">（15）毛刺沟痕</td><td colspan="2">不超过板面积（%）</td><td rowspan="2">不允许</td><td>5</td><td>20</td><td>不限</td></tr>
<tr><td colspan="2">深度</td><td></td><td></td><td></td></tr>
<tr><td>（16）表板砂透</td><td colspan="2">每平方米板面上不超过(mm^2)</td><td colspan="2">不允许</td><td>400</td><td>10 000</td></tr>
<tr><td>（17）透胶及其他人为污染</td><td colspan="2">不超过板面积(%)</td><td>不允许</td><td>1</td><td>10</td><td>30</td></tr>
<tr><td rowspan="3">（18）补片、补条</td><td colspan="2">允许制作适当且填补牢固的，每平方米板面上个数</td><td rowspan="3">不允许</td><td>6</td><td colspan="2">不限</td></tr>
<tr><td colspan="2">不超过板面积（%）</td><td>1</td><td>5</td><td>不限</td></tr>
<tr><td colspan="2">缝隙不超过(mm)</td><td>0.5</td><td>1</td><td>2</td></tr>
<tr><td>（19）内含铝质书钉</td><td colspan="2">—</td><td colspan="4">不允许</td></tr>
<tr><td>（20）板边缺损</td><td colspan="2">自基本幅面内不超过(mm)</td><td colspan="2">不允许</td><td colspan="2">10</td></tr>
<tr><td>（21）其他缺陷</td><td colspan="2">—</td><td>不允许</td><td colspan="3">按最类似缺陷考虑</td></tr>
</table>

注：此表摘自国家标准《细木工板》(GB/T 5849—2016)。

2.4.5 细木工板的构成和要求

（1）板的构成和要求

①板芯两边的对称层单板应为同一厚度、同一树种或材性相似的树种，同一生产方法（即都是旋切或是刨切的），而且木纹配置方向也应相同。

②表板拼接应选择同一树种的单板，优等品面板应表面光滑且为整张单板或两张单板拼接而成，优等品和一等品面板拼接应选择颜色和纹理相近的单板。

③表板应紧面朝外。

④同一张细木工板的芯条应为同一厚度、同一树种或材性相近的树种。

⑤芯条宽度与厚度之比不大于3.5。

⑥沿板的长度方向，相邻两排芯条的两个端接缝的距离不小于50mm，芯条长度不小于100mm。

⑦芯条侧面缝隙不超过1mm，芯条端面缝隙不超过3mm。

（2）表板构成和要求

①表板可以是整张单板，也可以由多片单板按要求拼接而成。

②各等级细木工板面板的材质缺陷和加工缺陷，应符合表2-22或表2-23的相关要求。

（3）芯板构成和要求

①芯板可以是整张单板，也可以由任意宽度的单板沿边缘侧拼而成。

②各等级细木工板芯板缺陷，应符合表2-22或表2-23的相关要求。

（4）加工质量

细木工板应为正方形或长方形，具有直边、直角，其尺寸和偏差应符合国家标准《细木工板》(GB/T 5849—2016)中的相关规定。

（5）板的种类

①面板的树种　为细木工板的树种。

②细木工板的常用树种　阔叶树有椴木、水曲柳、桦木、荷木、杨木、榆木、柞木、枫香、拟赤杨、椒木等。针叶树有马尾松、云南松、落叶松、云杉等。

（6）物理力学性能

①含水率、横向静曲强度、浸渍剥离性能和表面胶合强度　应符合表2-24规定。

②胶合强度　细木工板的胶合强度应符合表2-25规定。

对不同树种搭配制成的细木工板，其胶合强度指标值，应取各树种中要求最小的指标值。

如测定胶合强度试件的平均木材破坏率超过80%时，则其胶合强度指标值可比表2-25所规定的值低0.20MPa。

表2-24　细木工板横向静曲强度、浸渍剥离性能和表面胶合强度要求

检验项目	单位	指标值
含水率	%	6.0～14.0
横向静曲强度	MPa	≥15.0
浸渍剥离性能	mm	试件每个胶层上的每一边剥离长度均不超过25mm
表面胶合强度	MPa	≥0.60

注：此表摘自国家标准《细木工板》(GB/T 5849—2016)。

表2-25　细木工板胶合强度要求　MPa

树种名称/木材名称/商品材名称	指标值
椴木、杨木、拟赤杨、泡桐、柳桉、杉木、奥克榄、白梧桐、异翅香、海棠木	≥0.70
水曲柳、荷木、枫香、槭木、榆木、柞木、阿必东、克隆、山樟	≥0.80
桦木	≥1.00
马尾松、云南松、落叶松、云杉、辐射松	≥0.80

注：此表摘自国家标准《细木工板》(GB/T 5849—2016)。

（7）细木工板甲醛释放量

室内用细木工板的甲醛释放量应符合表2-26规定。

表2-26　细木工板甲醛释放限量值　mg/L

级别标志	限量值	备注
E_0	≤0.5	可直接用于室内
E_1	≤1.5	可直接用于室内
E_2	≤5.0	经饰面处理后达到E_1方可用于室内

注：此表摘自国家标准《细木工板》(GB/T 5849—2016)。

2.4.6　细木工板的特点与应用

（1）细木工板的特点

①与实木板比较　细木工板幅面尺寸宽大，表面平整美观，结构稳定，不易开裂变形；能利用边角小料，节约优质木材；板材横向强度高，

刚度大，力学性能好。

②与胶合板、纤维板、刨花板（通常称为“三板”）等其他人造板比较　细木工板也有一系列突出的优点：

细木工板生产设备比较简单，设备投资比胶合板、刨花板要少得多。与年产量相同的厂比较，细木工板厂的设备投资仅为胶合板厂的 1/4；为刨花板厂的 1/8 左右。

和胶合板相比，细木工板对原料的要求比较低。胶合板的原料都要用（制造单板需要）优质原木。生产细木工板仅需要单板做表层（包括芯板），它在细木工板中只占板材材积的很少部分，大量的是芯条。芯条对原料的要求不高，可以利用小径木（旋切木芯）、低质原木、边材和小料等。

细木工板生产中耗胶少，仅为同厚度胶合板或刨花板的 50% 左右。

生产细木工板能源消耗较少。

和纤维板、刨花板相比，细木工板具有美丽的天然木纹，质轻而强度高，易于加工，有一定弹性，握钉性能好，是木材本质属性保持最好的优质板材。

此外，因细木工板含胶量少，加工时对刀具的磨损没有刨花板、胶合板那么严重；榫接合强度与木材差不多，都比刨花板高。

（2）细木工板的应用

由于细木工板原料来源充足，能够充分利用短小料，合理利用木材，成本低，板材质量优良，具有木材和一般人造板不可比拟的优点。因此在许多行业，都将细木工板作为优质板材来使用，广泛应用于家具制作、建筑装修和缝纫机台板等。发展细木工板，是提高木材综合利用率，劣材优用的有效途径之一。

细木工板是家具工业的理想材料。它经历了同刨花板和其他人造板的竞争，因其具有胶合板的特性，具有较大的硬度和强度，而且价格不太高，至今仍是家具工业的结构材料之一。细木工板主要用于板式家具制造，作为家具的整板构件，它适合于制作桌面、台板，可用来制作简单的直线形制品，也可用于制作流线型家具。目前，细木工板主要用来制作组合柜、书柜、装饰柜等各种板式家具。

细木工板应用于家具制作比较方便，其加工工艺和设备都不太复杂，比采用纤维板或刨花板更接近于传统的家具制作工艺，因此，广为人们所接受和喜爱。

2.4.7　细木工板的选购

细木工板市场板材质量差异较大。好的细木工板，表板采用优质木材并旋切成较厚的单板（如厚度达 0.8mm 的山桂花木）制成，经过多次砂光后，板面极平整光滑，能保持清晰的天然纹理，可直接涂漆使用。至于板芯，上等的细木工板都是在严格选材的基础上，剔除了节疤和腐朽部分，以保证拼接后严密无缝，从而有效地消除木材的内应力。更值得一提的是，档次越高的细木工板，选用胶黏剂也越严格，必须选用经过多次改良的环保胶黏剂，以确保产品的环保质量。从外观上来看，优质细木工板表面光滑平整、无翘曲、起泡、变形、凹陷等现象。

细木工板具体选购注意事项：

（1）看标志

应在产品的两个侧面明显牢固标记产品名称、商标、等级、甲醛释放限量级别、生产厂名和生产日期等。

等级标记有：优等品、一等品、合格品。甲醛释放限量级别有：E_0、E_1、E_2，详见表 2-26，对于 E_0 级板材（干燥器法测定甲醛释放量的限量值 ≤0.5mg/L）可直接用于室内家具；E_1 级板材（干燥器法测定甲醛释放量的限量值 ≤1.5mg/L）可直接用于室内家具；E_2 级板材（干燥器法测定甲醛释放量的限量值 ≤5.0mg/L）必须饰面处理达到 E_1 级后才允许用于室内家具。

（2）看标签

每包细木工板应有标签，其上应标明：产品名称、商标、等级、甲醛释放限量级别、规格、张数、产品标准号、生产厂名、厂址和生产日期等。

（3）看包装

产品出厂时应按产品规格、等级、甲醛释放限量级别、批号分别包装。包装要做到产品免受磕碰、划伤和污损。

（4）是否有气味

如果细木工板散发出清香的木材气味，说明甲醛释放量较少；如果气味刺鼻，说明甲醛释放量较多，最好不要选购。关于甲醛释放量还需参照有关国家标准来鉴别。

（5）最好选机拼板，不选手拼板

细木工板分为机拼和手拼两种，价格和质量相差较大。机器拼装的细木工板板芯为实心状，不存在空档，密度较大，加工时经过两面砂光，平整度较好；工艺上还有一套涂胶、预压、热压过程，经得起热胀冷缩的考验，板材尺寸稳定性好。手拼板近年来基本是一些小厂的产品，大多采用手工拼板，涂胶质量欠佳，采用冷压，其表面粗糙不平，板芯内存在空档，使用中容易出现变形、开胶、断裂等情况。总之，手拼板不如机拼板紧密、平整，宽度、厚度容易有偏差。简单的鉴别方法是：手拼板表面毛糙，触摸时手感高低不平，从侧面看还可发现空档或拼板不紧凑。

（6）板芯用料以单一一种木材为佳

由于各种木材的物理力学性能不同，所以若用杂木，遇冷、热、潮湿等变化时，会影响板芯的质量。细木工板板芯的材质有许多种，如杨木、桦木、松木、泡桐等，其中以杨木、桦木为最好，质地密实，木质不软不硬，握钉力强，不易变形。

（7）外观质量

细木工板的表面必须干燥、平整，节子、夹皮要尽量少。面板不得留有胶纸带和明显的纸痕，不得有开胶和鼓泡。

（8）选购细木工板时，要查看胶合强度、厚度、含水率等检测报告

消费者还可以自行检测。用器具敲击表面，听其声音是否有较大的差异，如果声音有变化，说明胶合强度不好。或者将细木工板的一角掂起，听板材内部有何声音，如有咯吱声响，则说明板材的胶合强度不好。板材厚度要均匀，竖立放置，边角应平直，对角线最大误差不得超过6mm。细木工板的密度要适中，如感觉太重，有两种情况，一是干燥不好（含水率偏高），二是板芯掺有杂木。

（9）检查板芯木条质量和密实度

可从板材侧面或锯开后的剖面观察，拼接板芯的小木条，排列要均匀整齐，缝隙越小越好，最大允许值要符合国家标准要求；芯条要无腐朽、断裂等。观察板材周边不应有补胶、补腻子现象，否则说明其内部可能有缝隙或空洞。

2.5 空心板

空心板是由轻质芯层材料（空心板芯）和覆面材料所组成的空心复合结构板材。空心板因板芯和覆面材料的不同有许多品种，主要是根据板芯的结构和填充材料的不同来区分。常见的有栅状（包镶）空心板、网格（方格）状空心板、蜂窝状空心板、瓦楞状空心板、波纹状空心板、圆盘状（泡沫状、小竹圈）空心板等，如图 2 - 13 所示。

2.5.1 空心板概述

空心板因板芯和覆面材料有许多种，故生产工艺也是多种多样。空心板的生产工艺过程一般都包括周边木框制备、板芯填料制造和覆面胶压

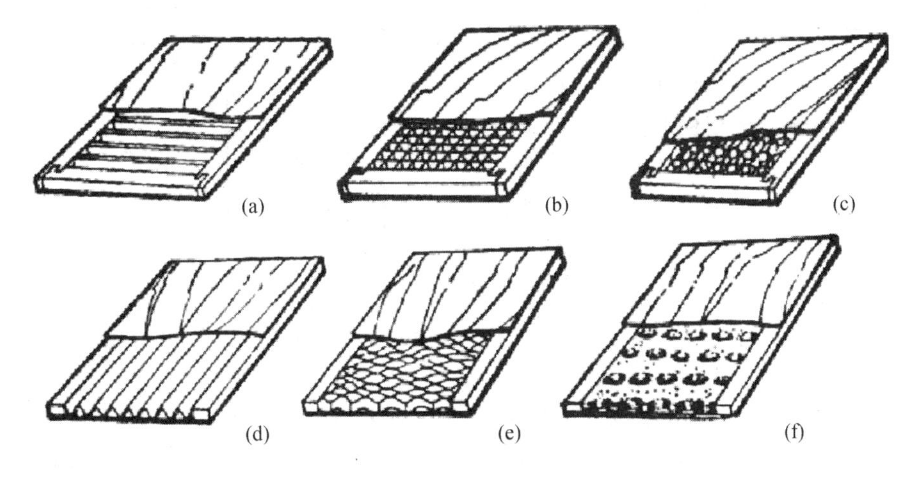

图 2－13　各种空心板

(a)包镶空心板　(b)网格状空心板　(c)蜂窝状空心板
(d)瓦楞状空心板　(e)波纹状空心板　(f)泡沫状空心板

加工三大部分，其主要工艺过程如下：湿锯材→干燥→双面刨平→（或者直接用中密度纤维板、刨花板、单板层积材等厚人造板材作周边木框原料）→纵解→横锯→组框→涂胶→组坯（板芯填充、覆面板）→冷压或热压→陈放→裁边→砂光→成品。

2.5.2　空心板规格

由于空心板的特殊结构，家具生产用空心板通常无统一标准幅面和厚度，一般由家具制造企业自行设计，与家具部件协调配套生产。

2.5.3　空心板的结构特点与应用

空心板在结构上是由空心板芯（轻质）和覆面材料所组成。在家具生产中空心板的板芯结构多由周边木框（简称边框）和空心填料所组成。

板芯的主要作用是使空心板具有一定的充填厚度和支承强度。板芯边框所用的材料主要有实木板材、中密度纤维板、刨花板、集成材、层积材等。板芯填料所用的材料主要有实木条、单板条、纤维板条、胶合板条、牛皮纸、泡沫塑料等制成的栅格形状、网格形状、蜂窝形状、瓦楞形状、波纹形状、圆盘形状等。

在空心板中，覆面材料主要是将板芯材料纵横向联系起来并固定，使板材具有足够的强度和刚度，保证板面平整，具有美观装饰效果。因此，覆面材料主要起着结构加固和表面装饰的作用。空心板覆面最常用的材料是胶合板、中密度纤维板、刨花板、装饰板、单板与薄木等硬质材料。在生产中具体采用哪一种材料，是根据空心板的用途、板芯结构及工厂具体生产情况来确定的。一般家具用空心板的覆面材料多采用胶合板、薄型中密度纤维板、薄型刨花板等。如果是家具上受力及易碰撞的部件，如台板、面板等，可采用五层胶合板、较厚的中密度纤维板及厚刨花板覆面。如果板芯仅采用网格状、蜂窝状或波纹状等空心填料作芯层，覆面材料一般采用厚胶合板、中密度纤维板和刨花板等，或者覆面材料采用双层结构，内层（芯板）采用旋切单板，外层（表板）采用刨切薄木，这样覆面材料的两层纤维方向互相垂直，既可改善板材结构，又省工省料；覆面材料还可以用热固性树脂浸渍纸高压装饰层积板（又称装饰板）。

空心板质轻（一般只有 280～300kg/m^3）、变形小、板面平整、尺寸稳定性好、材色美观，强度完全能满足制造家具的要求，加之其节约木材的优点，在家具生产中已被广泛应用。

（1）包镶空心板

在家具生产中，通常把利用实木条（或者用刨花板条等材料）制成的框架（栅状）作为板芯，在它的一面或两面使用胶合板、装饰板等覆面材料胶贴制成的空心板称为包镶空心板（简称包镶板）。

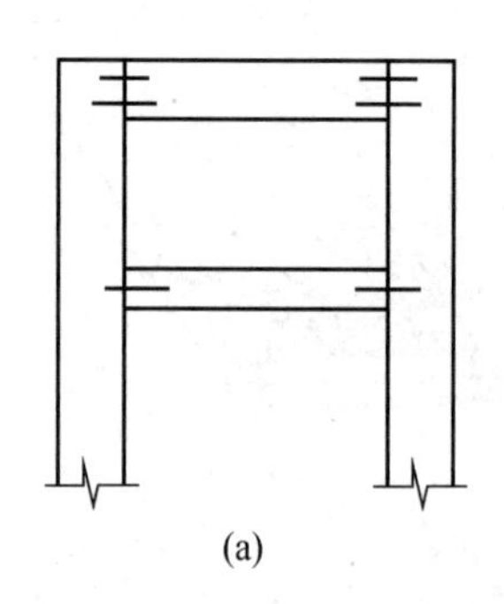
(a)

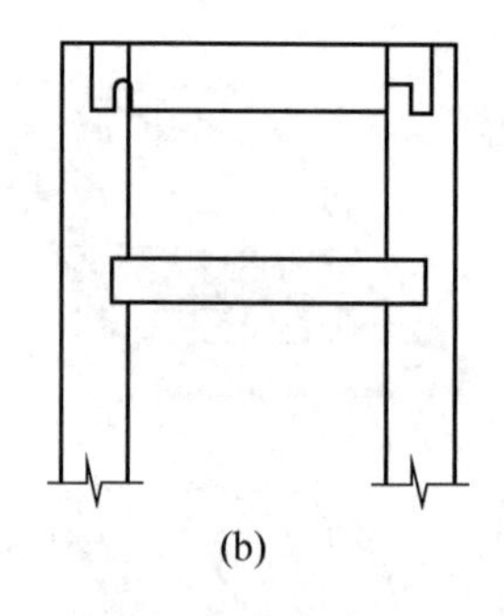
(b)

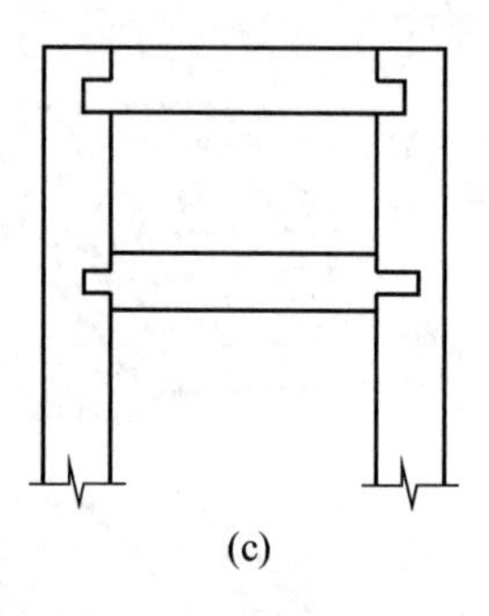
(c)

图 2－14　包镶空心板板芯结构形式
(a)钉结构　(b)、(c)榫孔结构

表 2－27　包镶空心板的应用及木条衬档间距

空心板种类	覆面材料	木条衬档间距(mm)	应用部位	使用要求	最大衬档间距(mm)
单包镶空心板	三层胶合板	不大于 130	一般部件	一般部件	130～160
	三层胶合板	不大于 90	桌、柜面板		
	五层胶合板	不大于 110	桌、柜面板	受力部件	100
	五层胶合板	不大于 160	一般部件		
双包镶空心板	三层胶合板	不大于 90	一般部件	一般部件	90～110
	三层胶合板	不大于 75	桌、柜面板，柜门		
	五层胶合板	不大于 150	一般部件	受力部件	90
	五层胶合板	不大于 100	桌、柜面板，柜门		

其中，一面胶贴覆面的为单包镶；两面胶贴覆面的为双包镶。包镶板在家具生产中应用很广泛。

①木条板芯包镶空心板　木条板芯包镶空心板是利用木条构成框架，作为板芯构成的空心板。它的板芯结构为空心木框，如图 2－14 所示。板芯的接合形式，对于双包镶通常为“Π”形钉结构 [如图 2－14(a)]；单包镶的框架则必须用榫孔结构 [如图 2－14(b)、(c)]，以保证板材强度。根据工艺要求，木框内在一定间距上配置有衬条或木块（以备在木块上安装锁或拉手等），表面再胶贴覆面材料。各种包镶空心板，根据其覆面材料和衬条间距的不同，可用于家具的不同部位，具体可参照表 2－27。

双包镶板的两面都平整美观，板材稳定性好。中、高档家具部件一般都需要双包镶。单包镶用在要求较低的产品中，用于一面外露的部件如柜子的旁板等。

②刨花板条空心板　将刨花板裁成窄条，用“Π”形钉连接成框架，就构成刨花板条板芯。在它的两面胶贴胶合板等覆面材料，就制成刨花板条空心板，如图 2－15 所示。

用来制板条的刨花板厚薄要均匀，板条宽度一般为 30～50mm。为使板条之间接合严密平整，接合部位的上下两面都需要加“Π”形钉。板条的排列方式、距离可根据制品结构的需要来确定。

（2）网格状空心板

将纤维板或胶合板锯割成窄板条，窄板条宽度规格与板芯框架厚度相等，再根据网格的设计规格将窄板条分段铣切成 1/2 深度的槽口，组成纵横交错的网格状板芯，如图 2－16 所示。然后把它放入框架内，两面胶贴胶合板等覆面材料而成网格状空心板。

网格状空心板可以利用纤维板或胶合板的边角余料作板芯原料，使用设备简单，容易制造。这种空心板质轻，表面平整，平面抗压强度较好，力学性能符合家具结构部件的要求，应用很广。

网格状空心板的网格孔尺寸越小，胶合后板面越平整，但费料费工。其尺寸可根据产品质量要求和覆面材料的厚薄来确定。产品质量要求高，覆

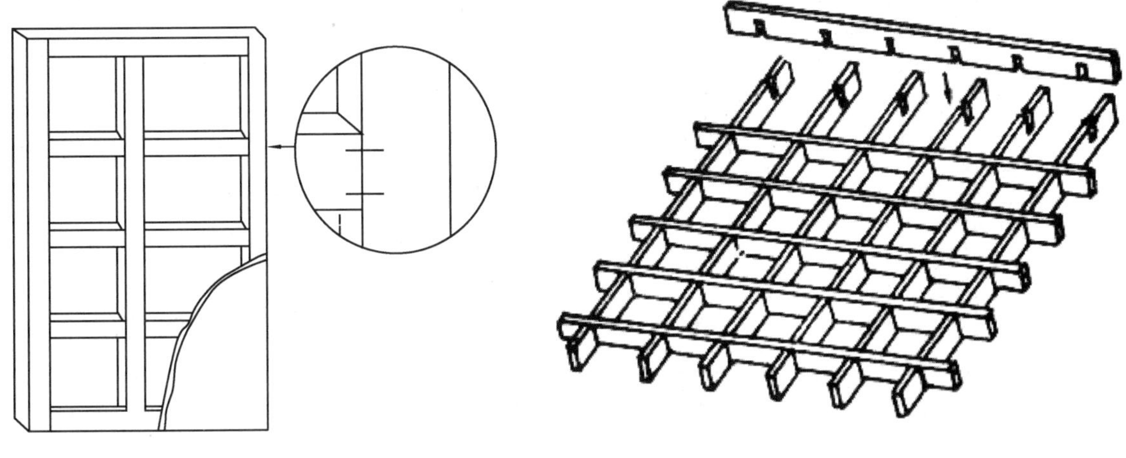

图 2－15　刨花板条空心板

图 2－16　网格状板芯

面材料薄时，网格孔要小一些。具体制作时网格孔尺寸规格可参照表 2－28。

表 2－28　网格孔尺寸规格

板芯材料	规格（mm×mm）
单板	20×20～30×30
纤维板、胶合板	30×30～45×45

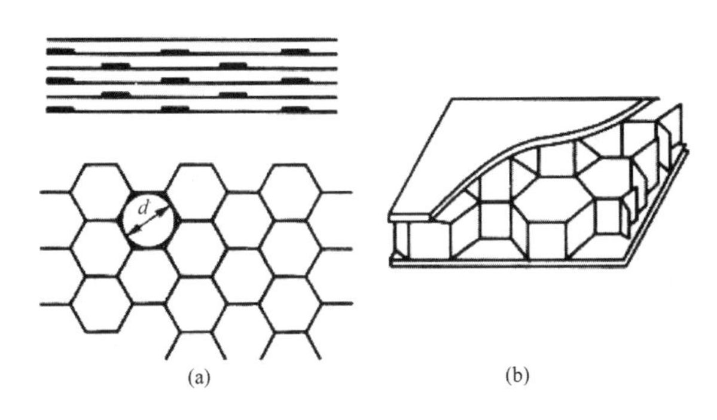

图 2－17　蜂窝状板芯
(a)蜂窝状板芯　(b) 蜂窝状空心板

（3）蜂窝状空心板

蜂窝状空心板（简称蜂窝板）是在蜂窝状板芯的两面胶压覆面材料制成的空心结构板，如图 2－17 所示。

制造蜂窝板芯的材料有纸、单板、棉布、塑料、铝、玻璃钢等。用纸制造板芯的纸质蜂窝板应用于家具生产比较适宜。它作为家具行业的一种新型材料也得到了大量应用。它的制造过程一般是用 100～200g/m² 的牛皮纸和其他性能类似的纸张，胶合成六角形蜂窝状的板（纸）芯，再浸渍胶液固化定型（也有不浸胶液，烘干定型的），以增加其强度。然后根据定型部件的规格要求，用定型规格的框架把纸蜂窝芯嵌入框架内，以 2 层单板或 3 层单板作为表面板，再用胶料胶压而成。

①蜂窝板芯孔径规格　蜂窝板芯六角形孔径的规格，可根据制品用途要求来决定，一般其内切圆直径 d 为 9.5mm、13mm、19mm（图 2－17）。孔径过大，影响强度；孔径越小，蜂窝板面越平整，强度越高，但用纸越多。一般家具常选用 13mm 的孔径规格。

②蜂窝板物理力学性能　蜂窝板物理力学性能见表 2－29。

③蜂窝板的特点　蜂窝板的板芯是依据生物学原理，仿蜂窝结构，工艺新颖，比强度高，缓冲性好，轻质低耗，板面平整，坚挺结实，适宜制造板式家具，特别适合作活动部件，是一种非常优良的空心结构材料。

经过化学胶液浸渍处理后的纸蜂窝板芯，不易虫蛀。

蜂窝板物理性能良好，在一般自然条件下不变形。力学性能符合家具部件的使用要求。

表 2－29　蜂窝板物理力学性能

孔径规格		19	19	13	13
厚度		24	30	24	30
名称	抗压强度（kPa）	497.8	383.2	879.1	698.7
	抗弯强度（kPa）	20.6	12.7	43.6	29.9
	冲击韧性（kJ/m²）	28.4	17.0	31.0	19.5
	抗剪强度（kPa）	98.9	—	225.4	—
	弹性模量（GPa）	2.205	4.077	7.958	4.978
	体积质量（g/cm³）	0.146	0.114	0.156	0.115
	热稳定性：50℃，20h	无变化			
	冷稳定性：－20℃，20h	无变化			
	防湿：温度 36℃ 相对湿度 100%，40h	无变化			

注：1. 试件纸蜂窝均浸渍过胶料。
2. 力学测试和密度，试件无木边框。
3. 物理性能测试，试件有木边框。
4. 试件表面板为 2 层单板。胶料为脲醛树脂。

蜂窝板节约木材，易于回收和循环再用，是一种较为理想的环保型材料。

④蜂窝板的应用　蜂窝板主要用于柜类家具的门板、旁板部件，不宜用于受重载荷较大的面板、搁板等部件。其幅面尺寸可根据实际生产的需要自行决定，但如加工制成成品后，就不宜再进一步分割。

（4）瓦楞状和波纹状空心板

这两种板材的生产方法和其他空心板一样。所不同的是其板芯填充物为经过特殊加工的瓦楞状单板（或胶合板）和波纹状单板（或胶合板）。这两种板材在家具应用上不广。

（5）泡沫状空心板

泡沫状空心板的板芯是以聚苯乙烯泡沫塑料作为填充物。它在稳定性、吸湿性及密度等方面都较好。这种板材的生产方法与其他空心板类似。泡沫状空心板的结构和生产工艺均较简单，板面平整且变形小，力学性能较好，材料来源广，能大量节约木材，是一种有发展前途的家具用材。其缺点是耐热性较差。

2.6　集成材

近年来，国内外集成材的生产发展很快，在国际市场上非常流行，主要用于家具、楼梯、扶手、门窗和室内装修构件；国内的集成材特别是杉（松、杨）木指接板（方）材，主要用于家具和室内装修。用集成材制成的高档家具，不仅外表美观，而且坚固耐用，深受消费者欢迎。生产集成材是充分利用加工剩余废料、合理利用小径材与提高小径材附加值的一条有效途径。

我国森林覆盖率较低，木材蓄积量少，大径级的优质木材供需矛盾十分突出，所以大规模生产材质优良的集成材具有广阔的市场前景。

2.6.1　集成材概述

集成材（也称胶合木，日语中称“集成材”）是将纤维方向基本平行的板材、小方材等在长度、宽度和厚度方向上集成胶合而成的材料，如图 2－18 所示。它是利用实木板材或木材加工剩余物板材截头之类的材料，经干燥后，去掉节子、裂纹、腐朽等木材缺陷，加工成具有一定端面规格的小木板条（或尺寸窄、短的小木块），涂胶后一块一块地接长，再次刨光加工后沿横向胶拼成一定宽度（横拼）的板材，最后再根据需要进行厚度方向的层积胶拼。本书主要介绍的是非结构用集成材，即用于家具生产、建筑装饰装修等的集成材。我国市面上使用率最高的是指接胶合方式接长的集成材，也称为指接材。

2.6.2　集成材分类

集成材一般可从下面两个方面来分类：

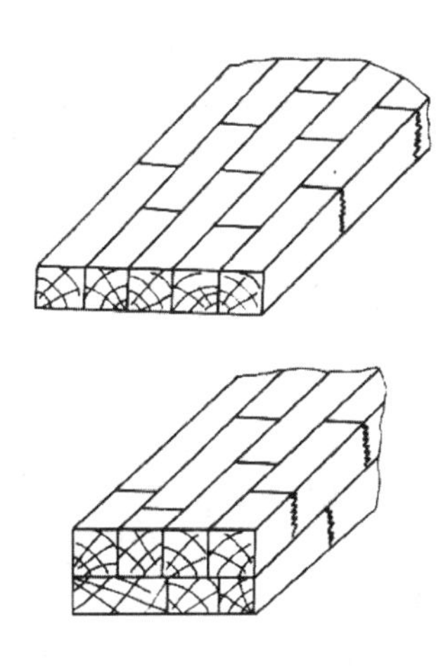

图 2－18　集成材

（1）根据集成材形状分

分为集成板材（单层集成材、多层集成材）和集成方材。

（2）根据饰面状态分

分为非结构用集成材、非结构贴面集成材。

2.6.3　集成材标准、规格

（1）集成材行业标准

林业行业标准《集成材　非结构用》（LY/T 1787—2016）的内容主要包括术语和定义、产品类型、分类、要求、检验方法、检验规则、标志、包装、储存和运输等。本标准适用于家具生产、建筑装饰装修等非结构用集成材。

（2）集成材的尺寸规格及偏差

①产品规格　不作限制。

②尺寸偏差　应符合表 2－30 的规定。

表 2－30　尺寸偏差　mm

项目	指标要求	
	表面加工材	表面未加工材
厚度	+1.0 -0.5	+3.0 0
宽度	+1.0 -0.5	+3.0 0
长度	不允许有负偏差	

注：1. 产品尺寸偏差如有特殊要求由供需双方共同商定。

2. 此表摘自林业行业标准《集成材　非结构用》（LY/T 1787—2016）。

集成材的边缘直度不超过 1.0mm/m；翘曲度：横向弦高与横向长度之比不超过 0.3%；相邻边垂直度不超过 1.0 mm/m。可参见林业行业标准《集成材　非结构用》（LY/T 1787—2016）中的相关规定。

（3）集成材的组坯原则

①同一集成材原则上应使用同一种树种木材，需要由两种或两种以上木材进行集成时，其木材性质应相近。

②用于制作同一集成材的板方材宽度应一致。

③宽度方向预先拼胶的板方材，在厚度方向上层积胶合时相邻层的拼宽接缝应错开；由指接等接长的板方材，在厚度方向上层积胶合时相邻层的接头应尽可能错开。

2.6.4　集成材外观分等

（1）分等

集成材按外观材面质量分为三个等级，即优等品、一等品和合格品。

（2）外观质量

集成材外观分等允许缺陷见表 2－31。

（3）理化性能

①含水率　集成材的含水率应大于等于 8%，小于等于各地区木材平衡含水率。各地区木材平衡含水率见《锯材干燥质量》（GB/T 6491—2012）中附录 A。

②浸渍剥离　同一试件的两断面剥离率为 10% 以下，且同一胶层剥离长度之和不得超过该胶层长度的 1/3。集成材之间指接胶合的情况下，平均剥离率为 10% 以下。当使用两个试件时，平均剥离率为两试件的平均值；一个试件时，该试件的剥离率即为平均剥离率。

③甲醛释放量　甲醛释放量应符合表 2－32 规定。

表 2－31　集成材外观分等的允许缺陷

缺陷种类		计算方法	优等品	一等品	合格品
节子	活节	最大单个长径（mm）	10	30	不限
		每平方米版面个数	≤1	≤2	
	死节	最大单个长径（mm）	不允许	2	5
		每平方米板面个数		2	3
腐朽		不大于材面面积（%）	不允许	≤3	≤5
裂纹		最大单个长度（mm）	不允许	50	100
		最大单个宽度（mm）		0.3	2
虫眼		最大单个长径（mm）	不允许	2	5
		每平方米板面个数		修补完好允许 3	修补完好允许 5
髓心		占材面宽度　不大于	不允许		5%
夹皮		最大单个长度（mm）	不允许	10	30
		最大单个宽度（mm）		2	5
		每平方米板面个数		≤3	≤5
树脂道		最大单个长度（mm）	不允许	10	30
		最大单个宽度（mm）		2	5
		每平方米板面个数		≤3	≤5
变色		化学变色和真菌变色占材面面积（%）不大于	不允许	≤3	≤5
逆纹		不大于材面面积（%）	不允许	≤5	不限
边材		不大于木条宽度	不允许	≤1/3	不限
指接缝隙		最大宽度（mm）	不允许	0.2	0.3
		每平方米板面个数		≤3	≤5
边角残损		最大厚度（mm）	不允许	3	
		最大宽度（mm）		2	
		最大长度（mm）		50	
		每平方米板面个数		≤1	
修补			不允许	材色或纹理要和周围的木材协调，修补部分不许有间歇、脱落、凹陷	

注：1. 产品分正面材面和背面材面，优等品背面的外观质量不低于一等品要求，一等品背面的外观质量不低于合格品要求。

2. 贯通死节不许有；活节不许有开裂。

3. 此表摘自林业行业标准《集成材　非结构用》（LY/T 1787—2008）。

表 2－32　集成材的甲醛释放限量

级别标志	单位	限量值
E_0	mg/L	≤0.5
E_1		≤1.5

注：此表摘自林业行业标准《集成材　非结构用》（LY/T 1787—2016）。

2.6.5　指接集成材

（1）概述

指接材是以锯材为原料，经过指榫加工、胶合接长制成的板方材，如图 2－19 所示。指榫是利用切削和加压的方法，在木材端部加工形成的指形（锯齿形）榫接头，如图 2－20 所示。木材的接长方式主要有端接、斜接和指接三种，指接是目前世界上最常用、最经济有效的一种木材接长方式，指接能有效提高木材的利用率和产品的等级率，使短料长用、劣材优用，又能保证在接长

图 2－19　指接材

图 2－20　指榫

时的胶合面积，在较小的胶合长度下达到较高的胶合性能。

（2）指接材分类和指榫结构

指接材可以从不同的方面进行分类，这里介绍国家标准《指接材　非结构用》（GB/T 21140—2017）推荐的常规分类：

①按耐水性能分

Ⅰ类指接材，耐气候指接材，可在室外条件下使用。

Ⅱ类指接材，耐潮指接材，可在潮湿条件下使用。

Ⅲ类指接材，不耐潮指接材，只能在干燥条件下使用。

②按指榫在指接材中见指面的位置分

水平型（H型），如图2-21（a）所示，指接材侧面可见指榫，在市面上称为无节或暗齿。

垂直型（V型），如图2-21（b）所示，指接材正面可见指榫，在市面上称为有节或明齿。

③指榫结构　如图2-22所示。

l—长：榫底部至指榫顶部的距离；

t—距（节距）：两相邻指榫中心线之间的距离；

b—顶宽：榫顶部的宽度；

b′—底宽：两相邻指榫的指底之间的底平面宽度；

s—顶隙：两指榫对结件对接后，顶与对应指底平面之间的间隙；

α—斜角：按下式计算

$$\alpha = \arctan \frac{t - b - b'}{2l}$$

q—宽距比：顶宽与指距之比

$$q = \frac{b}{t}$$

（3）指接材原材料要求

①指接材生产可使用针叶材和阔叶材，锯材等级不应低于二等［《针叶材锯材》（GB/T 153—2009），《阔叶材锯材》（GB/T 4817—2019）］。

②同一指接材部件原则上应使用同一树种木材；需要由两种或两种以上木材进行指接时，其木材性质应相近。

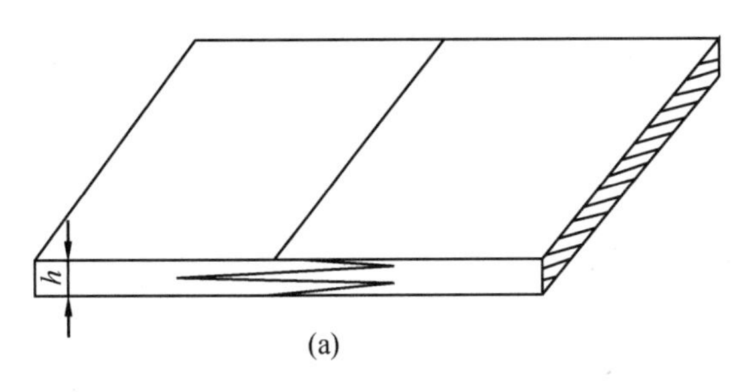

(a)

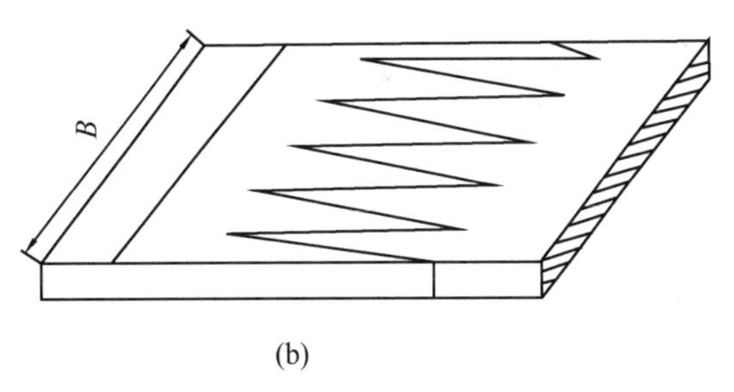

(b)

图2-21　指榫结构类型
（a）水平型　（b）垂直型

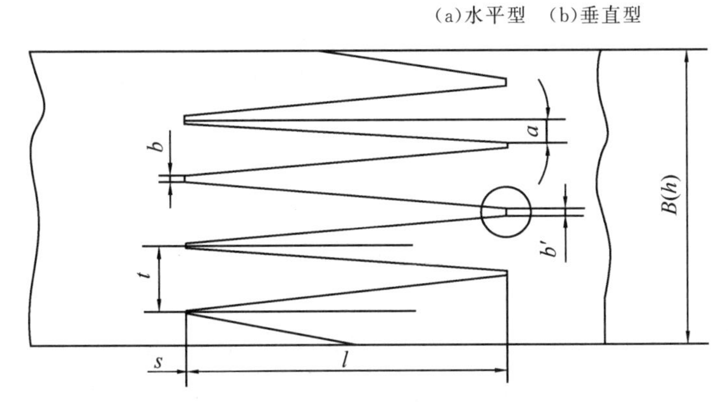

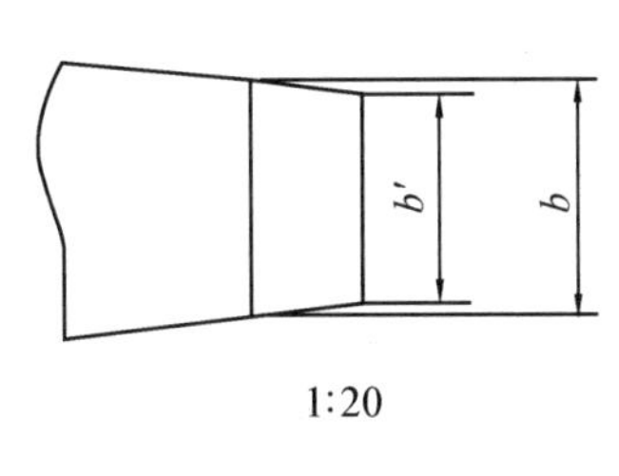

图2-22　指榫的结构

③在指榫全长范围内，不得有节子、树脂囊、腐朽、变色、涡纹、乱纹、斜纹等缺陷，且节子必须位于距指底三倍节子直径以外的部位。

④指接材所用木材的含水率应满足胶接工艺要求，按国标《锯材干燥质量》（GB/T 6491—2012）中指接材要求平均 10%，范围 8% ~ 13%；各生产或使用地区的具体选定值应符合 GB/T 6491—2012 中 3.3 的规定。指接材用材的含水率直接影响到胶合牢固度。

⑤指接用胶黏剂应根据指接材的使用要求、环境条件和胶合性能选用。室内、非结构指接材的胶黏剂通常是用脲醛胶、PVAc 和三聚氰胺脲醛胶。

2.6.6 集成材的特点与应用

（1）集成材的特点

①小材大用、劣材优用　集成材是由小块料木材在长度、宽度和厚度方向上胶合而成的。因此，用集成材制造的构件尺寸不再受树木尺寸的限制，可以按需要制成任意尺寸横断面或任意长度，做到了小材大用。集成材在制作过程中可以剔除节疤、虫眼、局部腐朽等木材上的天然瑕疵，以及弯曲、空心等生长缺陷，因此做到了劣材优用及木材的合理利用。在家具制造中，大尺寸家具的零部件，如木沙发的扶手和大幅面的桌台面等，都可以使用集成材，以节约用料和提高产品质量。

②易于干燥及特殊处理　集成材采用坯料干燥，干燥时木材尺寸较小，相对于大块木材更易于干燥，且干燥均匀，有利于大截面的异型结构木制构件的尺寸稳定。

木材的防虫防蚁、防腐防火等各种特殊功能也可以在胶拼前进行，相对于大截面锯材，大大提高了木材处理的深度和效果，从而有效延长了木制品的使用寿命。

③尺寸稳定性高，强度比天然木材大　相对于实木锯材而言，集成材的含水率易于控制，尺寸稳定性高。集成材能保持木材的天然纹理，通过选拼可控制坯料木纤维的通直度，因此减少了斜纹理或节疤部紊乱纹理等缺陷对木构件强度的影响，使木构件的安全系数提高。这种材料由于没有改变木材本来的结构和特性，因此它仍和木材一样是一种天然基材。它的抗拉和抗压强度还优于木材，并且通过选拼，材料的均匀性还优于天然木材。集成材强度高、材质好。根据有关研究表明，集成材整体强度性能是天然木材的1.5倍。

④能合理利用木材，构件设计自由　集成材可按木材的密度和品级不同，用于木构件的不同部位。在强度要求高的部分用高强度板材，低应力部分可用材质较差的板材。含小节疤的低品级板材可用于压缩或拉伸应力低的部分，也可根据木构件的受力情况，设计其断面形状，如中空结构、变截面部件等。集成材是由厚度为 2 ~ 4cm 小材胶合而成的，因此方便制成各种尺寸、形状及特殊形状要求的木构件，为产品结构设计和制造提供了任意想象的空间，如拱架、弯曲的框架等。在制作如家具异型腿等构件时，可先将木材胶合制成接近于成品结构的半成品，再用仿型铣床等加工，能节约大量木材。

⑤集成材具有工艺美，可连续化生产　集成材结构严密，接缝美观，用它加工的家具若采用木本色涂饰，其整齐有序的接缝暴露在外，便显现出一种强烈的工艺美来。集成材可实现工厂连续化生产，并可提高各种异型木构件的生产速度。

⑥集成材用胶量小，绿色环保　集成材在胶合过程中，只需要在原材料端部小面积施胶，施胶量小，板材的两面不需要贴合饰面板，胶合缝处于开放状态，更利于胶黏剂中有毒性物质的挥发，因而集成材相对于其他板材而言更绿色环保。

⑦集成材生产投资较大，技术要求较高　生产集成材需专用的生产装备，如纵向胶拼的指接机、横向胶拼的拼板机、涂胶机等，一次性投资较大。与实木家具制品相比，需更多的锯解、刨削、胶合等工序，需用一定量的胶黏剂，同时锯解、刨削等需耗用能源，故生产成本相对较高。工艺上，集成材的制作需要专门的技术，故对组装件加工精度等技术要求较高。

（2）集成材的应用

集成材因具有以上所述的特点，故其用途极为广泛。它已成为家具、室内装修、建筑等行业的主要基材。在制作各种家具时，因构件设计自由，故可制得大平面及造型别致、独特的构件，如大型餐桌及办公桌的台面；柜类家具的面板（顶板）、门板及旁板等；各种造型和尺寸的家具腿、柱、扶手等。此外，它在室内装修方面，可用于门、门框、窗框、地板、楼梯板等。在建筑上，可制作各种造型的梁、柱、架等。

2.7 单板层积材

单板层积材（简称层积材，图 2 – 23）是将旋切单板（可拼接）按顺纹为主组坯，层积胶压而成的板材。它是一种高性能的人造板、方材。

我国木材供需矛盾突出，面对这种情况，木材工业着眼于利用小径木和人工速生材代替大规格结构用成材，使原本材质低劣的原料通过加工成为优质人造成材，缓解因木材短缺带来的矛盾。而层积材就是一种可以用低等级木材制成的强度高、性能稳定的优质成材。原木径级 250mm 左右的速生小径材和间伐材，例如松木、杨木及其他软阔叶材等都可用来加工层积材。这类原料货源充足，价格低廉，是胶合板、制材生产难以比拟的。

2.7.1 单板层积材概述

层积材的生产工艺与胶合板类似。但胶合板主要是以大平面板材来使用的，因此要求纵横方向上尺寸稳定、强度一致，所以采取相邻层单板互相垂直的配坯方式。而层积材主要是以代替锯材为目的的产品，要增加产品的纵向力学性能，其单板旋切厚度较大。虽然可作为板材来使用，如桌台面板、楼梯踏板等，但大部分是作方材，一般宽度小，而且要求长度方向强度大，因此通常是将单板纤维方向平行地（根据特定需要，有时也可加入横纹单板）层积胶合起来。其主要工艺流程如下：原木→截断→旋切单板→单板剪切→干燥→单板拼接（对接、斜接、搭接和指接）→涂胶→组坯→（预压）→热压→裁边→砂光→检验分等→成品。

图 2－23　单板层积材

2.7.2 单板层积材分类

（1）按树种分

分为针叶材单板层积材和阔叶材单板层积材。

（2）按用途分

分为非结构用单板层积材和结构用单板层积材。

①非结构用单板层积材　可用于家具制作和室内装饰装修，如制作木制品、分室墙、门、门框、室内隔板等，适用于室内干燥环境。

②结构用单板层积材　能用于制作瞬间或长期承受载荷的结构部件，如大跨度建筑设施的梁或柱、木结构房屋、车辆、船舶、桥梁等的承载结构部件，具有较好的结构稳定性、耐久性。通常要根据用途不同进行防腐、防虫和阻燃等处理。

根据此条分类，本书仅介绍非结构用单板层积材的相关技术内容。

2.7.3 单板层积材标准要求

层积材的结构及外观技术要求、尺寸及偏差、

表 2－33　非结构用单板层积材外观缺陷要求

检量项目		优等品	一等品	合格品
半活节和死节	单个最大长径（mm）	10	20	不限
孔洞、脱落节、虫孔	单个最大长径（mm）	不允许	≤10 允许；超过此规定且≤40 若经修补则允许	≤40 允许，超过此规定若经修补则允许
夹皮、树脂道	每平方米板面上个数	3	4（自 10 以下不计）	10（自 15 以下不计）
	单个最大长度（mm）	15	30	不限
腐朽		不允许		
表板开裂或缺损		不允许	长度 < 板长的 20%，宽度 < 1.5mm	长度 < 板长的 50%，宽度 < 6mm
鼓泡、分层		不允许		
补片、补条	经制作适当，且填补牢固的，每平方米板面上个数	不允许	6	不限
	累计面积不超过板面积的百分比（%）		1	5
	最大缝隙（mm）		0.5	1
其他缺陷		按最类似缺陷考虑		

注：此表摘自国家标准《单板层积材》（GB/T 20241—2006）。

理化性能要求等可参见国家标准《单板层积材》(GB/T 20241—2006)的相关规定。

（1）非结构用单板层积材的结构

相邻两层单板的纤维方向应互相平行，特定层单板组坯时可横向放置，但横向放置单板的总厚度不超过板厚的 20%。各层单板宜为同一厚度、同一树种或物理性能相似的树种。同一层表板应为同一树种，并应紧面朝外。内层单板接缝应紧密，且相邻层的接缝应不在同一断面上。

（2）非结构用单板层积材的外观分等

层积材按成品板上可见的材质缺陷和加工缺陷分为三等：优等品、一等品和合格品。各等级允许缺陷见表 2－33。

（3）非结构用单板层积材的规格

①长度　1 830～6 405mm。

②宽度　915mm、1 220mm、1 830mm、2 440mm。

③厚度　19mm、20mm、22mm、25mm、30mm、32mm、35mm、40mm、45mm、50mm、55mm、60mm。

特殊规格尺寸及其偏差由供需双方协议。

2.7.4　单板层积材的特点与应用

（1）单板层积材特点

①经济性好　层积材可以利用小径材、弯曲材、短原木生产，充分体现了小材大用、劣材优用的增值效应；出材率高，可达到 60%～70%（而采用制材方法只有 40%～50%）。

②规格灵活　由于单板（一般厚度为 2～12mm，常用 2～4mm）可进行纵向接长或横向拼宽，因此层积材的尺寸规格大小可以不受旋切原木径级或单板规格的限制，可以生产长材、宽材及厚材。

③加工性好　层积材的加工和木材一样，可锯切、刨切、开榫、钻孔、钉钉等，可以实现连续化生产。

④强度高　层积材采用单板拼接和层积胶合时，可以将缺陷去掉或分散错开，因此使其具有均匀的结构特性。层积材尺寸稳定，材性优良，强重比高并优于钢材。

⑤抗震减震性　层积材具有极强的抗震减震性能，可以抵抗周期性应力产生的疲劳破坏，并可作为结构材使用。

⑥阻燃性　由于层积材的胶合结构和木材热解过程中的延时性，作为结构材的层积材耐火性比钢材好。

⑦耐候性　层积材是用防水性胶黏剂将单板层积胶合构成，因此具有较高的耐候性。

⑧单板处理　如果对单板先进行特殊处理再胶合可方便地进行防腐、防虫等处理。

（2）单板层积材的应用

层积材在家具生产中主要用作台面板、框架料和结构材。此外，它还广泛用于建筑、室内装修、桥梁、车辆、船舶等方面。

我国的层积材生产还处于初始阶段，但市场潜力很大。目前，在上海、浙江、江苏、山东等地，有一些企业生产非结构用层积材，产品主要用于家具工业，也有出口国外，虽然规模还不大，但在层积材的生产、营销方面已经走出了自己的路。据国家统计局统计数据显示，我国人造板产量已从 2005 年的 5 322.83 万 m^3 增长至 2013 年的 27 220.58 万 m^3。随着人造板工业的快速发展，层积材也将会有较大的发展。

2.8　科技木

科技木是以普通木材或速生材（如速生杨木、泡桐等）的旋切（或刨切）单板为主要原料，按设计要求对单板进行调色、层积、模压胶合成型等技术制造而成的一种具有天然珍贵树种木材的质感、花纹、颜色等特性或其他艺术图案的新型全木质材料，又称改性美化木、学名重组装饰材，如图 2－24 所示。

科技木源于欧洲，最早产生于 20 世纪 30 年代。1965 年意大利和英国相继研制成功并首先在意大利实现工业化生产，1972 年日本也投入了工业化生产。真正将这一成果定位为科技木并引入中国的，是香港维德集团。

早在 20 世纪 70 年代初期，香港维德集团已经在它的菲律宾和英国的生产基地研发、生产及推广重组美化木。从 20 世纪 80 年代起，集团开始在国内进行科技木研究与开发，并实现了科技木产业化生产，填补了中国在这一领域的空白。

维德集团在研发过程中，获得了几十项国家专利。1999 年，集团将其具有数十项国家发明专利的重组美化木的商品名称命名为科技木，获得国家有关部门批准。因此，“科技木”广为业界所接受。近年来，国内科技木的生产取得了显著进步，依托强大的国内市场，产量迅猛增长，总产量已占全世界的一半以上。目前，国产科技木出口量也迅速增长。

科技木的主要制作工艺流程包括：产品设计→单板制造（旋切、刨切）→单板调色→单板组坯→胶化成型→后续加工，如图 2－25 所示。

(a)

(b)

(c)

(d)

(e)

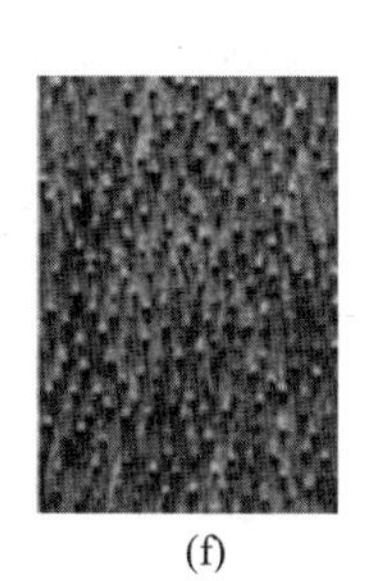
(f)

图 2－24　科技木产品实例

(a)斑马纹　(b)黑檀　(c)莎比莉　(d)黑胡桃　(e)泰柚　(f)棕猫眼

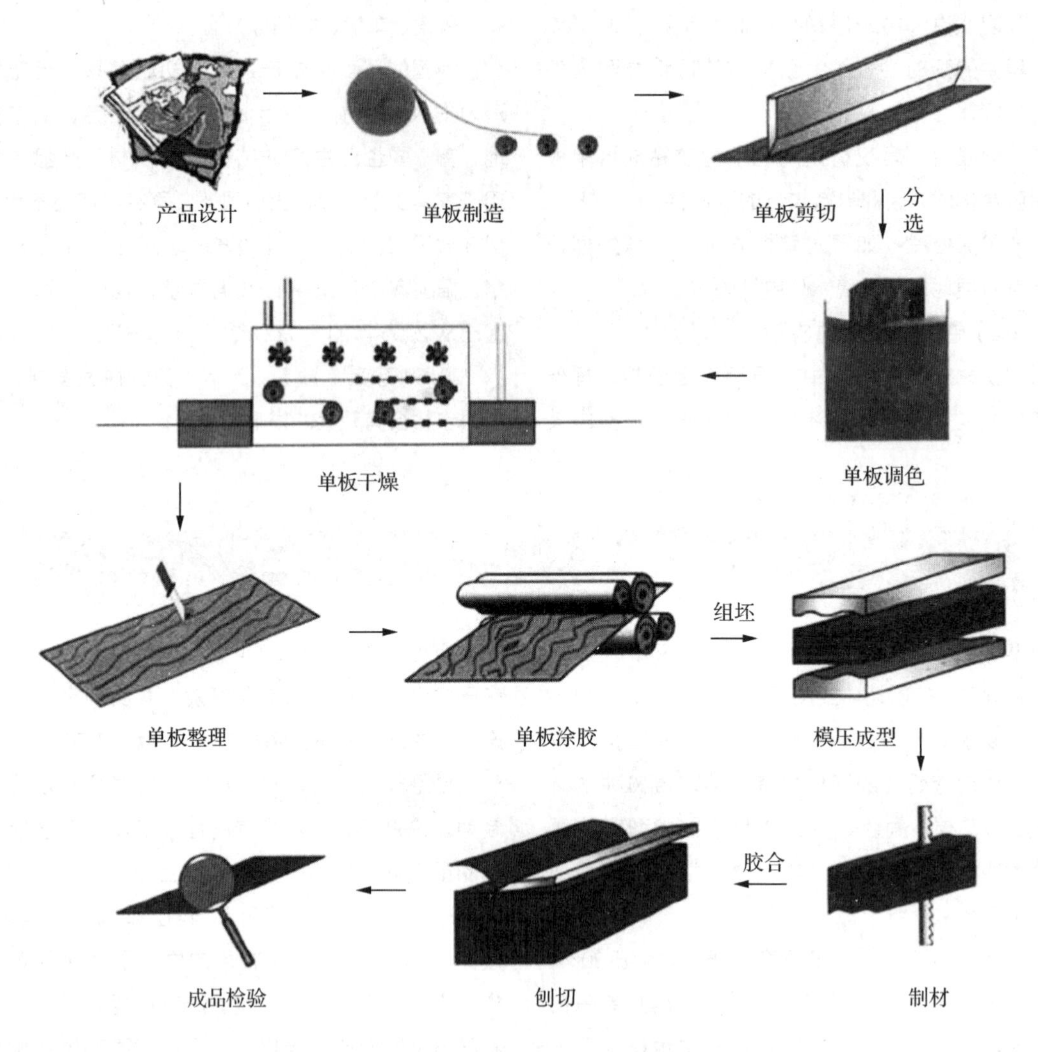

图 2－25　科技木生产工艺流程

2.8.1　科技木的性能与特点

科技木完全以普通木材或速生材为原料，利用仿生学原理，采用电脑虚拟与模拟技术设计，采用高科技加工手段及特殊加工工艺对普通木材或速生材进行各种改性物化处理（主要是改变其原有的纹理和颜色），使其成为性能卓越、优势显著的一种全木质的新型装饰材料。与天然木材相比，科技木具有如下特点：

（1）完全保留了天然原木的自然属性

科技木以天然木材为原料，在其制造过程中，没有改变天然木材的基本性能，完全保留了木材隔热、绝缘、调温、调湿等所有的自然属性。

（2）完全避免了天然木材的自然缺陷

科技木克服了天然木材固有的自然缺陷，如虫孔、死节、变色等，材性均匀一致，是一种真正的无缺陷木材。

（3）色彩丰富，品种多样

科技木产品经电脑设计，不仅可以“克隆”出各种天然木材（以天然珍贵木材为主）的颜色和纹理，而且可以“创造”出天然木材所不具有的颜色和纹理，且色泽更加鲜艳，更加明亮，纹理的主体感更强，图案可充满动感和活力。真正实现“梦想成真，创意无限”，可以充分满足消费者多样化、多层次的需求。

（4）理化性能优于天然木材，加工处理方便

科技木在结构上对天然木材进行了优化重组，在密度及静曲强度等物理性能方面优于天然原木，克服了天然木材易翘曲的缺点。其材质均匀，密度适中，切削性能好，加工特别方便。易于进行防腐、防蛀、防火（阻燃）、耐潮、吸音等处理，使木材具有多种功能，充分发挥木材的性能。

（5）产品规格尺寸合适，利用率高

科技木克服了天然木材径级小的局限性，根据不同的需要可加工成不同的规格尺寸。科技木的纹理与色泽具有一定的规律性，家具用材时可免除因天然木材纹理、色泽的不一致而产生的难以拼接的烦恼，可以充分利用所购买的每一寸原料。

（6）产品适应绿色环保潮流，发展潜力大

由于科技木胶黏剂使用量很少，可以采用环保胶黏剂或完全不含甲醛的水性胶黏剂制造，是真正能满足可持续发展的环保材料。科技木的产生是家具制造、木材加工行业可持续发展战略的要求。科技木是天然木材（特别是珍贵树种）的“升级版”和替代品，发展潜力无限。

2.8.2 科技木的分类与应用

（1）按成品形态分

①科技木锯材　将科技木木方根据实际加工需要锯切成一定规格、形状的板材，即成为科技木锯材。

科技木锯材一般用于高档家具制造，同时还常以装饰性切片的形式，用于门窗、木线条、扶手、家庭楼梯板等室内装修。使用科技木锯材制造家具，可根据最终用途之需选用相应的规格，免除部分前期处理工序，色彩多样，能适应不同环境需要，如图 2－26 所示。

②科技木线条　科技木线条是采用科技木精致加工而成，是家具造型和装饰不可或缺的配套材料，如图 2－27 所示。木线条种类繁多，无论材质、品种、花纹、款式、色泽等均可满足家具生产需要。其品质优良，光洁度和直线度高，保证线条尺寸，误差一般限制在 1mm 之内。科技木线条主要用于家具制造、镜框及其他工艺品制作、室内装修等。

③科技木幻彩线　科技木幻彩线采用科技木木方做原料，用特殊工艺技术精致加工而成，如图 2－28 所示。

科技木幻彩线色泽亮丽、图案精致、品种多、选择范围广、装饰性强。它主要用于家具表面装饰（一般用于表面局部装饰镶嵌线条及线型图案等），如桌面、门板面等。装饰时施工方法：首先采用木工机械线刀，根据所选用的幻彩线规格（宽、厚度），在所装饰的产品上打槽；再用胶黏剂（如强力胶等）将幻彩线嵌入；最后将表面砂平与所装饰产品表面水平后，涂上清漆即可。

④科技木装饰木皮　将科技木木方刨切制成的薄木片，在一面贴以无纺布或专用纸张，通过冷压使其紧密地黏合在一起，即成为以表面装饰

图 2－26　科技木锯材

图 2－27　科技木线条

图 2－28　科技木幻彩线

使用为主的装饰木皮（也称为人造薄木或装饰薄木，简称科技木皮）。

科技木皮在家具制造、室内装饰、音箱、体育用材、工艺品等方面应用广泛，用于家具表面装饰时，使用方便，木皮可以任意剪切，易于拼花和制造出不同装饰效果。科技木皮可以成卷包装，包装简洁，不易破损，携带方便，成本低廉，购买数量灵活，解决了家具制造时不规则表面的装饰处理问题。科技木皮在家具上常用于木门拼花，门框包边、封边，还可用于旧家具翻新等。科技木皮的出现和应用，让科技木“大出风头”，广为人们所接受，市场份额迅速扩张。人们称科技木为大自然与高科技的完美结晶，源于自然而高于自然。

科技木产品除上述基本产品之外，还可以演变出科技木贴面板、科技木多层实木复合地板、科技木木墙布等。

（2）按制造方法分

科技木的制造方法分为冷压、热压固化、高频加热固化等，根据所使用的胶黏剂的不同而不同，最常用的是冷压法，使用常温固化胶黏剂。

（3）按花纹图案设计来源分

根据科技木的设计素材和花纹图案的来源可分为仿天然系列和艺术图案系列两大类。

仿天然系列是模拟天然珍贵树种木材的色泽和纹理设计制作出来的；艺术图案系列是人们根据自己的喜好和设计理念而制成的具有艺术性色泽和花纹的图案。

（4）按特殊用途分

科技木在生产的过程中根据其不同环境的需求赋予了特殊功能，根据其特殊功能可分为：阻燃科技木、耐水科技木、耐潮科技木、吸音科技木等。

单元实训

实训项目 1　人造板外观质量识别与尺寸的测定

1. 实训目标

根据国家标准要求及板材选购注意事项，掌握各种人造板外观质量识别的方法，熟练掌握人造板尺寸的测量方法。

2. 实训场所与形式

实训场所为材料实验室、材料商场、家具厂或者当地国家法定的人造板质量检测中心（站）。以4～6 人为实训小组，到实训现场进行观察、测量和调查。

3. 实训材料与设备

材料：各种常用人造板及有关国家标准，重点参照国家标准《人造板的尺寸测定》（GB/T 19367—2009）。

仪器及工具：测微仪（千分尺）或类似测量仪器（精度 0.05mm）、钢卷尺（精度 1mm）、机械角尺（精确 0.2mm，附图 2－1）、直尺或金属线、钢板尺、楔块、塞尺或卡尺。

4. 实训内容与方法

由于人造板材料种类较多，在此仅以中密度纤维板为例说明人造板外观质量的识别与幅面规格尺寸

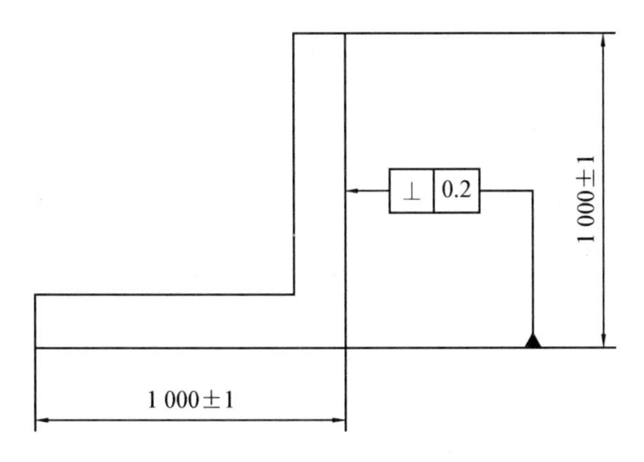

附图 2－1　机械角尺的精度要求

的测量方法。

以实训小组为单位，由组长向实训教师领取实训所需材料与工具。

（1）中密度纤维板外观质量识别

实训前由实训教师筹备好含有各种外观质量缺陷（分层、鼓泡、局部松软、边角缺损、油污、炭化等）的样板，供学生按组依次轮流进行感性识别，就其外观表现、形成原因、如何辨别等内容可相互交流讨论。最后由教师总结，讲解中密度纤维板外观质量国家标准要求及其对产品质量的影响，并进一步讲解生产中一般选购注意事项。

（2）幅面规格尺寸的测量

①厚度尺寸的测量　距板边 24mm 和 50mm 之间测量厚度，测量点位于每个角及每个边的中间，即总共八个点（附图 2－2），精确至厚度的 1%但不小于 0.1mm。对于测量厚度，应缓慢地将仪器测量表面接触板面。

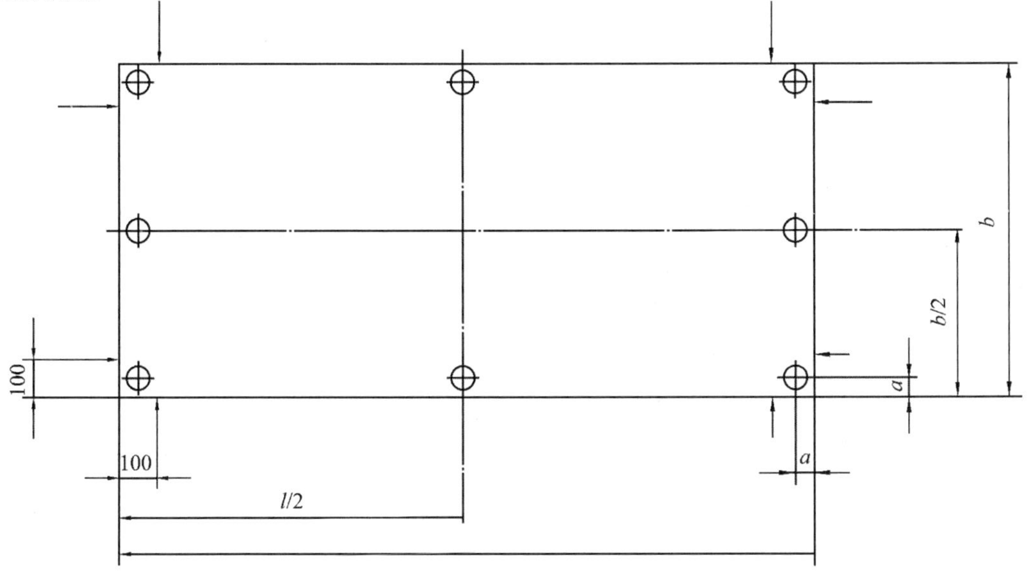

a—24～50；
b—宽度；
l—长度。

附图 2－2　一张板的厚度、长度和宽度测量

如供需双方有争议时，允许从板的中间锯开，然后按上述方法测量；允许用测头直径为 15.0～20.0mm的测微仪进行测量。

对每张测试的板，计算各测量值的算术平均值并表示，精确到 0.1mm。

②长度和宽度尺寸的测量　沿着距板边 100mm 且平行于板边的两条直线测量每张板的长度和宽度（附图 2－2），精确到 0.1%但不小于 1mm。

对每张测试的板，计算各测量值的算术平均值分别表示长度和宽度，精确到 1mm。

（3）垂直度的测定

把角尺的一个边靠着板的一个边，测量板的垂直度（附图 2－3）。

在距板角 1 000mm ± 1mm 处，通过钢板尺、楔块、塞尺或卡尺中任意一种测量仪器测量板边和角尺另一臂边间的间距 δ_1（附图 2－3）。

对其他每个角遵循相同的方法。结果表示方法是：角尺边和板边的偏差的最大测量值，用每米板边长度上毫米数表示，精确到 0.5mm/m。

对工厂生产过程控制，如有效的相关数能证实的话，垂直度也可用板的两对角线长度的差测定，测量用钢卷尺。

（4）边缘直度的测定

把直尺对着一个板边，或在板的两角放置金属线且拉直。

用钢板尺、楔块、塞尺或卡尺中任意一种测量仪器测量直尺（或拉直金属线）与板边之间最大偏差，结果应精确到 0.5mm。

对其他每个边遵循相同的方法。结果表示方法是：测量偏差的较大值除以该边的长度，用毫米每米（mm/m）表示。板的宽度和长度分别表示。

（5）平整度的测定

在无任何外力的作用下将板放置在水平面上，测量被测试板的整个表面与拉直金属线的间距，找出金属线与板的最大变形点的表面间距，用钢板尺测量，记录测量值，精确到 0.5mm，不管弓形是在宽度或长度方向测量（不管它是凹面的或是凸面的）。

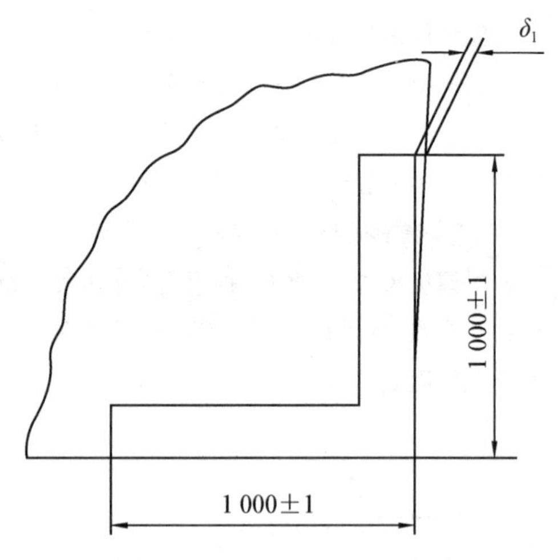

附图 2－3　测量板垂直度的角尺的使用

5. 实训要求与报告

（1）实训要求

①实训前，学生应认真阅读实训指导书及有关国家标准，明确实训内容、方法、步骤及要求。

②在整个实训过程中，每位学生均应做好实训记录，数据要详实准确。

③实训完毕，及时整理好实训报告，做到准确完整、规范清楚。

（2）实训报告应包含下列信息

①测试实训室的名称和地址。

②按各种人造板单项产品标准的相关规定写实训报告。

③测试报告日期。

④板的种类、幅面尺寸和厚度。

⑤有关的产品说明，如表面处理状况等。

⑥在各种可能发生的情况下，允许按照相应标准使用特殊仪器。

⑦所有测量结果按要求表示。

⑧记录与标准不一致的地方。

6. 实训考核标准

（1）在熟悉人造板国家质量标准的前提下，结合样板能识别人造板常见外观质量缺陷，并能基本准确评析人造板的外观质量等级。

（2）能熟练使用各种测量工具和仪器，操作规范；能熟练掌握人造板幅面规格尺寸的测量方法。

（3）对于能达到上述两点标准要求，实训报告规范完整的学生，可酌情将成绩评定为合格、良好或优秀。

实训项目 2　胶合板试件的锯制和测量

1. 实训目标

根据国家标准要求，制取普通胶合板的物理力学性能和甲醛释放量测试试件，掌握制备的方法和要求。

2. 实训场所与形式

人造板实验室、实训工厂或当地国家法定的人造板质量检测站。以 4～6 人为实训小组，到现场进行操作、测量或观察。

3. 实训材料与设备

木工多用机床、万能圆锯机、手动电锯、精密裁板锯、测微仪（厚度测量，精度 0.01mm）、游标卡尺（长度宽度测量，精度 0.1mm）、钢锯、钢板尺、三角板、划线笔、砂纸、胶合板等。

4. 实训内容与方法

以实训小组为单位，由组长向实训教师领取实训所需材料与工具。

（1）试样截取

①从每张供测试的胶合板上（应按照 GB/T 9846—2015 要求截取试件），按附图 2－4 的规定截取三块 600mm × 600mm 试样。

②试件的制取位置及尺寸、数量按附图 2－5 和附表 2－1 进行。

③截取试样和试件时，应避开影响测试准确性的材质缺陷和加工缺陷。

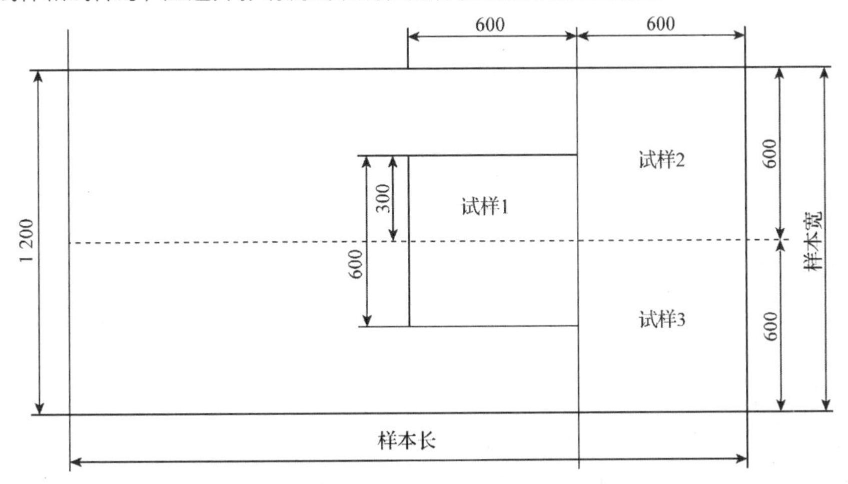

附图 2－4　试样制作示意图

④试件不允许焦边，边棱应平直，相邻两边为直角。

⑤试件开槽要确保测试受载时，一半试件芯板的旋切裂隙受拉伸，而另一半试件芯板的旋切裂隙受压缩，即应按胶合板的正（面板）、反（背板）方面锯至数量相等的试件，试件的总数量应包括每个组各个胶层，而且测试最中间胶层的试件数量不少于试件总数量的三分之一。

⑥厚度大于 25mm 的胶合板，按上述试件锯割原则，在适当位置制取试件。

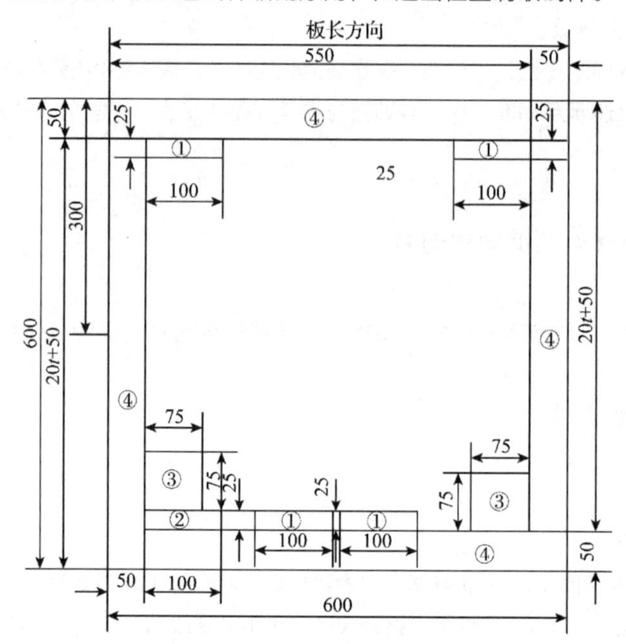

附图 2-5　试件制作示意图

附表 2-1　试件尺寸及数量

实验项目	时间尺寸（mm）	胶合板层数					试件编号	备注
		三层	五层	七层	九层	十一层		
胶合强度	100×25	12	12	18	24	36	①	试件数超过 12 片时，在适当位置制取试件
含水率	100×25	3					②	—
浸渍剥离	75×75	6					③	—
静曲强度 弹性模量	长 $20t+50$，但不小于 150，宽 50	纵横各 6					④	t—试件基本厚度
甲醛释放量	按 GB 18580 规定进行							

注：此表摘自国家标准《普通胶合板》（GB/T 9846—2015）。

（2）含水率试件

含水率试件的质量不小于 20g。试件厚度为板材厚度，形状不限，也可由产品标准规定试件尺寸。试件边部不得有松散的碎片和锯屑。

（3）胶合强度试件

胶合强度试件按附图 2-6 制备。制备试件时（应按照 GB/T 17657—2013 要求截取试件），所测胶层间芯板的木纹方向应与试件长度垂直。试件的开槽宽度和深度应按附图 2-6 所示尺寸和要求进行，槽口深度应锯至芯板厚度的 2 /3 处。

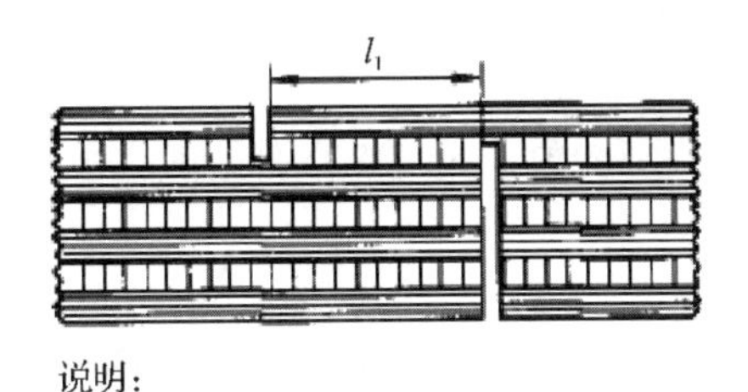
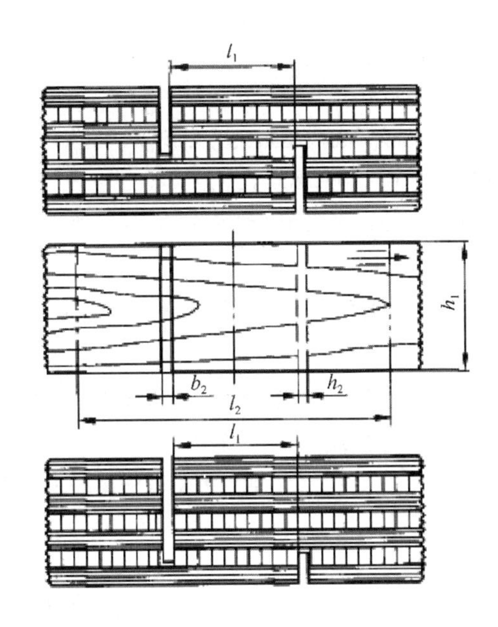

说明：

顺着纹理方向

附图 2-6　七层胶合板试件示例

注：剪切长度 l_1=(20±0.5)mm；剪切宽度(试件宽度)b_1=(20±0.5)mm；
锯路宽度 b=2.5～1mm；厚度等于板材厚度；夹具之间最小距离 l_2=50mm。

（4）甲醛释放量试件

从三组试件上，共锯制长为 150mm、宽为 50mm 的长方形试件 20 片，试件长、宽尺寸误差不得超过 ± 1mm。

（5）胶合板试件尺寸的测量

①样板的抽取　按 GB/T 9846—2015 中的规定进行。

②测量点　测量点的数量和位置应符合有关试验方法标准对测量的要求。测量胶合强度试件剪断面的长度在试件两侧中心线处测量；宽度在剪断面两端处测量。

③厚度测量　将测微仪的测量面缓慢地卡在试件上，测量厚度精确至 0.01mm。

④长度和宽度测量　缓慢地不加过分压力将游标卡尺的卡钳卡于试件。卡钳与试件平面大约成45°（附图 2-7），测量长度和宽度精确至 0.1mm。

⑤结果表示　对于每个试件的厚度，计算其测量的算术平均值，精确至 0.01mm。对于每个试件的长度和宽度，分别计算其算术平均值，精确至 0.1mm。

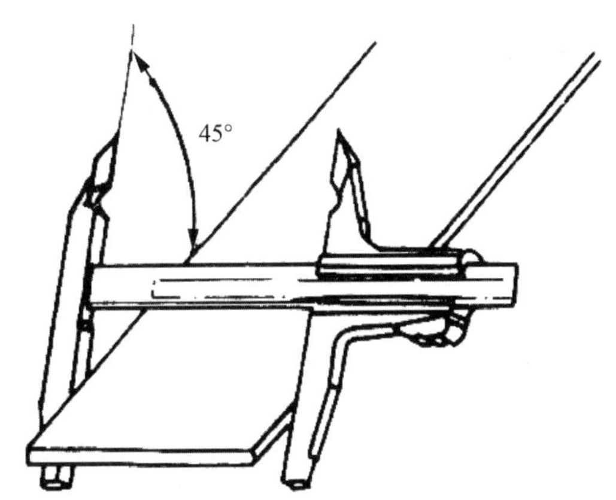

附图 2-7　游标卡尺与试件平面的倾斜角

5. 实训要求与报告

（1）实训前，学生应认真阅读实训指导书及有关国家标准，明确实训内容、方法、步骤及要求。在熟悉胶合板国家标准的前提下，可在纸上练习取样和试件制备方法。

（2）在整个实训过程中，每位学生均应做好实训记录，数据要详实准确。

（3）实训完毕，及时整理好实训报告，做到准确完整、规范清楚。

6. 实训考核标准

（1）能熟练使用各种检量工具和仪器，操作规范；能依据国家标准要求，掌握胶合板的试件的制备方法，并使试件尺寸符合标准。

（2）对于能达到上述标准要求，实训报告规范完整的学生，可酌情将成绩评定为合格、良好或优秀。

实训项目 3　中密度纤维板取样和试件的制备

1. 实训目标

根据国家标准要求，制取中密度纤维板的物理力学性能测试试件。

2. 实训场所与形式

人造板实验室、实训工厂或当地国家法定的人造板质量检测站。以 4～6 人为实训小组，到现场进行操作、测量和观察。

3. 实训材料与设备

木工多用机床、万能圆锯机、手动电锯、精密裁板锯、测微仪（精度 0.01mm）、游标卡尺（精度 0.1mm）、天平（感量 0.01g）、钢锯、钢板尺、三角板、划线笔、砂纸、中密度纤维板等。

4. 实训内容与方法

①样板是从同一规格连续生产的产品中随机抽取三张板，任取一张用于测试甲醛释放量、吸水厚度膨胀率、内结合强度、静曲强度和弹性模量、表面结合强度、防潮性能、含水率、密度及板内密度偏差。另两张样板用于复检和（或）增加样板量。试件的尺寸、数量和编号见附表 2－2。试件尺寸的测量按 GB/T 17657—2013 规定的方法进行。

附表 2－2　试件的尺寸、数量和编号

性能		试件尺寸（mm）	试件数量（块）	编号	备注
密度		50×50	6	D	—
含水率		试件尺寸、形状不限 但具有完整厚度	4（份）	—	任意位置 每份试样质量不小于 20.0g
吸水厚度膨胀率		50×50	8	Q	—
内结合强度		50×50	8	I	—
静曲强度 和弹性模量		长度(20t+50) 最大 1 050、最小 150；宽度 50	纵横各 6	B	t—试件公称厚度
表面结合强度		50×50	8	—	任意位置
握螺钉力		150×50	板面 3 板边 6	—	任意位置
含砂量		尺寸、形状不限	—	—	任意位置，约 200 g
表面吸收性能		300×100	纵向 3	—	任意位置
尺寸稳定性		300×50	纵横各 4	—	任意位置
甲醛释放量	穿孔法	20×20	—	—	任意位置，试样质量 105～110g
	气候箱法	500×500	2	—	样板中除图 1 试件位置的 其他任意位置
	气体分析法	400×500	3	—	样板中除图 1 试件位置的 离板边 500mm 的其他任意位置

注：此表摘自国家标准《中密度纤维板》（GB/T 11718—2009）。

②试件制备如附图 2－8 所示，同一性能试件之间的距离不小于 100mm。若取试件处有外观缺陷时，可适当错开试件的制取位置。

③对于静曲强度和弹性模量、表面结合强度试件，应标识区分上、下表面，并将统一表面（上或下）试件作为同一组试件，分别测试。

④试件不允许焦边，边棱应平直，相邻两边为直角。

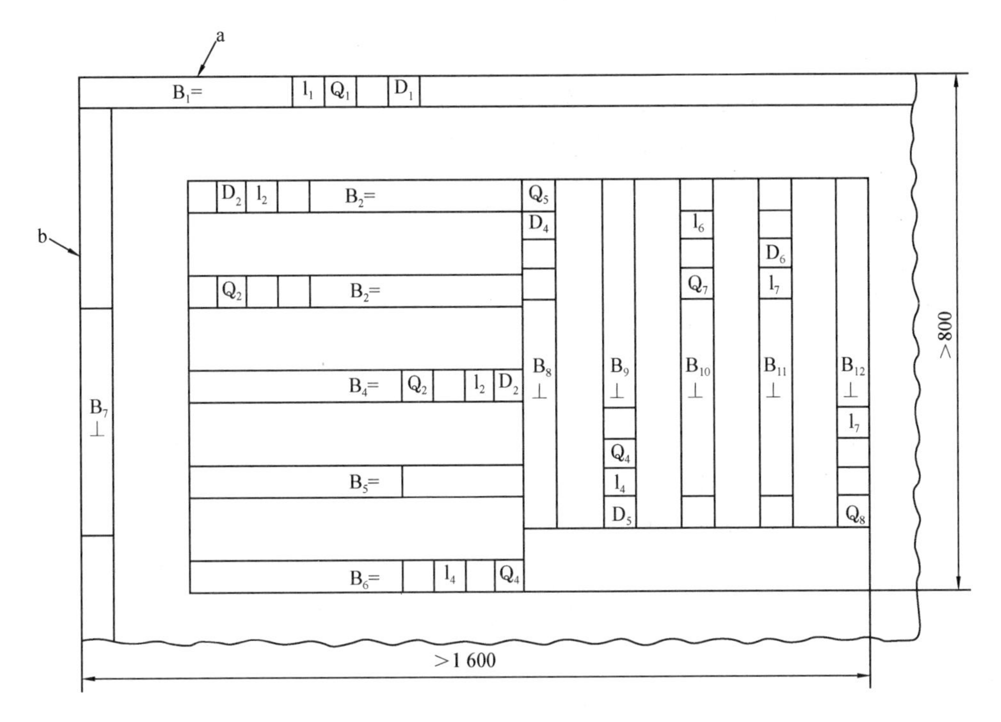

裁边后产品边部；
=——纵向试件；
⊥——横向试件。

附图 2－8　试件制备

5. 实训要求与报告

（1）实训前，学生应认真阅读实训指导书及有关国家标准，明确实训内容、方法、步骤及要求。在熟悉中密度纤维板国家标准的前提下，可在纸上练习取样和试件制备方法及编号。

（2）在整个实训过程中，每位学生均应做好实训记录，数据要详实准确。

（3）实训完毕，及时整理好实训报告，做到准确完整、规范清楚。

6. 实训考核标准

（1）能熟练使用各种检量工具和仪器，操作规范；能依据国家标准要求，掌握中密度纤维板的取样和试件的制备方法，并使试件尺寸符合标准。

（2）对于能达到上述标准要求、实训报告规范完整的学生，可酌情将成绩评定为合格、良好或优秀。

实训项目4　人造板物理性能的测定

1. 实训目标

根据国家标准测定中密度纤维板（本教材仅以中密度纤维板为例介绍人造板物理性能的测定）的密度、含水率和吸水厚度膨胀率。

2. 实训场所与形式

人造板理化性能检测实训室（实验室）或当地国家法定的人造板质量检测站。以4~6人为实训小组，到现场进行检测或观察。

3. 实训材料与设备

空气对流干燥箱（恒温灵敏度±1℃，温度范围40~200℃）、天平（感量0.01g）、干燥器、恒温水浴槽（温度调节范围20~100℃）、搁架、游标卡尺（精度0.1mm）、测微仪（精度0.01mm），含水率试件（长 l = 100mm±1mm，宽 b = 100mm±1mm）、密度试件（长 l = 100mm±1mm，宽 b = 100mm±1mm）、吸水厚度膨胀率试件（长 l = 50mm±1mm，宽 b = 50mm±1mm）。

4. 实训内容与方法

以实训小组为单位，由组长向实训教师领取实训所需材料与工具。

（1）密度测定

测定人造板每块试件的密度。

①试件称量　将试件在温度20℃±2℃、相对湿度65%±5%条件下放至质量恒定（前后相隔24h两次称量所得的质量差小于试件质量的0.1%即视为质量恒定），称量每一块试件的质量，精确至0.01g。

②试件测量　用游标卡尺测量试件的长度和宽度，在试件边长的中部测量，结果精确到0.1mm。测量时，游标卡尺应缓慢地卡在试件上，卡尺与试件表面的夹角约呈45°，如附图2-7所示。用测微仪测量试件的厚度（使用测微仪时，应将测微仪的测量面缓慢地放置在试件上，所施加压力约为0.02MPa），采用四点测厚法，如附图2-9所示。按附图2-9所示A、B、C、D四点测量试件的厚度。四点厚度的算术平均值为试件的厚度，精确至0.01mm。

③计算试件体积　根据所测得的试件长、宽、厚尺寸（试件的长度和宽度在试件边长的中部测量），计算每一块试件的体积，精确至0.1cm³。

④计算试件的密度　根据称量所得的试件质量和计算出的试件体积，代入密度计算公式，计算每一块试件的密度按下式计算，精确至0.01g/cm³。

$$\rho = \frac{m}{a \times b \times h} \times 1000$$

式中　ρ ——试件的密度，g/cm³；

m ——试件的质量，g；

a ——试件长度，mm；

b ——试件宽度，mm；

h ——试件厚度，mm。

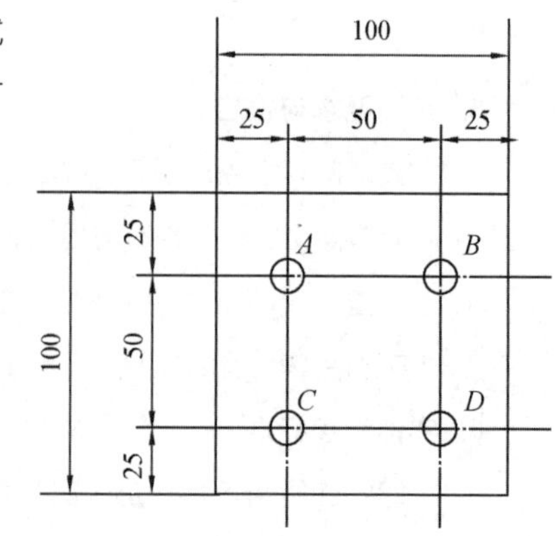

附图2-9　试件厚度测量位置图

⑤一张板的密度等于同一张板内全部有关试件密度的算术平均值，精确至0.01g/cm³。

（2）含水率测定

测定中密度纤维板每块试件的含水率。

①称取试件最初质量　试件锯割后应立即进行称量，精确到0.01g。如果不能立即称量，应采取预

防措施，避免试件的含水率从锯割到称量期间发生变化。

②试件烘干　将试件放进干燥箱，在温度 103℃ ±2℃条件下干燥至质量恒定。质量恒定是指前后间隔 6h 两次称量所得的含水率差小于 0.1%。

③称量干燥后的试件质量　试件干燥至质量恒定后，应立即置于干燥器内冷却至室温（防止从空气中吸收水分），冷却后称量（动作要快），精确至 0.01g。

④计算试件的含水率　试件的含水率按下式计算，精确至 0.1%。

$$H=\frac{m_u-m_0}{m_0}\times 100\%$$

式中　H——试件的含水率，%；

m_u——试件干燥前的质量，g；

m_0——试件干燥后的质量，g。

⑤一张板的含水率是同一张板内全部试件含水率的算术平均值，精确到 0.1%。

（3）吸水厚度膨胀率测定

测定中密度纤维板每块试件的吸水厚度膨胀率。

①试件最初厚度测量　将试件在温度 20℃ ±2℃、相对湿度 65% ±5% 条件下放至质量恒定（前后相隔 24h 两次称量所得的质量差小于试件质量的 0.1% 即视为质量恒定），用测微仪在试件中心点测量厚度（测量试件中心点厚度 h_1，测量点在试件对角线交点处），精确至 0.01mm。

②试件浸泡　试件浸于 pH 值为 7±1，温度为 20℃ ±2℃的水槽中，使试件垂直于水平面并保持水面高于试件上表面，试件下表面与水槽底部要有一定距离，试件之间要有一定间隙，使其可自由膨胀。浸泡时间根据产品的标准规定。完成浸泡后，取出试件，擦去表面附水，在原测量点测其厚度 h_2。测量工作必须在 30min 内完成。

③计算结果　试件的吸水厚度膨胀率按下式计算，计算每块板的吸水厚度膨胀率，精确至 0.1%。

$$T=\frac{h_2-h_1}{h_1}\times 100\%$$

式中　T——吸水厚度膨胀率，%；

h_1——浸水前试件厚度，mm；

h_2——浸水后试件厚度，mm。

④一张板的吸水厚度膨胀率等于同一张板内全部试件吸水厚度膨胀率的算术平均值，精确至0.1%。

5. 实训要求与报告

（1）实训前，学生应认真阅读实训指导书和国家标准《人造板及饰面人造板理化性能试验方法》（GB/T 17657—2013）。明确实训内容、方法、步骤及要求。

（2）在整个实训过程中，每位学生均应做好实训记录，数据要详实准确。

（3）实训完毕，及时整理好实训报告，做到准确完整、规范清楚。

6. 实训考核标准

（1）能熟练使用各种检量工具和仪器，操作规范，测量准确迅速。

（2）掌握密度、含水率、吸水厚度膨胀率的测定方法和步骤。

（3）数据处理合理，计算结果准确。将结果与相关国家标准对照分析，并能准确评价产品质量。

（4）对于能达到上述三点标准要求，实训报告规范完整的学生，可酌情将成绩评定为合格、良好或优秀。

思考与练习

1. 填空题

（1）普通胶合板是指适应____________用途的胶合板。它根据耐久性情况可分为三类，即________、________和________。

（2）普通胶合板按成品板上可见的材质缺陷和加工缺陷的数量和范围分成三个等级，即________、________和________。一般通过目测胶合板上的________来判定其等级。

（3）家具型中密度纤维板按适用条件可分为四类，即________、________、________和________。其中潮湿状态是指在________或者________环境中使用。

（4）中密度纤维板产品按外观质量分为________和________两个等级。

（5）刨花板按板的构成可分为________、________、________和________。其中________为家具常用板。

（6）细木工板按其外观质量和翘曲度分为三个等级，即________、______和________。

（7）指接材按耐水性能可分为三类，即________、________和________；按指榫在指接材中见指面的位置分为________和________两类。

2. 问答题

（1）简述胶合板的特点与应用。

（2）进行市场调查，结合实际谈谈如何选购胶合板。

（3）简述中密度纤维板的特点与应用。

（4）根据当地市场现状，谈谈如何选购中密度纤维板。

（5）简述刨花板的特点与应用。

（6）结合市场情况谈刨花板的选购方法。

（7）简述在细木工板中，板芯、芯板和表板的各自作用如何。

（8）简述细木工板的特点与应用。

（9）结合市场情况谈细木工板的选购方法。

（10）简述空心板的结构特点与应用。

（11）简述集成材的特点与应用。

（12）简述层积材的特点与应用。

（13）简述科技木的性能与特点。

推荐阅读书目

1. 梅启毅．家具材料[M]．北京：中国林业出版社，2007.
2. 邓旻涯．家具与室内装饰材料手册[M]．北京：人民出版社，2007.
3. 陈于书，高维伟．家庭装饰材料选购指南[M]．南京：江苏科学技术出版社，2004.
4. 李栋．室内装饰材料与应用[M]．南京：东南大学出版社，2005.
5. 庄启程．科技木——重组装饰材[M]．北京：中国林业出版社，2004.
6. 国家林业局科技司．林业标准汇编——人造板卷（上）[S]．北京：中国质检出版社，中国标准出版社，2011.
7. 国家林业局科技司．林业标准汇编——人造板卷（下）[S]．北京：中国质检出版社，中国标准出版社，2011.

单元 3
竹材与藤材

知识目标

1. 熟悉竹材与藤材的性质及常用种类。
2. 了解竹材与藤材家具的分类及构造。

技能目标

1. 熟悉竹材与藤材家具的特性及分类。
2. 熟悉竹藤材家具常见的构造。

3.1 竹材

我国素享“竹子王国”的美誉，竹材资源十分丰富，是世界上最早认识和利用竹子的国家之一。竹子具有材性好、易繁殖、生命力强、生长快、产量高、成熟早、轮伐期短等优点。竹材和竹制品被广泛地用于家具制造与室内装饰工程中，如竹地板、竹人造板及竹家具等，被公认为是替代木材最理想的材料之一。

3.1.1 竹材的构造与种类

（1）竹材的构造

竹材由竹根、竹竿、竹枝、竹叶等组成。雕刻、家具与室内装饰用材主要选用竹竿部分（除竹根雕等用材外），即竹子的主体。竹竿外观为圆柱形，中空有节，两节间的部分称为节间。竹竿圆筒外壳称为竹壁，竹壁的构造有四层，竹青、竹肉、竹黄、竹膜，如图 3－1 所示。竹青在竹壁的外层，组织紧密，质地坚韧，表面光滑，附有一层微薄蜡质，表层细胞常含有叶绿素，老竹叶绿素变化破坏呈黄色。竹肉是竹壁的中间部分，在竹青和竹黄之间。竹黄是在竹壁的内侧，组织疏松，质地脆弱呈淡黄色。竹膜是竹壁的内层，呈薄膜或呈片状物质，附着于竹黄上。竹材基本组织薄壁细胞是贮存养分的主要组织，细胞壁随竹龄增长面增厚，含水率相应减少，故老竹干缩率较低。竹材干缩率小于木材，其弦向（横向）干缩率大，纵向干缩率较小。当竹子失水收缩后，竹竿变细，纵向变化极小。竹青干缩率最大，竹肉稍次，竹黄再次之，竹壁各层收缩的差异性，是造成竹竿干燥时破裂的内在原因之一。

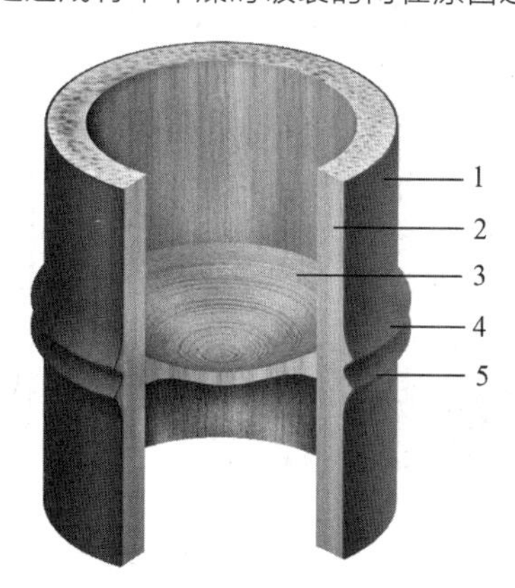

图 3－1　竹材的竹壁和竹节

1. 竹青　2. 竹黄　3. 节隔　4. 竿环　5. 箨环

（2）竹材的种类

竹属禾本科竹亚科植物，我国竹种很多，计22属，200余种，竹材资源丰富。其中主要有毛竹、刚竹、淡竹、慈竹、水竹和苦竹等，主要分布于长江流域以南地区，适用家具制作的竹材主要有下列数种。

①毛竹　竿形粗大端直，材质坚硬、强韧，劈篾性能良好，可劈成竹条用作家具骨架，十分结实耐用，更是竹集成材、竹重组材、竹胶合板、竹层压板、竹编胶合板的理想材料。是我国竹类植物中分布最广、用途最多、经济价值最高的优良竹种。

②刚竹　竹竿质地致密，坚硬而脆，竹竿直，劈篾性差，适用制作大件家具的骨架材料。

③桂竹　竹竿粗大、坚硬，劈篾性也好，是家具优良竹种。

④黄苦竹　韧性大，易劈篾，可整材使用作竹家具。

⑤石竹　又名木竹、灰竹，竹壁厚，杆环隆起，不易劈篾，宜整材使用，作柱腿最佳，坚固结实耐用。

⑥淡竹　竹竿均匀细长，篾性好，色泽优美，整杆使用和劈篾使用都可，是制作家具的优良竹材。

⑦水竹　竹竿端直，质地坚韧，力学性能及劈篾性能好，在竹家具及编织生产中较常用。

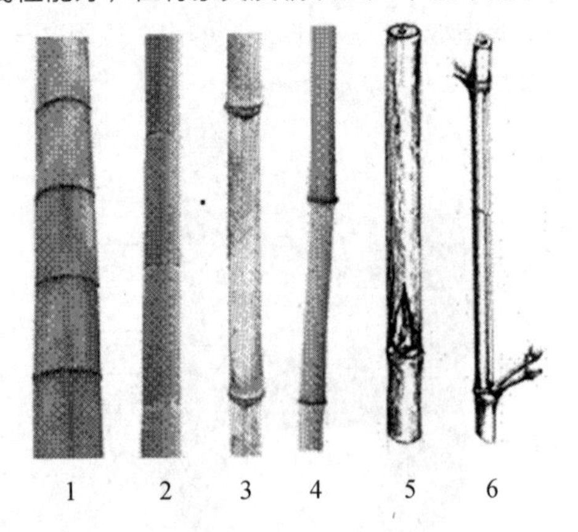

图3-2　几种竹子的竿形和节形
1.毛竹　2.刚竹　3.苦竹　4.淡竹　5.石竹　6.水竹

⑧慈竹　壁薄柔软，力学强度差，但劈篾性能极好，是竹编的优良材料。

竹竿的形状、节间长度因竹种而不同，如图3-2所示，竹材有它的共性，但每一种又有不同材质特点，家具对竹材的选用应根据使用部位性能要求而定。骨架用材要求质地坚硬，挺直不弯，一般要求直径在40mm以下，力学性能好的竹材。而编织用材则要求质地坚韧柔软、竹壁较薄、竹节较长，篾性好的中径竹材。

3.1.2　竹材的性质和特点

（1）物理性质

①密度　竹材的密度是指竹材单位体积的质量，用“g/cm^3”表示。竹材的密度是一个重要的物理量，据此可估计竹材的重量，并可判断竹材的其他物理力学性能。同一种竹材，密度越大，力学强度就越大，反之越小。密度与竹种、竹龄、竹竿部位都有密切关系。

竹种与密度的关系：不同竹种的解剖结构和化学成分的含量不同，因而其密度不同。几种主要经济竹种的密度见表3-1。

表3-1　主要经济竹　g/cm^3

竹种	密度	竹种	密度
毛竹	0.81	茶秆竹	0.73
硬头黄竹	0.55	麻竹	0.65
刚竹	0.83	苦竹	0.64
撑篙竹	0.61	粉单竹	0.50
淡竹	0.66	车筒竹	0.50
青皮竹	0.75	慈竹	0.46

竹龄与密度的关系：竹子由于没有形成层，从幼龄竹到老龄竹的生长过程中，没有明显的体积增长，但是竹材的细胞壁及其结构随着竹龄的增加，木质化程度提高，内含物增加，因而密度加大。幼龄竹密度最低，1～6年生密度持续增长，5～8年生则稳定在较高的水平，到老龄竹阶段（8年生之后），竹子生命力衰退，由于呼吸的

消耗和物质的转移，竹材密度呈下降趋势。

竹竿部位与密度的关系：就同一种竹竿而言，从竹竿基部到梢部，其密度呈逐渐增加的趋势。这是因为竹材从基部开始维管束的密集度相应增加，从而使竹材的密度加大。同理在竹壁的横断面上，维管束的密集度从外侧向内减少，故靠近竹青侧的密度大，靠近竹黄侧的密度小。

②含水率　在木材科学和工业生产中，一般都使用绝对含水率。新鲜竹材的含水率与竹龄、部位和采伐季节等有密切关系。一般来说，含水率随竹龄的增加而减少。在同一竹竿中，基部的含水率比梢部的含水率高，即竹竿从基部至梢部，其含水率呈逐渐降低的趋势。在同一竹竿、同一高度的竹壁厚度方向上，从竹壁外侧（竹青）到竹壁内侧（竹黄），其含水率逐渐增加。例如新鲜毛竹的竹青、竹肉和竹黄的含水率分别为36.74%、102.83%和105.35%。

（2）化学性质

竹材的化学成分非常复杂，其主要成分为纤维素、半纤维素和木质素。还含有各种浸提物，包括糖类、脂肪类和蛋白质类物质。此外，还有少量的灰分（无机物成分），见表3-2。

竹材化学成分是影响竹材材性和利用的重要因素。它赋予竹材一定的强度和其他各种物理力学性质。纤维素是竹材顺纹抗拉强度特别高的主要原因。半纤维素和木质素将木纤维细胞胶黏在一起，起着支持纤维素骨架的作用，赋予竹材较高的弹性和抗压强度。竹材浸提物多存于竹材组织的细胞腔内，也沉积在细胞壁和纹孔口上，因而阻碍竹材的渗透性，这也是防腐防霉处理过程中，影响化学药剂透渗的原因。灰分中所含磷、钾等的总量随竹龄增长逐年减少，而硅则有所增加，积聚于硅质细胞中，竹青中可达4.35%或更多。

（3）力学性能

竹材质地坚硬，篾性好，还具有很高的力学强度，抗拉、抗压能力均较木材为优，且富有韧性和弹性，抗弯能力很强，不易断折。竹材在高温条件下，质地变软，外力作用下极易弯曲成各种弧形，急剧降温后，可使弯曲定形。这一特殊性质，给竹家具生产的加工带来了便利，并形成了竹家具的基本构造形式和造型特征，具有其他家具材料所没有的特殊性能。

竹材的力学性能与竹种、竹龄、竹竿部位密切相关。从竹龄上看，幼龄竹材力学性能最低，1~6年生竹材力学性能逐步提高，6~8年生稳定在较高水平，8年生后有下降趋势。从竹竿部位上看，自竹竿根部至梢部，密度逐渐增大，含水率降低，力学性能逐步提高。见表3-3。

表3-2　竹材的化学成分

名称	纤维素	半纤维素	木质素	冷水浸提物	热水浸提物	醇-乙醚浸提物	醇-苯浸提物
含量(%)	40~60	14~25	16~34	2.5~5	5~12.5	3.5~5.5	2~9
名称	1%氢氧化钠浸提物	蛋白质	脂肪和蜡质	淀粉类	还原糖	氮	灰分
含量(%)	21~31	1.5~6	2~4	2~6	约为2	0.21~0.26	1~3.5

表3-3　毛竹竹龄与高向部位对力学性能的影响

竹龄	1~2年生	3~4年生	5~6年生	7~8年生	9~10年生
抗压强度(MPa)	54.56	62.02	65.89	66.17	62.87
抗拉强度(MPa)	161.88	182.14	190.90	188.16	173.92
竹竿部位	0/10	2/10	4/10	6/10	8/10
抗压强度(MPa)	51.52	63.22	66.06	72.89	76.13

（4）竹材的特点

①易加工、用途广泛　竹材纹理通直，用简单的工具即可将竹子剖成很薄的竹篾，用其可以编织成各种图案的工艺品、家具、农具和各种生活用品。

②直径小、壁薄中空、具尖削度　竹材的直径小的仅 1～2cm，经济价值最高的毛竹，其胸径多数在 7～12cm。竹材直径和壁厚由根部至梢部逐渐变小，由于竹材的这一特性，使其不能像木材那样可以通过锯切加工成片（板）材，也不能通过旋切或刨切获得纹理美观的竹单板。

③结构不均匀，具有各向异性　竹材在壁厚方向上，外层的竹青，组织致密、质地坚硬、表面光滑，附有一层蜡质，对水和胶黏剂润湿性差；内层的竹黄，组织疏松、质地脆弱，对水和胶黏剂的润湿性也较差；中间的竹肉，性能介于竹青和竹黄之间，是竹材利用的主要部分。由于三者之间结构上的差异，因而导致了它们的密度、含水率、干缩率、强度、胶合性能等都有明显的差异，这一特性给竹材的加工和利用带来很多不利的影响。

④易虫蛀、腐朽和霉变　竹材含有较多的营养物质（如蛋白质、糖类、淀粉），它们是昆虫和微生物的营养物质，因而在使用和保存时，容易遭菌虫侵蚀。

⑤运输费用大　竹材壁薄中空，因此体积大，车辆的实际装载量少，运输费用高，不宜长距离运输。

3.1.3　竹质人造板

竹材人造板是以竹材为原料的各种人造板的总称，按结构和加工工艺可以分成以下几类：

（1）竹编胶合板

竹编胶合板又名竹席胶合板，是将竹子劈篾编成竹席，干燥后涂胶，再经组坯胶合而成。分为普通竹编胶合板和装饰竹编胶合板，普通竹席胶合板全部由粗竹席制成，薄板可用作包装材料，厚板常作为建筑水泥模板和车厢底板等结构

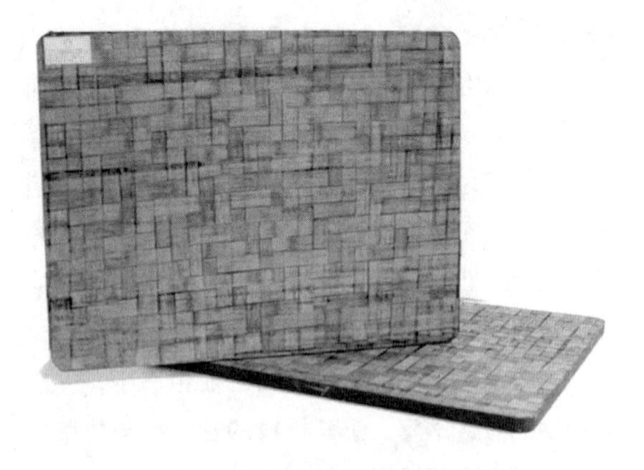

图 3－3　竹编胶合板

用材。装饰竹编胶合板是由经过染色和漂白的薄篾编成的有精细、美丽图案的面层竹席和几层粗竹席一起组坯胶合而成，主要用于家具和室内装修，如图 3－3 所示。

（2）竹帘胶合板

竹帘胶合板是将一定宽度与厚度的竹篾片平行排列，用热熔胶线或混纺线等拼接成单板状，再经干燥、涂胶或浸胶、热压等工序制成的板材。

（3）竹材胶合板

是将毛竹等大径级竹子截断剖开，再铣去内节进行蒸煮软化，通过压机碾平成竹片，再经干燥涂胶，竹片纵横组坯热压胶合而成。竹材胶合板既可以作普通结构板材使用，也可以通过板材接长和表面处理用作车厢底板，如图 3－4 所示。

图 3－4　竹材胶合板

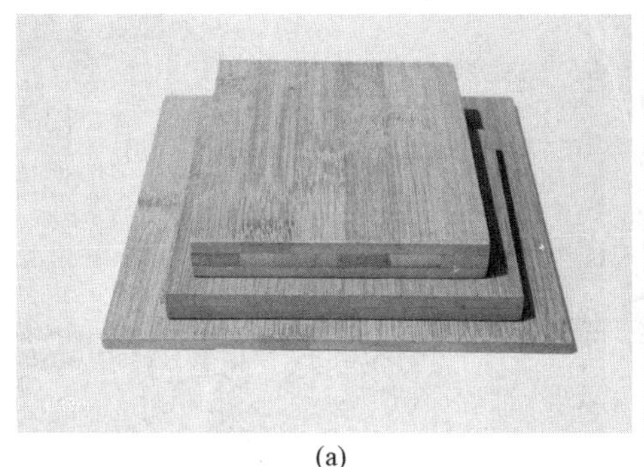
(a)

(b)

图 3－5　竹集成材
(a)横拼板　(b)竖拼板

(4)竹材刨花板

是以竹材刨花为构成单元，或以竹材刨花和竹帘为芯层，竹席为表层，经施胶、组坯、热压而成的板材，强度较高，施胶量少，但容易霉变。

(5)竹集成材

竹集成材是将竹材加工成矩形竹片或竹条，经胶合压制而成的方材和板材，表面有通直纹理，保留了竹材的天然质感，如图 3－5 所示。竹集成材具有卓越的物理力学性能，并且具有吸水膨胀系数小、不干裂和不变形的优点，可用于高档家具板材和室内装饰。

(6)竹重组材

竹重组材又称重竹，先将竹材疏解成通长的、相互交联并保持纤维原有排列方式的疏松网状纤维束，再经干燥、施胶、组坯成型、冷压或热压而成的板状或其他形式的材料。竹重组材主要用于竹地板，近年来，竹重组材在家具领域也得到广泛应用。竹重组材的色泽纹理和材性与红木极为相似，一些家具企业用竹重组材代替红木。如图 3－6 所示。

图 3－6　竹重组材

3.1.4　竹材家具制品

竹家具光滑宜人，既有一种清凉、潇洒、简雅之意，又有粗犷豪放之感。按其结构形式可分为：圆竹家具、竹集成材家具、竹重组材家具。

(1)圆竹家具

圆竹家具具体是指以圆形而中空有节的竹材竿茎作为家具的主要零部件，并利用竹竿弯折和辅以竹片、竹条(或竹篾)的编排而制成的一类家具。其类型以椅、桌为主，其他也有床、花架、衣架、屏风等，如图 3－7 所示。它通常与藤家具一起被称为竹藤家具。

(2)竹集成材家具

竹集成材框式家具是指以竹集成材为基材制成的家具，既可制成固定或可拆装的框架式家具，也可制成大幅面板式家具，如会议桌、班台等，如图 3－8 所示。

(3)竹重组材家具

竹重组材家具，又称重组竹家具，俗称重竹家具。它是以各种竹材的重组材(即重组竹)为原材，采用木制家具(尤其是实木家具)的结构与工艺技术所制成的一类家具，如图 3－9 所示。

图 3－7　圆竹家具

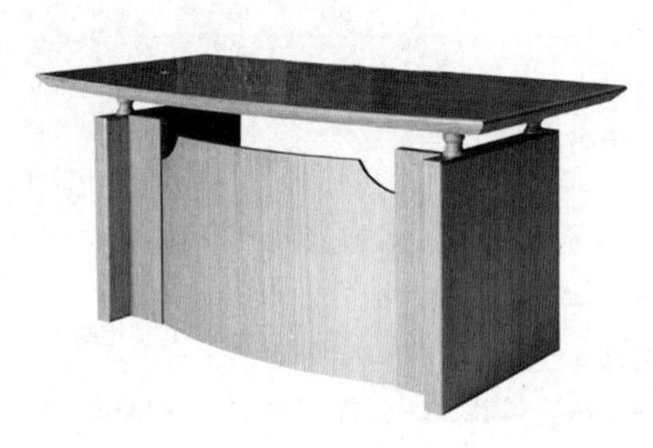

图 3－8　竹集成材家具

图 3－9　竹重组材家具

3.2 藤材

藤材在家具制作中应用范围很广，仅次于木材。它不仅可单独用于制造家具，而且还可以与木材、竹材、金属配合使用，发挥各自材料特长，制成各种式样的家具。在竹家具中又可作为辅助材料，用于骨架着力部件的缠接及板面竹条的穿连。特别是藤条、藤芯、藤皮等可以进行各种式样图案的编织，用于靠背、坐面以及橱柜的围护部位等，成为一种优良的柔软材料及板状材料。

3.2.1 藤材的构造与种类

（1）藤材的构造

藤材和竹材一样，都属于非均质的各向异性材料，但在构造方面又与竹材存在很大差异。藤茎有节，但不明显，与竹材不同，藤材为实心。藤种间直径差异很大，商用藤的直径范围为 3~80mm。在藤家具行业，把藤茎叫做藤条，大部分藤家具的制作都经过藤条的分剖，把藤条截断后，从外向内有藤皮、藤芯，藤皮较硬，藤芯较脆弱。加工时，把藤皮和藤芯分开，还可将藤芯分剖成更细小的藤芯（也称藤篾），一般断面为圆形或三角形，也有椭圆、多边形或其他形状，如图 3－10 所示。

（2）藤材的种类

藤是椰子科蔓生植物，种类较多，其中产于印度尼西亚、菲律宾、马来西亚的藤的质量为最好，云南、广东等地产的土厘藤、红藤、白藤等质量比进口藤差。家具常用藤材品种有：

①进口藤　进口藤是指从印尼、菲律宾等东南亚国家进口的藤材。通常纤维光滑细密、韧性强，富弹性，抗拉强度高，长久使用不易脆断，质量最佳。其中上品为竹藤，竹藤又名玛瑙藤，被誉为“藤中之王”，是价格最为昂贵的上等藤，原产于印尼和马来西亚，如图 3－11 所示。

②国产藤

土厘藤：产于我国云南、广东、广西。皮有细直纹，色白略黄，节较低且节距长。藤芯韧而不易折断，直径在 15mm 左右，品质好。

红藤：产于广东、广西，色黄红，其中浅色者为佳。

白藤：俗称黄藤，产于广东、广西、台湾、云南。色黄白，质韧而软，茎细长，达 20m，有节，是藤家具的主要原料品种。

省藤：产于广东，是大的藤本，茎长 30m，直径可达 3cm，韧性好。

大黄藤：产于云南，色黄褐而光亮、中芯纤维粗而脆，节高，材性硬。

除天然藤条外，市场上还有各种塑料藤条供应，如丙烯塑料藤条。塑料藤条色彩多样，光洁度好，质轻，易洗涤，但在使用中应尽量避免日光曝晒。

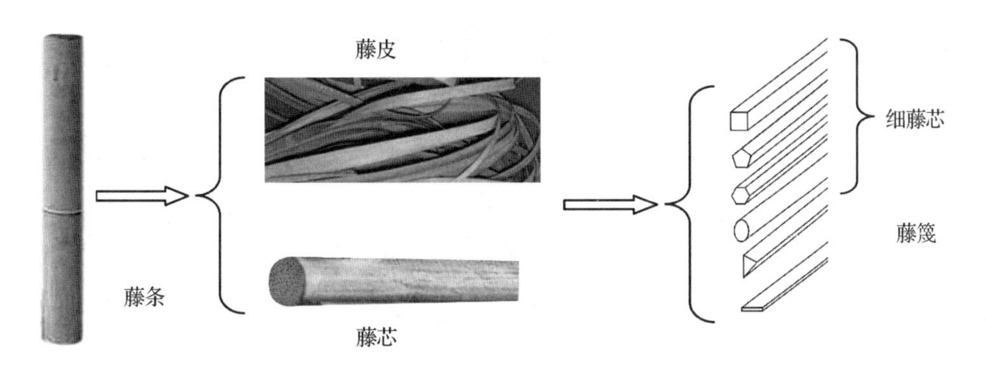

图 3－10　藤材材料构造

图 3－11　玛瑙藤制成的大床

（3）藤材的特点

藤材具有很多优点，外表爽洁，色泽自然，强度大，韧性好，耐磨耐压，经久耐用。热软化点低，易于弯曲成型，方便加工，用途广泛。但也有一些缺点：多数藤材直径较小，结构不均匀，加工时易劈裂。此外藤材易虫蛀、腐朽和霉变，易变色。

3.2.2　藤材家具制品

藤家具线条优雅流畅，质感朴实无华，深受人们青睐。采用多种编织工艺制作的藤家具，其古朴、典雅是其他材料无法比拟的。藤家具按照藤材材料结构可以分为藤皮家具、藤芯家具、原藤条家具、磨皮藤条家具以及多种综合材料家具，包括藤—竹家具、藤—木家具、藤—钢家具、藤—玻家具等。如图 3－12 至图 3－16 所示。

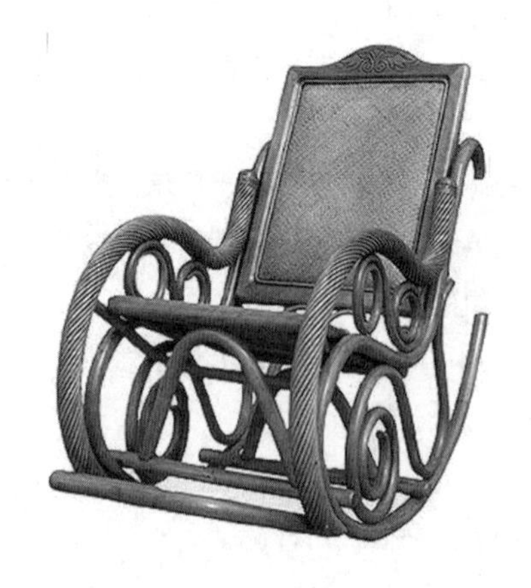

图 3－12　藤椅

图 3－13　藤沙发（藤—木家具）

图 3－14　休闲椅（藤—钢家具）

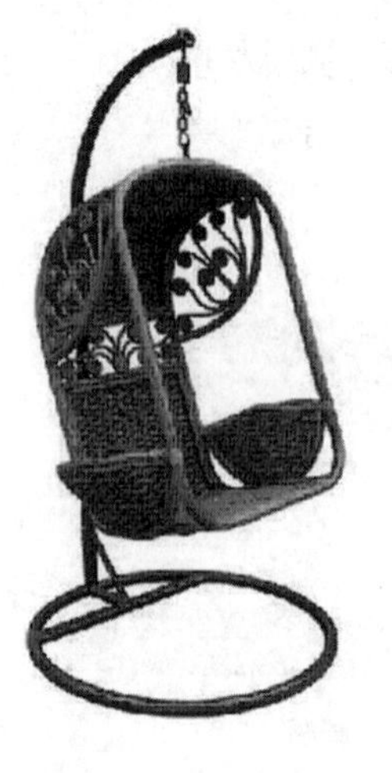

图 3－15　藤吊篮

图 3－16　茶几（藤—玻家具）

3.3 竹藤家具的构造

竹藤材虽然是两种不同材种，但在材质上却有许多共同的特性，在加工和构造上有许多相同点，可以互相配合使用。基本上可分为骨架和面层两部分。

3.3.1 骨架部分

多采用竹竿和粗藤杆作为骨架主材，构成有三种类型，一是全部用竹材构成；二是竹藤材混合组成，可以充分利用各自材料特点，便于加工；三是在金属框架上用藤材编织坐面和靠背。竹藤骨架接合基本方法有下列三种：

（1）弯接法

材料弯曲有两种方法，一种是火烤法，适用于弯曲半径小的竹藤骨架；另一种是锯口弯曲法，适用于弯曲半径较大的竹藤骨架，如图 3－17 所示。

（2）缠接法

竹藤家具中最普通常用的一种方法，在连接点用藤皮缠接，竹制框架应先在被连接件上打孔。藤制框架先用钉钉牢，再用藤皮缠接，如图 3－18所示。

（3）插接法

是竹家具独有的接合方法，用于两个竹竿接合，在较大的竹管上挖一个孔，然后将较小竹管插入，用竹钉锁牢，也可以用板与板条进行穿插，如图 3－19 所示。

3.3.2 面层部分

竹藤家具的面层，除某些品种（如桌、几面板）用木板、玻璃等材料外，大部分用竹片、竹

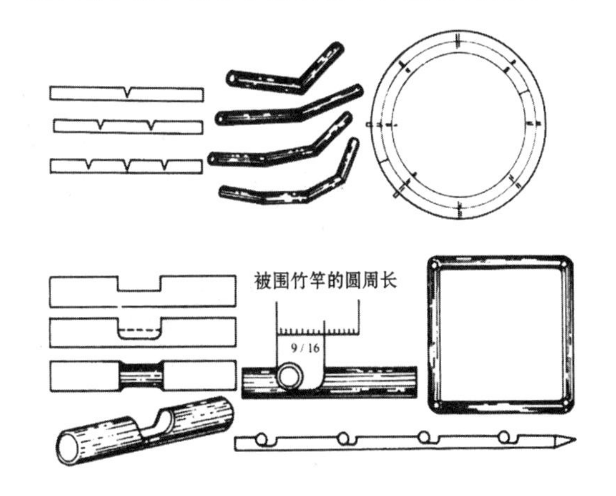

图 3－17 锯口弯接法

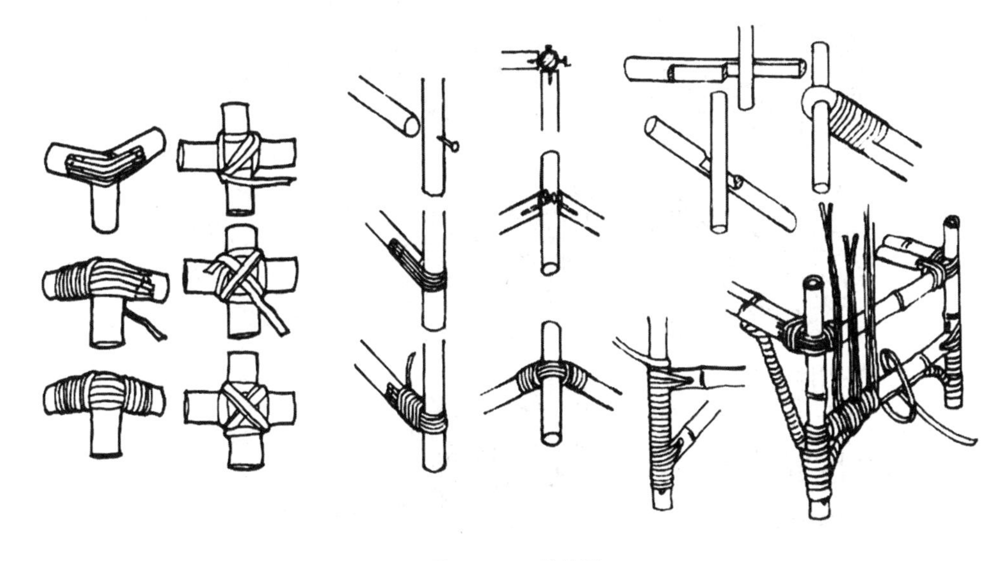

图 3－18 缠接法

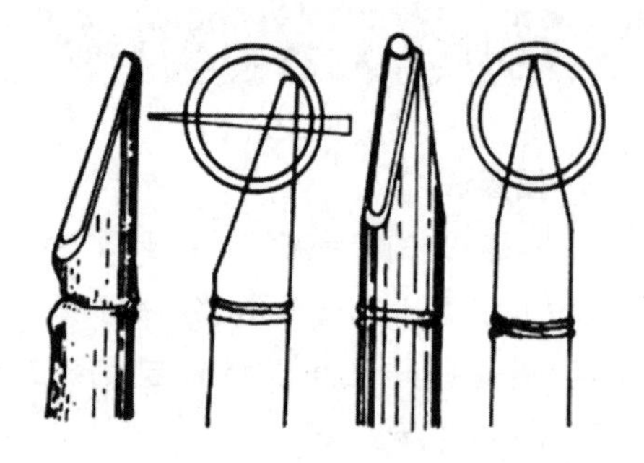

图 3－19　插接法

排、竹篾、藤条、藤芯、藤皮等编织而成，方法如下。

（1）单独编织法

用藤条编织成结扣和单独图案，结扣是用来连接构件的，图案编织则用在不受力的编织面上，如图 3－20 所示。

（2）连续编织法

连续编织法是一种用四方连续构图方法编织组成的平面，用在椅凳靠背、坐面及橱柜的围护结构部分（图 3－21）。采用藤皮、竹篾、藤条编织

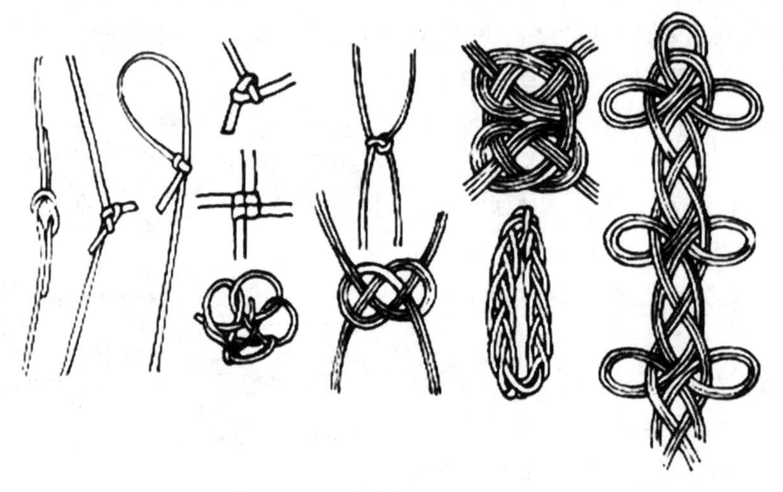

图 3－20　单独编织的几种样式

图 3－21　连续编织的几种样式

称为扁平材编织，采用圆形材编织称为圆材编织。另外还有一种穿结法编织，用藤条或芯条在框架上作垂直方形或菱形排列，并在框架杆件连接处用藤皮缠接，然后再以小规格的材料在适当间距作各种图案形穿结。

（3）图案纹样编织法

用条形圆材构成各种形状和图案，安装在家具框架上，种类形式较多，除满足装饰外，还可起着受力构件的辅助支撑作用，如图 3－22 所示。

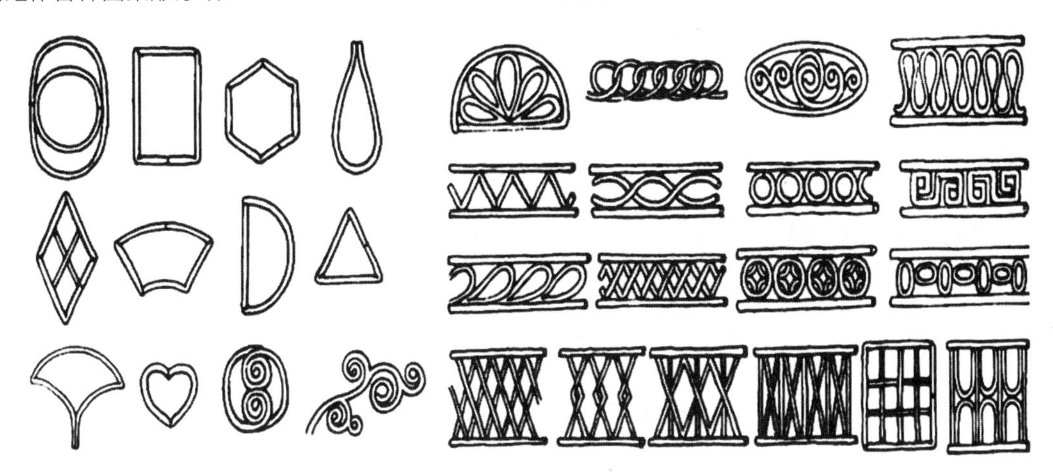

图 3－22　图案纹样编织的几种样式

单元实训　竹材与藤材家具的认识

1. 实训目标

通过技能实训，熟悉竹材与藤材家具的特性及分类，熟悉竹藤材家具常见的构造。

2. 实训场所与形式

实训场所为家具卖场、家具材料市场或家具厂。以 4～6 人为实训小组，到实训现场进行观摩调查。

3. 实训材料与设备

各种类型的竹材和藤材家具。

4. 实训内容与方法

现场对竹材与藤材家具实体的材料、结构进行分析，交流讨论熟悉竹材与藤材家具结构和材料的合理使用；对家具类型进行归纳，对竹藤材人造板进行辨识，对家具的骨架和面层构造方法进行识别和对比分析，并对生产工艺进行调查了解。

5. 实训要求与报告

（1）实训前，学生应认真阅读实训指导书，明确实训内容、方法及要求。

（2）在整个实训过程中，每位学生均应做好实训记录。

（3）实训完毕，及时整理好实训报告，做到准确完整、规范清楚。

6. 实训考核标准

（1）能深入市场进行材料的调查，认真做好专业调查和笔记。

（2）能基本准确评析竹藤材家具的类型、构造方式、家具特性等。

（3）对于能达到上述两点标准要求，实训报告规范完整的学生，可酌情将成绩评定为合格、良好或优秀。

思考与练习

1. 填空题

（1）在竹壁的外层，组织紧密，质地坚韧，表面光滑，附有一层微薄蜡质的部分称为________，在竹壁的内侧，组织疏松，质地脆弱呈淡黄色的部分称为________。

（2）竹藤家具的面层部分编织方法主要有________、________、________三种。

2. 问答题

（1）竹材构造如何？ 具有哪些特性？

（2）家具制造常用的竹种有哪些？ 各有何特点？

（3）竹材家具的种类有哪些？

（4）藤材构造如何？ 具有哪些特性？

（5）竹藤家具的骨架结合方法有哪几种？

推荐阅读书目

1. 梅启毅. 家具材料[M]. 北京：中国林业出版社， 2007.
2. 吴智慧. 竹藤家具制造工艺 [M]. 2 版. 北京：中国林业出版社， 2018.
3. 张求慧. 家具材料学 [M]. 2 版. 北京：中国林业出版社，2018.

模块 2
非木质家具材料

单元 4
金属

知识目标

1. 熟悉金属材料的基本属性及种类。
2. 了解各类金属的特性、分类、规格。

技能目标

1. 具备金属材料的选型能力。
2. 掌握不同金属材料在家具中的应用。

4.1 金属的基本知识

1925 年，德国包豪斯学院的建筑师布劳耶，设计制作了世界上第一把钢管架固定座椅，开创了金属家具制作之先河。随着科技及生产力的不断发展，金属材料的质量、加工手段、表面涂饰技术等均有大幅提高，金属材料以其独有的特性及美感成为现代家具不可或缺的重要材料。

4.1.1 金属的分类

金属材料分为黑色金属和有色金属两大类。黑色金属指的是以铁（还包括铬和锰）为主要成分的铁及铁合金，在实际生活中主要使用铁碳合金，即铁和钢。有色金属是除黑色金属以外的其他金属，如铜、铝、铅、锌等及其合金，也称作非铁金属。

4.1.2 金属的特点

金属材料具有独特的光泽与颜色，质地坚韧、张力强大，具有很强的防腐防火性能。熔化后可借助模具铸造，固态时则可以通过辗轧、压轧、锤击、弯折、切割、冲压和车旋等机械加工方式制造各类构件，可满足家具多种功能使用要求，适宜塑造灵巧优美的造型，同时可根据设计，与玻璃、皮革等其他材料结合，更能充分显示现代家具的特色，成为推广最快的现代家具材料之一。

4.2 铁与钢材

铁金属包括铁与钢，其强度和性能受碳元素的影响，含碳量少时质软而强度小，容易弯曲而可锻性大，热处理效果欠佳；含碳量多时则质硬，可锻性减少，热处理效果好。

4.2.1 铁的特性及分类

根据含碳量标准，铁金属可区分为铸铁、锻铁和钢三种基本形态。

（1）铸铁

含碳量在 2%以上的铁（并含有磷、硫、硅等杂质），称为铸铁或生铁。其晶粒粗而韧性弱，硬度大而熔点低，适合铸造各种铸件。铸造用生铁的牌号及化学成分见表 4－1。铸铁主要用在需要有一定重量的部件上。金属家具中的某些铸铁零件如铸铁底座、支架及装饰件等，一般用灰铸铁（其中碳元素以石墨形式存在，断口呈灰色）制造。图 4－1 为铸铁与木材制成的公园座椅。

图 4－1　铸铁与木材制成的公园座椅

（2）锻铁

含碳量在 0.15%以下的铁（用生铁精炼而成），称为锻铁、熟铁或软钢。其硬度小而熔点高，晶粒细而韧性强，不适于铸造，但易于锻制各种器物。利用锻铁制造家具历史较久，传统的锻铁家具多为大块头，造型上繁复粗犷者居多，是一种艺术气质极重的工艺家具，或称铁艺家具。因为它们全凭人力手工敲打成形、屈扭为各种变化多姿的造型，是工匠手下独一无二的艺术制品。锻铁家具（图 4－2）线条玲珑，气质优雅，能与多种类型的室内设计风格配合。

（3）钢

钢含碳量在 0.03%～2%之间，制成的家具（图 4－3）强度大、断面小，能给人一种深厚、沉着、朴实、冷静的感觉，钢材表面经过不同的技术处理，可以加强其色泽、质地的变化，如钢管电镀后有银白而又略带寒意的光泽，减少了钢材的重量感。不锈钢属于不发生锈蚀的特殊钢材，可用来制造现代家具的组件。

表 4－1　铸造用生铁的牌号及化学成分　　%

牌号			Z34	Z30	Z26	Z22	Z18	Z14
化学成分	C		>3.3					
	Si		>3.20～3.60	>2.80～3.20	>2.40～2.80	>2.00～2.40	>1.60～2.00	1.25～1.60
	Mn	1 组	≤0.50					
		2 组	>0.50～0.90					
		3 组	>0.90～1.30					
	P	1 级	≤0.06					
		2 级	>0.06～0.10					
		3 级	> 0.10～0.20					
		4 级	>0.20～0.40					
		5 级	>0.40～0.90					
	S	1 类	≤0.03					≤0.04
		2 类	≤0.04					≤0.05
		3 类	≤0.05					—

图 4－2　铁艺家具——锻铁床

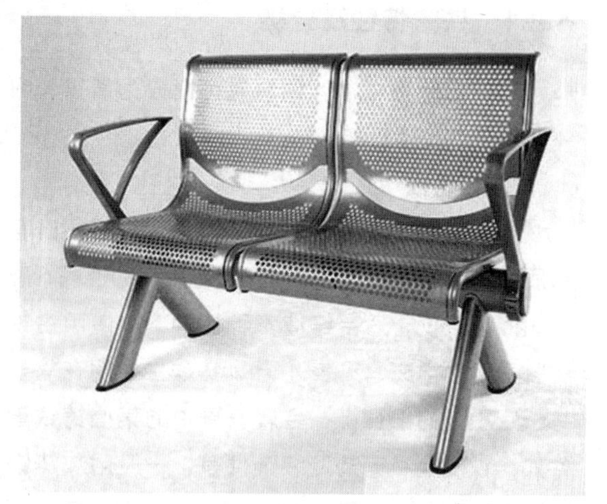

图 4－3　钢质公共座椅

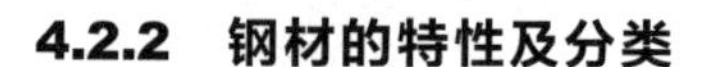

4.2.2　钢材的特性及分类

钢材包括各种型钢、钢管、钢板、钢丝等制成品。钢材有较高的抗拉、抗压、抗冲击和耐疲劳等特性，能承受较大的弹性和塑性变形，可以直接铸造成各种复杂形状，还可以通过焊接、铆接、切割、弯曲和冲压等工艺制成各种钢结构部件和制品，还可以采用涂饰、滚压、磨光、镀层、复合等方法制成各种表面装饰材料。钢材已成为现代家具制作中不可缺少的结构及装饰用材。

（1）钢的化学成分

钢的主要化学成分是铁（Fe）、碳（C）、硅（Si）、锰（Mn）、硫（S）、磷（P）等六种元素。按照化学成分钢的分类见表 4－2。

钢材中碳元素的含量对它的性质有决定性影响，含碳量低的钢强度较低，但塑性好，延伸率和冲击韧性高，硬度低而易于冷加工、切削和焊接；而含碳量高的钢强度高，塑性差，硬度高，性脆而不易加工。家具结构件用钢材多为加工性能好的低碳钢。

表 4－2　按照化学成分钢的分类

类别	名称	化学成分（%）
碳素钢	低碳钢	含碳量＜0.25
	中碳钢	含碳量 0.25～0.60
	高碳钢	含碳量＞0.60
合金钢	低合金钢	合金元素总含量＜5
	中合金钢	合金元素总含量 5～10
	高合金钢	合金元素总含量＞10

硅和锰是钢铁中的有益元素，它们能使钢材的强度和硬度提高，塑性和韧性不降低。

硫和磷是钢铁中的有害杂质，含量稍高就会严重影响钢的塑性和韧性，使钢显著变脆，影响钢的性能质量。按照质量等级钢的分类见表 4－3。

表 4－3　按照质量等级钢的分类　　%

类别	含硫量	含磷量
普通钢	≤0.05～0.55	≤0.045
优质钢	≤0.04	≤0.035～0.045
高级优质钢	≤0.02～0.03	≤0.03～0.035

（2）钢的标准及常用钢材的种类

在家具制作及室内装修中主要使用碳素结构钢和低合金结构钢。

①碳素结构钢　碳素结构钢，英文名：carbon structural steel，碳素钢的一种。碳素结构钢的牌号以厚度（或直径）不大于 16mm 的钢试件屈服点（σ_s）数值划分。碳素结构钢可分为 5 个牌号（即 Q195、Q215、Q235、Q255 和 Q275），其含碳量在 0.06%～0.38%之间。

碳素结构钢牌号由下面四个要素标示，依

次为:

钢材屈服点代号，以“屈”字汉语拼音首字母“Q”表示。

钢材屈服点数值，表示屈服极限，单位为兆帕。

质量等级符号，分 ABCD 四级，表示质量的由低到高。质量高低主要是以对冲击韧性（夏比 V 型缺口试验）的要求区分的，对冷弯试验的要求也有所区别。对 A 级钢，冲击韧性不作为要求条件，对冷弯试验只在需方有要求时才进行。而 B、C、D 各级则都要求 AKV 值不小于 27J，不过三者的试验温度有所不同，B 级要求常温（25℃ ± 5℃）冲击值，C 和 D 级则分别要求 0℃ 和 - 20℃ 冲击值。B、C、D 级也都要求冷弯试验合格。为了满足以上性能要求，不同等级的 Q235 钢的化学元素略有区别。

脱氧程度代号，F 沸腾钢；b 半镇静钢；Z 镇静钢；TZ 特殊镇静钢。在牌号组成表示方法中“Z”与“TZ”符号可以省略。

例如，Q235 - A.F 表示屈服点数值为 235MPa 的 A 级沸腾钢。

碳素结构钢材的主要用途见表 4 - 4。

表 4 - 4　碳素结构钢材的主要用途

牌号	主要用途
Q195、Q215A、Q215B	薄板、焊接钢管、铁丝、钉等
Q235A、Q235B	薄板、中板、钢筋、条钢、钢管、焊接件、铆钉等
Q235C、235D	小轴、螺栓、连杆、拉杆、外壳等
Q255A、Q255B、Q275	拉杆、连杆、键、轴、销钉等要求高强度的零件

②低合金结构钢　按国际标准，把钢区分为非合金钢和合金钢两大类，非合金钢是通常叫做碳素钢的一大钢类，钢中除了铁与碳以外，还含有炉料带入的少量合金元素 Mn、Si、Al，杂质元素 P、S 及气体 N、H、O 等。合金钢则是为了获得某种物理、化学或力学特性而有意添加了一定量的合金元素 Cr、Ni、Mo、V（总含量一般不超过 5%），并对杂质和有害元素加以控制的另一类钢。

普通低合金结构钢（简称低合金结构钢）按屈服强度分为 Q295AB、Q345CDE、Q390ABCDE、Q420ABCDE、Q460ABCDE。A 级不要求冲击，B 级室温冲击，C 级 0℃ 冲击，D 级 - 20℃ 冲击，E 级 - 40℃ 冲击。

钢结构件的屈服点决定了结构所能承受的不发生永久变形的应力。典型碳素结构钢的最小屈服点为 235MPa，而典型低合金高强度钢的最小屈服点为 345MPa。因此，根据其屈服点的比例关系，低合金高强度钢的使用允许应力比碳素结构钢高 1.47 倍。与碳素结构钢相比，使用低合金高强度钢可以减小结构件的尺寸，使重量减轻。必须注意，对于可能出现弯曲的构件，其许用应力必须修正，以达到保证结构的坚固性。有时用低合金高强度钢取代碳素结构钢但不改变断面尺寸，其唯一的目的是在不增加重量的情况下而得到强度更高更耐久的结构。

低合金结构钢的钢号编制以 $45Si_2MnV$ 为例说明：钢号首位数字表示平均含碳量的万分数，如“45”表示含碳量为 0.45%，钢号中化学元素符号表示所含的合金元素，如上例中硅（Si）、锰（Mn）、钒（V）。上例中“Si_2”表示含硅量在 1.5% ~ 2.49% 之间。含量小于 1.5% 的合金元素不做脚注。钢号尾部是“b”表示为半镇静钢，上例是“空位”表示为镇静钢。

（3）常用钢材

①普通钢材　在家具及室内装饰中常使用各种小型型钢、钢板与带钢、钢管等普通钢材。

钢板与带钢：常用钢板一般为薄板，是热轧或冷轧生产，厚度在 0.2 ~ 4mm 之间。薄钢板的宽度一般为 500 ~ 1 400mm 之间，可选用普通碳素钢、优质碳素结构钢、低合金结构钢和不锈钢等材质。薄钢板有轧制后直接使用的，也有经过酸洗（酸洗钢板）和镀锌的。常用 0.8 ~ 3mm 厚的薄钢板冲压各种零件。热轧薄钢板主要用于金属家具的内部零部件及不重要的外部零部件，冷轧薄钢板则用于外部零件。优质碳素结构钢薄钢板主要用于制作金属家具外露重要零部件，如台面、靠背、封帽等。带钢实际上是成卷供应的很长的薄钢板。带钢通过排料可以在冲床上连续冲切零件，也用于制造焊管等。

钢管：钢管分为无缝钢管和焊接钢管，常用的是高频电阻焊接的薄壁钢管，也有时使用无缝钢管和装饰性好的不锈钢管（图 4-4）。

无缝钢管按制造方法分为热轧、冷拔和挤压等。家具及室内装饰一般选用薄壁冷拔无缝钢管，其特点为重量轻、强度大。冷拔不锈钢无缝钢管常用于高档卧房、客厅及厨房等家具的制作。

图 4-4　钢管骨架制成的椅子

高频焊接钢管是用碳素结构钢冷轧钢带在高频感应电阻焊接机械上卷制而成。高频焊接薄壁管材强度高、重量轻、富有弹性、易弯曲、易连接、易装饰，用于制造金属家具的骨架。近年来，各种异型钢管的应用逐渐推广。

布劳耶在世界上首创钢管家具，瓦西里椅就是他 1925 年设计的世界上第一把钢管椅（图 4-5）。

小型型钢：型钢包括圆钢、方钢、扁钢、工字钢、槽钢、角钢及其他品种。主要用于金属家具的结构骨架及连接件等。有时使用小规格的圆钢、扁钢、角钢做连接件。

圆钢——圆形断面的钢材，分热轧和冷拔两种。其中直径 5～9mm 的产品是成盘供应的，称作盘条。主要用于家具的零部件。

扁钢——宽 12～300mm，厚 4～60mm，是截面长方形并带钝边的钢材。可以作为成品钢材供应，也可以做焊接管的坯料和轧制薄板的板坯。图 4-6 为扁钢在家具中的应用。

角钢——分为等边和不等边两种。角钢的规格用边长和边厚的尺寸表示，目前生产的型号为 2～25 号。号数表示边长的厘米数。如 5 号等边角

图 4-5　瓦西里椅

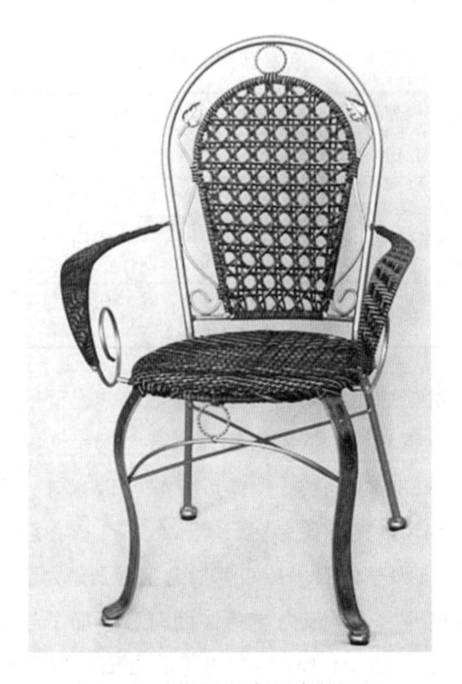

图 4-6　扁钢在家具中的运用

钢，即指边长5cm的角钢。同一号的角钢常有2～7种边厚规格。

弹簧：弹簧是软家具制造中常用的弹性零件，在沙发、座椅、床垫制造中广泛应用，有些小五金件也使用弹簧。主要品种有盘簧、弓簧和拉簧等。

盘簧按形状可分为沙发盘簧，包布弹簧和宝塔弹簧。沙发盘簧是上下圆盘直径较大，中部直径较小的弹簧，一般选用70号碳素弹簧钢丝绕制而成，用于沙发制作。包布弹簧是一种圆柱螺旋压力弹簧，常采用13号钢丝，弹簧外径为75mm，自由高度为100mm，一般用于床软垫和沙发软垫。宝塔弹簧是一种单圆锥螺旋弹簧，常用钢丝扎成弹簧垫子用于汽车坐垫、沙发坐垫等。

弓簧又称蛇形弹簧，用于制作沙发靠背或有软垫的沙发底座身。弓簧一般选用70号碳素弹簧钢丝，其规格见表4－5。

表4－5 弓簧常用规格 mm

弹簧号	钢丝直径	宽度	长度
8	4	50	根据需要而定
9	3.6	50	根据需要而定

拉簧是指圆柱形拉伸弹簧。拉簧在沙发、垫类制作时单独使用较少，一般是配合弓簧、宝塔弹簧一起使用。拉簧除在软家具中使用外，还常在五金配件中使用。

②特殊钢材及其制品　不锈钢板材及其制品：不锈钢是以铬为主要合金元素的合金钢。铬含量越高，其抗腐蚀性越好。不锈钢中的其他元素如镍（Ni）、锰（Mn）、钛（Ti）、硅（Si）等也都对不锈钢的强度、韧性和耐腐蚀性有影响。由于铬的化学性质比铁活泼，在环境条件影响下，不锈钢中的铬首先与环境中的氧化合生成一层与钢基体牢固结合的致密氧化层膜。这层钝化膜能够阻止钢材内部继续锈蚀，使不锈钢得到保护。

不锈钢制品使用较多的是不锈钢板材，厚度小于2mm的薄板使用最多。不锈钢板除了高耐腐蚀性以外，经过抛光加工还可以得到很高的装饰性能和光泽保持能力，常用于台面、家具装饰构件等。不锈钢薄钢板也可以加工成各种冷弯型材、管材、冲压型材等，用做金属家具的框架、压条、把手等。图4－7、图4－8为不锈钢家具。

表面加工技术可以在不锈钢板表面做出蓝、灰、紫、红、青、绿、金黄、橙、茶色等多种颜色。这种彩色装饰不锈钢板保持了不锈钢材料耐腐蚀性好、机械强度高的特点，彩色面层经久不褪，是综合性能很好的装饰材料。

装饰钢板：装饰钢板是在钢板基材上覆有装饰性面层的钢板（它不包括酸洗、电镀、花纹钢板）。装饰钢板兼有金属板的强度、刚性和面层

图4－7　不锈钢休闲椅

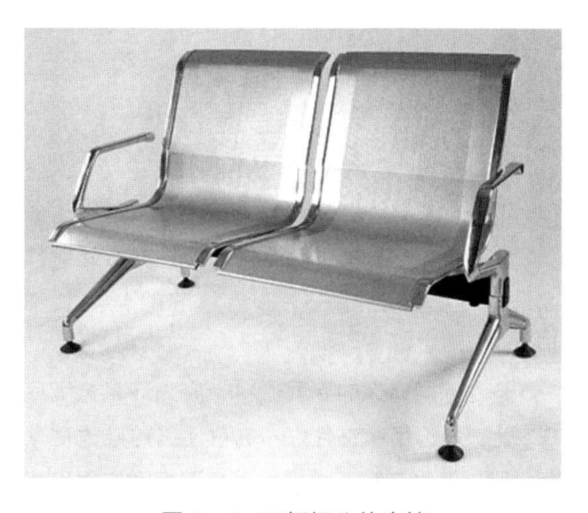

图4－8　不锈钢公共座椅

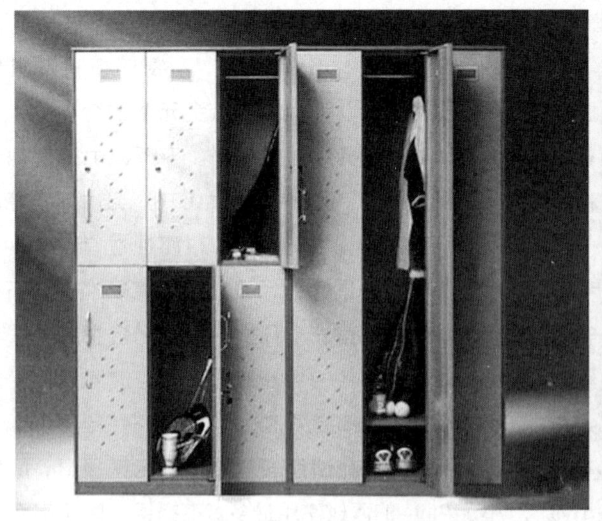

图 4－9　装饰钢板制成的工作衣柜、多功能柜

材料（一般为涂料、塑料、搪瓷等）优良的装饰性与耐腐性，在高档和公用家具中得到重视，用于制造文件柜、档案柜、书柜等家具，如图 4－9 所示。

装饰钢板的种类与结构：装饰钢板的规格、厚度与普通钢板类似。为改善装饰面层的附着力，常选用镀锌钢板为基材。基材钢板宽度有 610mm、914mm、1 200mm 等，厚度为 0.4～1.5mm，镀锌量 250～300g/m^2。装饰钢板的种类可大致分为：

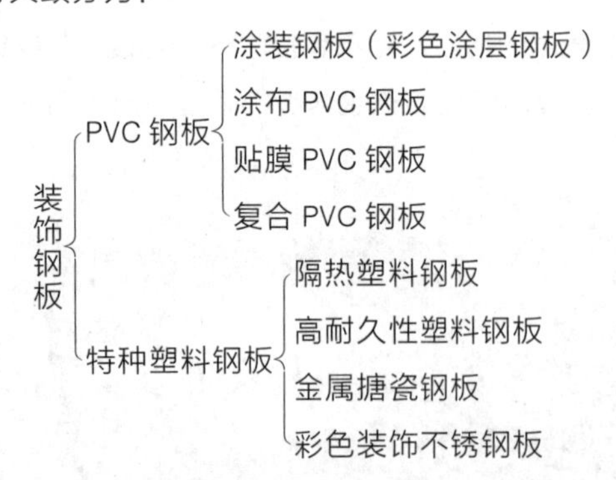

彩色涂层钢板：彩色涂层钢板是在冷轧镀锌薄带钢表面涂覆高分子彩色涂层的新型装饰板材。

彩色涂层钢板的底层涂料一般为环氧树脂底漆；上表面选用装饰性好、抗耐性强的硅改性聚酯树脂或聚偏二氟乙烯树脂等；下表面选用价格较低的环氧树脂、丙烯酸树脂等。彩色涂层钢板的结构如图 4－10 所示。

彩色涂层钢板具有优异的抗污染性能，常见的食品、饮料、化妆品和植物油均不影响其表面色彩和光泽；在 120℃烘箱中加热 90h，光泽和颜色无明显变化；在－54℃低温下放置 24h 后，涂层弯曲和抗冲击性能无明显变化，在沸水中浸泡 60min 后，光泽与颜色无变化，不起泡，不膨胀，不软化；用做各类金属办公家具、家电装饰板等。

PVC 钢板：PVC 钢板是在 Q215、Q235 钢板表面覆以厚度为 0.2～0.4mm 的软质或半软质聚氯乙烯（PVC）膜制成。产品规格为（0.35～2.0）mm×1 000mm×2 000mm［（0.35～2.0）mm 是指基材钢板的厚度］。主要用于台桌的挡板、屏

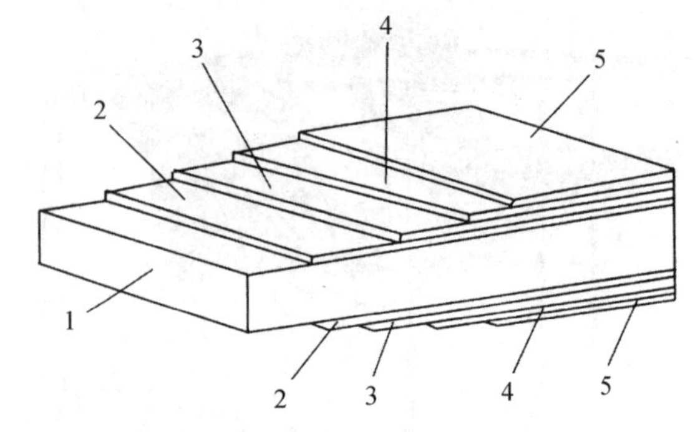

图 4－10　彩色涂层钢板的结构

1.冷轧钢板　2.镀锌层　3.化学转化层
4.初涂层　5.精涂层

风板、挂件、金属柜、门等。

根据面层与基材复合方法分成三种：采用 PVC 糊涂塑的称为涂布 PVC 钢板；将 PVC 膜用胶黏剂贴合的称为贴膜 PVC 钢板；在 PVC 覆面钢板上再复合丙烯酸树脂的称为复合 PVC 钢板。上述三种 PVC 钢板均可以采用表面压花、印花工艺，可仿木纹、大理石纹等以提高装饰效果。采用丙烯酸树脂复合的 PVC 钢板耐候性最好。

PVC 钢板耐化学药品性好，PVC 层与钢板间的剥离强度 ≥ $2kg/cm^2$， 深冲时不剥离及冷弯 180° 不分离开裂，耐磨性能好，可以像普通碳素钢板那样切断、弯曲、深冲、钻孔、铆接、咬装、卷边等，PVC 钢板加工温度在 10 ~ 14℃ 间为好，可在 - 10 ~ 60℃ 长期使用。PVC 钢板对有机溶剂抗耐性差，不能使用焊接工艺。

其他装饰钢板：隔热塑料钢板是在塑料装饰钢板背面贴（或喷涂）上 15 ~ 17mm 的聚苯乙烯或聚氨酯泡沫塑料。高耐久性塑料钢板是用耐老化性好的氟塑料或丙烯酸树脂为表面涂层，具有极好的耐久性和耐腐蚀性。金属搪瓷钢板是在钢板表面烧制搪瓷（或玻璃）面层制成的。

③冷弯型钢　常用的小型型钢是采用钢坯热轧而成。这些型钢重量大，表面粗糙，在室内家具上使用受到很大限制。用普通碳素钢、低合金钢带或钢板经过冷弯、拼焊等工艺制成的冷弯型钢轻便、经济、灵活、装饰性好，是制作轻型钢结构、金属构配件的主要材料。冷弯型钢多为表面镀锌产品。

4.3 铝及铝合金

铝元素占地壳组成的 8.31%，在自然界中是以化合物的形式存在的。如：铝矾土、高岭石、明矾石等。目前铝和铝合金在家具、装饰材料、室内结构材料、灯具和其他生活用品中都有广泛应用。

4.3.1 铝及铝合金的性质

（1）铝的性质

铝属于有色金属中的轻金属，密度约为 $2.7g/cm^3$，仅为钢铁的 1/3，熔点为 660℃。铝的表面为银白色，反射光能力强。铝的导电性和导热性仅次于铜，可用来做导电与导热材料。

铝是化学性质活泼的金属元素，它与氧的亲和力很强，暴露在空气中表面易生成一层致密的 Al_2O_3 薄膜，这层薄膜可以保护内部的金属铝不再继续氧化，具有一定的耐蚀性。但氧化铝薄膜的厚度仅 0.1μm 左右，当与盐酸、浓硫酸、氢氟酸、卤素、强碱接触时，会发生化学反应而受到腐蚀。铝的电极电位较低，与电极电位高的金属接触并且有电解质存在时（如水汽等），会形成微电池，产生电化学腐蚀，所以应用中要避免与电极电位高的金属接触。

铝的延展性良好，可塑性强（伸展率可达 50%），可以冷加工成板材、管材、线材及厚度很薄的铝箔（6×10^{-3} ~ 25×10^{-3}mm），并具有极高的光、热反射比（87% ~ 97%）。铝的强度和硬度较低（σ_b = 80 ~ 100MPa，HB = 200），为提高铝的使用价值，常加入合金元素。

（2）铝合金的性质

在铝中加入铜（Cu）、镁（Mg）、硅（Si）、锰（Mn）、锌（Zn）等合金元素形成各种类别的铝合金以改变铝的某些性质，如同在碳素钢中添加一定量合金元素形成合金钢而改变碳素钢某些性质一样，在铝中加入适量合金元素则称为铝合金。

与碳素钢相比，铝合金的弹性模量约为钢的 1/3，而比强度为钢的 2 倍以上。铝合金与钢的性能比较，见表 4 - 6。

表 4－6　铝合金与碳素钢性能比较

项目	铝合金	碳素钢
密度 ρ（g/cm³）	2.7～2.9	7.8
弹性模量 E（MPa）	6 300～80 000	210 000～220 000
屈服点 σ_s（MPa）	210～500	210～600
抗拉强度 σ_b（MPa）	380～550	320～800

铝合金既保持了铝质量轻的特性，同时，机械性能明显提高，大大提高了使用价值。并以它特有的力学性能和材料特性广泛地应用于现代金属家具的结构框架、五金配件等，如用铝合金与玻璃等材料结合制成的满足不同功能的各类家具、家用电器、厨房家具等，体现出结构自重小，不变形，耐腐蚀，隔热隔潮等优越的性能特点。

4.3.2　铝合金的分类及牌号

铝合金可以按合金元素分为二元和三元铝合金。如 Al－Mn 合金、Al－Mg 合金、Al－Mg－Si 合金、Al－Cu－Mg 合金、Al－Zn－Mg 合金、Al－Zn－Mg－Cu 合金。掺入的元素不同，铝合金的性能也不同，包括机械性能、加工性能、耐蚀性能和焊接性能。

按加工方法可将铝合金分为铸造铝合金和变形铝合金。变形铝合金又根据热处理对其强度影响的不同，分为热处理非强化型和热处理强化型。

（1）变形铝合金

变形铝合金指采用压力方法加工的铝合金。热处理非强化型是指不能用淬火的方法提高强度，如防锈铝。热处理强化型则是通过热处理的方法提高强度，如硬铝、超硬铝、煅铝。根据性能不同分为五类：.

① 硬铝（杜拉铝）　含有铜、镁、锰等元素的变形铝合金。强度和硬度高，可以热处理（淬火）强化。该合金耐腐蚀性较差，零件必须进行氧化处理。产品以“LY”加序号表示，如 LY_1、LY_2、LY_3、…、LY_{12}等，用于各种受力结构零件。

②超硬铝　含有锌元素的合金，强度和硬度都超过了硬铝。产品以“LC”加顺序号表示，如 LC_3、LC_4、…、LC_9 等。这种合金一般用于航空工业。

③防锈铝　铝镁系或铝锰系组成的变形铝合金，特点是耐腐蚀性好，抛光性能好，能长期保持光亮的表面，强度比纯铝高，常拉制各种型材。产品以“LF”加顺序号表示，如 LF_1、LF_2、…、LF_{21}等。

④锻铝　用来制造各种锻件和冲压零件的变形铝合金，在热状态下具有较高的塑性，可以热处理强化，强度较高。产品以“LD”加顺序号表示，如 LD_1、LD_2、…、LD_{10}等。

⑤特殊铝　是指在特定条件下使用的变形铝合金，由于制品种类和使用条件不同，特殊铝合金的种类很多，这种以“LT”加顺序号表示，如 LT_1、LT_{21}、…、LT_{41}等。

英国设计师托马斯于 2009 年伦敦设计节展出了他们的挤压铝制家具。展出中的 6 件作品（图 4－11）全部用铝坯挤压成型，没有用任何连接件和配件，椅腿、座位和靠背完全融为一体。这些作品用世界上最大的挤压机制成，在成形切割后，又经历 300h 的抛光，最终达到镜面的表面效果。柔软的形态用金属展现，再加上光亮的表面处理，给人强烈的、轻盈飘逸的视觉冲击。

（2）铸造铝合金

用来直接浇铸各种形状零件的铝合金称为铸造铝合金。铸造铝合金中合金元素含量比变形铝合金高。铸造铝合金流动性好，但塑性差，可以通过变质处理（使晶粒细化）和热处理提高机械性能。

铸造铝合金的表示方法以“ZL”加顺序号表示，铸造铝合金可分为：Al—Si 系合金，如 ZL_7；Al—Cu 系合金，如 ZL_1；Al—Zn 系合金，如 ZL_{15}；Al—Mg 系合金等。铸造铝合金主要用于家具承重的支架及铝合金零配件。

图 4－11　托马斯设计的铝制家具——挤压

4.3.3　铝合金的成型及表面处理

（1）铝合金的成型加工

铝合金型材的成型加工方法有挤压和轧制两种。铝合金异型材断面形状复杂、尺寸精密、表面平整光滑，多采用挤压法生产。也可以采用轧制法生产批量较大的小规格棒材和板材。

（2）铝合金的表面处理与装饰加工

铝合金表面的自然氧化膜薄且软，耐蚀性较差。为了提高铝材耐腐蚀性能，可用人工方法提高其氧化膜厚度，还可以进行着色处理。在普通铝材表面还可以进行腐蚀、打孔、压花等装饰。

①阳极氧化处理　阳极氧化处理是在铝合金表面形成较厚氧化膜层，并进行“封孔”处理。这些处理方法提高了它的表面硬度、耐磨性、耐蚀性等，为进一步着色创造了条件。

②表面着色处理　经阳极氧化处理或中和水洗后的铝合金，进行表面着色处理，可以在保证铝合金使用性能完好的基础上增加其装饰性，使其色彩丰富化。如茶褐色、紫红色、金黄色、浅青铜色、银白色等。

着色方法有自然着色、电解着色、化学浸渍着色及树脂粉末静电喷涂着色等方法。

自然着色法：自然着色法是最常用的一种方法，即在特定的电解液和电解条件下进行阳极氧化的同时而产生着色的方法。着色原理是建立在阳极氧化处理之上，当选择某种电解液成分，在某种电解工艺参数确定情况下，可使氧化膜着上某种颜色。

自然着色法可以通过控制合金成分、合金含量和电解条件得到青铜系列（浅青铜色—青铜色—黑色）、灰色系（浅灰、灰褐、褐、灰绿、灰黄、黑灰、蓝黑色）等着色产品。

电解着色法：电解着色法是对常规硫酸浴中生成的氧化膜进一步电解，使电解液中所含金属盐的金属阳离子沉积到氧化膜孔底部，光线在这些金属离子上漫射，使氧化膜呈现颜色。

电解着色法的实质就是电镀。电解着色法通过控制电解液中金属盐的成分和含量可以得到红、青、蓝、绿、金等颜色和酒红、鲜黄绿、粉红、茶褐等一系列中间色。如青铜色（包括黑色）多在镍盐、钴盐、镍钴混合盐和锡盐的电解液中获得，而棕（褐）色则是用铜盐电解液制得。

③铝合金表面装饰加工　挤出成型的铝材表面比较平整，呈银白色，可以通过表面装饰加工方法使其表面消光、亮光或产生各种图案和纹理。

采用喷砂、刷毛、碱蚀处理或氯化物、氟化物处理可以获得无光泽表面；机械抛光、化学抛光和电解抛光可以使铝制品表面平滑光亮，达到镜面反射；经机械轧辊轧压的铝材表面可以得到各种浅花纹；化学加工方法可以在机械难以加工的制品表面制出凹痕较浅的图案花纹；碱性电解工艺可以使铝材表面形成类似木纹的条纹形凹坑，这种工艺与阳极氧化、着色处理工艺配合可以制出木纹着色产品。

4.3.4　铝合金制品及其应用

家具中常用的铝合金制品是铝合金板材、铝合金管材及型材（图 4－12、图 4－13），主要用于制造铝合金家具的结构骨架、需承受压力加工和弯曲加工的零件、铝合金包边条及装饰嵌条。

（1）铝合金装饰板材

普通铝合金板材包括用工业纯铝、防锈铝和超硬铝冷轧或热轧的标准板材。这些板材表面装饰性差，家具较少直接使用。一般都是用它做基材，经各种装饰加工后才使用。常用牌号及化学成分见表 4－7。

图 4－12　铝合金薄片制成的座椅图

图 4－13　着色铝合金型材结构座椅

表4－7 铝板的常用牌号及化学成分 %

牌号	化学成分						
	Cu	Fe	Si	Fe＋Si	其他杂质		Al
					单个	合计	
L1	0.01	0.16	0.16	0.26	0.03	—	99.70
L2	0.01	0.25	0.20	0.36	0.03	—	99.60
L3	0.015	0.30	0.30	0.45	0.03	—	99.50
L4	0.05	0.35	0.40	0.60	0.03	—	99.30
L5	0.05	0.50	0.50	0.90	0.05	0.15	99.00

注：表中“其他杂质”指未规定数值和未列入表中的所有其他元素。

①铝合金花纹板　铝合金板通过特制的花纹轧辊轧制，可以得到花纹深度为0.5mm以上的花纹板。制造铝合金花纹板的铝合金主要有工业纯铝、防锈铝、硬铝等。

铝合金花纹板的花纹图案有：方格、菱形、三条、四条、五条等。

铝合金花纹板花纹美观、板材平整、尺寸准确、安装方便，用于装饰面板及装饰构件等。

②铝合金浅花纹板　铝合金浅花纹板是我国特有的新型装饰材料。它的花纹精巧别致，色泽美观大方。铝合金浅花纹板除了具有铝合金板材的特长外，其刚度提高20%，抗污垢、抗划伤、抗擦伤性能也有所提高，对日光反射率达75%～90%，热反射率达85%～95%，对氨、硫、硫酸、磷酸、亚磷酸、浓硝酸、浓醋酸耐蚀性良好，可用于实验室等场所的各类金属家具。

③铝合金压型板　铝合金压型板是用工业纯铝和防锈铝加工而成的装饰板材，通过表面处理或涂饰可以得到各种颜色的产品，它重量轻、刚度高、美观大方、线条流畅，用于柜台、橱窗、广告装饰等。

（2）铝合金拉（轧）制管材

家具所用铝合金管材主要采用硬铝及防锈铝拉（轧）制而成。主要用于铝合金家具的结构骨架及一些承重的管状零件等。铝合金管材的常用牌号及化学成分见表4－8。

（3）铝合金型材

铝合金具有良好的可塑性和延展性，可以采用挤压加工方式制造出各种断面形状的铝合金型材。

工业用铝及铝合金热挤压型材断面比较简单规范。型材一般采用工业纯铝、防锈铝、硬铝、超硬铝和锻铝制造，主要品种有等边角铝、不等边角铝、直“丁”字铝、槽形铝、等边等壁“Z”字铝、等边等壁“工”字铝等。

铝合金挤压型材共分为十大类，分别在型材代号“XC”后面用数字1、2、3、4、5、6、7、8、9、0表示。所有型材按形状或用途分类，见表4－9。

表4－8 铝合金管材的常用牌号及化学成分 %

牌号		化学成分					
		Cu	Mg	Mn	Fe	Si	Zn
防锈铝	LF2	0.1	2.0～2.8	或Cr 0.15～0.4	0.4	0.4	—
	LF3	0.1	3.2～3.8	0.30～0.6	0.5	0.5～0.8	0.2
	LF5	0.1	4.8～5.5	0.50～0.6	0.5	0.5	0.2
	LF6	0.1	5.8～6.8	0.30～0.8	0.4	0.4	0.2
	LF11	0.1	4.8～5.5	0.30～0.6	0.5	0.5	0.2
硬铝	LY11	3.8～4.8	0.4～0.8	0.40～0.8	0.7	0.7	0.3
	LY12	3.8～4.9	1.2～1.8	0.30～0.9	0.5	0.5	0.3

表 4-9 铝合金挤压型材分类与代号

代号	名称	代号	名称
XC1	角形型材	XC6	航空用型材
XC2	“丁”字型材	XC7	电子工业用型材
XC3	槽形型材	XC8	民用型材
XC4	“Z”字型材	XC9	其他专用型材
XC5	“工”字型材	XC0	空心型材

铝合金型材具有质量轻、耐腐蚀、钢度高等特点。表面经过阳极氧化着色处理后美观大方，色泽雅致，在家具中用途十分广泛，可用做家具结构材料、屏风骨架、各种桌台脚、装饰条、拉手、走线槽及盖、椅管等。

4.4 铜及铜合金

对金属铜的认识可以追溯到青铜时代，铜是人类使用较早，用途较广的一种有色金属。在古代家具及装饰中，铜材是一种重要材料。在现代家具中，铜材是高级连接件、五金配件和装饰件等的主要材料。

4.4.1 铜的特性与应用

铜是一种容易精炼的金属材料。铜在地壳中储藏量不大，约占0.01%，且在自然界中很少以游离状态存在，而多是以化合物状态存在。炼铜的矿石有：黄铜矿（$CuFeS_2$）、辉铜矿（Cu_2S）、斑铜矿（Cu_3FeS_2）、赤铜矿（Cu_2O）和孔雀石[$CuCO_3 \cdot Ca(OH)_2$]等。纯铜表面氧化生成氧化铜薄膜后呈紫红色，所以称为紫铜。铜的密度为8.92g/cm³，熔点1 083℃，具有高导电性、导热性、耐蚀性及良好的延展性、易加工性，可压延成薄片和线材，是良好的导电材料。

我国纯铜产品分为两类：一类属冶炼产品，包括铜锭、铜线锭和电解铜；另一类属加工产品，是指铜锭经过加工变形后获得的各种形状的纯铜材。两类产品的牌号、代号、成分、用途见表4-10。

在家具中，铜材是一种高档装饰材料，用于现代金属家具的结构及框架等。家具中的五金配件（如拉手、销、铰链等）和装饰构件等均广泛采用铜材，美观雅致、光亮耐久，体现出华丽、高雅的格调。

表 4-10 纯铜牌号、成分及用途

牌号	代号		铜量（%），≥	杂质总含量（%），≤	用途举例
	冶炼	加工			
一号铜	Cu-1	T1	99.95	0.05	导电材料
二号铜	Cu-2	T2	99.90	0.10	导电材料
三号铜	Cu-3	T3	99.70	0.30	一般用铜材

4.4.2 铜合金的特性与应用

纯铜由于价格贵，工程中更广泛使用的是铜合金，即在铜中掺入了锌、锡等元素形成铜合金。铜合金既保持了铜的良好塑性和高抗蚀性，又改善了纯铜的强度、硬度等机械性能。

常用的铜合金有黄铜（铜锌合金）、青铜（铜锡合金）等。

（1）黄铜

铜与锌的合金为黄铜。锌是影响黄铜机械性能的主要因素，随着含锌量的不同，色泽和机械性能也随之改变。含锌量约为30%的黄铜塑性最好，含锌量约为40%的黄铜强度最高，一般黄铜含锌量多在30%范围内。

黄铜可进行挤压、冲压、弯曲等冷加工成型，但因此而产生的残余内应力必须进行退火处理，否则在湿空气、氮气、海水作用下，会发生蚀裂现象，称为黄铜的自裂。黄铜不易偏析，韧性较大，但切削加工性差，为了进一步改善黄铜的机械性能、耐蚀性或某些工艺性能，在铜锌合金中再加入其他合金元素，即成为特殊黄铜，常加入的合金有铅、锡、铝、锰、硅、镍等，并分别称为铅黄铜、锡黄铜、镍黄铜等。黄铜主要用于制造铜家具的骨架、五金件及装饰件等，可铸造外形较为复杂的黄铜饰件、零件等，如图 4－14 所示。

图 4－14　铜饰铁艺床

加入铅可改善黄铜的切削加工性，常用的铅黄铜是 HPL59－l。

加入锡、铅、锰、硅均可提高黄铜的强度、硬度和耐蚀性。其中，锡黄铜还具有较高的抗海水腐蚀性，故称为海军黄铜。

加入镍可改善其力学性质、耐热性和耐腐性，多用于制作弹簧，或用作首饰、餐具，也用于家具、建筑、机械等。

常用黄铜的牌号、化学成分、机械性能及用途见表 4－11。

（2）青铜

以铜和锡作为主要成分的合金称为锡青铜。锡青铜具有良好的强度、硬度、耐蚀性和铸造性。锡对锡青铜的机械性能有显著影响，若含锡量超过 10%，塑性急剧下降，材料变脆。

常用锡青铜牌号、主要化学成分、机械性能及用途见表 4－12。

由于锡的价格较高，现在已出现了多种无锡青铜，如硅青铜、铝青铜等，可作为锡青铜的代用品。无锡青铜具有高的强度、优良的耐磨性及良好的耐腐性，适用于生产家具的各种零部件及装饰装修。

表 4－11　黄铜牌号、化学成分、机械性能、用途

类别	代号	化学成分（%）		机械性能			用途
		Cu	其他合金	σ_b（MPa）	δ（%）	HB	
普通黄铜	H90	88.9～91.0	余量 Zn	260/480	45/4	53/180	艺术品、供排水管
	H68	67.0～70.0	余量 Zn	320/680	55/8	—/150	复杂的冷冲压件
	H62	60.5～63.5	余量 Zn	330/600	49/13	56/164	铆钉、螺钉等
特殊黄铜	Hsi80－3	79.0～81.0	2.5～4.5 余量 Zn	300/350	15/20	90/100	船舶零件
	HPb59－1	57.0～60.0	0.8～1.9 余量 Zn	400/650	45/16	44/80	热冲压及切削加工零件
	Hal59－3－2	57. 0～60.0	2.5～3.5 2.0～3.0 余量 Zn	380/650	50/15	75/155	耐蚀零件
	ZHMn55－3－1	53. 0～58.0	3.0～4.0 0.5～1.5 余量 Zn	450/500	15/10	100/110	轮廓不复杂的零件
	ZHA166－6－3－2	64.0～68. 0	5～7Al 2～4Fe 1.5～2.5 余量 Zn	600/650	7/1	160/160	重型蜗杆、轴承

表 4 - 12　锡青铜牌号、化学成分、机械性能、用途

类别	代号	化学成分(%)		机械性能			用途
		Cu	其他合金	σ_b(MPa)	δ(%)	HB	
压力加工锡青铜	QSn6.5 - 0.1	6~7	P0.1~0.25	软 290 硬 490 特硬 590	38 5 1		强度高，弹性耐磨性好，用于圆簧、片簧
铸造锡青铜	ZSnl0(新) [ZQSnl0(旧)]	9~11	P0.6~1.2	216 245	3 5	80 90	铸造性、耐磨性、耐蚀性好，用于阀门
	ZSn6(新) [ZQSn6 - 6 - 3(旧)]	5~7	Zn5~7 Pb2~4	176 196	8 10	60 65	用于制造齿轮及轴承

单元实训　家具常用金属材料认识实习

1. 实训目标

了解不同金属材料的特性，熟悉各种金属在家具中的应用，掌握不同金属材料对家具造型效果的影响。

2. 实训场所与形式

实训场所为家具卖场、家具厂或实验室。以 3~4 人为实训小组，到实训现场进行观摩调查，撰写实习报告。

3. 实训材料与设备

各种类型的金属家具。

4. 实训内容与方法

现场对金属家具实体的材料、结构进行分析，交流讨论，并对生产工艺进行调查了解，掌握金属家具用材和材料合理使用；并对同一件制品采用不同金属材料进行对比分析。

5. 实训要求与报告

(1) 实训前，学生应认真阅读实训指导书，明确实训内容、方法及要求。

(2) 在整个实训过程中，每位学生均应做好实训记录。

(3) 实训完毕，及时整理好实训报告，做到准确完整、规范清楚。

6. 实训考核标准

(1) 在熟悉金属材料的性能、特点及规格前提下，能基本准确评析金属家具实体不同部件的材料种类、材料性能、基本用途等。

(2) 在金属家具中不同材料运用的合理性及其对制品造型的影响分析。

(3) 能达到上述两点标准，实训报告完整的学生，可酌情将成绩评定为合格、良好或优秀。

思考与练习

1. 填空题

(1) 铁金属根据含碳量标准，可分为________、________和________三种基本形态。

(2) 在家具制作中所使用的普通钢材主要有________、________、________和______等。

2. 问答题

（1）简述金属材料在家具制造中的材料特点。

（2）简述钢的化学成分、分类及其特性。

（3）装饰钢板主要有哪些？ 各有何特性？

（4）简述铝合金的特性及在家具中的运用。

（5）简述铜的特性及在家具中的运用。

推荐阅读书目

1. 郑宏奎．室内及家具材料学[M]．北京：中国林业出版社，1997．

2. 梁启龙．家具设计[M]．北京：中国轻工业出版社，2005．

3. 何平．装饰材料[M]．南京：东南大学出版社，2002．

4. 孙浩，叶锦峰．装饰材料在设计中的应用[M]．北京：北京理工大学出版社，2009．

单元 5
玻璃

知识目标

1. 了解各种类型玻璃的组成、性质及特点。
2. 掌握各种类型玻璃的品种、规格及用途。

技能目标

1. 深入了解各种玻璃的性能及用途。
2. 掌握各类装饰玻璃的特点以及在家具中的应用。

5.1 玻璃的基本知识

据考古研究以及史料记载，玻璃是一种很古老的材料，距今已有 5000 年的历史。在古代，玻璃主要被制成玻璃器皿及装饰品。由于生产技术的限制，成本的昂贵，数量的稀少，晶莹剔透的玻璃制品只能是少数达官贵人使用的奢侈品，价值等同黄金。经过几千年的漫长发展，玻璃的生产技术也相当成熟。当我们步入低碳环保的 21 世纪，玻璃作为无毒无害、耐腐性强、可回收利用的环保材料，在我们今天的生活当中，玻璃制品几乎随处可见。

现在，随着科技的进步，科研工作者不断研制推出各种新型玻璃，如：微晶玻璃、热弯玻璃、镭射玻璃等艺术玻璃，其中，热弯玻璃不只是家具的装饰材料和辅助材料，已经被家具设计师作为家具主体材料，设计出备受消费者青睐的透明的玻璃家具，其晶莹剔透的特性与室内照射进的阳光或人造灯光呼应下，更体现了木材、金属等材料所不具备的通透的美感，呈现出艺术性和实用性的完美结合，如图 5－1 和图 5－2 所示。

玻璃的种类、用途、生产工艺等方面的知识

图 5－1　玻璃家具(日本设计师 Tokujin Yoshioka 作品，2013 年)

图 5－2　咖啡桌(瑞典设计师 Dan Sunaga 和 Staffan Holm 共同设计，2009 年)

极其广泛，并非在一个单元所能详述，本单元着重介绍玻璃作为家具材料，应该了解和掌握的相关知识。

5.1.1 玻璃的组成及分类

（1）玻璃的组成

玻璃的化学成分相对复杂，包括主要原料和辅助原料。主要原料构成玻璃的主体，确定了玻璃的主要物理化学性质，辅助原料主要是促进工艺顺利完成或制成具有各种特殊性能的特种玻璃。若要制造彩色玻璃可在配料中掺入各种色彩的颜料。

①玻璃的主要原料

硅砂或硼砂：玻璃中主要应用硅砂或硼砂所含的 SiO_2 或 B_2O_3，这些氧化物在高温的作用下熔融成玻璃的主体，决定玻璃的主要性质，所以玻璃也称为硅酸盐玻璃或硼酸盐玻璃。

苏打或芒硝：玻璃中主要应用苏打或芒硝所含的 Na_2O，此氧化物在高温的作用下与硅砂或硼砂中的酸性氧化物形成易熔的复盐，起助熔作用，使玻璃易于成型。但含量太多，将使玻璃的热膨胀率增大，抗拉强度下降。

石灰石：玻璃中主要应用石灰石所含的 CaO，此氧化物能增强玻璃的化学稳定性和机械强度。

白云石：玻璃中主要应用白云石所含的 MgO，此氧化物能提高玻璃的透明度，减少热膨胀及提高耐水性。

长石：玻璃中主要应用白云石所含的 Al_2O_3，此氧化物能控制熔化温度，提高耐久性。

碎玻璃：一般来说制作玻璃时不是全部用新材料，而是要掺入 15%～30%的碎玻璃。

②玻璃的辅助原料　玻璃的辅助原料有助熔剂、脱色剂、澄清剂、着色剂、乳浊剂等，各种辅助原料的主要成分和作用，见表 5－1。

表 5－1　玻璃辅助原料及其作用

名称	常用化合物	作用
助熔剂	萤石、硼砂、硝酸钠、纯碱等	缩短玻璃熔制时间，增加玻璃透明度
脱色剂	硒、硒酸钠、氧化钴、氧化镍等	在玻璃呈现为原来颜色的补色，达到使玻璃无色的作用
澄清剂	白砒、硫酸钠、铵盐、硝酸盐、二氧化锰等	降低玻璃液黏度，有利于消除液中气泡
着色剂	氧化铁、氧化钴、氧化锰、氧化镍、氧化铜、氧化铬等	赋予玻璃一定颜色，如氧化铁能使玻璃呈现黄或绿色，氧化钴呈现蓝色等
乳浊剂	冰晶石、氟硅酸钠、硅酸三钙、氧化锡等	使玻璃呈现乳白色的半透明体

注：表格来源《室内装饰材料和装修施工》。

（2）玻璃的分类

玻璃的品种繁多，广泛用于建筑、室内外装饰、家具、日用器皿、医疗等方面。目前，在家具生产中常用玻璃材料分类主要有：

①按其化学组成分类　钠玻璃、钾玻璃、铝镁玻璃、铅玻璃、石英玻璃、硼硅玻璃，见表 5－2。

表 5－2　按化学组成分类

名称	用途
钠玻璃	用于制造普通玻璃和日用玻璃制品
钾玻璃	用于制造化学仪器、用品和高级玻璃制品
铝镁玻璃	用于制造高级建筑玻璃
铅玻璃	用于制造光学仪器、高级器皿和装饰品等
石英玻璃	用于制造高温仪器灯具、杀菌灯等特殊制品
硼硅玻璃	用于制造高级化学仪器和绝缘材料

②按制品结构与形状分类　平板玻璃，主要包括深加工玻璃制品、建筑构件与制品，如钢化玻璃、夹层玻璃、夹丝玻璃等。

玻璃制成品，主要包括瓶罐玻璃、器皿玻璃、仪器玻璃、光学玻璃、玻璃纤维与玻璃棉、玻璃复合材料等。

③按使用功能分类　普通玻璃、吸热玻璃、防火玻璃、装饰玻璃、安全玻璃、镜面玻璃、热反射玻璃以及低辐射玻璃等，见表 5－3。

表 5-3　按使用功能分类

分类	名称	特点
普通玻璃	普通平板玻璃	用引上、平拉等工艺生产，玻璃缺点多，厚度、宽度受限制
	浮法玻璃	平整光滑，厚度均匀，规格大
装饰玻璃	彩色玻璃	对光线产生不同的颜色效果
	磨（喷）砂玻璃	在玻璃一面加工成毛面，可做各种图案，使光线产生漫反射
	压花玻璃	生产过程中热压成型，使光线产生漫反射
	雕花玻璃	经雕刻、酸蚀等工艺加工各种图案
	彩釉玻璃	在玻璃一面涂上易熔彩色釉料，经加热加工而成
	冰花玻璃	具有冰花纹理，使光线产生漫反射
	聚晶玻璃	在玻璃一面涂敷一层聚晶油漆，经热加工而成
	热熔玻璃	将平板玻璃两次等温熔化，多层黏结而成
安全玻璃	钢化玻璃	赋予玻璃一定颜色，如氧化铁使玻璃呈现黄或绿色，氧化钴呈现蓝色等
	夹丝玻璃	在玻璃熔融状态下压入钢丝或钢丝网，又称防火玻璃
	夹层玻璃	用两片或以上的玻璃原片，中间夹以胶片
特种玻璃	吸热玻璃	使玻璃呈现乳白色的半透明体
	中空玻璃	用两片或以上的玻璃原片以边框隔开，中间充以空气
	热反射玻璃	又称镀膜玻璃，在平板玻璃的一面镀上金属膜或金属氧化物
	光致变色玻璃	在光线照射下变色
	电致变色玻璃	在一定电压作用下变色
	铅玻璃	高铅含量的光学玻璃，具有很强的防辐射能力

注：表格来源《室内装饰材料和装修施工》。

5.1.2　玻璃的基本性质

玻璃晶莹透明、无毒无害、无异味、无污染、有透光性，能有效地吸收和阻挡大部分紫外线，是我们日常生活所推崇的一种绿色环保材料。

（1）密度

普通玻璃的密度为 2.45～2.55g/cm^3，某些防辐射的玻璃密度可高达 8g/cm^3，其密实度为 1，孔隙率为 0，通常被认为是一种绝对密实的材料。

（2）玻璃的力学性质

玻璃的主要力学性能指标有：抗拉强度、脆性指标。玻璃的抗拉强度很小，一般为抗压强度的几十分之一，仅为 40～60MPa。脆性是玻璃的主要缺点，玻璃在冲击力作用下易破碎，它的脆性指标为 1 300～1 500，而钢的脆性指标为 400～600，橡胶的脆性指标为 0.4～0.6。玻璃的抗压强度较高，一般为 500～2 000MPa。玻璃的硬度高，比一般金属硬，普通刀具无法切割。玻璃本身的缺陷对抗拉强度影响非常明显，对抗压强度的影响小，工艺上造成的外来杂质，如波筋对玻璃强度有明显影响。

（3）玻璃的光学性质

光学性质是玻璃最重要的物理性质。

玻璃具有优良的光学性质，光线照射到玻璃表面可以产生透射、反射和吸收三种情况。光线透过玻璃的性质称透射；光线被玻璃阻挡，按一定角度反出来称为反射；光线通过玻璃后，一部分光能量被损失，称为吸收。玻璃中光的透射随玻璃厚度增加而减少；玻璃中光的反射对光的波长没有选择性；玻璃中光的吸收对光的波长具有选择性。

不同材质、工艺和用途的玻璃对光线的透射率、反射率和吸收率是不同的，普通平板，主要用于门窗采光玻璃、家具陈列展示柜等，可透过可见光的 80%～90%，紫外线不能透过，但红外线易透过。镜面玻璃，主要用于梳妆镜、穿衣镜、卫浴镜等，对光线的反射率可达 90% 以上。镭射玻璃，主要用于酒吧墙面、柱体等，对光线的反射率在 10%～90% 之间。

（4）玻璃的热工性质

玻璃的导热性能差，当玻璃局部受热时，这些热量不能及时传递到整块玻璃上，玻璃受热部位产生膨胀，使玻璃产生内应力而造成玻璃的破裂。同样，温度较高的玻璃局部受冷时也会因出现内应力而破裂。

玻璃对急热的稳定性比对急冷的稳定性要强。

（5）玻璃的化学性质

玻璃具有较高的化学稳定性，通常情况下对水、酸、碱及化学试剂或气体具有较强的抵抗能力（几种特定的物质如氢氟酸、氢氧化钾等除外）。常用于制造食品包装、药品包装、化学试剂包装等。

但是玻璃长期在湿空气中放置，会出现发霉现象，玻璃中的碱性化合物与湿空气中的 CO_2 发生反应生成碳酸盐，造成玻璃表面光泽消失，形成无色的、无法去除的污迹，强度也降低。玻璃的化学稳定性取决于侵蚀介质的种类，同时，侵蚀的温度和压力等也有一定的影响。

（6）玻璃常见的缺陷

在生产玻璃过程中，可能会产生各种夹杂物而引起各种缺陷，严重影响玻璃的质量与装饰效果。同时，对玻璃的进一步深加工造成障碍，导致大量废品。

玻璃的主要缺陷状态有以下几种：

①点状缺陷　气泡，在玻璃生产过程中，可能有大小不等的气泡在玻璃体中。不仅影响玻璃的外观质量，而且影响玻璃的光投射比、透明性及力学性能。表面颗粒，在玻璃表面有凸出的夹杂物，呈颗粒状（疙瘩）缺陷，其组成成分和物理性质与周围玻璃不同。颗粒对玻璃的外观、力学强度和热稳定性有较大的削弱作用，但其危害程度低于结石。

②光学变形　在一定角度透过玻璃观察物体时出现变形的缺陷，其变形程度用入射角来表示。

③断面缺陷　玻璃板断面凸出或凹进的部分。包括爆边、边部凸凹、缺角、斜边等缺陷。

④表面波纹　在透明平板玻璃表面呈现出条纹或波纹。波纹是较普通的玻璃缺陷，会影响玻璃对光的反射、折射及透明度。

所以无论是普通平板玻璃还是玻璃深加工产品，在选购时应该能辨识玻璃常见的缺陷，注意玻璃厚度是否均匀、尺寸是否存在偏差、是否有气泡、杂质、周边是否具有爆边、损伤，以此来判断玻璃的品质、等级。

5.2　平板玻璃

平板玻璃是板状无机玻璃制品的统称，具有透光、透视、隔音、隔热、耐磨、耐气候变化等功能，广泛用于建筑物、车辆、船舶、飞机、家具等的采光、隔热、隔音和装饰，是十分重要的建筑和装饰材料。

5.2.1　平板玻璃的特点

平板玻璃根据制造工艺分为普通平板玻璃和浮法玻璃两种。浮法玻璃的应用基本和普通平板玻璃一样，浮法玻璃是目前世界上最先进的玻璃成型生产方法。目前，浮法玻璃的产量已经占平板玻璃总产量的90%以上。

（1）普通平板玻璃的特点

普通平板玻璃也称单光玻璃、净片玻璃，简称为玻璃，装修中使用最多、最常见的一种，是未经加工的平板玻璃。它可以透光透视，对可见光透射比较大，紫外线透射比较小，遮蔽系数较大，并具有一定的力学强度，但性脆，抗冲击性差，导热系数较低，价格较低，且可切割。主要用于普通建筑工程的门窗，起遮风避雨，隔热隔音等作用，也是普通家具常用的玻璃材料。

普通平板玻璃属于钠玻璃类，其外观质量相对较差，平整度与厚薄差均较差，表面光洁度不够，波纹可使物像产生畸变，一般不能用来深加工处理。

表 5-4　平板玻璃的特点和应用

玻璃名称	主要特点	应用举例
普通平板玻璃	有较好的透明度，表面平整	用于建筑物采光、商店柜台、橱窗、交通工具、农业温室、仪表、暖房以及加工其他产品等
浮法玻璃	玻璃表面特别平整光滑、厚度非常均匀、光学畸变较小	用于高级建筑门窗、橱窗、指挥塔窗、夹层玻璃原片、中空玻璃原片、汽车、火车、船舶的窗玻璃等

注：表格来源《家具与室内装饰材料手册》。

（2）浮法玻璃的特点

浮法玻璃也是平板玻璃的一种，和普通平板玻璃相比只是生产工艺、品质上有进一步提高。浮法玻璃表面更平滑、无波纹、透视性佳，厚度均匀，极小光学畸变，各种性能均优于普通平板玻璃。

在深加工玻璃中，除磨砂品种和少量的钢化玻璃可使用普通平板玻璃外，其他深加工品种均宜采用浮法玻璃作为原片。平板玻璃的特点和应用见表 5-4。

5.2.2　平板玻璃的品种及规格

（1）平板玻璃的品种

根据国家标准《平板玻璃》(GB 11614—2009)的规定，平板玻璃有以下分类方式：

①按颜色属性分类　无色透明平板玻璃与本体着色平板玻璃。

②按外观质量分类　优等品、一等品与合格品。其外观质量要求分别见表 5-5 至表 5-7。

表 5-5　平板玻璃优等品外观质量要求

<table>
<tr><th>缺陷名称</th><th colspan="3">优等品质量要求</th></tr>
<tr><td rowspan="4">点状缺陷</td><td colspan="2">尺寸 L(mm)</td><td>允许个数限度</td></tr>
<tr><td colspan="2">$0.3 \le L \le 0.5$</td><td>$1\times S$</td></tr>
<tr><td colspan="2">$0.5 < L \le 1.0$</td><td>$0.2\times S$</td></tr>
<tr><td colspan="2">$L > 1.0$</td><td>0</td></tr>
<tr><td>点状缺陷密集度</td><td colspan="3">尺寸≥0.3mm 的点状缺陷最小间距不小于 300mm，直径 100mm 圆内尺寸≥0.1mm 的点状缺陷不超过 3 个</td></tr>
<tr><td>线道</td><td colspan="3">不允许</td></tr>
<tr><td>裂纹</td><td colspan="3">不允许</td></tr>
<tr><td rowspan="2">划伤</td><td colspan="2">允许范围</td><td>允许条数限度</td></tr>
<tr><td colspan="2">宽≤0.1mm，长≤30mm</td><td>$2\times S$</td></tr>
<tr><td rowspan="5">光学变形</td><td>公称厚度</td><td>无色透明平板玻璃</td><td>本体着色平板玻璃</td></tr>
<tr><td>2mm</td><td>≥50°</td><td>≥50°</td></tr>
<tr><td>3mm</td><td>≥55°</td><td>≥50°</td></tr>
<tr><td>4～12mm</td><td>≥60°</td><td>≥55°</td></tr>
<tr><td>≥15mm</td><td>≥55°</td><td>≥50°</td></tr>
<tr><td>断面缺陷</td><td colspan="3">公称厚度不超过 8mm 时，不超过玻璃板的厚度；8mm 以上时，不超过 8mm</td></tr>
</table>

注：1. S 是以平方米为单位的平板玻璃板面积的数值，按 GB/T 8170 修约，保留小数点后两位。点状缺陷的允许个数限度及划伤允许条数限度为各系数与 S 相乘所得的数值，按 GB/T 8170 修约至整数。

2. 点状缺陷中不允许有光畸变点。

3. 表格来源国家标准《平板玻璃》(GB 11614—2009)。

表 5-6　平板玻璃一等品外观质量要求

缺陷名称	一等品质量要求		
点状缺陷[a]	尺寸 L(mm)	点状缺陷	
	$0.3 \leq L \leq 0.5$	$2 \times S$	
	$0.5 < L \leq 1.0$	$0.5 \times S$	
	$1.0 < L \leq 1.5$	$0.2 \times S$	
	$L > 1.5$	0	
点状缺陷密集度	尺寸≥0.3mm 的点状缺陷最小间距不小于 300mm，直径 100mm 圆内尺寸≥0.2mm 的点状缺陷不超过 3 个		
线道	不允许		
裂纹	不允许		
划伤	允许范围	划伤	
	宽≤0.2mm，长≤40mm	$2 \times S$	
光学变形	公称厚度	无色透明平板玻璃	公称厚度
	2mm	≥50°	2mm
	3mm	≥55°	3mm
	4～12mm	≥60°	4～12mm
	≥15mm	≥55°	≥15mm
断面缺陷	公称厚度不超过 8mm 时，不超过玻璃板的厚度；8mm 以上时，不超过 8mm		

注：1. S 是以平方米为单位的平板玻璃板面积的数值，按 GB/T 8170 修约，保留小数点后两位。点状缺陷的允许个数限度及划伤允许条数限度为各系数与 S 相乘所得的数值，按 GB/T 8170 修约至整数。

2. 点状缺陷中不允许有光畸变点。

3. 表格来源国家标准《平板玻璃》(GB 11614—2009)。

表 5-7　平板玻璃合格品外观质量要求

缺陷名称	合格品质量要求		
点状缺陷[a]	尺寸 L(mm)	允许个数限度	
	$0.5 \leq L \leq 1.0$	$2 \times S$	
	$1.0 < L \leq 2.0$	$1 \times S$	
	$2.0 < L \leq 3.0$	$0.5 \times S$	
	$L > 3.0$	0	
点状缺陷密集度	尺寸≥0.5mm 的点状缺陷最小间距不小于 300mm，直径 100mm 圆内尺寸≥0.3mm 的点状缺陷不超过 3 个		
线道	不允许		
裂纹	不允许		
划伤	允许范围	允许条数限度	
	宽≤0.5mm，长≤60mm	$3 \times S$	
光学变形	公称厚度	无色透明平板玻璃	本体着色平板玻璃
	2mm	≥40°	≥40°
	3mm	≥45°	≥40°
	≥4mm	≥50°	≥45°

（续）

缺陷名称	合格品质量要求
断面缺陷	公称厚度不超过 8mm 时，不超过玻璃板的厚度；8mm 以上时，不超过 8mm

注：1. S 是以平方米为单位的平板玻璃板面积的数值，按 GB/T 8170 修约，保留小数点后两位。点状缺陷的允许个数限度及划伤允许条数限度为各系数与 S 相乘所得的数值，按 GB/T 8170 修约至整数。

2. 点状缺陷中光畸变点视为 0.5～1.0mm 的点状缺陷。

3. 表格来源国家标准《平板玻璃》(GB 11614—2009)。

(2) 平板玻璃的规格

按照国家标准《平板玻璃》(GB11614—2009)，平板玻璃常见的公称厚度为 2mm、3mm、4mm、5mm、6mm、8mm、10mm、12mm、15mm、19mm、22mm、25mm。电视机柜、餐桌、茶几的台面，可采用 8～10mm 厚的玻璃板，以增加使用安全感。

切裁时，不同厚度的平板玻璃按照国家标准规定的长度和宽度尺寸偏差、厚度偏差、厚薄差外观质量和弯曲度的强制要求执行。

①尺寸偏差　平板玻璃长度和宽度的尺寸偏差应不超过表 5－8 的规定。

②对角线差　平板玻璃的对角线差应该不大于其平均长度的 0.2%。

③厚度偏差和厚薄差　平板玻璃的厚度偏差和厚薄差应不超过表 5－9 的规定。

④弯曲度　平板玻璃的弯曲度应不超过 0.2%。

表 5－8　平板玻璃尺寸偏差　mm

公称厚度	尺寸偏差	
	尺寸≤3 000	尺寸＞3 000
2～6	±2	±3
8～10	+2，－3	+3，－4
12～15	±3	±4
19～25	±5	±5

注：表格来源国家标准《平板玻璃》(GB 11614—2009)。

表 5－9　平板玻璃厚度偏差和厚薄差　mm

公称厚度	厚度偏差	厚薄差
2～6	±0.2	0.2
8～12	±0.3	0.3
15	±0.5	0.5
19	±0.7	0.7
22～25	±1.0	1.0

注：表格来源国家标准《平板玻璃》(GB 11614—2009)。

5.3 钢化玻璃

钢化玻璃又名强化玻璃，是将玻璃加热到接近玻璃软化点的温度（600～650℃）时，迅速冷却或用化学方法钢化处理所得的玻璃深加工制品。

目前，常见的钢化玻璃的分类，见表 5－10。

平面钢化玻璃广泛用于家具餐桌、柜体、茶几、屏风、商店橱窗及高层建筑的门、窗、幕墙等；曲面钢化玻璃可用于各种车辆、飞机、高层建筑的圆弧安全玻璃、幕墙玻璃、玻璃洁具、玻璃灯罩等，如图 5－3 所示。

表 5－10　钢化玻璃的分类

分类方式	名称	主要特点
按制造工艺分类	垂直法钢化玻璃	在钢化过程中采取夹钳吊挂的方式生产出来的钢化玻璃
	水平法钢化玻璃	在钢化过程中采取水平辊支撑的方式生产
按形状分类	平面钢化玻璃	将平板玻璃在高温下加热钢化
	曲面钢化玻璃	将平板玻璃在高温下加热接近软化点立刻弯曲

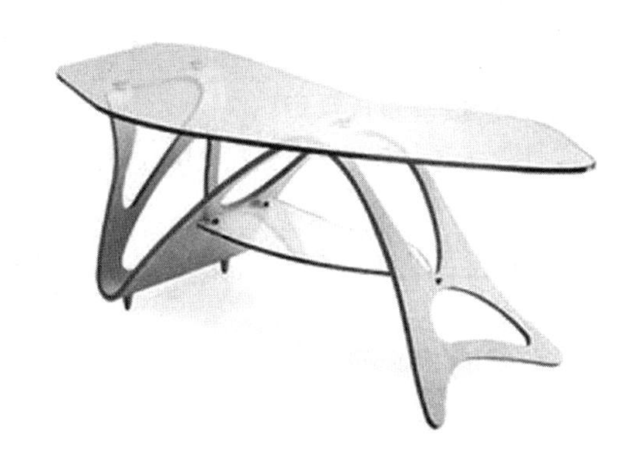

图 5－3　茶几（意大利设计师卡罗·莫里诺作品，1949 年）

5.3.1　钢化玻璃的制作方法

用于生产钢化玻璃的玻璃原片，其质量应符合相应产品质量标准的要求。对于钢化玻璃有特殊要求的，用于生产钢化玻璃的玻璃原片，其质量由供需双方确定。

（1）平板钢化玻璃生产工艺

平板钢化玻璃根据其生产工艺不同分为两种，即垂直法生产工艺和水平法生产工艺。

①垂直法生产工艺　此工艺所采用的是垂直钢化炉，将玻璃垂直吊挂在炉顶上方传动夹具上，进行加热和吹风钢化。此种垂直钢化炉的优点：玻璃加热时能停止输送，且能钢化超小型玻璃和两面涂层玻璃，尤其可钢化特异型弯曲玻璃。缺点：垂直钢化炉不能连续生产，不易实现自动控制，产量较低，平整度不易保证。

②水平法生产工艺　此工艺所采用的是水平钢化炉，是目前世界上使用最普遍的一种玻璃钢化装备，它是通过水平辊道传送玻璃加热吹风钢化。水平钢化炉具有生产率高，产品种类多、加工范围广等优点。它能钢化 3～25mm 厚度范围内的各种压花、釉面、镀膜等玻璃，且具有钢化质量好，操作方便，装卸容易等优点。

水平法钢化玻璃生产工艺流程：

原片玻璃→检验→前处理→洗涤干燥→检验→打印商标→入钢化炉加热→淬冷→冷却→成品检验→包装入库。

（2）曲面钢化玻璃的生产工艺

曲面钢化玻璃的生产工艺和平板钢化玻璃的生产工艺相比，预处理工艺相同，只是增加了一道玻璃弯曲的工序，但其生产工艺过程的控制、冷却风栅的形状和结构却要比平板钢化玻璃复杂得多。其生产工艺如下：

原片玻璃→检验→切裁→掰边→磨边→洗涤干燥→检验→打印商标→加热→模压成形→淬冷→成品检验→包装入库。

5.3.2　钢化玻璃的特点及规格

（1）钢化玻璃的特点

其特点具有良好的机械强度和耐热冲击性能，其强度较普通玻璃提高数倍，并具有特殊的碎片状态。

①不可加工性　钢化玻璃必须在处理前进行机械加工，达到设计要求的形状和尺寸。钢化处理后，不能进行任何切割、磨削、钻孔等加工。钢化处理后表面应力处于平衡状态，机械加工会使钢化玻璃的应力平衡状态遭到破坏，从而会使钢化玻璃完全破坏。

②安全性　钢化玻璃被破坏时，仅碎裂成无锐棱的小碎片，避免了对人体的伤害，所以钢化玻璃作为茶几、餐桌等家具的台面，安全性优于普通平板玻璃，被称为安全玻璃。

③热稳定性　可承受住 204.44℃ 的温差，其最大安全工作温度可达到 287.78℃ 。

④力学性能　强度是普通玻璃的 2～3 倍，抗冲击性为普通玻璃的 4～5 倍，抗弯强度是普通玻璃的 3～5 倍，钢化玻璃的表面应力不小于 90MPa。

（2）钢化玻璃的规格

钢化玻璃作为家具材料，广泛用于餐桌、柜体、茶几、屏风等的桌面、台面、隔断等，所以当钢化玻璃被用于家具生产时，其质量要符合国家标准《家具用钢化玻璃板》(GB/T 26695—2011)的规定，对有特殊要求的，其产品质量由供需双方确定。钢化玻璃常见的公称厚度：3mm、4mm、5mm、6mm、8mm、10mm、12mm、15mm、19mm，大于 19mm 由供需双方商定。

①尺寸偏差　长方形钢化玻璃板边长允许偏差应符合表 5 - 11 的规定，其他形状的钢化玻璃板的尺寸偏差由供需双方商定。

②对角线差　长方形钢化玻璃板对角线差允许偏差应符合表 5 - 12 的规定。

③厚度偏差和厚薄差　钢化玻璃厚度及允许偏差应符合表 5 - 13 的规定。

④外观质量　钢化玻璃外观质量应符合表 5 - 14 的规定。

⑤弯曲度　弓形时弯曲度不超过 0.1%，波形时弯曲度应不超过 0.2%。

表 5 - 11　长方形钢化玻璃板边长允许偏差　mm

<table>
<tr><th rowspan="2">公称厚度</th><th colspan="3">边长（L）允许偏差</th></tr>
<tr><th>$L\leq 1\ 000$</th><th>$1\ 000<L\leq 2\ 000$</th><th>$2\ 000<L\leq 3\ 000$</th></tr>
<tr><td>3、4、5、6</td><td>+1，-2</td><td rowspan="2">±3</td><td rowspan="3">±4</td></tr>
<tr><td>8、10、12</td><td>+2，-3</td></tr>
<tr><td>15</td><td>±4</td><td>±4</td></tr>
<tr><td>19</td><td>±5</td><td>±5</td><td>±6</td></tr>
<tr><td>>19</td><td colspan="3">由供需双方商定</td></tr>
</table>

注：表格来源国家标准《家具用钢化玻璃板》（GB/T 26695—2011）。

表 5 - 12　长方形钢化玻璃板对角线偏差允许值　mm

<table>
<tr><th rowspan="2">公称厚度</th><th colspan="2">对角线差允许值</th></tr>
<tr><th>边长≤2 000</th><th>2 000<边长≤3 000</th></tr>
<tr><td>3、4、5、6</td><td>3</td><td>4</td></tr>
<tr><td>8、10、12</td><td>4</td><td>5</td></tr>
<tr><td>15、19</td><td>5</td><td>6</td></tr>
<tr><td>>19</td><td colspan="2">由供需双方商定</td></tr>
</table>

注：表格来源国家标准《家具用钢化玻璃板》（GB/T 26695—2011）。

表 5 - 13　钢化玻璃板对角线偏差允许值　mm

公称厚度	边长（L）允许偏差
3、4、5、6	±0.2
8、10、12	±0.3
15	±0.5
19	±0.7
>19	由供需双方商定

注：1. 对于本表中未作出规定的公称厚度的玻璃，其厚度及允许偏差可采用本表中与其相邻的较薄厚度的玻璃的规定，或由供需双方商定。

2. 表格来源国家标准《家具用钢化玻璃板》（GB/T 26695—2011）。

表 5－14　钢化玻璃外观质量

缺陷名称	说明	允许程度
点状缺陷	尺寸(L)/mm	允许个数限度
	$0.3 \leq L \leq 0.5$	面板：$2 \times S^a$，个　其他：$3 \times S^a$，个
	$0.5 < L \leq 1.0$	面板：$1 \times S^a$，个　其他：$2 \times S^a$，个
	$1.0 < L \leq 1.5$	面板：不允许　其他：$0.5 \times S^a$，个
	$L > 1.5$	不允许
点状缺陷密集度	尺寸≥0.5mm 的点状缺陷最小间距不小于 300mm，直径 100mm 圆内尺寸≥0.3mm 的点状缺陷不超过 3 个	
划伤	允许范围	允许条数限度
	宽≤0.1mm，长<50mm	面板：$1 \times S^a$，条　其他：$4 \times S^a$，条
	宽度在 0.1～0.5mm，长<50mm	面板：不允许　其他：$3 \times S^a$，条
裂纹	不允许	
线道	不允许	
断面缺陷	不允许	
夹钳印	不允许	

注：1. S^a是以平方米为单位的平板玻璃板面积的数值，按 GB/T 8170 修约，保留小数点后两位。点状缺陷的允许个数限度及划伤允许条数限度为各系数与 S 相乘所得的数值，按 GB/T 8170 修约至整数。

2. 表格来源国家标准《家具用钢化玻璃板》(GB/T 26695—2011)。

5.4　夹层玻璃

由一层玻璃与一层或多层玻璃、塑料材料夹中间层而成的玻璃制品。中间层是介于玻璃之间或玻璃和塑料材料之间起黏结和隔离作用的材料，使夹层玻璃具有抗冲击、阳光控制、隔音等性能，如图 5－4 所示。

夹层玻璃所采用的材料均应满足相应的国家标准、行业标准、相关技术条件或订货文件要求。其所用的材料有玻璃、塑料以及中间层，在选用时通常使用下列材料。

①玻璃　可选用：浮法玻璃、钢化玻璃、普通平板玻璃、压花玻璃等各种类型。 也可以是：无色的、镀膜的；透明的、半透明的或不透明的；退火的、钢化的或热增强的；表面处理的，如喷砂或酸腐蚀等。

②塑料　可选用：聚碳酸酯、聚氨酯和聚丙烯酸酯等。可以是：无色的、着色的、镀膜的；透明的或半透明的。

③中间层　可选用：材料种类和成分、力学和光学性能等不同的材料，如离子性中间层、PVB 中间层、EVA 中间层等。可以是：无色的或有色的；透明的、半透明的或不透明的。

夹层玻璃规格：厚度 4～24mm 之间，如果厚度超过 24mm，其尺寸由供需双方商定；层数有 3 层、5 层、7 层，最多可达 9 层。

图 5－4　夹层玻璃

夹层玻璃适用于高层建筑门窗、飞机和汽车挡风玻璃、水下工程（海底世界）、珠宝店、银行橱窗、学校等处使用。

5.4.1 夹层玻璃的分类

①按形状分类　平面夹层玻璃和曲面夹层玻璃。

②按性能分类　Ⅰ类夹层玻璃、Ⅱ-1类夹层玻璃、Ⅱ-2类夹层玻璃、Ⅲ类夹层玻璃。

5.4.2 夹层玻璃的特点

夹层玻璃具有透明、机械强度高、耐光、耐热、耐湿和耐寒等特点，与普通玻璃相比，夹层玻璃在安全、保安防范、隔音及防辐射等方面具有极佳的性能。

①安全性　夹层玻璃透明性好，抗冲击强度比普通平板玻璃高几倍，当玻璃被破坏后，由于中间层有黏结作用，所以玻璃只出现辐射状的裂纹，不会洒落玻璃碎片而伤到人。

②防范性　夹层玻璃在防盗、防弹、防爆、防火性等方面具有很好的防范性。防火性：当中间层为防火胶片或膨胀阻燃胶黏剂时，夹层玻璃可以有效限制玻璃表面的热传递，当其暴露在火焰中时，能成为火焰的屏障。除此之外，9层的夹层玻璃，一般子弹不易穿透，成为防弹玻璃。

③控制阳光和防紫外线特性　日光中的紫外线是日常生活中各种物品老化、退色的主要原因，相同厚度的普通玻璃防御紫外线的能力为20%，夹层玻璃防御紫外线的能力达到90%以上。但不会过滤植物所需要的其他波长的光线，所以现在大多数暖房和植物园、博物馆、图书馆都使用夹层玻璃。

5.5 装饰玻璃

5.5.1 压花玻璃

压花玻璃又称花纹玻璃或滚花玻璃，是采用压延方法制造的一种平板玻璃，其表面压有深浅不同的各种花纹图案，花纹有方格、圆点、菱形等图案。光线透过玻璃时产生漫射，物像模糊不清，形成了透光不透视的特点，如图5-5所示。

图5-5　压花玻璃

压花玻璃物理化学性能基本与普通透明平板玻璃相同，仅在光学上具有透光不透视的特点，一般压花玻璃的透光度在60%～70%之间，光线透过凹凸不平的玻璃表面时产生漫反射，可使光线柔和，起到遮断视线的作用。根据花形的大小，花纹深浅的不同，而有不同的遮断效果。

（1）压花玻璃的分类

压花玻璃的分类，见表5-15。

表5-15　压花玻璃的分类

分类方式	名称
按制造工艺分类	单辊法压花玻璃、双辊法压花玻璃
按压花面分类	单面压花玻璃、双面压花玻璃
按颜色分类	白色、黄色、蓝色、红色、橄榄色
按外观质量分类	一等品、合格品
按花纹图案分类	有植物图案如梅花、菊花、荷花、芙蓉、竹叶等，有装饰图案如夜空、银河、条纹、布纹等

（2）压花玻璃的规格

根据我国行业标准《压花玻璃》(JC/T 511—2002)的规定，压花玻璃常见的尺寸规格：厚度分别为3mm、4mm、5mm、6mm、8mm，其厚度从表面压花图案的最高部位至另一面的距离，2.2mm的压花玻璃叫做薄压花玻璃，4mm以上的称为厚压花玻璃。

压花玻璃广泛用作家具的台面与搁板、百叶窗玻璃及灯具材料，也极适合用于既需采光又需隐秘的公共及个人场所，如办公室、会议室、宾馆、医院、运动场、健身房、浴室、盥洗室等。

5.5.2 磨砂玻璃

磨砂玻璃俗称毛玻璃，是用普通平板玻璃经机械喷砂、手工研磨或氢氟酸溶蚀等方法将表面处理成均匀粗糙的状态。

磨砂玻璃一般厚度有2mm、3mm、4mm、5mm、6mm、9mm，以5mm、6mm厚度居多。其生产工艺是将平板玻璃的表面用金刚砂、硅砂、石榴石粉等常用的磨料或者磨具进行研磨，制成均匀粗糙的表面，也可以用氢氟酸溶液腐蚀加工而成。磨砂玻璃是平板玻璃的一种，在选择上可以参照平板玻璃的选择，唯一区别只是增加了纹理的挑选。

磨砂玻璃被处理的均匀粗糙，凹凸不平，照射在其表面的光线产生漫反射，可使光线柔和，形成透光而不透视的视觉效果。如果在玻璃上作局部遮挡，可以在磨砂处理后形成有图案的磨砂玻璃，即磨花玻璃，图案清晰，具有强烈的艺术装饰效果，通常用来制作家具的柜门、屏风、办公室的门窗、隔断和灯具等，如图5-6所示。

图5-6　磨砂玻璃橱柜门

5.5.3 喷砂玻璃

喷砂玻璃是经自动水平喷砂机或立式喷砂机将细砂喷在玻璃上加工成水平或凹雕图案的玻璃产品，玻璃表面被处理成均匀毛面，表面粗糙，使光线产生漫射，具有透光而不透视的特点，并能使室内光线柔和。喷砂玻璃性能基本上与磨砂玻璃相似，不同的是制作工艺上改磨砂为喷砂。两者视觉效果雷同，很容易被混淆。

（1）按喷砂雕刻玻璃的类型分类

①喷砂平板玻璃　用喷砂法在玻璃表面形成毛面图案，目测在同一平面，无明显凹凸处。

②喷砂线雕玻璃　用喷砂法在玻璃表面刻出阴线或阳线的图案或文字装饰。

③喷砂浮雕玻璃　用喷砂法在玻璃表面进行浮雕，在平面上雕成浮凸的图案，分为高浮雕和浅浮雕。

④喷砂透雕玻璃　新型喷枪可以在6s内穿透8mm玻璃，用于透雕，有单面雕和双面雕，常用于门、窗、栏杆等。

（2）按产品用途分类

①建筑装饰喷砂玻璃　如建筑门、窗的装饰，屏风、隔断等。

②家具装饰喷砂玻璃　如柜、茶几、橱柜等。

③奖品、纪念品喷砂玻璃　如奖杯、纪念牌等。

④器皿、陈列品喷砂玻璃　如瓶、盆、碗、笔筒、鼻烟壶等。

喷砂玻璃通常用作家具的柜门、桌面以及屏风、隔断等，具有强烈的艺术特色。还可以将玻璃均匀喷毛，使光线产生漫反射，营造出一种柔和与朦胧的氛围。喷砂玻璃通常用在办公室、卫浴间、门厅的门窗、隔断及天花吊顶等。

5.5.4 雕花玻璃

雕花玻璃是装饰玻璃的一种，更确切地说它是一种工艺玻璃，是一种高科技与艺术相结合的产品。人类很早就开始采用手工方法在玻璃上刻出美丽的图案，现已采用电脑数控技术自动刻花机加工各种场所用高档装饰玻璃，如图5-7所示。

雕花玻璃所绘图案有千姿百态的花卉、枝叶、几何图形、山水、人物等，雕刻工艺复杂，艺术性高、制作成本较高。雕花玻璃与喷砂玻璃相比，雕花玻璃图案随意性大，图案比较活泼，富有立体感和真实感；而喷砂玻璃图案线条清晰，图案规矩。

雕花玻璃材质选用透明度高、硬度低，易于雕刻的玻璃原片。

雕花玻璃常见的雕刻方法有凹雕和浮雕。凹雕是在玻璃表面上雕刻出凹形的人物、山水、文字等花纹；浮雕是在玻璃表面雕刻出有一定凸出的各种图案。

雕花玻璃常见的雕刻工艺如下：

①手工雕刻　将设计好的图案用复写纸描在玻璃板上，或者在玻璃板上直接刻花。工人手托玻璃，使玻璃表面绘有图案的部位与飞快转动的砂轮不断接触。当图案的所有结构都被砂轮打毛时，整个图案就被雕在玻璃上了。

②电脑雕刻　用电脑雕花机对较厚的平板玻璃进行雕刻加工，利用电脑完成对设计图案的扫描、输入、雕刻、抛光等一系列工序，完成各式各样的图案。

③化学蚀刻　首先将加工的玻璃表面涂抹石蜡和松节油作为保护层，涂抹时要根据提前设计绘制好的花纹、图案、肌理、字体等进行，再用氢氟酸溶液蚀刻露出来的部分，完成后清除玻璃上的保护层和氢氟酸就可以达到蚀刻的目的。蚀刻的程度可以通过调节氢氟酸溶液的浓度和蚀刻时间来控制。

雕花玻璃常被用于制作家具的柜门、桌面、几面和装饰镜系列产品以及大型屏风、豪华型玻璃大门等，具有独特的装饰性。

5.5.5 彩绘玻璃

彩绘玻璃又称为绘画玻璃，按照图案的设计，用釉料绘制或者用喷枪将釉料喷射到玻璃表面，是通过色彩和线条表达的美术作品。彩绘后的玻璃要进行烧制，使釉料牢固附着在光滑的玻璃表面，绘制的画面效果逼真且耐候性好，可进行擦洗，是一种可为家具和门窗提供色彩艺术的透光材料，如图5-8所示。

彩绘玻璃原片可以是透明玻璃，也可以是玻璃镜。彩绘玻璃的步骤：第一步，在玻璃表面绘制图案，如果使用玻璃镜作原片时，将复写纸铺在玻璃镜面上，然后把设计好的图案展开铺在复写纸上，描下图案，如果用透明玻璃作原片时，可以将图案纸展开用胶布黏在桌面上，然后将玻璃放在图案纸上对准描下图案；第二步，着色，

图5-7　生命之歌——吴子熊玻璃艺术馆藏品

图5-8　巴黎圣母院彩绘玻璃

常用的颜料有广告画颜料、油漆、色釉、油画颜料等。

彩绘玻璃色彩艳丽、立体感强，可将绘画、色彩、粉光融于一体，辉映出的图案形象逼真、立体感强、色彩宜人，具有良好的装饰效果。可用于家具、屏风、隔断以及饭店、舞厅、商场、酒吧、教堂等建筑物的窗、门的制作。

彩绘玻璃的规格：厚度3～16mm。

5.5.6 彩印玻璃

彩印玻璃是当代最新颖的装饰玻璃之一。它是以浮法玻璃为基材，将设计图纸制版，再用彩色油墨和丝网印刷工艺在玻璃上印刷成各种图案，所以又称“丝印玻璃”。可以说它是摄影、印刷、复印技术在玻璃上应用的产物。

彩印玻璃的图案丰富多彩，图片、文字、照片等都可以印刷到玻璃上。也可以随设计者所愿，或写实或抽象，或古典或摩登，或高雅或精细，还可制成美丽的仿镶嵌画玻璃，如图5－9所示。

彩印玻璃常见的印料类型有色釉、树脂印料、水性印料、紫外光固化印料(UV油墨)、喷墨印刷印料、蚀刻印料等；彩印玻璃常见的基材有平板玻璃、钢化玻璃、夹层玻璃、各种圆形、圆锥形及异形玻璃等；印刷方法常见的有网版印刷、平版印刷、数码印刷和喷雾印刷等。

彩印玻璃主要用于家具、门窗以及建筑吊顶、玻璃隔墙、屏风、影壁等。例如用于天花吊顶在有背置光源的情况下，产生柔和的顶棚光线，使玻璃图案生动活泼，熠熠生辉，既丰富了空间的光效果，又构成了美丽的顶棚艺术。

彩印玻璃和彩绘玻璃二者有明显的区别：一是彩印是通过机械设备印刷完成的，彩绘是手工绘制；二是彩印是再现的，可以复制多份，彩绘不可以。

5.5.7 彩釉玻璃与彩釉钢化玻璃

彩釉玻璃是在平板玻璃表面印上一层不透光或半透光的釉料，色彩绚丽，图案美观。玻璃原片可用普通平板玻璃、钢化玻璃、镜面玻璃等；彩釉玻璃采用先进的印刷工艺，釉料颜色十分丰富，常用的品种有单色，如红、蓝、白等；图案与色彩可以设计定制，可以制造出想象得到的各种色彩与图案的产品，图案有各种几何图案，云纹图案，随机色块等。彩釉玻璃耐酸、耐碱、耐磨，是一种性能优良的装饰材料，如图5－10所示。

(1)彩釉玻璃的分类

①按印刷方法不同分类　滚筒印刷与丝网印刷。其中滚筒印刷适合于大批量生产统一色彩图案的彩釉玻璃；丝网印刷可以随时更换丝网板，

图5－9　彩印玻璃

图5－10　彩釉玻璃

图案可以调整变化，适合于小批量制造彩釉玻璃。

②按釉料成分不同分类　无机釉料与有机釉料。其中无机釉料是由矿物原料组成，经高温烧结，与陶瓷制品成釉的机理相同，彩釉钢化玻璃必须使用无机釉料，烧结后淬冷即达到钢化目的。无机釉料在耐久性、耐热性方面优于有机釉料。有机釉料工艺简单，成本低廉。有机釉料在印刷后仅需要烘干即可，一般使用远红外烘干炉完成固化工序。

③按生产工艺不同分类　彩釉玻璃与彩釉钢化玻璃（或称钢化彩釉玻璃）。

彩釉钢化玻璃是将玻璃釉料通过特殊工艺印刷在玻璃表面，然后经烘干、钢化处理而成，彩色釉料永久性烧结在玻璃表面上，形成安全美观的玻璃制品，彩釉钢化玻璃可以视作钢化玻璃一样使用，只是增加了装饰效果。

彩釉钢化玻璃具有抗酸碱、耐腐蚀、强度高、安全性好、永不褪色等特点，可制成中空或夹层玻璃，使之具有美观、保温、隔音和更好的安全性等附加功能。产品主要应用于家具制作和幕墙、隔断、天棚或天窗的装饰装修。

（2）生产彩釉钢化玻璃的工艺流程

切割玻璃规格→ 磨边→ 玻璃清洗→ 喷涂有色釉料→ 干燥釉层→ 玻璃输送机→ 电炉加热到660～700℃→用风栅均匀吹风带釉层的玻璃（使其钢化）→ 玻璃取片→ 检验成品质量→ 包装入库。

彩釉钢化玻璃的尺寸取决于所使用的设备，最大尺寸为2 000mm×1 200mm，板厚5～15mm。

彩印玻璃、彩绘玻璃和彩釉玻璃三者之间不易明确界定，彼此间从工艺、材料等方面都彼此交叉和重叠。

5.5.8　微晶玻璃

微晶玻璃是20世纪70年代发展起来的多晶陶瓷新型材料，又称为微晶石。它是将玻璃在一定条件下加热，使玻璃中析出微晶，形成类似陶瓷的多晶体，但特性与陶瓷却迥然不同。微晶玻璃被称为21世纪新型装饰材料。这类材料除了广泛地应用在建筑装饰材料、家用电器、机械工程等传统领域外，在国防、航空航天、光学器件、电子工业、生物医药等现代高新技术领域，具有重要的应用价值。

（1）微晶玻璃的特点

①微晶玻璃性能优良　质地均匀，密度大、硬度高，抗压、抗弯、耐冲击等性能优于天然石材，经久耐磨，不易受损，没有天然石材常见的细碎裂纹；微晶玻璃耐酸碱度好，耐候性能和抗污染性都优良，方便清洁维护。微晶玻璃质地细腻，板面亮丽，光泽晶莹，对于射入光线能产生扩散漫反射效果，使人感觉柔美和谐。还可以根据使用需要生产出丰富多彩的色调系列，如：水晶白、米黄、浅灰、白麻四个色系。

②可替代天然石材　部分微晶玻璃其优良的性能与石材相近，但又能弥补天然石材色差大的缺陷，同时微晶玻璃还可用加热方法，制成用户所需的各种弧形、曲面板，具有工艺简单、成本低的优点，避免了弧形石材加工大量切削、研磨、耗时、耗料、浪费资源等弊端，是天然石材理想的替代产品。

③微晶玻璃有玻璃和陶瓷的双重特性　微晶玻璃在外表上的质感更倾向于陶瓷，它的亮度比陶瓷高，韧性比玻璃强。微晶玻璃的原料来源可以是废渣、废土，包括：矿石、工业尾矿、冶金矿渣、粉煤灰等，成品无放射性污染，其生产过程无污染，微晶玻璃是一种绿色环保材料，实现了可持续发展。

（2）微晶玻璃的应用

微晶玻璃装饰由于具有优异的性能和无放射性污染，又便于清洁等诸多优点，产品广泛应用于厨卫家具的台面板等，也适于宾馆、写字楼、车站、机场等场地的高级装饰装修，具体微晶玻璃的应用见表5－16。

表 5－16　微晶玻璃的主要性能及应用

主要使用性能	应用
高强度、高硬度、耐磨等	建筑装饰材料、轴承、研磨设备等
低膨胀系数、低介电损耗等	集成电路基板
高绝缘性、化学稳定性等	封接材料、绝缘材料
高化学稳定性、良好生物活性等	生物材料，如人工牙齿、人工骨等
低膨胀、耐高温、耐热冲击	炊具、餐具、天文反射望远镜等
易机械加工	高精密的部件等
耐腐蚀	化工管道等
强介电性、透明	光变色元件、指示元件等
透明、耐高温、耐热冲击	高温观察窗、防火玻璃、太阳能电池基板等
感光显影	印刷线路底板等
低介电性损失	雷达罩等

5.5.9　冰花玻璃

冰花玻璃是指表面具有冰花图案的玻璃，它属于漫射玻璃。冰花玻璃具有强烈的装饰效果，主要用于制作家具屏风、隔断、灯具以及建筑物门窗、墙壁等，如图 5－11 所示。

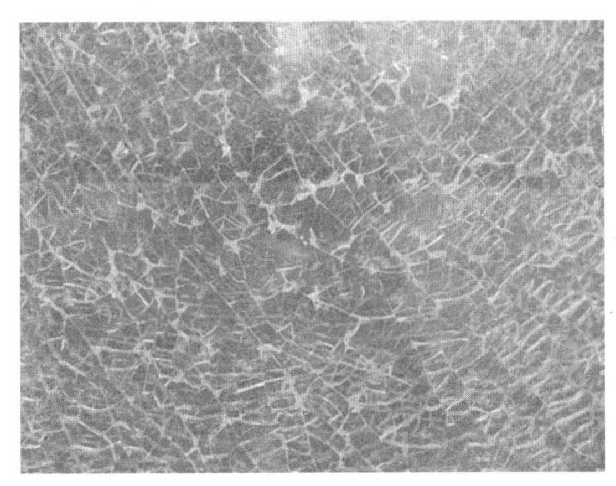

图 5－11　冰花玻璃

（1）冰花玻璃的特点和规格

仿制冰花的图案，获得不重复的美丽花纹。从光学性质说，它类似于压花玻璃，但在艺术装饰方面它却比压花玻璃好。优点：不透明，但透光性良好；形成的花纹可以掩饰玻璃的某些缺陷，如线道、气泡等。

规格尺寸：厚度分别为 5mm、6mm、8mm、10mm。常规的尺寸长度为 1 500mm，宽度为 1 100mm，但制作和切裁不受限制。

（2）冰花玻璃生产工艺

冰花玻璃属于二次加工装饰玻璃，常见的生产工艺有两种，目前最常用的生产工艺是第二种生产工艺。

第一，采用三块平板玻璃黏合制成，中间一块是钢化玻璃，在黏合后破坏钢化玻璃，利用钢化玻璃破坏后的细密裂纹形成类似冰花的效果，如此制造的冰花玻璃成本较高。

第二，在磨砂玻璃的表面上均匀地涂布骨胶水溶液，经自然干燥或者人工干燥后，胶溶液脱水收缩而均裂，从玻璃表面脱落，由于骨胶和玻璃表面之间的强大黏接力，骨胶在脱落时使一部分玻璃表层剥落，从而在玻璃表面形成不规则的冰花图案。胶液浓度越高冰花图案越大，反之则小。具体生产工艺大致如下：

玻璃原片→ 表面磨砂或喷砂处理→ 洗涤干燥→涂覆液态胶质材料→ 干燥收缩→ 揭去胶质材料→ 检验产品→ 包装→ 入库。

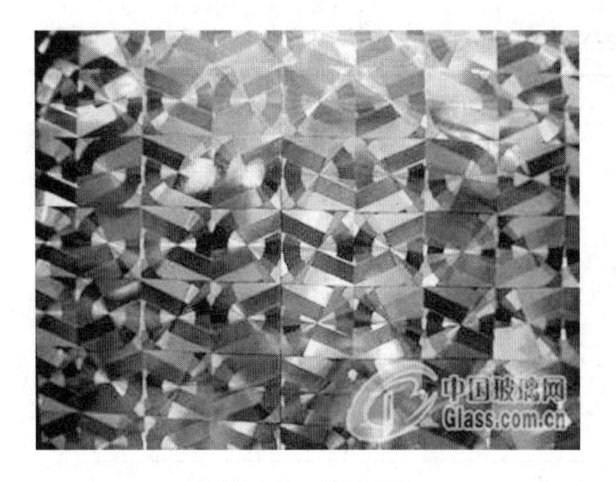

图 5－12　镭射玻璃

图 5－13　灯具——路易斯·康福特·蒂梵尼作品

5.5.10　镭射玻璃

镭射玻璃又称作光栅玻璃、彩虹玻璃和激光玻璃，是在玻璃表面复合高稳定性的光学结构材料层，并对该光学结构层进行特殊工艺处理，形成全息光栅或者其他图形的几何光栅，在光源照射下产生物理衍射的七彩光。在任何光源的照射下，随着光源入射角的变化和人的视角的不同，所产生的图案和色彩也不同，呈现出五光十色的变幻，如图 5－12 所示。

（1）镭射玻璃的分类

镭射玻璃大体上可以分为两类：一类是以普通平板玻璃为基材制作的镭射玻璃，主要用在家具、墙面、窗户、顶棚等部位的装饰；另一类是以钢化玻璃为基材制作的镭射玻璃，主要用于地面装饰。

（2）镭射玻璃的特点和规格

镭射玻璃的性能十分优良，其中镭射玻璃夹层钢化地砖的抗冲击性、耐磨性、硬度等技术指标均优于大理石，接近花岗岩；耐老化寿命是塑料的 10 倍以上，在正常情况下使用寿命大于 50 年；反射率在 10%～90%之间任意调整，可最大限度满足用户要求。此外，还有专门用于柱面装饰的曲面镭射玻璃，专门用于大面积幕墙的夹层镭射玻璃以及镭射玻璃砖等。

目前，国内生产的镭射玻璃最大尺寸可达 1 000mm×2 000mm，在此范围内有多种规格可供选择。

镭射玻璃制作家具、灯饰等物，具有非常迷人的效果，通常也用于酒吧、酒店、电影院、商店门面、大面积幕墙、柱面等商业性和娱乐性场所装饰装修，还可用在民用住宅的顶棚、地面、墙面和封闭阳台的装饰。

5.5.11　镶嵌玻璃

镶嵌玻璃是将各种形状不规则的小片玻璃，用金亮的金属条拼接镶嵌成各种图案而制成的装饰玻璃。镶嵌玻璃源于中世纪的欧洲，最初用于教堂的装饰，镶嵌玻璃家具陈设具有强烈的异域风情，如图 5－13 所示。

具有装饰效果的玻璃都可以用来制作镶嵌玻璃，如压花玻璃、彩釉玻璃、磨砂玻璃、雕花玻璃、彩绘玻璃、磨边玻璃、镜面玻璃等，玻璃原片的透光率也可以是多种多样的；玻璃的颜色也可以是多种多样的，如乳白色、蓝色、淡绿色、紫红色等；边框金属条一般用黄铜、锡、铝条制造。

镶嵌玻璃是完全的纯手工工艺，一般是将黄铜、锡或铝条制成的金属条框弯曲成形态各异的人像、花卉、树木以及其他几何图形，再将颜色、形状、透光率不同的玻璃任意组合，合理地搭配，经过雕刻、磨削、碾磨、焊接、清洗、干燥密封等工艺制造成的高档艺术玻璃。

镶嵌玻璃大体分为传统镶嵌、英式镶嵌、金属焊接镶嵌。

镶嵌玻璃是装饰玻璃中非常具有创意性的一种，呈现不同的美感，通常装配在家具、屏风以及居室的厅堂、走廊、卧室、厨房中，使环境别有情调，居室更具艺术氛围。

5.5.12 热弯玻璃

热弯玻璃是平板玻璃在温度和重力的作用下，加热至软化温度并放置在专用的模具上加热成型，再经退火制成的曲面玻璃，如U型、半圆、球面等。

根据行业标准《热弯玻璃》(JC/T 915—2003)的规定，热弯玻璃所采用的玻璃原片应该是符合国家标准的浮法玻璃、压花玻璃等。

(1)热弯玻璃的分类

①按弯曲程度分类　浅弯与深弯。浅弯(曲率半径R≥300mm或拱高D≤100mm)多用于玻璃家具装饰系列，如：电视柜、酒柜、茶几等；而深弯(曲率半径R≤300mm或拱高D≥100mm)可广泛用于陈列柜台、玻璃洁具、观赏水族箱等。如果在热弯的同时进行钢化处理就是热弯钢化玻璃，玻璃锅盖属于此类。

②按深加工的类型分类　热弯玻璃、热弯钢化玻璃、热弯夹层玻璃、热弯钢化夹层玻璃。

③按用途分类　运输工具用热弯玻璃、建筑装饰用热弯玻璃、家具装饰用热弯玻璃、卫生洁具用热弯玻璃、餐具用热弯玻璃。

(2)热弯玻璃的规格

根据行业标准《热弯玻璃》(JC/T 915—2003)中的相关规定，热弯玻璃的厚度范围：3～19mm，最大尺寸：(弧长+高度)/2≤4 000mm，拱高≤6 000mm，其他厚度和规格的制品由供需双方商定。

目前，市场上有采用热弯工艺处理的玻璃家具深受消费者青睐，如图5-14所示，家具完全由玻璃制成，工艺简单，造型流畅，不使用任何钢管和螺钉固定，并具有较高的强度和耐高温的特性。

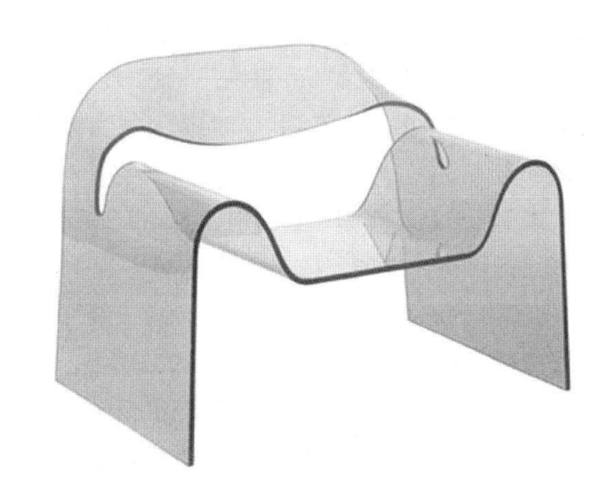

图5-14　扶手椅(奇尼·波埃利和Tomu Katayanagi共同设计)

5.5.13 镜面玻璃

高级镜面玻璃是采用现代先进技术，选择特级浮法玻璃为原片，用化学沉积法，经敏化、镀银、镀铜、涂保护漆等一系列工序制成的，从而使银镜自身的反光率可达到92%。高级银镜玻璃具有成像纯正、反射率高、色泽还原度好，抗酸、抗湿热性能好、影像亮丽自然等特点，即使在潮湿环境中也经久耐用。

镜面玻璃的分类如下：

①根据玻璃镜形状分类　平面镜，建筑装饰镜、家具镜大多数为平面镜；曲面镜，曲面镜又有凹面镜和凸面镜之分。

②根据本体玻璃的颜色分类　普通玻璃镜，无色玻璃上镀反射膜；茶色玻璃镜，茶色玻璃上镀反射膜；宝石蓝玻璃镜，宝石蓝玻璃上镀反射膜等各种着色玻璃镀膜制成的玻璃镜。

③根据透明玻璃上镀膜的颜色分类　银色镜，无色玻璃镀铝、铬等银色膜；金色膜，无色玻璃上镀铜合金、氮化钛等反射膜。

玻璃表面镀反射膜采用化学还原法和物理气相沉积法；化学还原法主要用于艺术玻璃和高级玻璃镜。

银镜玻璃可经切裁、磨边、刻花、喷雕、彩印等工艺制成规格多样的艺术镜，如穿衣镜、梳妆镜、卫浴镜、屏风镜等，常常与高档家具配套使用，或在喜庆场合作为礼品镜烘托气氛，也可作为墙面、柱面、复式天花板、灯池以及舞台装置的装饰与装修。

本单元涉及了作为家具材料，各种玻璃深加工产品的种类、性能、特点和用途等方面的知识。玻璃作为家具材料已不再是起点缀、装饰的辅助材料，现在以玻璃为主要材料的玻璃柜、玻璃茶几、玻璃屏风等晶莹剔透的玻璃家具越来越频繁地出现在人们日常生活中。其变化多端的造型、绚丽多彩的颜色，加上雕刻、镶嵌、喷涂等精湛的工艺，赋予了玻璃更高的艺术性。通过室内环境、光线、玻璃家具本身的造型、材质、色彩的搭配，可为室内环境营造出唯美、浪漫和梦幻的感觉，深受人们的欢迎。

随着市场需求的增多，玻璃产业的发展会带给我们更多新型的玻璃制品，只要我们不断学习，丰富和更新知识结构，相信这些新材料会激发我们更多、更好的灵感，设计出超乎想象的作品。

单元实训　家具常用玻璃及其制品的认识

1. 实训目标

通过实训，掌握玻璃家具制品安全使用和保护的相关知识，了解各种装饰玻璃的品种、性能、特点及外观等，深刻理解各种装饰玻璃的特点。

2. 实训场所与形式

实训场所为材料实训室、家具材料市场或家具商场，以5～8人为一个实训小组，到实训现场进行专业调查，观察识别各种玻璃材料。

3. 实训材料与设备

材料：各种装饰玻璃、玻璃家具。

4. 实训内容与方法

（1）材料识别

①以实训小组为单位，由组长带队分布到材料市场或家具商场进行调查。

②调查各种装饰玻璃的品牌、性能特点、质量及价格，观察不同装饰玻璃在家具成品上的应用，加深对各种玻璃家具的认识。

（2）装饰玻璃的贮存及保养

①在材料实训室，创造一些能促使玻璃形成发霉现象的外部环境，如水、酸、碱及化学试剂等，每日检测玻璃表面变质的过程，做好观察笔记。

②学生分组查阅相关图书资料和网站，讨论如何对不同类型的玻璃进行保养，如何安全使用玻璃产品等。

③由实训指导老师对实训结论进行总结、分析和指导。

5. 实训要求与报告

（1）实训前两周内，老师讲解实训的具体内容和要求，并下达实训任务书。学生应认真阅读实训任务书要求，认真查阅相关文献资料，根据实训内容，以小组为单位，设计实训方案。实训前一周提交方案，并组织学生交流讨论，完善实训方案。

（2）在实训中，各小组成员严格按照设计的实训方案实施，发挥团队合作精神，并做好实训记录，数据要详实准确。

（3）实训完毕，应及时整理实训报告，做到整齐规范。要求实训报告内容包括：实训的目的和意义、文献综述、实训方案、实训过程、实训心得体会等内容，实训报告字数要求在 3 000 字左右。

实训报告的封面参考如下格式。

××的实训调研报告

姓　　名

学　　号

班　　级

指导教师

日　　期

6. 实训考核标准

（1）突出团队的考核，在实训过程中各小组成员参与程度、相互配合程度，注重实训过程考核。

（2）能深入市场进行调研，认真做好实训记录和实训报告。实训方案占成绩 20%，实训记录占成绩 30%，实训过程考核占成绩 20%，实训报告占成绩 30%。

（3）实训方案、实训记录、实训报告缺其中任意一项都视为不合格。

思考与练习

1. 填空题

（1）玻璃是以________、________、________和________等为主要原材料，在 1 550 ～1 600℃高温下熔融、成型并经急冷而制成的固体材料。

（2）钢化玻璃按制造工艺分为________和________。

（3）压花玻璃又称________玻璃和________玻璃，是采用________法生产的一种平板玻璃。

（4）喷砂玻璃与________玻璃制作工艺不同，但性能基本相似，视觉效果雷同，易被混淆。

（5）雕花玻璃是装饰玻璃的一种，常见的雕刻工艺有________、________和________。

（6）彩釉玻璃按印刷方法不同可分为__________印刷与__________印刷，按釉料成分不同可分为__________釉料与__________ 釉料，如果对彩釉玻璃进行后加工处理，可加工成__________玻璃。

（7）镭射玻璃又称________玻璃、________玻璃和________玻璃。

2. 问答题

（1）钢化玻璃有哪些特点及用途？

（2）彩绘玻璃与彩印玻璃在工艺上有哪些不同？

（3）微晶玻璃有哪些特点及用途？

（4）试述冰花玻璃的生产工艺。

（5）高级银镜玻璃有哪些特点和用途？

推荐阅读书目

1. 向仕龙，张秋梅，张求慧．室内装饰材料[M]．北京：中国林业出版社，2003.
2. 符芳．建筑装饰材料[M]．南京：东南大学出版社，1994.
3. 陈于书，高维伟．家庭装饰材料选购指南[M]．南京：江苏科学技术出版社，2004.
4. 马眷春，等．建筑玻璃[M]．2 版．北京：化学工业出版社，2006.
5. 王承遇，陶瑛．艺术玻璃和装饰玻璃[M]．北京：化学工业出版社，2009.
6. 王承遇，陶瑛．玻璃材料手册[M]．北京：化学工业出版社，2008.

7. 马眷荣．玻璃辞典[M]．北京：化学工业出版社，2010.
8. 王承遇，陶瑛，谷秀梅．玻璃表面装饰[M]．2 版．北京：国防工业出版社，2011.
9. 高笑．艺术玻璃在家具设计中的应用研究[D]．长沙：中南林业科技大学，2012.
10. 孙珺．室内设计中玻璃艺术表现语言研究[D]．苏州：苏州大学，2008.
11. 郭甜．透明家具设计研究[D]．上海：东华大学，2007.
12. 程金树，李宏，等．微晶玻璃[M]．北京：化学工业出版社，2006.

单元 6
石材

知识目标

1. 了解石材的形成、化学性质及分类。
2. 熟悉天然石材的材质特点。
3. 熟悉天然大理石、花岗石的特性、常见品种、规格和用途。
4. 掌握人造石的特性、种类及应用。

技能目标

家具常用石材的识别。

6.1 天然石材

石材是传统的装饰材料，它特殊的质感和装饰效果是其他材料很难代替的。

天然石材是从天然岩体中开采出来加工成型的材料总称。天然石材具有抗压强度高、耐久性好等优点，经过加工后具有良好的装饰性，是现代家具台面及装饰的理想用材，同时也是古今中外建筑工程中修建城垣、房屋、园林、桥梁、道路等优良材料之一。岩石由造岩矿物组成，它的构造特性以及所处的地质生成条件决定了其一系列的重要性质，因而决定着各种天然石材在装饰工程中使用的范围及条件。

我国石材资源丰富，开采历史悠久。早在唐朝的泉州开元寺塔石雕即采用当地的花岗石精雕而成；北京故宫的汉白玉雕栏为房山特产；云南大理城更是古今传颂的大理石之乡，以盛产大理石名扬中外。目前已探明的装饰用饰面石材储量达 30 亿 m^3，其中花岗石类有 100 多种，大理石类有 300 多种。

6.1.1 天然石材的形成与分类

组成岩石的矿物称为造岩矿物，矿物是指具有一定化学成分和一定结构特征的天然化合物或单质体。形成天然石材的造岩矿物主要由石英、长石、云母、深色矿物、高岭土、碳酸盐、方解石或白云石等组成，各种矿物具有不同颜色和特性（表 6－1）。作为矿物集合体的岩石并无确定的化学成分和物理性质，即使同称谓的岩石，由于产地不同，其矿物组成和结构均会有差异，因而岩石的颜色、强度等性能也均不同。

依据岩石的形成条件，天然岩石可分为岩浆岩（也称火成岩）、沉积岩（也称水成岩）、变质岩等三大类。

岩浆岩：是地壳深处的熔融岩浆上升到地表附近、或喷出地表，经冷凝而形成的。前者为深成岩，后者为喷出岩。深成岩构造致密、表观密度大、强度高、耐磨性好、吸水率小、耐水性好、抗冻及抗风化能力强。喷出岩为骤冷结构物质，

表 6－1 主要造岩矿物的颜色和特性

造岩矿物	颜色	特性
石英	无色透明	性能稳定
长石	白、浅灰、桃红、红、青、暗灰	风化慢
云母	无色透明至黑色	易裂成薄片
角闪石、辉绿石、橄榄石	深绿、棕、黑（暗色矿物）	开光性好、耐久性好
方解石	白色、灰色	开光性好、易溶于含 CO_2 的水中
白云石	白色、灰色	开光性好、易溶于含 CO_2 的水中
黄铁矿	金黄色（二硫化铁）	二硫化铁为有害杂质，遇水及氧化后生成硫酸，污染及破坏岩石

内部结构结晶不完全，有时含有玻璃体物质。当喷出的岩层较厚时，其性质类似深成岩；当喷出的岩层较薄时，形成的岩石常呈多孔结构，但也具有较高的工程使用价值。

沉积岩：是原来露出地面的岩石经自然风化后，再由流水冲积沉淀而成的。沉积岩多为层状结构，与深成岩相比致密度较差、表观密度较小、强度较低、吸水率较大、耐久性较差。

变质岩：是由原生岩浆岩或沉积岩经过地壳内部高温、高压及运动等变质作用后形成的。在变质过程中，岩浆岩既保留了原来岩石结构的部分微观特征，又有变质过程中形成的重结晶特征，还有变质过程中造成的碎裂变形等特征。沉积岩经过变质过程后往往变得更为致密；深成岩经过变质过程后往往变得更为疏松。因此，不同变质岩的工程性质差异较大，这与其变质过程与内部结构等有关。

各类岩石的分类情况及主要品种如下所示。

6.1.2 天然大理石

（1）天然大理石的组成与化学成分

天然大理石是由石灰石或白云石在高温、高压等地质条件下重新结晶变质而成的变质岩，常出现层状结构，其主要矿物分为方解石和白云石。它的主要化学成分见表 6－2。

表 6－2 大理石的主要化学成分

成分	CaO	MgO	SiO_2	Al_2O_3	Fe_2O_3
含量（%）	28～54	13～22	3～23	0.5～2.5	0～3

“大理石”是由于我国的此类石材最初大量产于云南大理而得此名。通常质地纯正的大理石为白色，俗名为汉白玉，是大理石中的优良品

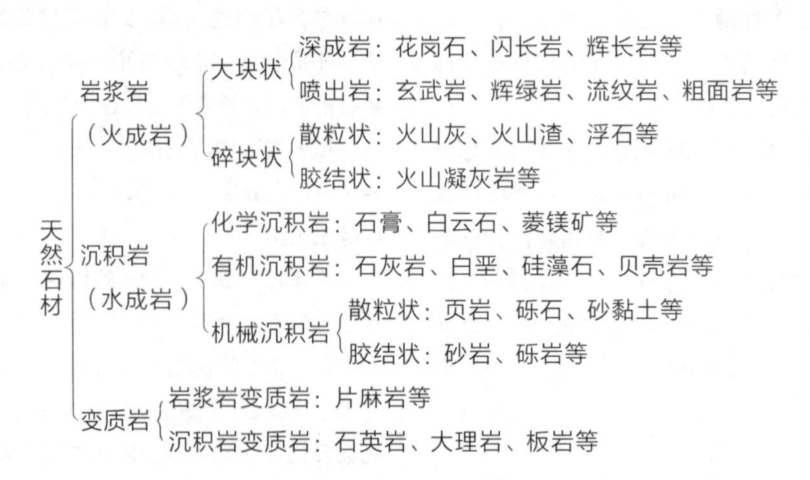

图 6－1　天然大理石

种。当在变质过程中混入有色杂质时，就会出现各种色彩或斑纹，从而产生了众多的大理石品种如图 6－1 所示，如艾叶青、雪花、碧玉、黄花玉、彩云、海涛、残雪、虎纹、桃红、秋枫、红花玉、墨玉等。

（2）天然大理石的品种、规格及质量要求

天然大理石石质细腻、光泽柔润，有很高的装饰性。目前应用较多的有以下品种：

①单色大理石　如纯白的汉白玉、雪花白；纯黑的墨玉、中国黑等。可用作各种台面，也是高级墙面装饰和浮雕装饰的重要材料。

②云灰大理石　云灰大理石底色为灰色，灰色底面上常有天然云彩状纹理，带有水波纹的品种称作水花石。云灰大理石纹理美观大方、加工性能好，是饰面板材中使用最多的品种。

③彩花大理石　彩花大理石是薄层状结构，经过抛光后，呈现出各种色彩斑斓的天然图画。经过精心挑选和研磨，可以制成由天然纹理构成的山水、花木、禽兽虫鱼等大理石画屏，是大理石中的极品。

大理石常用的品种规格见表 6－3，常用的品种及特征见表 6－4。

表 6－3　常用大理石品种规格　mm

长	宽	厚	长	宽	厚
300	150	20	1 200	900	20
300	300	20	305	152	20
400	200	20	305	305	20
400	400	20	610	305	20
600	300	20	610	610	20
600	600	20	915	610	20
900	600	20	1 067	762	20
1 070	750	20	1 220	915	20
1 200	600	20			

表 6－4　常用大理石品种及特征

名称	产地	特征
汉白玉	北京房山 湖北黄石	玉白色，微有杂点和脉纹
晶　白	湖　　北	白色晶粒，细致而均匀
雪　花	山东掖县	白间淡灰色，有均匀中晶，有较多黄杂点
雪　云	广东云浮	白和灰白相间
墨晶白	河北曲阳	玉白色，微晶，有黑色脉纹或斑点
风　雪	云南大理	灰白间有深灰色晕带
冰　琅	河北曲阳	灰白色均匀粗晶
黄花玉	湖北黄石	淡黄色，有较多稻黄脉纹

（续）

名称	产地	特征
碧　玉	辽宁连山关	嫩绿或深绿和白色絮状相渗
彩　云	河北获鹿	浅翠绿色底、深绿絮状相渗，有紫斑或脉纹
斑　绿	山东莱阳	灰白色底，有斑状堆状深草绿点
云　灰	北京房山	白或浅灰底，有烟状或云状黑灰纹带
驼　灰	江苏苏州	土灰色底，有深黄赭色浅色疏脉
裂　玉	湖北大冶	浅灰带微红色底，有红色脉络和青灰色斑
艾叶青	北京房山	青底、深灰间白色叶状斑云，间有片状纹缕
残　雪	河北铁山	灰白色，有黑色斑带
晚　霞	北京顺义	石黄间土黄斑底，有深黄叠脉，间有黑晕
虎　纹	江苏宜兴	赭色底，有流纹状石黄色经络
灰黄玉	湖北大冶	浅黑灰底，有焰红色、黄色和浅灰脉络
秋　枫	江苏南京	灰红底，有血红晕脉
砾　红	广东云浮	浅红底，满布白色大小碎石斑
桔　络	浙江长兴	浅灰底，密布粉红和紫红叶脉
岭　红	辽宁铁岭	紫红底
墨　叶	江苏苏州	黑色，间有少量白络或白斑
莱阳黑	山东莱阳	灰黑底，间有墨斑灰白色点
墨　玉	贵　州 广　西	墨色

国家标准《天然大理石建筑板材》(GB/T 19766—2005)将天然大理石板材按形状分成两个类别，即普型板（PX）和圆弧板（HM）。普型板按规格尺寸偏差、平面度公差、角度公差及外观质量将板材分为优等品（A）、一等品（B）与合格品（C）三个质量等级，并要求同一批板材的花纹色调应基本一致。不同等级板材的要求见表6－5至表6－7。

表6－5　普通大理石板材的规格尺寸允许偏差

mm

项目		允许偏差		
		优等品	一等品	合格品
长度、宽度		0 －1.0		0 －1.5
厚度	≤12	±0.5	±0.8	±1.0
	＞12	±1.0	±1.5	±2.0

注：此表参照国家标准《天然大理石建筑板材》(GB/T 19766—2016)。

表6－6　普通大理石板材的平面度及角度允许公差

mm

项目	板材长度	允许公差		
		优等品	一等品	合格品
平面度允许公差	≤400	0.20	0.30	0.50
	＞400～≤800	0.50	0.60	0.80
	＞800	0.70	0.80	1.00
角度允许公差	≤400	0.30	0.40	0.50
	＞400	0.40	0.50	0.70

注：此表参照国家标准《天然大理石建筑板材》(GB/T 19766—2016)。

表6－7　天然大理石板材正面外观缺陷要求

名称	规定内容	优等品	一等品	合格品
裂　纹	长度超过 10mm 的不允许条数（条）	0	1	2
缺　棱	长度不超过 8mm，宽度不超过 1.5mm（长度≤4 mm，宽度≤1 mm 不计），每米长允许个数（个）			
缺　角	沿板材边长顺延方向，长度≤3mm，宽度≤3mm（长度≤2mm，宽度≤2mm 不计），每块板允许个数（个）			
色　斑	面积不超过 6cm^2（面积小于 2 cm^{2}不计），每块板允许个数（个）			
砂　眼	直径在 2mm 以下		不明显	有，不影响装饰效果

注：此表参照国家标准《天然大理石建筑板材》(GB/T 19766—2016)。

(3) 天然大理石的性能与应用

天然大理石结构致密、表观密度较大(2 600 ~ 2 700kg/m^3)、抗压强度较高(100 ~ 150MPa)。但硬度并不太大(肖氏硬度50左右),因此既具有较好的耐磨性,又易于抛光或雕琢加工,易取得光洁细腻的表面效果。大理石的吸水率也很小(<1%)、具有较好的抗冻性和耐久性、其使用年限可达40 ~ 100年以上。对于抛光或磨光的装饰薄板材来说,即使其吸水率不大,在有些情况下也会带来负面影响。黏贴后板材的局部通常出现潮华现象,造成装饰效果的缺陷,根据其表面缺陷的程度有返碱、起霜、水印(洇湿阴影)等表现。工程中产生潮华现象的原因有两种:一是施工过程中黏结材料中水分通过石材向外渗出所致;二是在工程使用过程中由于基层渗水延伸到石材表面所致。为防止石材潮华的产生,应选用吸水率低、结构致密的石材;黏贴胶凝材料应选用阻水性较好的材料,并在施工中将黏贴面均匀地涂满;施工完后应及时勾缝和打蜡,必要时可涂有机硅阻水剂或进行硅氟化处理。

大理石的抗风化能力较差。由于大理石的主要组成成分 $CaCO_3$ 为碱性物质,容易被酸性物质所腐蚀,特别是大理石中一些有色物质很容易在大气中溶出或风化,失去表面的原有装饰效果。因此,多数大理石不宜用于室外家具。

天然大理石板材及异型材制品是家具制作及室内装饰的重要材料。在家具中主要用于家具台面、家具装饰板及家具嵌饰材料,可配合室内设计制作桌和茶几,多数用于制作桌几面,如图6-2、图6-3所示。

6.1.3 天然花岗岩

(1) 天然花岗石的组成与化学成分

天然花岗石(或花岗岩)属岩浆岩(火成岩)如图6-4所示,其主要矿物成分为长石、石英及少量云母和暗色矿物,其中长石含量为40% ~ 60%,石英含量为20% ~ 40%,其颜色决定于所含成分的种类和数量,常呈现灰色、黄色、蔷薇色和红色等,以深色花岗石较为名贵。花岗石为全结晶结构的岩石,按结晶颗粒的大小,通常分为细粒、中粒和斑状等结晶结构。优

图6-2 天然大理石茶几

图6-3 天然大理石餐桌

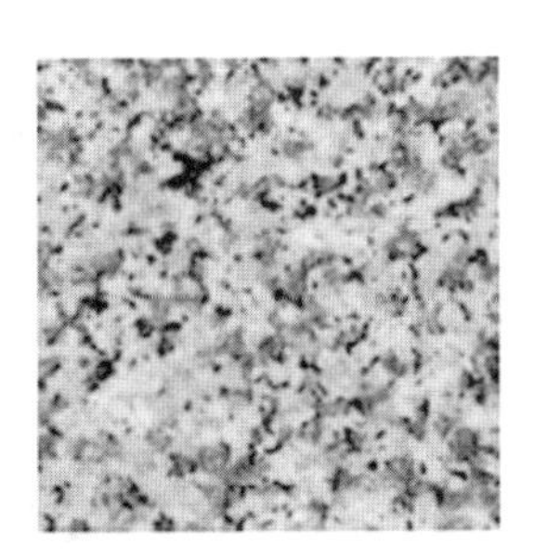

图6-4 天然花岗石

质花岗石晶粒细而均匀、构造紧密、石英含量多、长石光泽明亮、无风化迹象。云母含量高的花岗石表面不易抛光，含有黄铁矿的花岗石易受到侵蚀。

花岗石的二氧化硅含量较高，属于酸性岩石。某些花岗石含有微量放射性元素，这类花岗石应避免用于室内家具。花岗石结构致密、质地坚硬、耐酸碱、耐气候性好，可以在室外长期使用。花岗石的主要化学成分见表6－8。

表6－8　花岗石主要化学成分

成分	SiO_2	Al_2O_3	CaO	MgO	Fe_2O_3
含量(%)	67～76	12～17	0.1～2.7	0.5～1.6	0.2～0.9

（2）天然花岗石板材的分类

根据装饰用天然花岗石板材的基本形状划分，一般可分为普通型平面板材（N型）和异型板材（S形或弧形）两种。依据其表面加工程度又可划分为：

①粗面板材（RU）　表面粗糙但平整、有较规则的加工条纹，给人以坚固、自然、粗犷的感觉。

②细面板材（RB）　表面经磨光后的板材给人以庄重华贵的感觉，并且能在较长时间内保持原貌。

③镜面板材（PL）　它是在细面板材的基础上，经过抛光形成晶莹的光泽、给人以华丽精致感觉的板材。

细面板材和镜面板材主要应用于室外公共休息家具，室内墙柱面、地面。此外，根据不同的加工工艺，花岗石板材还可分为剁斧板、粗磨板、磨光板、机刨板等。

（3）天然花岗石的规格、质量要求及品种

由于天然花岗石板材的加工、运输、施工以及对承载结构荷载的影响，其产品的尺寸规格受到一定的限制。当板材越薄时，对结构荷载的影响就越小。因为花岗石石材硬而脆、加工难度较大，特别是加工很薄的板材时成品率下降。虽然采用先进加工手段可加工出厚度10mm、甚至更薄的板材，但是目前大量生产的板材仍然以厚度20mm的为主。花岗石板材常用规格尺寸见表6－9。

由于在材质、加工水平等方面的差异，花岗石板材的外观质量可能产生较大差别，这种差别容易造成装饰效果、施工操作等方面的缺陷。国家标准《天然花岗石建筑板材》(GB/T 18601—2009)规定，普通板按规格尺寸偏差、平面度公差、角度公差及外观质量将其划分为优等品（A）、一等品（B）与合格品（C）三个质量等级，其标准要求见表6－10、表6－11。

表6－9　天然花岗石板材的常用规格　mm

长	宽	高	长	宽	高	长	宽	高
300	300	20	600	600	20	915	610	20
305	305	20	610	305	20	1 067	762	20
400	400	20	610	610	20	1 070	750	20
600	300	20	900	600	20	—	—	—

表6－10　普通花岗石板材规格尺寸偏差、平面度公差、角度公差　mm

<table>
<tr><th colspan="3" rowspan="2">项目</th><th colspan="3">细面和镜面板材技术指标</th></tr>
<tr><th>优等品</th><th>一等品</th><th>合格品</th></tr>
<tr><td rowspan="3">尺寸
允许偏差</td><td colspan="2">长度、宽度</td><td colspan="2">0
－1.0</td><td>0
－1.5</td></tr>
<tr><td rowspan="2">厚度</td><td>≤12</td><td>±0.5</td><td>±1.0</td><td>＋1.0
－1.5</td></tr>
<tr><td>＞12</td><td>±1.0</td><td>±1.5</td><td>±2.0</td></tr>
</table>

（续）

项目			细面和镜面板材技术指标		
			优等品	一等品	合格品
平面度允许公差	板材长度 L	$L \leqslant 400$	0.20	0.35	0.50
		$400 < L \leqslant 800$	0.50	0.65	0.80
		$L > 800$	0.70	0.85	1.00
角度允许公差	板材长度 L	$L \leqslant 400$	0.30	0.50	0.80
		$L > 400$	0.40	0.60	1.00

注：此表参照国家标准《天然花岗石建筑板材》（GB/T 18601—2009）。

表 6－11　普通花岗石板材正面外观缺陷要求

<table>
<tr><th>名称</th><th>缺陷含义</th><th>优等品</th><th>一等品</th><th>合格品</th></tr>
<tr><td>缺 棱</td><td>长度 ≤ 10mm，宽度 ≤ 1.2mm（长度 < 5mm，宽度 < 1.0mm 不计），周边每米长允许个数（个）</td><td rowspan="5">0</td><td rowspan="3">1</td><td rowspan="3">2</td></tr>
<tr><td>缺 角</td><td>沿板材边长，长度≤3mm，宽度≤3mm（长度≤2mm，宽度≤2mm不计），每块板允许个数（个）</td></tr>
<tr><td>裂 纹</td><td>长度不超过两端顺延至板边总长度的 1/10（长度 < 20mm 的不计），每块板允许条数（条）</td></tr>
<tr><td>色 斑</td><td>面积≤15mm × 30mm（面积 < 10mm × 10mm 不计），每块板允许个数（个）</td><td rowspan="2">2</td><td rowspan="2">3</td></tr>
<tr><td>色 线</td><td>长度不超过两端顺延至板边总长度的 1/10（长度 < 40mm 的不计），每块板允许条数（条）</td></tr>
</table>

注：此表参照国家标准《天然花岗石建筑板材》（GB/T 18601—2009）。

花岗石板以花色、特征和原料产地来命名。部分花岗石板材的花色特征见表 6－12。

（4）天然花岗石的性能与应用

花岗石结构致密，表观密度较大（2 300～2 800kg/m^3），抗压强度高，孔隙率很小，吸水率低，材质硬度大（通常肖氏硬度为 80～100），化学稳定性好，耐久性及耐水性强。花岗石具有极优良的耐磨、耐腐蚀、抗冻性，通常耐用年限可达 75～200 年以上。各种经过磨平或抛光后的板材具有不同的装饰效果，可用于家具台面、室外公共休息用家具、室内外墙面、地面和立柱等的装饰。

表 6－12　部分花岗石板材的品名与花色特征

品名	花色特征	品名	花色特征
济南青	黑色带小白点	白虎涧	肉粉色带黑斑
将军红	黑色棕红浅灰间小斑块	莱州白	白色黑点
莱州青	黑底青白点	莱州红	粉红底深灰点
莱州黑	黑底灰白点	莱州棕黑	黑底棕点
芝麻青	白底黑点	红花岗石	红底起黑点花
黑花岗石	黑色，分大、中、小花		

6.2 人造石材

以高分子聚合物或水泥或两者混合物为黏合材料，以天然石材碎（粉）料和/或天然石英石（砂、粉）或氢氧化铝粉等为主要原材料，加入颜料及其他辅助剂，经搅拌混合、凝固固化等工序复合而成的材料，统称人造石。主要包括人造石实体面材、人造石石英石和人造石岗石等产品。

随着石材加工技术的发展使天然石材制品种类日益增多，但同时天然石材资源有限，加工异型制品难度大，成本高。随着现代工业技术的发展，装饰材料生产技术的革新，人造石材较好地解决了这个问题。与天然石材相比，人造石材具有质量轻、质地均匀、强度高、无毛细孔、耐污耐腐、耐酸碱、耐磨、耐高温、施工方便、接合无缝、色彩及花纹图案可设计等优点。与天然石材相比，人造石是一种比较经济的饰面材料，同时又不失天然石材的纹理与质感，从而成为现代家具及建筑装饰的理想用材。

6.2.1 人造石的发展概述

1958 年美国即采用各种树脂作胶结剂，加入多种填料和颜料，生产出模拟天然大理石纹理的板材。到了 20 世纪 60 年代末 70 年代初，人造大理石在前苏联、意大利、德国、西班牙、英国和日本等国也迅速发展起来，大量人造大理石代替了部分天然大理石、花岗石，广泛应用于商场、宾馆、展览馆、机场等建筑场所的墙面、柱面及家具装饰台面和立面。除了生产装饰类板材，各国还生产出各种异型制品，甚至制造卫生洁具。到了 20 世纪 70 年代末，美国已有过半的新建住宅使用了人造大理石，拥有国际驰名品牌 WILSON-ART、ARBORITE 和 RESOPAL 的美国威盛亚国际有限公司，迄今是世界上最大的各类装饰板生产及销售的跨国公司之一。联邦德国的阿德姆公司（ADM）是世界上制造生产聚酯混凝土人造大理石成套设备较早的公司。意大利布莱顿公司（Breton）在 20 世纪 60 年代初就开始生产压板成型设备，以及真空成型大块人造大理石板材的成套设备，并行销全世界。

人造石材生产工艺简单，设备不复杂，原料广泛，价格适中，因而许多发展中国家也都开始生产人造大理石。我国于 20 世纪 70 年代末，开始从国外引进人造石材样品、技术资料及成套设备，80 年代进入发展时期，目前有些产品的质量已达国际同类产品的水平。

6.2.2 人造石材的类型

国家建材行业标准《人造石》（JC/T 908—2013）规定了人造石的术语和定义、产品分类、规格尺寸、等级和标记、材料、要求、试验方法、检验方法、检验规则以及包装、标志运输和储存等。

（1）根据产品主要原材料的不同分类

根据产品主要原材料的不同分类，主要是介绍国家建材行业标准《人造石》（JC/T 908—2013）的分类。

①实体面材类　以氢氧化铝为主要填料制成的人造石，产品按基体树脂分两种类型。

丙烯酸类：聚甲基丙烯酸甲酯为基体的实体面材（压克力类，代号 PMMA）。

不饱和聚酯（包括乙烯基酯树脂等）类：不饱和聚酯树脂为基体的实体面材（不饱和类，代号 UPR）。

②石英石类　以天然石英石和/或粉、硅砂、尾矿渣等无机材料（其主要成分为二氧化硅）为主要原材料制成的人造石。

③岗石类　以大理石、石灰石等的碎料、粉料为主要原材料制成的人造石。

（2）根据产品制造方法的不同分类

根据产品制造方法的不同分类，主要是根据建材市场的实际现状，介绍人造石材的通俗分类。

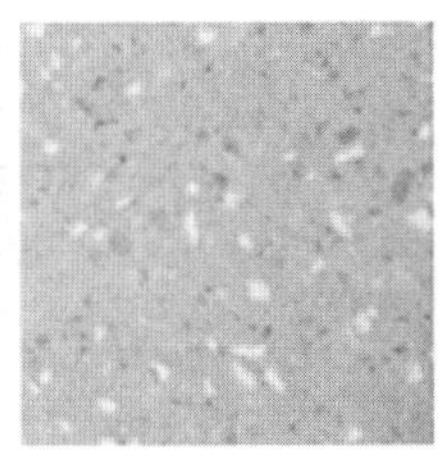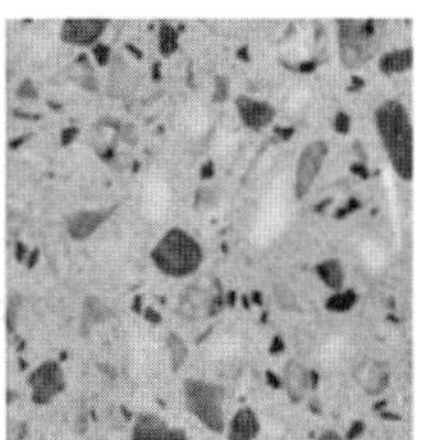

图 6－5　树脂型人造石材

①树脂型人造石材　树脂型人造石材是以甲基丙烯酸甲酯、不饱和聚酯树脂（本单元重点介绍）、环氧树脂等合成树脂为胶黏剂，与天然石碴、石粉或其他无机填料按一定的比例配合，再加入催化剂、固化剂、颜料等添加剂，经混合搅拌、固化成型、脱模烘干、表面抛光等工序加工而成。国内绝大部分产品用不饱和聚酯树脂制造，这类产品光泽度高、颜色丰富，可以仿制出各种天然石材花纹，装饰效果较好，如图 6－5 所示。

②水泥型人造石材　水泥型人造石材是以各种水泥为胶结材料，砂、天然碎石粒为粗细骨料，经配制、搅拌、加压蒸养、磨光和抛光后制成的人造石材。配制过程中，混入色料，可制成彩色水泥石，如图 6－6 所示。水泥型石材的生产取材方便，价格低廉，装饰性也较差。水磨石和各类花阶砖即属此类。

③复合型人造石材　复合型人造石材采用的黏结剂中，既有无机材料，又有有机高分子材料。其制作工艺是：先用水泥、石粉等制成水泥砂浆的坯体，再将坯体浸于有机单体中，使其在一定条件下聚合而成。对板材而言，底层用性能稳定而价廉的无机材料，面层用聚酯和大理石粉制作。无机胶结材料可用快硬水泥、白水泥、普通硅酸盐水泥、铝酸盐水泥、粉煤灰水泥、矿渣水泥以及熟石膏等。有机单体可用苯乙烯、甲基丙烯酸甲酯、醋酸乙烯、丙烯腈、丁二烯等，这些单体可单独使用，也可组合使用。复合型人造石材制品的造价较低，但它受温差影响后聚酯面易产生剥落或开裂。

图 6－6　水泥型人造石材地面

④烧结型人造石材　烧结型人造石材与制造陶瓷的工艺相似，是将长石、石英、辉绿石、方解石等粉料和赤铁矿粉，以及一定量的高龄土共同混合，一般配比为石粉 60%，黏土 40%，采用混浆法制备坯料，用半干压法成型，再在窑炉中以 1 000℃左右的高温焙烧而成。烧结型人造石材的装饰性好，性能稳定，但需经高温焙烧，因而能耗大，造价高。

6.2.3　人造石实体面材

人造石实体面材简称实体面材，以甲基丙烯酸甲酯（MMA，俗称压克力）或不饱和聚酯树脂（UPR）为基体，主要用氢氧化铝为填料，加入颜料及其他辅助剂，经浇铸成型或真空模塑或模压成型的人造石，学名为矿物填充型高分子复合材料。

实体面材无孔均质；贯穿整个厚度的组成具有均一性；它们可以制成难以察觉接缝的连续表面，并可通过维护和翻新使产品表面恢复如初。

根据《人造石》(JC/T 908—2013)的规定，介绍实体面材的规格尺寸、等级和标记。

(1)规格尺寸

板材按边长（长×宽）×厚分为三种标准规格尺寸型式，单位为毫米。

Ⅰ型：（2 400×760）×12.0；

Ⅱ型：（2 400×760）×6.0；

Ⅲ型：（3 050×760）×12.0；

Ⅳ型：其他边长与厚度尺寸也可由供需双方商定。

(2)等级

产品按巴氏硬度、落球冲击分为优等A级和合格B级两个等级。

(3)标记

实体面材按产品中文名称、基体树脂英文缩写、规格尺寸代号、公称厚度、等级和本标准号的顺序进行标记。示例：如符合《人造石》(JC/T 908—2013)标准，以聚甲基丙烯酸甲酯为基体，厚度为12.0mm的Ⅰ型A级实体面材则标记为：人造石实体面材 PMMA/ Ⅰ12.0 A/JC/T 908—2013。

6.2.4 人造石英石

人造石英石简称石英石，俗称石英微晶合成装饰板或人造硅晶石，以天然石英石（砂、粉）、硅砂、尾矿渣等无机材料（其主要成分为二氧化硅）为主要原材料，以高分子聚合物或水泥或两者混合物为黏合材料制成的人造石。

根据《人造石》(JC/T 908—2013)的规定，介绍石英石的规格尺寸、等级和标记。

(1)规格尺寸

矩形产品常用规格尺寸如表6-13规定，其他规格尺寸由供需双方商定。

(2)等级

产品按规格尺寸允许偏差、角度公差、平整度、外观质量和落球冲击（仅限用于台面时）分为优等A级和合格B级两个等级。

(3)标记

石英石按产品中文名称、基体树脂英文缩写、规格尺寸、等级代号和本标准号的顺序进行标记。示例：如符合《人造石》(JC/T 908—2013)标准，以不饱和聚酯树脂为基体，厚度为16mm，边长为3 050mm×1 450mm的B级石英石则标记为：人造石石英石 UPR 3 050×1 450×16 B/JC/T 908—2013。

表6-13 矩形产品常用规格尺寸 mm

项目	尺寸
边　长	400、600、760、800、900、1 000、1 200、1 400、1 450、1 500、1 600、2 000、2 400（2 440）、3 000、3 050、3 600
厚　度	8、10、12、15、16、18、20、25、30
注：其他边长与厚度尺寸也可由供需双方商定。	

注：此表摘自行业标准《人造石》(JC/T 908—2013)。

6.2.5 人造石岗石

人造石岗石简称岗石或人造大理石，以大理石、石灰石等的碎料、粉料为主要原材料、以高分子聚合物或水泥或两者混合物为黏合材料制成的人造石。

根据《人造石》(JC/T 908—2013)的规定，介绍岗石的规格尺寸、等级和标记。

(1)尺寸规格

矩形产品常用规格尺寸如表6-14规定，其他规格尺寸由供需双方商定。

(2)等级

产品按规格尺寸允许偏差、角度公差、平整度、外观质量分为优等A级和合格B级两个等级。

(3)标记

岗石按产品中文名称、基体树脂英文缩写、规格尺寸、等级代号和本标准号的顺序进行标记。示例：如符合《人造石》(JC/T 908—2013)标准，以不饱和聚酯树脂为基体，厚度为16.5mm，边长为800mm×800mm的A级人造石岗石则标记为：人造石岗石 UPR800×800×16.5 A/JC/T 908—2013。

表 6 - 14　矩形产品常用规格尺寸　　mm

项目	尺寸
边　长	400、600、800、900、1 000、1 200
厚　度	12、15、16、16.5、18、20、30
注：其他边长与厚度尺寸也可由供需双方商定。	

注：此表摘自建材行业标准《人造石》（JC/T 908—2013）。

6.2.6　聚酯型人造石材

根据使用原料和制造方法的不同，市面上使用最为广泛的是树脂型人造石材（即人造石实体面材），其中又以不饱和聚酯树脂为胶结剂而生产的树脂型人造石材最多，又称聚酯合成石。其中不饱和聚酯树脂具有黏度小，易于成型，光泽好，颜色浅，固化快，常温下可进行操作等特点，物理化学性能稳定，容易配制成各种明亮的色彩与花纹，适用范围广。

（1）聚酯合成石的特性

聚酯合成石与天然岩石相比，密度小，强度较高，其物理力学性能见表 6 - 15。

聚酯合成石具有以下特性：

①装饰性好　可以按设计要求制成各种颜色、纹理、光泽，模仿天然大理石或花岗石，效果可与天然石材饰面板相媲美。还可根据需要加入适当的添加剂，制成兼具特殊性能的饰面材料。

②强度高　其制成板材厚度薄、质量轻，但强度高，不易碎。可直接用聚酯砂浆或水泥砂浆进行黏贴。

③可加工性好　比天然大理石易于锯切、钻孔，可加工成各种形状和尺寸，便于施工。

④表面抗污性强　因采用不饱和聚酯树脂为胶结剂，故合成石具有良好的耐酸碱腐蚀性。它对醋、酱油、墨水、紫药水、机油等均不着色或着色十分轻微，碘酒痕迹可用酒精擦拭，其表面具有良好的抗污性，可用作实验室、厨房间的操作台面。

⑤耐久性良好　聚酯合成石具有良好的耐久性，经实验测得：骤冷、骤热（0℃，15 min 与 80℃，15 min）30 次，表面无裂纹，颜色无变化；80℃下烘 100 h，表面无裂纹，色泽微变黄；置于室外暴露 300 天，表面无裂纹，色泽微变黄。

⑥易老化　聚酯合成石的胶结剂为有机材料，因此和其他有机材料一样，因长期受自然环境（日照、雨淋、风吹）的综合作用，它也会逐渐产生老化，表面会变暗，失去光泽，降低了装饰效果。在室内使用，可延长它的使用年限。

（2）聚酯合成石的种类、制品、用途

聚酯合成石由于生产时采用的天然石料的种类、粒度和纯度不同，加入的颜料不同，以及加工的工艺方法不同，所制合成石的花纹、图案、色彩和质感也就不同。通常制成仿天然大理石、天然花岗石和天然玛瑙石的花纹和质感，故分别被称为人造大理石、人造花岗石和人造玛瑙。另外还可以仿造紫晶、芙蓉石、山田玉、彩翠等名贵玉石，制成具有类似玉石色泽和透明状的人造石，可达以假乱真的程度。

意大利在聚酯合成石的加工方面十分发达，举世闻名，所仿制的人造大理石与天然大理石条纹极为相似，堪称独特产品，但价格昂贵。我国北京、天津、青岛、江苏、广东等地均有生产聚酯合成石制品的厂家。聚酯合成石饰面板材常见品种及规格见表 6 - 16。

聚酯合成石常制成饰面人造大理石板材、人造花岗石板材和人造玉石板材，被广泛应用于家

表 6 - 15　聚酯合成石的物理力学性能

抗压强度（MPa）	抗折强度（MPa）	抗冲击强度（$J \cdot cm^{-2}$）	表面硬度（RC）	表面光泽度（度）	密度（$g \cdot cm^{-3}$）	吸水率（%）	线膨胀系数（$\times 10^{-5}$）
＞100	38 左右	15 左右	40 左右	＞100	2.1 左右	＜0.1	2～3

表 6－16　聚酯合成石饰面板材常见品种及规格

品种	品名	规格(mm)			备注
		长	宽	厚	
人造大理石板	红五花石	450	450	8～10	种类规格较多，花色特征均仿天然大理石
	蔚蓝雪花	800	800	15～20	
	絮状墨碧	600	600	10～12	
	栖霞深绿	700	700	12～15	
人造花岗石板	奶　白	1 730	890	12	图案和色彩多样
	麻　花	1 730	890	12	
	彩　云	1 730	890	12	
	贵妃红	1 730	890	12	
	锦　黑	1 730	890	12	
人造玉石板	白云紫	400	400	10	白色
	天蓝红	400	400	10	蓝红色
	芙蓉石	400	400	10	粉红色
	黑白玉质板	400	400	10	黑白花纹
	山田玉硬板	400	400	10	绿色
	碧玉黑金星	400	400	10	绿色带金星

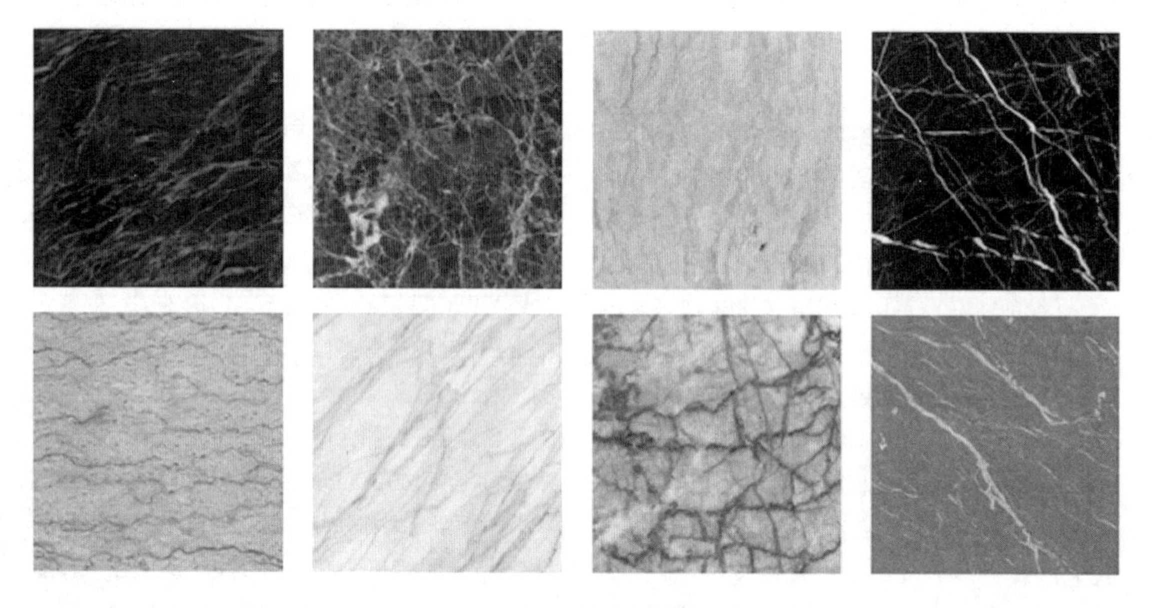

图 6－7　人造玉石桌面

具面板（图 6－7）及工厂、学校、医院等工作场所的工作台面、装饰板等。人造玛瑙、人造玉石可用于制作家具装饰件、工艺壁画、装饰浮雕、立体雕塑等各种人造石材工艺品等。

除上述聚酯合成石产品外，以甲基丙烯酸甲酯树脂配以天然矿粉与色料在高温高压条件下制成的实心板材（俗称压克力人造石），正在被越来越多地应用于厨房家具的台面制作等。这类人造石板材具有晶莹光泽的外观，抗污垢易清洗，强度高，耐热性好，有热塑性，容易进行各种加工。如美国杜邦（DUPONT）、威盛亚（WILSONART）的压克力人造石板材就是其中的优秀品牌，但价格较高。

人造石产品令人最不放心的就是其化学物质的毒性与辐射污染。例如，食品常搁在橱柜台面上，有些食品是直接入口的。因此橱柜台面应符合食品卫生要求。据有关资料报道：美国杜邦、威盛亚的压克力人造石板材，其主料相当于制作假牙的材料（医用级），产品经美国食品、药物机构认证，安全可靠。我国有一些人造石板材制造公司为了证明所用材料无毒，请有关专业机构用人造石粉末及粉末浸液喂小白鼠，进行验证。我国《室内装饰装修材料有害物质限量标准》是国家质量监督检验检疫总局、中国国家标准化管理委员会负责组织制修订的 10 项强制性国家标准，于 2001 年 12 月 10 日批准发布，自 2002 年 1 月 1 日起已执行多年。目前，许多人造石板材制造公司正将产品向更卫生、更环保的方向发展。

6.3 石材的选用及养护

近二十年来，我国的石材行业受到国际的影响，经历了从量到质的飞跃。石材需要养护这一观念越来越多地被石材生产者和使用者接受，那么如何正确选用和养护石材就更为重要了。

6.3.1 石材的选用

（1）天然石材的选用

①技术质量指标　主要包括石材的强度、吸水率、膨胀系数、耐磨性、抗冲击性和耐用年限等。要根据家具的使用要求及所处环境，选用符合技术质量标准的石材，以保证其使用的耐久性。

②质量等级标准　包括石材的规格允许公差、平度偏差、角度偏差、表面光泽度、棱角缺陷、表面色线、色差、色斑等内容。应根据家具设计的表现效果及造价，选择合适的石材。

③看标志　包装箱上应注明企业名称、商标、标记；须有“向上”和“小心轻放”的标志，并符合国家标准《包装储运图示标志》(GB/T 19766—2016)中的规定。

对安装顺序有要求的板材，应在每块板材上标明安装序号。

④看包装　按板材品种、等级等分别包装，并附产品合格证（包括产品名称、规格、等级、批号、检验员、出厂日期）；板材光面相对且加垫。

包装应满足在正常条件下安全装载、运输的要求。

⑤看花纹色调　将协议板与被检板材并列平放在地上，距板材 1.5m 处站立目测。首先用肉眼去看石材的表面结构，均匀细粒结构的石材具有细腻的质感，为“上品”，反之，粗粒及不等粒结构的石材外观效果较差；其次看石材有无裂缝、缺棱角、翘曲等缺陷，其颜色是否均匀，含不含杂色或颜色忽淡忽浓，出现以上缺陷均不算“上品”。最后，优质的天然石材应切割边缘整齐无缺角，表面光洁、亮度高，用手触摸没有粗糙感。

⑥听　用石材和石材敲击发出声音，声音悦耳清脆为质量好的石材，如声音粗哑，一般是石材内部存在轻微裂隙或因风化导致颗粒间接触变松。

⑦测量　测量石材的规格尺寸，用游标卡尺测量缺陷的长度、宽度，测量值精确到 0.1mm，以免造成拼接后的花色、图案、线条变形，影响装饰效果。

⑧试验　在石材的背面滴一滴墨水，如果墨水很快四处分散浸出，即表明石材质量不好，内部颗粒松动或存在缝隙；反之，若墨水滴在原地不动，则说明石材质量好。

（2）人造石材的选用

①看标志　每件人造石产品应标志如下内容：产品标记，生产厂名和/或商标、合格标记、生产日期或生产批号。

每件包装应标志如下内容：生产厂名、厂址、生产日期或生产批号、产品标记及不同产品的规格和数量。

②看包装　人造石产品应用木箱或其他合适材料包装，每件产品之间应用纸或塑料薄膜隔开，每件包装重量不超过 4 000kg。

③外观质量　人造石同一批产品的色调、花纹应基本一致，不得有明显差别，其外观缺陷应符合国家建材行业标准《人造石》(JC/T 908—2013)中的相关规定。

人造石样品表面无类似塑料的胶质感，背面没有细小气孔，其颜色应均匀不混浊。

④鼻闻　没有明显的化学性气味。

⑤触感　用手触摸人造石材表面有丝绸感，无明显高低不平，无涩感；用指甲划石材表面无明显划痕；任选两块石材敲击不易碎。

⑥试验　选一块样品，在其表面倒酱油或油污等污物，然后用钢丝球对其表面擦拭，观察其抗污和耐磨性能。

6.3.2　石材的养护

石材的养护主要是针对于天然石材。天然石材因具有一定的孔隙或微裂纹而具备透气和吸水的自然属性，在外界的影响下，其基本特性有可能发生改变，出现花脸、吐黄、锈斑、白华（返碱）以及翘曲、松脱、龟裂等现象。为了避免以上现象的产生，必须树立正确的石材养护观念。

（1）施工前对石材的养护

施工前，需要用石材养护剂渗入石材内部形成保护层，即阻止外部污染物渗到石材内部，同时也阻止了潜伏在石材内部的污染物渗到表面，从而提高石材的使用寿命。

石材养护剂的主要成分是特殊复合硅化物，液剂深深渗透到石材内部，保护石材不受水和污染的侵蚀。其主要变化和作用如下：

①吸水率降低　经过养护的石材一般含水率可降低75%，几乎不吸水并起到长期防止水渗透的作用。

②颜色变化　石材的颜色更深，更饱和，保持原有的自然感觉。

③防潮效果　可防止石材下面和侧面的水或水汽上泛。

④防紫外线　防止石材风化、龟裂。

⑤防污染效果　使石材不易受到污染，更利于石材表面的清洗。

（2）施工后对石材的养护

施工完成后，在使用石材过程中，石材的污染主要来自于石材内部和外部因素两个方面。石材内部主要是由于加工和使用不当出现水斑、铁锈、白华、龟裂等现象；外部因素如厨房的油污、咖啡等影响石材的外观。针对以上情况主要有三大养护产品：

①防护剂　主要用于石材使用前的预防性防护，如光亮养护剂、水泥白华防止剂、吸水防止剂、防霉养护剂等。

②清洗剂　主要用于易受污染的石材的清洗，如去油剂、强力清洗剂、除锈剂等。

③加强剂　主要强化石材的硬度和强度，防止其龟裂、风化等。

单元实训　石材不同品种的外观与质量等级识别

1. 实训目标

认识各种石材板品种，掌握其外观及性能特点，依据国家相关标准要求，能对各种常用石材板的质量进行识别，熟练掌握各种石材板的品种、外观、花色纹理及质量的识别方法。

2. 实训场所与形式

实训场所为材料实验室、家具材料商场或建材市场。以4～6人为实训小组，到实训现场进行观察、测量和调查。

3. 实训设备与材料

材料：各种常用石材板及有关国家标准。

仪器及工具：测微仪（精度0.01mm）、钢卷尺（精度1mm）、万能角度尺、直角尺、游标卡尺（精度 0.1 mm）。

4. 实训内容与方法

①天然大理石的品种与质量识别及特性分析　学生对各个品种的大理石板材的外观及规格进行感性认识，并根据所掌握的相关知识就表面颜色和纹理特点、特性和用途、产地等方面进行交流讨论。最后由指导教师进行总结和补充，对各种大理石板材的规格、外观缺陷的标准限制要求和识别方法等进行详细讲解。

②聚酯合成石的品种与质量识别　通过对不同种类常用聚酯合成石外观的感性认识，分组交流、讨论其不同品种的花色特征、用途等基本特性。最后由指导教师对其生产工艺、规格标准，人造石与天然石材的区别与识别方法等知识进行现场直观讲解。

5. 实训要求与报告

（1）实训前，学生应认真阅读实训指导书及有关国家标准，明确实训内容、方法及要求。

（2）在整个实训过程中，每位学生均应做好实训记录，数据要详实准确。

（3）实训完毕，及时整理好实训报告，做到准确完整、规范清楚。

6. 实训考核标准

（1）在熟悉常用规格石材板国家质量标准的前提下，结合样板能识别常见石材板的品种及外观质量缺陷，并能基本准确评析其外观质量等级。

（2）熟练使用各种测量工具和仪器，操作规范；掌握石材板幅面规格尺寸的测量方法。

（3）能达到上述两点标准，实训报告完整的学生，可酌情将成绩评定为合格、良好或优秀。

思考与练习

1. 填空题

（1）与天然石材相比，人造石材具有质量________、强度________、施工________、造价________、耐污耐腐及表面花纹图案________等优点，因此是现代家具及室内装饰的理想用材。

（2）天然大理石的抗风化能力较差，因此，多数大理石不宜用于________家具；某些花岗石含有微量放射性元素，这类花岗石应避免用于________家具。

2. 问答题

（1）天然石材是如何分类的？

（2）天然大理石与天然花岗石的区别是什么？

（3）何为人造石，其种类有哪些？

（4）聚酯合成石的特性是什么？

（5）石材在家具中的主要用途是什么？

推荐阅读书目

1. 梅启毅. 家具材料[M]. 北京：中国林业出版社，2007.
2. 赵方冉. 装饰装修材料[M]. 北京：中国轻工业出版社，2002.
3. 何平. 装饰材料[M]. 南京：东南大学出版社，2002.
4. 郑宏奎. 室内及家具材料学[M]. 北京：中国轻工业出版社，1997.
5. 陈建新. 如何科学地选用石材养护产品[J]. 石材，2004（10）：21－23.
6. 韩爱丰. 石材养护——石材应用的新课题[J]. 装饰装修，1998（11）：5－7.

单元 7
纤维织物、皮革、填充材料

知识目标

1. 了解家具装饰纤维织物、皮革以及填充材料的种类及性能。
2. 熟悉家具装饰小织物的工艺制作方法。
3. 掌握纤维和皮革的正确鉴别方法。

技能目标

1. 熟悉各种纤维织物、天然皮革以及人造皮革。
2. 了解家具常用纤维织物以及皮革的特性。
3. 掌握家具装饰纺织材料以及皮革的鉴别方法。

7.1 纤维织物

纤维织物与皮革的应用历史悠久，是家具覆面装饰和保护的重要材料，合理选用纤维织物和皮革，可以美化家具制品及室内环境，给人们生活带来温暖舒适的室内氛围。填充材料是构成软体家具软垫结构的主要材料，与家具的舒适感有着密切关系。

7.1.1 家具常用纤维和织物种类及性能

纤维织物色彩鲜艳美丽，图案变化丰富，装饰效果自然亲切，质地柔软，主要用于室内软体家具覆面、家具陈设的表面覆盖和室内装饰等。家具装饰纤维织物的种类见表 7－1。

（1）纤维的种类和性能

各种纤维的原料种类不同，纤维内部构造及化学、物理力学性能也不相同。纤维织物按其原料主要分为天然纤维、人造纤维和合成纤维。

①天然纤维　是从自然界存在和生长的或经人工培植的植物上、人工饲养的动物上直接取得

表 7－1　家具类装饰纤维织物的种类

类别	品种与特点
家具蒙面织物	布、灯芯绒、织锦、针织物和呢料等。其特点是厚实、有弹性、坚韧、耐拉、耐磨、触感好、肌理变化多，无光亮的为好
家具覆盖织物	台布、床罩、沙发套（巾）等家具陈设的覆盖织物。其主要功能是防磨损、防油污、防灰尘，也起点缀作用
靠垫	坐具与卧具（沙发、椅、凳、床等）上的附设品，可以用来调节人体的坐卧姿势，使人体与家具的接触更为贴切，也作为上述家具的补充装饰品
其他织物	织物屏风、织物灯罩等，在室内环境中有实用价值和很好的装饰效果

的具有纺织价值的纤维，主要有棉纤维、麻纤维、竹纤维、蚕丝和动物毛等。其中棉纤维、麻纤维和竹纤维是植物类纤维，分子成分主要是纤维素，而蚕丝和毛类是动物类纤维，分子成分主要是蛋白质。

棉纤维：棉纤维具有柔软、手感好、吸湿和透气性好，耐碱不耐酸，易皱易脏，易受微生物侵蚀等特点。棉纤维的纺织和印染工艺成熟，织物可以有从轻柔到厚重的各种质感。棉织物种类繁多，价格较低，在软体家具中大量应用。棉纤维与其他纤维混纺可以得到吸湿性好、高强度、高耐磨性的新型织物。

麻纤维：麻类纤维主要指黄麻、苎麻、亚麻等的纤维，麻织物的强度及导热性都比棉大。麻纤维对酸、碱都不敏感，且抗霉菌性能好，不易受潮发霉。麻、棉纤维的特点基本相同，但麻更富有弹性，透气性好，吸湿散热快，可与棉、羊毛、蚕丝、化纤混纺交织成各种织物。麻织物可做软体家具面料的主要是亚麻（图7－1）。

动物毛纤维：动物毛纤维精细、柔软、温暖、有弹性、耐磨损。常用来做居室家具的坐垫、床垫等。各种羊毛及混纺织物可以织出质地厚重、挺括的面料。动物毛及其织物的最大问题是易虫蛀、易发霉。

蚕丝纤维：蚕丝纤维柔韧、半透明、易上色，色泽光亮柔和，皮肤触感好，具有较强的吸湿性。蚕丝作为一种高档的纺织面料，价格较高。

竹纤维：竹纤维就是从自然生长的竹子中提取出的一种纤维素纤维，是继棉、麻、毛、丝之后的第五大天然纤维。竹纤维具有良好的透气性、瞬间吸水性、较强的耐磨性和良好的染色性等特性，同时又具有天然抗菌、抑菌、除螨、防臭和抗紫外线功能。

②人造纤维　是指用某些天然高分子化合物或衍生物做原料，经溶解后制成纺织溶液，然后纺织成纤维。竹子、木材、甘蔗渣、短棉绒等都是制造人造纤维的原料。重要的品种有黏胶纤维、醋酸纤维、铜氨纤维等。人造纤维一般具有与天然纤维相似的性能，有良好的吸湿性、透气性和染色性能，手感柔软，富有光泽，是一种重要的纺织材料，它也可以与羊毛、丝等天然纤维、合成纤维混纺制成各种织物。

③合成纤维　是将人工合成的、具有适宜分子量并具有可溶（或可熔）性的线型聚合物，经纺丝成型和后处理而制得的化学纤维。与天然纤维和人造纤维相比，合成纤维的原料是由人工合成方法制得的，生产不受自然条件的限制。合成纤维除了具有化学纤维的一般优越性能，如强度高、质轻、易洗快干、弹性好、不怕霉蛀等外，不同品种的合成纤维各具有某些独特性能。合成纤维是家具织物中主要采用的纤维。

涤纶：学名聚酯纤维，俗称“的确良”。它是由有机二元酸和二元醇缩聚而成的聚酯，经纺丝所得的合成纤维。工业化大量生产的聚酯纤维是

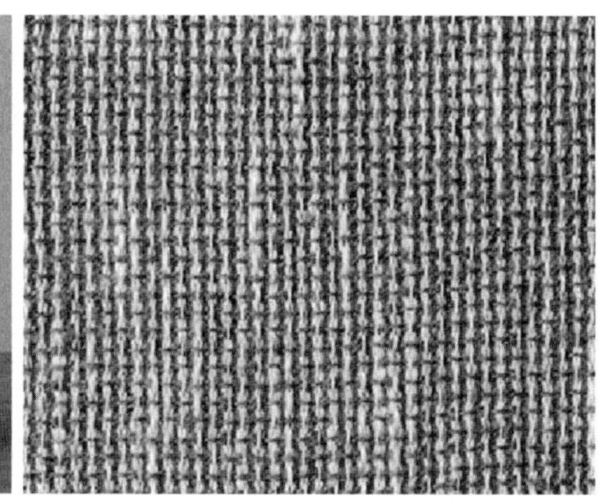

图7－1　亚麻面料及沙发

图 7－2　棉涤混纺材料（新型软体沙发）

图 7－3　家饰用的腈纶织物

用聚对苯二甲酸乙二醇酯制成的，是当前合成纤维的第一大品种。涤纶工艺简单，价格低廉，具有结实耐用、弹性好、不易变形、耐腐蚀、绝缘、挺括、易洗快干等优点。缺点是手感硬、触感差、光泽不柔和、透气性差、吸湿性差。可与其他纤维混纺，如棉纤维，得到各种性能的织物（图 7－2）。

腈纶：学名聚丙烯腈纤维，它的分子结构中含有 85%以上的丙烯腈单元。腈纶纤维早期称作人造羊毛，腈纶织物在手感和质感方面与毛接近，质轻，强度大，保暖性好，染色鲜艳。它的比重比羊毛轻 11%，强度是羊毛的 2～3 倍，不霉不蛀，耐气候及耐酸碱性好。主要缺点是耐磨性较差，易起静电灰尘。腈纶纤维可与羊毛混纺成毛线，或织成毛毯、地毯（图 7－3）等，还可与棉、人造纤维、其他合成纤维混纺，织成各种面料和室内用品。

氯纶：学名聚氯乙烯纤维。氯纶的突出优点是难燃、保暖、耐晒、耐磨、耐蚀和耐蛀，弹性也很好。缺点是染色比较困难，热收缩大。但可通过与其他纤维品种共聚或与其他纤维进行乳液混合纺丝改善。

锦纶：学名聚酰胺纤维，又称尼龙。通常纺织品所用的聚酰胺纤维有锦纶 6、锦纶 66。聚酰胺纤维最突出的优点是耐磨性高于其他所有纤维，比棉花耐磨性高 10 倍，比羊毛高 20 倍，在混纺织物中稍加入一些聚酰胺纤维，可大大提高其耐磨性；聚酰胺纤维的强度也较高，比棉花高 1～2 倍、比羊毛高 4～5 倍，质地牢固且柔韧，富有弹性，耐脏。缺点是耐光耐热性差，锦纶 6、锦纶 66 的吸湿性与染色性较差。

丙纶：学名聚丙烯纤维，用石油精炼的副产物丙烯为原料制得。原料来源丰富，生产工艺简单，价格比其他化纤低廉。丙纶纤维的密度（$0.91g/cm^3$）是合成纤维中最小的。它具有耐磨损、耐腐蚀、强度高、蓬松性与保暖性好等特点。但其制成的纺织品手感不如羊毛等织物，染色性和耐光性也较差，可与多种纤维混纺制成不同类型的混纺织物。

（2）功能性纤维织物

功能性纤维织物是指通过改变织物的性质，使织物具有特殊作用和超强性能。

功能性纤维织物主要通过三方面获得：第一，通过纤维改性获得功能性纤维并织成功能性面料。第二，纱线形成织物后通过后续的整理工序获得相应功能性，如将阻燃剂用喷涂、浸轧或涂层的方法对织物进行处理，当遇到火源时发生物理和化学反应，从而达到阻燃效果；将抗菌剂喷涂在织物表面达到抗菌效果等。第三，通过织物加工获得。在织物加工过程中采用某些特殊材料与纺织纤维混纺或交织于织物中实现某种功能。如把金属纤维和棉纤维混织在一起，织成的织物可以屏蔽绝大多数辐射危害；采用嵌织导电纤维（与金属丝共织）的方法可增强织物的抗静电性，同时还能改善织物的吸湿性以及防污性等。

按照不同功能，功能性纤维织物除了具备基本使用功能外，还可以具有抗菌、除螨虫、防霉、抗病毒、防蚊虫、防蛀、阻燃、防皱免烫、防水拒油、防紫外线、吸湿快干、记忆、荧光、排汗、抗静电、防电磁辐射、磁疗、红外线理疗、负离子保健等功效中的一种或几种。在家具织物中，主要功能性织物有阻燃织物、抗静电织物以及抗菌织物。

①阻燃织物　是指在接触火焰或炽热物体后，能防止本身被点燃或可以减缓并终止燃烧的防护织物。可以用作防火要求较高的各种家具、椅子罩面、沙发床垫等。根据阻燃原理可分为阻燃纤维织物和后处理阻燃织物。

阻燃纤维织物：是用阻燃纤维织成的永久性阻燃织物，可以制成各种软家具包覆织物。阻燃纤维织物遇火不蔓延，不燃烧，离火自灭，能阻止辐射烫伤，热收缩小，热量残留少，耐热、耐洗、耐磨。阻燃纤维织物的品种有：

芳纶纺织品——学名芳香族聚酰胺纤维，是耐燃性最好的高分子合成纤维，在明火中不起火，不蔓延燃烧，隔热性好，在400℃时不熔融，仅缓慢分解。

腈氯纶布——腈氯纶布是一种阻燃纤维，难燃性好，离火自熄，并有抗静电性能。

后处理阻燃织物：采用棉、毛、麻、化纤等易燃纤维织物经后期阻燃处理制造。产品的燃烧性能、烟雾、毒性、氧指数等指标有严格控制，均应达到国家规定的难燃物指标。该方法成本低，但阻燃性一般随着使用年限和洗涤次数的增加而逐渐降低或消失。

②抗静电纤维织物　是采用超抗静电纤维（含有导电性碳微粒的复合纤维）混纺成抗静电布，具有永久抗静电性能。抗静电指标符合国际标准，电荷密度为4 $\mu c/m^2$，穿着摩擦带电压100V以下，适用于电子、化工、机房等处专用家具，主要品种有：

超抗静电短纤维纺织品：含有碳素的导电短纤维与其他纤维进行混纺加工而成的织物。产品有各种室内家具专用织物。

超抗静电长丝织物：含有碳素的有机导电长丝和亲水性抗静电长丝与涤纶长丝交织而成的织物。具有前述短纤维制品同样的抗静电能力和更好的抗污染性，用于严格要求无尘的精密制造工业、电子工业室内家具用布。

③抗菌织物　可以防止对人体有害的细菌在布料上滋长，抗菌强者甚至可以杀死细菌。这种织物能有效降低细菌感染产生病变而影响健康，可用在医疗机构内的家具中。抗菌织物可通过将抗菌基团接枝到纤维表面的反应基上的化学改性技术，以及使抗菌剂浸入纤维表面较深部位的物理改性技术，近年还成功研究出在制品中加入纳米抗菌微粒。

（3）纤维织物工艺及其品种特征

①纤维织物的成型　织物的成型方法主要包括编织法和编结法。编织法包括织花、栽绒；编结法包括绳编连缀、棒针编结、钩针编结等。

织花：相互垂直的经纬线反复穿梭、纺织而成各种织物。织花的制作工艺简捷，选用材料也较为广泛（如各色棉、麻、丝线等）。织花既可以平织进行色与色的变换，使之呈彩条状，也可以挑织出各种几何形的花纹。用织花织成的织物，纹路清晰、密实，花纹具有规律性，朴素大方，工艺简洁明快。织花是许多织物所使用的制作方法，也是家具覆盖物及窗帘等织物的主要成型方法。

栽绒：用木框拉成经线，用毛线在经线上连续打结，用织刀截断毛线，下框后再经片剪而成。栽绒是编织家具坐垫的主要方法，质地松软

图 7-4　扎染织物

图 7-5　绣花织物

并有弹性，可编织成细致的花纹与图案，如选用丝线栽绒，显得华丽高贵。

编结：分为棒针编结和钩针编结两种。是选用不同棒针或钩针等编织工具，将各色毛线、棉线或丝线编结而成的一种手工织物。它可以运用不同手法，编织出多种花饰图案，其制品外形变化随意、针法繁多、起伏明显。如各色线混合使用，外观效果更加生动、活泼。

②纤维织物的印染修饰　织物的印染修饰，是将加工好的单色织物进行染色和进行图案花饰的艺术处理，主要包括扎染、蜡染、印花、绣花、补花、手绘等修饰方法。

扎染：是用线绳或木版把织物捆扎、缠绕后浸入染液内染色，形成深浅不一花纹的工艺手法。扎染工艺简便，染色线条具有粗细、长短、虚实的变化，艺术效果丰富、朴素而含蓄（图 7-4）。

蜡染：是在织物上按照预先画好的图案，用溶蜡描绘一遍，然后浸入染液中，冷染上色。经加热除蜡后，花纹即会显现出来。蜡染既可制成单色，也能多次套色。其成品有明显的蜡纹，图案丰富，古朴典雅，有浓厚的地方特色。

印花：包括丝网印花和转移印花。丝网印花是先制作镂空花纹的网板，然后将网板放置于需要印染的织物上，使色浆通过花板被刮印到织物上；转移印花做法是先将染料绘制于纸上（或分散染料图样纸），然后将织物压在带有染料的图案上，在高温压力作用下，纸上的染料会转移印制到织物上面。在印花工艺中，套色、花型不受布局、大小的限制，画面活泼多样，图案生动，色彩鲜艳，是应用较为普遍的装饰手法。

绣花：可用多种织物做底布，在其上描绘出要绣的花样，用不同材质的线，以不同的针法绣制而成。按材质还可分为棉绣、丝绣、毛绣、麻绣等。绣花装饰五彩缤纷，艺术效果细致、华丽、高雅（图 7-5）。

补花：是采用各色布料或其他织物剪成花样，黏接或缝缀在底布上而成的一种装饰。补花可利用边角下料进行制作，艺术效果"响亮"，颇具地方乡土特色。

7.1.2　纤维的鉴别方法

纤维的鉴别方法比较多，有感官鉴别法、燃烧法、显微镜观察法、化学溶解法、药品着色法、熔点法和密度法等。这里主要介绍几种常用的鉴别方法，有手感目测方法、燃烧法和显微镜观察法。在进行纤维鉴别时，一般应同时采取多种试验方法，从试验结果中进行综合性判断，同时，还需要有一定的实际经验，才能准确地鉴别纤维。

（1）感官鉴别法

感官法即通过人的感觉器官，眼、耳、鼻、手等，根据纤维或织物的不同外观和特点，对其成分进行判断。感官法是鉴别天然纤维与个别化纤品种的简便方法之一，但其准确性较差，尤其难以鉴别化学纤维的具体品种。

①蚕丝　手感柔软，富有光泽，纤维细长，手触有滑爽寒冷的感觉。

②羊毛　纤维弹性好，通常呈卷曲状态，手触有温暖之感。

③棉花　纤维有天然卷曲，纤维较短，手感柔软，弹性比羊毛差。

④麻　纤维手感粗硬，常因胶质而聚成小束。

⑤人造丝　纤维强度低，浸水后更易拉断，断处整齐。

⑥合成纤维　一般强度、弹性较好，手感光滑，纤维长度一般较整齐，光泽不如蚕丝柔和。

（2）燃烧法

①原理　是利用各种纤维的不同化学组成和燃烧特征来粗略地鉴别纤维种类。

②方法　准备好一小束纤维（或从织物的经向或纬向抽出几根或几十根经、纬纱线，将其分别成束），然后点燃酒精灯，用镊子夹住一小束纤维（经纱或纬纱），慢慢分别移近火焰，仔细观察纤维接近火焰、在火焰中以及离开火焰时，烟的颜色、燃烧的速度、燃烧后灰烬的颜色、形状和硬度等特征以及燃烧时的气味，并加以记录，对照纤维燃烧时的特征表 7-2 来进行判别。

③适用范围　燃烧鉴别法是鉴别天然纤维还是化学纤维较为可靠的方法。一般只适用于单一成分的纤维、纱线和织物。不适用于经过防火、阻燃或其他整理后的产品。

表 7-2　常用纺织纤维燃烧特征

纤维	近焰时现象	在焰中	离焰以后	嗅觉	灰烬形状、颜色
棉	近焰即燃	燃烧	续燃较快，有余辉	烧纸味	柔软、黑色或灰色
毛	近焰即熔缩	熔并燃	难续燃 ，会自熄	烧羽毛味	易碎、脆、黑色
丝	近焰即熔缩	燃时有咝咝声	难续燃，会自熄，且燃时飞溅	烧羽毛味	易碎、脆、黑色
麻	近焰即燃	燃时有爆裂声	续燃冒烟有余辉	烧纸味	柔软、黑色或灰色
黏胶	近焰即燃	燃烧	续燃极快无余辉	烧纸夹杂化学品味	除无光者外均无灰、间有少量黑灰
锦纶	近焰即熔缩	熔燃，滴落并起泡	不直接续燃	似芹菜味	硬、圆、轻、棕到灰色、珠状
涤纶	近焰即熔缩	熔燃，滴落并起泡	能续燃，少数有烟	极弱的甜味	硬圆、黑或淡褐色
腈纶	熔	近焰即灼烧，熔并燃	速燃、飞溅	弱辛辣味	硬黑、不规则或珠状

表 7-3　常用纤维的纵向和横截面形态特征

纤维	纵向形态特征	横截面形态特征
棉	扁平带状，有天然卷曲	腰圆形、有中腔
羊 毛	表面有鳞片	圆形或接近圆形、有些有毛髓
桑蚕丝	平 直	不规则三角形
苎麻	横节、竖纹	腰子形，有中腔及裂缝
黏胶纤维	纵向有沟槽	有锯齿形或多页形边缘
涤纶、锦纶	平 滑	圆 形
腈 纶	平滑或有一二根沟槽	接近圆形

(3) **显微镜观察法**

①原理　是通过显微镜观察普通纤维的纵向和横截面的特征来鉴别纤维的。

②方法　将纤维纵向与横截面放置在显微镜下，观察其外观形态、纵向形态及横截面的情况，对照纤维的标准显微照片或标准资料鉴别未知纤维的类别。常用纤维的纵向和横截面形态特征见表7-3。

③适用范围　能用于纯纺、混纺和交织产品的鉴别，能正确的将天然纤维和化学纤维分开。

7.2 皮革

皮革是家具材料中长盛不衰的品种。皮革饰面的软包家具配以金、银泡钉等可组成各种风格的图案，一直是传统豪华家具的象征。按照制造方法，皮革可分为天然皮革和人造皮革两大类。

7.2.1 天然皮革

天然皮革是经脱毛和鞣制等物理化学加工所得到的已经变性不易腐烂的动物皮。天然皮革是由天然蛋白质纤维在三维空间紧密编织构成的。其表面有一种特殊的粒面层，具有自然的粒纹和光泽，手感舒适。

制革过程非常复杂，需要经过几十道工序：生皮→浸水→去肉→脱脂→脱毛→浸碱→膨胀→脱灰→软化→浸酸→鞣制→剖层→削匀→复鞣→中和→染色→加油→填充→干燥→整理→涂饰→成品皮革。皮革有轻革和重革之分。用于家具、服装、鞋面的革称为轻革，按面积计量；用于鞋底及工业配件的革称为重革，按重量计量。

常用天然皮革有牛皮、羊皮、猪皮等。牛皮坚固、耐磨、厚重，配上皮绗条、泡钉和黄铜饰件，显示出华贵、稳重的风格（图7-6），多用于较严肃的高级客房和大型办公室。羊皮则以柔软、轻盈、素雅见长，表面饰以烫花、压纹、绗缝纤细图案、染各种浅色装饰，用于比较华丽、轻松的场合。猪皮表面粗糙多孔，质地厚重，经表面磨光处理后，可以部分代替牛羊皮的用途。猪皮价格低廉、资源充足。天然皮革有很多种类，按皮革的层次可以分为头层革和二层革。

图7-6　皮革沙发

(1) **头层革**

头层革有苯胺革、全粒面革、半粒面革、修饰面革、特殊效应革、压花革等。

①苯胺革　分为纯苯胺皮革、全苯胺皮革和半苯胺皮革。纯苯胺皮革是制革厂从已经制成革的皮张中选用上等皮革(表面无伤残、粒面均匀一致)，不用颜料而只用苯胺效应的染料修饰的皮革。这种皮革没有任何涂饰，只用蜡薄薄地或轻轻地涂一层油来增强手感和美观。用机器摔软或抛光通常是这类皮革的最后整饰工序。其最大限度地保留了动物皮原有的天然花纹，皮质非常柔软丰满，透气性良好，喜爱真正自然产品的人尤其喜欢这种皮革。全苯胺皮革与纯苯胺皮革的区别是前者所用的原料皮会是稍低一级的。半苯胺皮革所需的加工多一点，表面有少量涂饰，将少量颜料喷在皮革的表面以掩饰一些原有的瑕疵。这种皮革有较好的耐光性和防划性，且易于

清洁。

②全粒面革　在诸多皮革品种中，全粒面革居榜首，它是由伤残较少的上等原料皮加工而成。其特性为革面上保留完好的天然状态（完整保留粒面），毛孔清晰、细小、紧密、排列不规律，表面丰满细致，涂层薄，能展现动物皮自然的花纹美，富有弹性及良好的透气性，是一种高档皮革。

③半粒面革（轻修面皮革）　半粒革选用等级较差的原料皮，在制作过程中经设备加工、修磨成只有一半的粒面，故称半粒面牛皮。它不像全粒面皮革那样柔软，尽管被一层颜料盖住，但原有的纹理变化依然可见，保持了天然皮革的部分风格，毛孔平坦呈椭圆形，排列不规则，手感坚硬。因工艺的特殊性，半粒面革表面无伤残及疤痕，且利用率较高，其制成品不易变形，所以一般用于面积较大的产品等。

④修面革　是将带有伤残或粗糙的天然革面，利用磨革机对表面轻磨后进行涂饰（或再压制相应的花纹）而制成的。它几乎失掉了原有的表面状态，表面平坦光滑无毛孔及皮纹，例如，修面牛皮又称“光面牛皮”，市场上也称亮面（雾面）牛皮。光面牛皮在制作中对牛皮原粒面层做轻微磨面修饰后，先喷涂一层有色树脂，掩盖皮革表面纹路，再喷涂水性光透树脂。可显出光亮耀眼、高贵华丽的风格，是时尚皮革家具的流行皮革。

⑤特殊效应革　其制作工艺要求同修面牛皮，只是在有色树脂里面夹带金属铝或金属铜元素，在皮革上进行综合喷涂，再滚一层水性透明树脂，其成品具有各种光泽，鲜艳夺目，雍容华贵，为目前流行皮革，属中档皮革。

⑥压花革　压花革是用带有图案的花板（铝制、铜制）在皮革表面进行加温压制各种图案，制成各种风格的皮革。如目前市场上流行的“荔枝纹”“蛇皮纹”“鸵鸟纹”等就是压制加工而成的压花革（图 7－7）。

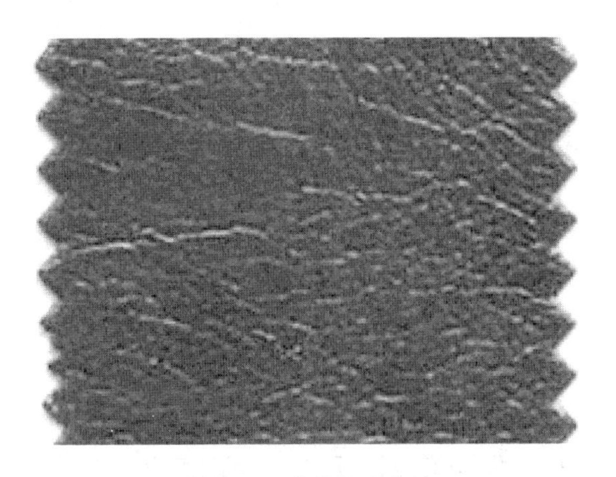

图 7－7　荔枝纹压花革

（2）二层革

用片皮机可把皮剖成几层，带粒面的称为头层皮，以下依次为二层皮、三层皮。头层用来做粒面革或修面革等。二层经过涂饰或贴膜等系列工序制成二层革。二层革的牢度耐磨性较差，是同类皮革中最廉价的一种。

由于二层牛皮的表面涂了一层 PU（聚氨酯）树脂，所以也称“贴膜牛皮”。利用现代技术，按家具革的要求剖层、涂饰、涂颜料和压花是完全可行的。当然二层皮不像头层皮那样耐用，其随工艺的变化也能制成各种档次的产品。除非特别要求，一般涂饰的二层皮不宜用作家具坐垫。

7.2.2　人造皮革

人造皮革是以各种纤维织物为基材，表面覆以合成树脂制成的布基树脂复合材料。作为天然皮革的替代产品，它具有资源充足、价格低廉和表面装饰多样等特点。人造革可分为 PVC 人造革（聚氯乙烯人造革）、PU 合成革和超细纤维 PU 合成革。

（1）PVC 人造革

PVC 人造革是第一代人工皮革，是以聚氯乙烯树脂为主要成分，经压延、复合、涂布、黏合等方法生产的布基树脂复合材料。布基一般为化纤织物，有普通平纹布、斜纹布、针织布、无纺布等。表面树脂装饰层有单层、多层、发泡、印刷、压花、二次覆膜等。聚氯乙烯人造革强度高，附着力强，品种繁多，软硬程度随布基品种及表层结构而异，其价格较低，主要用于低档沙发等家具。

（2）PU 合成革

PU 合成革是第二代人工皮革，继 PVC 人造革之后，经过科技专家们 30 多年的潜心研究和开发，PU 合成革获得了突破性的技术进步。1953 年德国拜尔最早申请了 PU 合成革专利。PU 合成革是以聚氨基甲酸酯为主要成分，加入交联剂、着色剂、稀释剂等辅助原料，与起毛布复合干法加工而成的布基复合卷材。PU 树脂的综合性能高于聚氯乙烯，面层柔软耐折，耐老化性能好。PU 合成革主要用于中高档家具产品。

（3）超细纤维 PU 合成革

超细纤维 PU 合成革是第三代人工皮革。它采用了与天然皮革中束状胶原纤维结构和性能相似的束状超细纤维，加工络合成三维网络结构的高密度无纺布，再用聚氨酯（PU）树脂涂覆表层，经特殊的后加工整理而成。它在耐化学性、质量均一性、大生产加工适应性以及防水，防霉变性等方面更超过了天然皮革。耐磨、弹性好、柔软、抗拉强度高、具有抗溶剂性，可像天然皮革一样进行片切、磨削。也可加工成具有天然皮革所特有的透气、透湿等功能的产品。

超细纤维 PU 合成革适合作为高档家具的面料。超细纤维 PU 合成革不论从内部微观结构，还是外观质感和舒适性等方面都能与高级天然皮革相媲美。

7.2.3　皮革的鉴别方法

（1）天然皮革与人造皮革的鉴别

天然皮革也就是人们常说的“真皮”，是皮革制品市场中将天然皮革和人工皮革区别的一种习惯叫法。天然皮革和人造皮革的区别如下：

①革面　天然的革面有自己特殊的天然花纹，革面光泽自然，用手按或捏革面时有滑爽、柔软、丰满、弹性的感觉。而人工皮革的革面很像天然革，但仔细看花纹不自然，光泽较天然革亮，颜色多为鲜艳色，革面发涩、死板、柔软性差。天然皮革革面有较清晰的毛孔和花纹。

②革身　天然革手感柔软有韧性。而人工皮革虽然也很柔软，但韧性不足，气候寒冷时革身发硬。当用手弯折革身时天然革曲回自然，弹性较好，而人工皮革曲回运动生硬，弹性差。天然皮革都有皮革的气味，而人工皮革都具有刺激性较强的塑料气味。

③切口　天然革的切口处颜色一致纤维清晰可见且细密。而人工皮革的切口无天然革纤维感，可见底部的纤维及树脂，从切口处可看出底布与树脂胶合两个层次。

④革里面　天然革的正面光滑平整有毛孔和花纹，革的反面有明显的纤维束，呈毛绒状且均匀。而人工皮革革里革面光泽都好，也很平滑，有的人工皮革正反面也不一样，革里能见到明显的底布。有少数人工皮革的革里革面都仿天然革，革里也有类似天然革的绒毛，要仔细观察其差异性。

⑤点燃　从真皮革和人造革背面撕下一点纤维点燃后，天然皮革燃烧时会发出一股毛发烧焦的气味，烧成的灰烬一般易碎成粉状；而人造革燃烧后火焰较旺，收缩迅速，并有股很难闻的塑料味道，烧后发黏，冷却后会发硬变成块状。

（2）牛革、猪革、马革与羊革的鉴别

皮革的类型不同，其特点和用途也各不相同。例如牛皮革面细，强度高，最适宜制作皮鞋；羊皮革轻，薄而软，是皮革服装的理想面料；猪皮革的透气性能好。

①猪革　猪革表面的毛孔圆而粗大，较倾斜地伸入革内。毛孔的排列为三根一组，革面呈现许多小三角形的图案。

②牛革　黄牛革和水牛革都称为牛革，但二者也有一定的差别。黄牛革表面的毛孔呈圆形，较直地伸入革内，毛孔紧密而均匀，排列不规则，好像满天星斗。水牛革表面的毛孔比黄牛革粗大，毛孔数较黄牛革稀少，革质较松弛，不如黄牛革细致丰满。

③马革　马革表面的毛也呈椭圆形，比黄牛革毛孔稍大，排列较有规律。

④羊革　羊革粒面的毛孔扁圆，毛孔清楚，几根组成一组，排列呈鱼鳞状。

7.3　填充材料

填充材料是软体家具构成软垫结构的重要材料。它既可以单独使用构成软垫，也可以与弹簧配合使用构成软垫。填充材料在家具中起到缓冲作用，影响着家具的舒适性。现代家具中常使用的填充材料有海绵、羽绒、合成纤维和棕丝等。

7.3.1　海绵

（1）泡沫海绵

泡沫海绵（图 7－8），即软质聚氨酯泡沫塑料，具有封边性松孔结构。特点是：柔软，富有弹性，可随意剪裁，价格低廉，取材方便，制作工艺简单。但泡沫海绵透气性差，散热除湿功能差，易老化、分解而失去弹力。泡沫海绵用于一般软体家具的坐垫、靠背等部位。

（2）乳胶海绵

乳胶采自热带橡胶树切割流出的一种乳白色液体，富有弹性蛋白。在乳胶凝固前，适当的加入空气及硫化处理，即成为发泡状，具有高张力及绝佳的弹性。天然乳胶易被广泛接受的理由之一是不含填塞物或其他添加剂，以保持其内在的天然平衡性。天然乳胶海绵是一次发泡成型，无需连接或裁切。乳胶海绵（图 7－9）具有弹性高，吸收震动，耐压缩疲劳，承载性好，舒适耐久等特点，但价格较高，一般用在高级软体家具上。

（3）记忆海绵

记忆海绵（图 7－10）是具有慢回弹力学性能的聚醚型聚氨酯泡沫海绵，属特种海绵，也称慢回弹海绵、太空海绵、黏弹海绵等。它最早由美国太空总署在 19 世纪 70 年代开发，为宇航员进行太空旅行而设计的支撑和保护垫，目的是为减轻宇航员在起飞和飞行过程中所承受的巨大的重力压力。记忆海绵有吸震、减压、慢回弹的特点，能够根据身体的曲线和温度自动调整形状，从而化解身体各压迫点的压力。记忆海绵目前多用于床垫以及枕头的填充材料。

7.3.2　羽绒纤维

羽绒是长在鹅、鸭的腹部，成芦花朵状的叫绒毛，成片状的叫羽毛。由于羽绒是一种动物性蛋白质纤维，比棉花（植物性纤维素）保温性高，其结构蓬松，质轻柔软，且羽绒球状纤维上密布千万个三角形的细小气孔，能随气温变化而收缩膨胀，产生调温功能，可吸收人体散发流动的热气，隔绝外界冷空气的入侵。

羽绒填充物的处理就要经过原毛检验、水洗、离心机甩水、烘干消毒、冷却、除尘、分毛、拌和毛等多个步骤，每一步都有不同的技术标

图 7－8　泡沫海绵

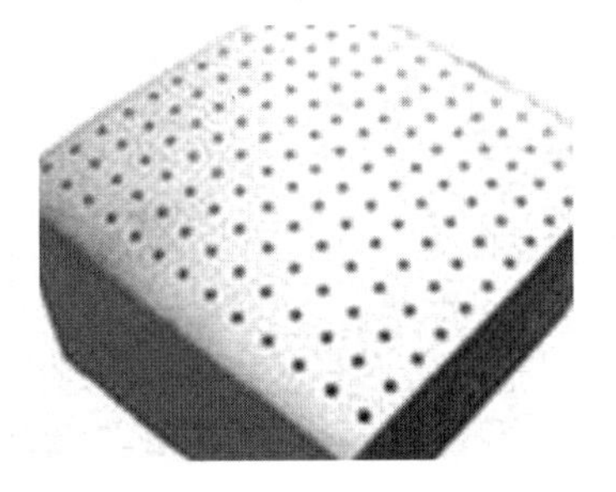

图 7－9　乳胶海绵

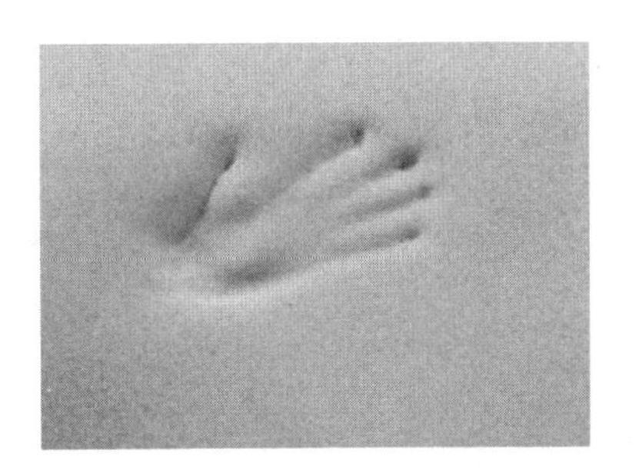

图 7－10　记忆海绵

准。之后，把加工好的羽毛填充到羽绒袋中。羽绒可以与海绵配合使用作为沙发座椅等坐垫，或者作为靠垫的填充材料。羽绒坐垫坐感舒适柔软，长期使用变形小，缺点是回弹慢，成本也高。

7.3.3 人造纤维

人造纤维作为填充材料已经部分取代天然纤维，尤其是棉纤维，主要应用在沙发、座椅等靠枕靠背的填充。常用的人造纤维主要有以下几种：

（1）聚酯纤维

即前面介绍的涤纶，聚酯纤维作为填充材料广泛运用在服装、床上用品、玩具、家具等领域。根据纤维孔数，常见的有中空纤维、四孔纤维、七孔纤维和九孔纤维，一般来说孔数越多，透气性、回弹性、保暖性和蓬松度越好。聚酯纤维可以作为沙发及座椅的靠背的填料，也可以与海绵共同成为扶手及坐垫的填料。

（2）聚丙烯纤维

即前面介绍的丙纶，作为填充材料也称为公仔棉、pp 棉等，主要有普通纤维和中空纤维两种。聚丙烯纤维弹性好，蓬松度强，不怕挤压，价格较低，易洗，快干。可以作为软体家具的抱枕填充物。

（3）黏胶纤维

黏胶纤维，人造纤维的一个主要品种，也称人造棉，人造丝。由天然纤维素经碱化而成碱纤维素，再与二硫化碳作用生成纤维素黄原酸酯，溶解于稀碱液内得到的黏稠溶液称为黏胶。黏胶经湿法纺丝和一系列处理工序后即成黏胶纤维。根据不同的原料和纺丝工艺，可以分别得到普通黏胶纤维，高湿模量黏胶纤维和高强力黏胶纤维等。家具中所用填充材料一般为普通黏胶纤维，具有与天然纤维相似的性能，有良好的吸湿性、透气性，其用途和聚酯纤维类似。

7.3.4 棕纤维

目前市场上的棕纤维主要有山棕纤维、椰棕纤维和油棕纤维。天然棕纤维历来都是采用手工编织的方式做成棕垫，但手工编织的棕垫外形和平整度不是非常好，近十多年来，由于引进了国外的胶黏剂技术，天然棕纤维采用胶黏剂使之相互黏结或其他连接方式形成的多孔结构的弹性材料，一般可以作为棕床垫的垫芯材料（图 7 - 11）。因其材质的天然性，透气透水，硬度适中，使用寿命长等优点，受到消费者的喜爱。

（1）山棕纤维

棕榈，别名叫做棕树、山棕。属灌木植物，棕榈科。生长在我国西南海拔 2 000m 左右山地以及同纬度的重庆、湖南、江浙一带，棕树长得笔直高拔，树干披着一层一层的棕片，山棕纤维是从棕片中抽取出来的。

山棕纤维（图 7 - 12）呈深褐色，较粗长，韧性好，强度高，弹性较好。由于山棕丝含蛋白质、糖分较少，不易腐蚀和霉变，用山棕床垫做成的床垫有抗腐蚀、抗虫蛀的特点。山棕床垫软硬度比较适中，它介于硬板床和弹簧垫之间。

图 7－11　棕纤维弹性床垫

图 7－12　山棕纤维

（2）椰棕纤维

椰子树是常绿乔木，生长在我国南方热带地区海岸或河岸，椰子是椰子树的果实，其外层由棕色的纤维包裹着，这种棕色的纤维叫做椰棕。椰棕纤维呈浅黄色，比较短、脆，强度要差一些，弹性也比较小。

（3）油棕纤维

油棕是生长在热带、亚热带的棕榈科经济织物，在我国南方沿海诸省及东南亚地区储藏极其丰富。油棕床垫是指从油棕树叶柄或棕果串中抽取的纤维丝为主体材料。油棕纤维表面光滑，含油率较高，不易挂胶，因此使用较少。

单元实训

实训项目 1　利用燃烧法鉴别常用纺织纤维

1. 实训目标

通过实训，熟悉各种纺织纤维，了解家具常用纺织纤维的特性，掌握家具装饰纺织纤维材料鉴别方法。

2. 实训场所与形式

实训场所为实训室。以 3～5 人为一个实训小组，到实训现场进行材料分析、识别。

3. 实训材料与设备

材料：棉、毛、丝、麻、黏胶、锦纶、涤纶、腈纶。

设备及工具：酒精灯等。

4. 实训内容与方法

到实训现场进行材料分析、识别，掌握家具软质饰面材料特性。了解家具制造中用于表面装饰纺织纤维材料的鉴别方法。

学生以实训小组为单位，由组长向实训教师领取实训所需材料与设备。

（1）原料识别

实训前由实训教师准备好原料供学生按组依次轮流进行识别，就其外观表现、特性等内容可相互交流讨论。最后由教师总结，并进一步讲解实训注意事项。

（2）观察纤维燃烧时的状态

①将纤维做成束状，逐渐移近小火焰旁。

②观察内容：纤维靠近火焰时的状态；纤维进入火焰中的状态；纤维离开火焰时的状态；纤维燃烧时的气味；生成灰分的状态。

③按照纤维的燃烧状态制表归纳。

5. 实训要求与报告

（1）实训前，学生应认真阅读实训指导书，明确实训内容、方法及要求。

（2）在整个实训过程中，应做好实训记录，数据要详实准确。

（3）实训完毕，及时整理好实训报告，做到准确完整、规范清楚。

6. 实训考核标准

（1）能够依据纤维织物的特性合理选择家具的软质装饰材料。

（2）熟练使用设备工具，操作规范；掌握各类纤维的特性和区别。

（3）能达到上述两点标准，实训报告完整的学生，可酌情将成绩评定为合格、良好与优秀。

7. 注意事项

纤维燃烧试验是一种简单有效的试验，但需要有一定的实际经验，并且注意酒精灯的安全使用。

实训项目 2　家具常用天然皮革与人造皮革的识别

1. 实训目标

通过实训，熟悉天然皮革和人造皮革的种类和特征，掌握天然皮革和人造皮革鉴别方法。能够区分牛革、猪革、马革与羊革。

2. 实训场所与形式

实训场所为实训室。以 3～5 人为一个实训小组，到实训现场进行材料分析、识别。

3. 实训材料与设备

材料：头层牛革中的粒面革、半粒面革、修面革、特殊效应革和压花革，二层牛革，猪革，马革与羊革。

设备及工具：酒精灯等。

4. 实训内容与方法

到实训现场进行材料分析、识别，掌握皮革特性。了解家具制造中用于表面装饰天然皮革与人造皮革的鉴别方法。

学生以实训小组为单位，由组长向实训教师领取实训所需材料与设备。

（1）天然皮革的识别

实训前由实训教师准备好天然皮革的几种原料供学生按组依次轮流进行识别，就其外观表现、特性等内容可相互交流讨论。

（2）天然皮革与人造皮革的鉴别

取天然皮革和人造皮革各 2～3 种，学生按组依次轮流分别从视觉、手感、气味以及燃烧后的情况进行鉴别。通过交流和讨论深入了解天然皮革与人造皮革的鉴别方法。

（3）牛革、猪革、羊革、马革的鉴别

分别取牛革、猪革、羊革、马革 1～2 块，学生按组依次轮流进行识别，就其外观表现、特性等内容相互交流讨论。

最后由学生提出问题，实训教师解答各组的问题，并做实训总结。

5. 实训要求与报告

（1）实训前，学生应认真阅读实训指导书，明确实训内容、方法及要求。

（2）在整个实训过程中，应做好实训记录，数据要详实准确。

（3）实训完毕，及时整理好实训报告，做到准确完整、规范清楚。

6. 实训考核标准

（1）能够区分天然皮革中的头层革与二层革。

（2）熟练通过视觉、手感、气味以及燃烧后的情况鉴别人造皮革和天然皮革，掌握人造皮革与天然皮革的特性和区别。

（3）能够初步区分牛革、猪革、羊革、马革。

（4）能达到上述三点标准，实训报告完整的学生，可酌情将成绩评定为合格、良好或优秀。

思考与练习

1. 填空题

（1）纤维织物按其原料主要分为________、________和________。

（2）天然纤维主要有________、________、________、________和________；合成纤维主要有________、________、________、________和________。

（3）天然皮革有很多种类，按皮革的层次可以分为________和________；PVC 人造革、PU 合成革和超细纤维 PU 合成革是属于________。

（4）棕纤维作为床垫的垫芯材料具有________、________、________、________的特点。

2. 问答题

（1）天然纤维、人造纤维和合成纤维各有哪些特点？

（2）纤维的鉴别方法有哪些？

（3）怎样识别天然皮革和人造皮革？

（4）家具填充材料有哪些？

推荐阅读书目

1. 邓旻涯. 家具与室内装饰材料手册[M]. 北京：人民出版社，2007.

2. 张志刚. 家具与室内装饰材料[M]. 北京：中国林业出版社，2003.

单元 8
塑料

知识目标

1. 了解塑料的分类、基本特性及组成。
2. 了解各种塑料装饰板材的品种及功用。
3. 掌握聚氯乙烯、聚丙烯、聚甲基丙烯酸甲酯等塑料的品种及用途。

技能目标

1. 掌握不同塑料材料在家具中的应用，能够设计塑料家具。
2. 掌握塑料的简易鉴别方法。

8.1 塑料的分类、组成及特性

塑料是指以树脂（或用单体直接聚合）为主要成分，以增塑剂、填充剂、润滑剂、着色剂等添加剂为辅助成分，在加工过程中能流动成型的高分子有机材料。“塑料”即可塑性材料的简称。

树脂分为天然树脂和合成树脂两大类，在常温状态下为固态、半固态和假固态，具有软化或熔融温度范围，在受到外力作用时有流动倾向，破裂时常呈贝壳状的有机聚合物。从广义上讲，用作塑料基材的聚合物或预聚物统称为树脂。

8.1.1 塑料的分类

塑料品种繁多，分类方法也多种多样，本书仅介绍几种常用的分类方法。

（1）按使用性能和用途分

塑料按使用性能和用途可分为通用塑料和工程塑料两类。通用塑料一般是指产量大、用途广、成型性好、价格便宜的塑料，在家具和建筑业应用较多，如聚乙烯、聚丙烯、酚醛等。工程塑料是指可以作为结构材料的塑料，它与通用塑料并没有明显的界限。一般指能承受一定外力作用，具有良好的机械性能和耐高低温性能，尺寸稳定性较好，可以用作工程结构的塑料，如聚酰胺、聚砜等。

（2）按热性能分

塑料按热性能不同可分为热塑性塑料和热固性塑料两类。

热塑性塑料受热时软化（或熔化），冷却后硬化（定型），变硬后受热可再次软化，无论加热多少次均能保持这种性能，因而它易于加工成型，且具有较高的机械性能，但耐热性及刚性较差。热塑性塑料的典型品种有聚乙烯、聚丙烯、聚甲基丙烯酸甲酯等。

热固性塑料受热先软化，然后固化成型，变硬后不能再软化，加工过程中塑料的化学性能发生变化。其特点是耐热性及刚度较好，但机械强度不高。大多数缩合树脂制得的塑料是热固性的，如酚醛树脂、氨基树脂和不饱和聚酯树脂等。

(3) **按加工方法分**

塑料按不同的成型方法，可以分为模压、层压、注射、挤出、吹塑、浇铸塑料和反应注射塑料等多种类型。

(4) **按树脂的合成方法分**

塑料按树脂的合成方法的不同可分为缩合物塑料和聚合物塑料两类。

由两个或两个以上的不同分子化合时，放出水或其他简单物质而生成一种与原来分子完全不同的化学反应物，称为缩合物，如酚醛塑料、氨基塑料、聚酯塑料、聚酰胺塑料、硅有机塑料；由许多相同的分子连接而成庞大分子，并且基本化学组成不发生变化的化学反应物，称为聚合物，如聚乙烯塑料、聚苯乙烯塑料、聚氯乙烯塑料等。

8.1.2 塑料的组成

塑料可分为多组分塑料和单组分塑料。多组分塑料其组成及各组分作用详见表 8-1，多组分塑料多是以树脂为基本材料，树脂含量介于 30%~70%，再按一定比例加入填充料、增塑剂、固化剂、着色剂、稳定剂等材料，经混炼、塑化并在一定压力和温度下制成的塑料。单组分塑料仅含一种合成树脂，树脂含量几乎达 100%，在聚合反应中不加入其他组分。如有机玻璃，就是由

表 8-1 塑料的组成及各组分作用

组成名称		功能作用	常用化合物
树脂		塑料的主要成分，对塑料及其制品性能优劣起主要作用	合成树脂为主体
特性助剂（添加剂）	填充剂	又称填料，主要用来改进塑料强度、提高耐久性、降低成本等	碳酸钙、云母、滑石粉、木粉等
	增强剂	提高塑料及其制品的强度与刚性	玻璃纤维、碳纤维芳纶等
	冲击改性剂	主要用来改善结晶塑料的韧性和耐冲击性能	橡胶和弹性体
	增塑剂	主要用于改进塑料的脆性，提高柔韧性能等	邻苯二甲酸酯类、磷酸三苯酯等
	偶联剂	主要用来提高聚合物与填料界面结合力	硅烷和钛酸酯等
	阻燃剂	主要用于阻止或延缓塑料的燃烧	四溴邻苯二甲酸酐、三氧化二锑、氢氧化铝、金属氧化物、磷酸酯类等
	抗静电剂	主要用于减少塑料制品表面所带静电载荷	炭黑、碳纤维、金属纤维或粉末、阴离子型（季铵盐）和非离子型聚乙二醇酯或醚等
	着色剂	主要赋予塑料及其制品颜色	无机颜料、有机颜料和色母料等
	发泡剂	能成为气体或使塑料成为泡沫的结构	氮气、氟氯烃、偶氮二甲酰胺（AC）等
	润滑剂	主要用于降低熔体黏度，阻止熔体与设备黏着，改善加工性能	硬脂酸类、金属皂类物质等
	脱模剂	主要用于防止塑料熔体与模具黏附，便于制品脱模	石蜡、聚乙烯蜡、有机硅、硬脂酸金属盐、脂肪酸酰胺等
	热稳定剂	主要防止聚合物在热作用下受破坏和发生降解	金属皂、有机锡、硫醇锑和铅盐等
	光屏蔽剂	主要用来吸收或反射紫外光，使光不能直接射入聚合物内部，抑制光降解	炭黑和二氧化钛等
	紫外线吸收剂	主要用来吸收紫外光，并将其转化成无害热能而放出	二苯甲酮（UV-S31）、苯并三唑（UV-S327）和水杨酸酯（BAO）等
	抗氧剂	主要用来防止聚合物氧化	受阻酚、芳香胺、亚磷酸酯、有机硫化物等
	抗老化剂	可吸收聚合物中发色团能量并将其消耗掉，从而抑制聚合物发生光降解	二价镍络合物等
	自由基捕获剂	可将聚合物中自由氧化的活性自由基捕获，防止聚合物氧化降解	哌啶衍生物（受阻胺）等

（续）

组成名称		功能作用	常用化合物
反应控制剂	催化剂	可改变化学反应速率，自身不消耗	NaOH、乙酰基己内酰胺、有机锡、金属盐与氧化锌等
	引发剂	在聚合物反应中能引起单分子活化产生自由基，常与催化剂并用	偶氮化合物和过氧化物
	阻聚剂	可阻止单体聚合的物质	酚类、醌类及硫化物等
	交联剂	可将线型热塑性树脂转化为三维网状聚合物	有机过氧化物、胺类、酸酐、咪唑类等

注：此表摘自《塑料品种与选用》。

单一的合成树脂——聚甲基丙烯酸甲酯组成。

（1）树脂

树脂有合成树脂和天然树脂之分。天然树脂由于产源有限、产量少，在塑料制品中较少使用，目前市面上的塑料制品绝大多数用合成树脂作基本原料。

树脂在塑料中主要起胶结作用，把填充料等其他组分胶结成一个整体，因此树脂是决定塑料性能优劣的最主要因素。

（2）填充料

填充料又称填充剂或填料，在塑料组成材料中约占40%～70%，它是为了改善塑料制品的硬度、耐热性等性质而在塑料制品中加入的一些材料。如加入纤维填料会增加塑料的结构强度，加入云母填料能增加塑料的电绝缘性，加入石墨填料可改善塑料的耐磨性能等。

填料比一般的合成树脂便宜，在改变塑料某些性质的同时也可降低塑料的成本。

有机填料：木粉、棉布、纸屑等；无机填料：石棉、云母、滑石粉、玻璃纤维等。

（3）增塑剂

在生产过程中加入少量的增塑剂，可以提高塑料在加工时的流动性和可塑性，减少其脆性，并能改善塑料制品的柔韧性。增塑剂主要有樟脑、苯二甲酸二丁酯、苯二甲酸二辛酯等。

（4）固化剂

固化剂又称硬化剂或熟化剂。主要作用是使某些合成树脂的结构发生变化，使塑料具有热固性，由此制得的塑料制品硬度增加。

（5）稳定剂

塑料制品受热、光、氧等的作用，易老化变质。为稳定塑料制品的质量，延长其使用寿命，通常要加入各种稳定剂如抗氧化剂、光屏蔽剂、紫外线吸收剂、热稳定剂等。

（6）着色剂

塑料中加入着色剂，可获得特定的色彩和光泽。着色剂按其在着色介质或水中的溶解性分为染料和颜料两种。

染料为有机化合物，可溶于被着色的树脂中，由染料着色的塑料制品多呈透明性。

颜料一般为无机化合物，不溶于被着色介质，由颜料着色的塑料制品呈半透明或不透明状。颜料同时兼有填料和稳定剂的作用。

（7）其他添加剂

根据塑料制品加工成型及使用的特定需要，有时还加入润滑剂、发泡剂、阻燃剂、防霉剂、磁性剂、荧光剂、香料和抗静电剂等。

8.1.3 塑料的特性

（1）塑料的优点

塑料制品有很多共同的特点，其优点主要有：

①优良的加工性能　塑料可采用多种方法加工成型，如压延法、挤出法、注塑法等，其生产效率较高，尤其适宜机械化大规模生产。

②质轻　塑料的相对密度在0.8～2.2g/cm^{3}之间，平均为1.45g/cm^3，一般只有钢的1/8～1/4，铝的1/2，混凝土的1/3左右，与木材相

近。泡沫塑料的更小（仅 0.02～0.05 g/cm^3），可以减轻施工强度和降低建筑物的自重。

③比强度大　塑料的比强度远远高于混凝土，接近甚至超过了钢材，属于一种轻质高强的材料。

④导热系数小　塑料的导热系数很小，约为金属的 1/500～1/600。泡沫塑料的导热系数只有 0.02～0.046W/(m·K)，是理想的绝热材料。

⑤化学稳定性好　塑料具有较高的化学稳定性，通常情况下对水、酸、碱及化学试剂或气体有较强的抵抗能力，比金属材料和一些无机材料好得多。

⑥电绝缘性好　一般塑料都是电的不良导体，其电绝缘性可与陶瓷、橡胶媲美。

⑦性能设计性好　根据使用需要，可以通过改变塑料的配方和加工工艺，制成具有各种特殊性能的工程材料。如高强的碳纤维复合材料、防水材料、防火材料等。

⑧富有装饰性　塑料可以制成透明如玻璃的制品，也可以制成各种颜色和质感的制品，而且色泽鲜艳美观、耐久耐蚀，还可以用先进的印刷、压花、电镀及烫金技术制成具有各种图案和表面立体感、金属感的塑料装饰材料。

⑨节能　塑料在生产和应用过程中，与其他材料相比，有明显的节能效益，如钢材为：316kJ/ m^3，而一般塑料仅有 63～87kJ/ m^3，能耗只有钢材的 1/5，属于低能耗材料。另外，塑料的维修费用低，安装施工方便，具有较强的竞争能力。

（2）塑料的缺点

塑料制品也存在一些缺点，有待进一步加以改进。

①易老化　塑料制品受到阳光、空气、热、氧、水、生物应力等外来因素及环境介质如酸、碱、盐等的作用下，在使用、储存和加工过程中易发生老化，如出现机械性能变坏，硬脆、破坏等现象。老化主要包括：气候老化、人工气候老化、热空气老化、湿热老化、臭氧老化、抗霉性等。随着制作配方和加工工艺的不断改进，塑料制品的老化现象得以延缓。经过改进的塑料管使用寿命为 20～30 年，最高可达 50 年，比铸铁管的使用寿命还长。

②耐热性差　塑料耐热性较差，受高热后容易产生变形，甚至分解，严重影响其外观乃至功能，在使用时要注意它的限制温度。

③易燃　塑料的燃点较低，属于典型的易燃产品，而且塑料在燃烧时发烟量大，甚至产生有毒气体。但通过改进配方，在材料中加入阻燃剂，无机填料等，也可以制成难燃、自熄甚至不燃的产品。不过经过改进的塑料制品仍然比无机材料的防火性能差，不宜使用在防火要求较高的场所。

④刚度　塑料的弹性模量较低，只有钢材的 1/10～1/20，是一种黏弹性材料。随着时间的延续，塑料制品变形也会增加，而且温度愈高，变形的速度愈快。但在生产时加入纤维增强材料，可大大提高塑料的强度，某些高性能的工程塑料，其强度甚至可以超过钢材。

8.2　家具常用塑料品种

塑料家具（图 8－1）是天然木材家具理想的代用品，尤其在一些使用条件恶劣的公共场所，它的综合优势尤显突出。塑料家具易着色，可在配方中按要求着色，无需油漆涂装；塑料家具易成型，可一次成型或由挤出机挤出符合截面形状的异型材进行组装。塑料家具的硬度、刚性、绝缘性、耐候性、尺寸稳定性都可与天然木材媲美，而且在防腐、防霉、防虫等方面的性能远胜于天然木材；经过特殊处理的塑料家具如聚氯乙烯家具，其耐燃性甚至超过木材。

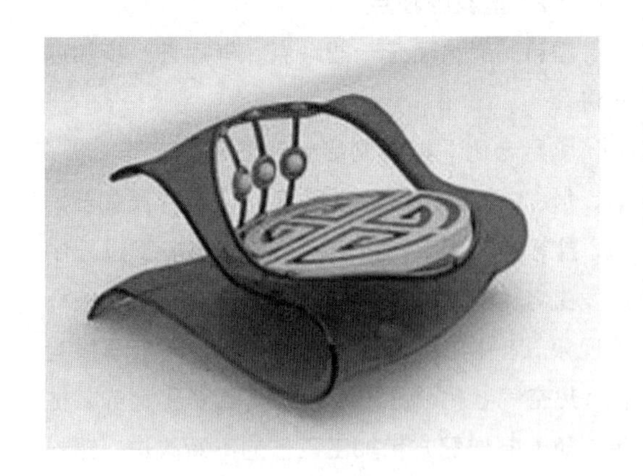

图 8－1　塑料家具

图 8－2　PVC 塑料板

8.2.1　聚氯乙烯（PVC）

聚氯乙烯（PVC）由乙炔和氯化氢（电石路线），乙烯和氯气（石油化工路线）合成为氯乙烯单体，再聚合成聚氯乙烯树脂。聚氯乙烯是家具与室内装饰中用量最大的塑料品种，其优点是阻燃、自熄、机械强度高、电性能优良、耐酸碱、化学稳定性好；缺点是溶于多数溶剂，树脂热稳定性较差，热软化点低，不耐高温。

（1）聚氯乙烯塑料板（PVC 塑料板）

PVC 塑料板是以 PVC 树脂为原料，加入稳定剂、着色剂等材料，经捏和、混炼、拉片、切粒、挤出或压延而制成的一种装饰板材。

PVC 塑料板（图 8－2）规格品种繁多，颜色和图案丰富，具有表面光滑、色泽鲜艳、防水、耐腐蚀、不变形、易清洗等优点，在加工时可钉、可锯、可刨，非常适用于家具台面的铺设以及建筑物墙面、柱面、吊顶的装饰等。

（2）硬质聚氯乙烯透明板

硬质 PVC 透明板是以 PVC 为基料，加入增塑剂、抗老化剂，经挤压成型的一种透明装饰板材。其特点是机械性能好、热稳定性好、耐候、耐化学腐蚀、耐潮湿、难燃，并可进行切、剪、锯等加工。

硬质 PVC 透明板（图 8－3）品种多，色泽鲜艳，外形美观，无色透明，且价格低于有机玻璃，通常代替有机玻璃在一些特殊家具如橱窗、展览台中使用，也可用于制作广告牌、灯箱、透明屋顶等。

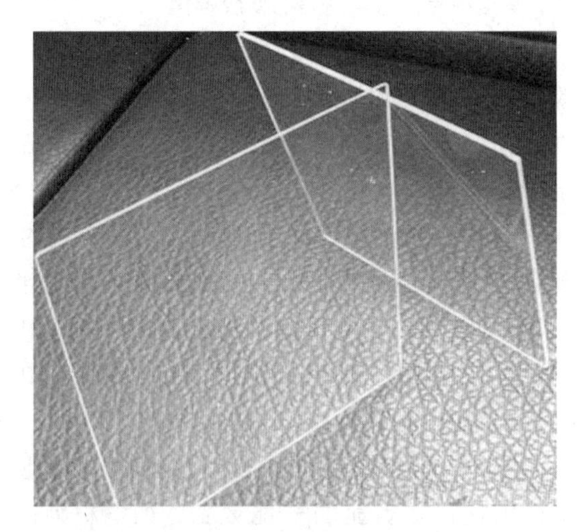

图 8－3　硬质 PVC 透明板

（3）聚氯乙烯组装家具

聚氯乙烯组装家具是在生产中根据产品截面需求，使用不同口模形状的机头挤出各种复杂截面形状的异型材，然后再拼装与组合而成。聚氯乙烯组装家具有两种形式，一种是以聚氯乙烯异型材为主要结构框架，以玻璃钢贴面板为镶板或隔板组装而成的框架式组装家具；另一种是以聚氯乙烯板及异型材组装而成的板式组装家具。

质量优良的聚氯乙烯组装家具（图 8－4）结构合理，焊接部位牢固，其异型材板面的外观平滑，色泽均匀，无扭曲变形，无裂纹及杂质等。聚氯乙烯组装家具可解决木质家具加工时费工、费

图 8－4　聚氯乙烯组装家具

图 8－5　聚氯乙烯浴柜

料，浪费大的问题，已成为民用及工业家具中极为重要的一部分。

（4）人造木材组合家具

人造木材组合家具是以聚氯乙烯低发泡型材与板材组合而成的，用聚氯乙烯树脂、稳定剂、润滑剂、增强剂、增塑剂和发泡剂等原料按一定比例配制，经混合、塑化后，挤出、定型而成。因其颇具木材的外观和质感，常被称为人造木材家具。

人造木材外观美观、轻巧耐用，可像木材一样锯、刨、割、钉，由于材料经过发泡的原因，还具有保温、阻燃、防潮、防蛀等特点，成为理想的卫生间（图 8－5）、户外公共场所家具的制作用材。

（5）聚氯乙烯低发泡材料

聚氯乙烯经发泡处理制得的低发泡材料，可以制作屏风、楼梯扶手、踢脚板等异型材制品，成为家具或建筑上的配套材料。

8.2.2　聚丙烯（PP）

聚丙烯（PP）塑料是由丙烯加催化剂聚合而成无毒、无臭、无味的乳白色高结晶的聚合物。

（1）聚丙烯（PP）的特点

①优点　相对密度小，密度只有 0.89～0.91g/cm^3，质量轻，是目前塑料中最轻的一种塑料；屈服强度、抗张强度、压缩强度、硬度等均比聚乙烯好；耐热性好，连续使用温度达 110～120℃，熔点为 170～172℃；刚性特好；吸水性很小（几乎不吸水）；化学稳定性好；有良好的介电性能和高频绝缘性，不受湿度影响；抗弯曲性能也较好。

②缺点　低温强度差，呈现脆性；耐磨性较差；易受光、热和氧的作用而老化；不易着色；容易燃烧，无自熄性；成型收缩较大，厚制件易凹陷。

（2）聚丙烯（PP）家具

聚丙烯家具（图 8－6）大都为实体注塑或模塑成型，也有用异型材组合的，近年来发展较多的是聚丙烯实体家具和聚丙烯结构发泡家具。

①聚丙烯实体家具　主要采用注射工艺制得，也可采用注射成型部件组成，或挤出型材组装。聚丙烯材料的韧性，尤其是耐低温韧性特别好，还有很好的刚性和耐老化性。聚丙烯实体家具具有物美价廉，轻巧新颖，制作方便，可清洗等特点。

聚丙烯家具近年来在公园、车站、码头、娱乐场等场所的应用越来越多，在普通家居中也有

图 8－6　聚丙烯家具

一定市场。

②聚丙烯结构发泡家具　其材料的表皮料与芯层料是不同的，可采用同种树脂不同配方。如表面用纯树脂，芯层料可加 30% 填料和 0.5%～0.7% 左右的发泡剂。因此，聚丙烯结构发泡材料具有表皮光滑、坚实、芯层发泡轻质的特点，既轻巧又结实，可采用锯、切、割、钉等手段进行加工。

聚丙烯结构发泡家具体积都比较大，一般可制椅、凳、橱柜、组合床，尤其适宜制造户外家具、儿童娱乐设施、组装式小房子、垃圾房等公共家具。

8.2.3　聚苯乙烯（PS）

聚苯乙烯是由苯乙烯单体聚合而成的线型结构的塑料。

（1）聚苯乙烯的特点

①优点　具有一定的机械强度和化学稳定性；尺寸稳定性好；介电性能优良；透光性好；着色性佳；易加工成型；价格低廉等。

②缺点　耐热性太低，只有 80～90℃；不能耐沸水（热变形温度为 87～92℃）；性脆不耐冲击；制品易老化出现裂纹；易燃，燃烧时呈黄色火焰，会冒出大量黑烟，有特殊气味。

（2）聚苯乙烯家具

聚苯乙烯的透光性仅次于有机玻璃，可在中低档家具中替代玻璃或有机玻璃使用，也可用于低档灯具、灯格板及各种透明、半透明装饰件。以聚苯乙烯为基本原料，加入发泡剂等助剂制得的聚苯乙烯泡沫塑料，常作为轻质板材芯层使用在家具中。

8.2.4　聚甲基丙烯酸甲酯（PMMA）

聚甲基丙烯酸甲酯是透光率最高的一种塑料，因其非常透明俗称有机玻璃，又名压克力（亚克力），它是用甲基丙烯酸甲酯为主要基料，加入引发剂、增塑剂等聚合而成。

（1）聚甲基丙烯酸甲酯（PMMA）的特点

①优点　无色、透明；机械强度较高，耐热性、耐腐蚀性、耐候性及抗寒性都较好；电性能好，随频率增大而下降；吸水性小；耐老化性极好；在一定条件下，尺寸稳定，并容易成型加工。

②缺点　质地较脆；表面硬度不够，易划伤，易擦毛；易溶于有机溶剂等。

（2）聚甲基丙烯酸甲酯（PMMA）装饰板的分类

①无色透明有机玻璃板　其除具有有机玻璃的一般特性外，还具有一些特点：透光度极高，可透过光线的 93%，剩余 4% 为反射光，3% 为吸收和散射光，并透过紫外线的 73.3%，可使用在展台、橱窗等家具（图 8－7）中，也可用于建筑工程中的门窗、玻璃指示灯罩及装饰灯罩、透明壁板、隔断等。

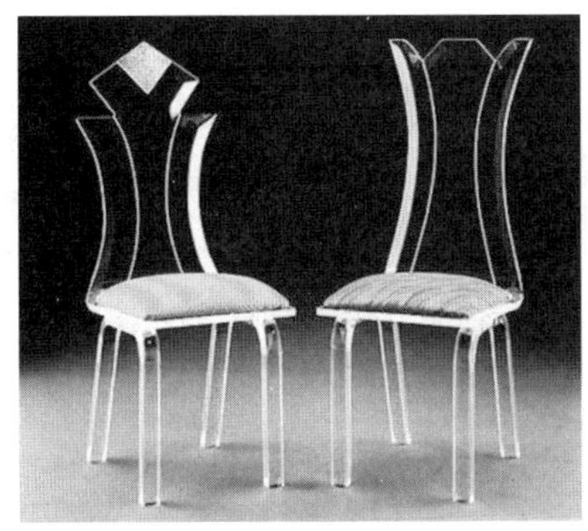

图 8－7　有机玻璃家具

②有色有机玻璃板　其分为透明有色、半透明有色和不透明有色三大类。它主要用于装饰材料及宣传牌等。有色有机板的物理、化学性能，与无色透明玻璃板相同。

③珠光有机玻璃板　是在甲基丙烯酸甲酯单体中加入合成鱼鳞粉，并配以各种颜料，经浇注聚合而成。其物理、化学性能与无色透明有机玻璃板相同，主要用作家具的装饰板材、宣传牌以及室内装修。

8.2.5　聚乙烯（PE）

聚乙烯是乙烯单体在一定条件下聚合而成的热塑性塑料。

（1）聚乙烯（PE）的特点

①优点　无臭、无味、无毒的可燃性白色蜡状物；耐低温性能优良，在－60℃仍保持良好的力学性能；电绝缘性能优异；化学稳定性好。

②缺点　在大气、阳光和氧作用下，会发生老化、变色、龟裂、变脆或粉化丧失其力学性质。

（2）聚乙烯（PE）的分类

由于聚合方法、分子量高低、链结构之不同，可分为高密度聚乙烯、低密度聚乙烯、线型低密度聚乙烯、超高分子量聚乙烯、改性聚乙烯。其中，高密度聚乙烯具有较高的密度、分子量、结晶度，所以质地较坚硬，适用于制造载重包装膜，能作结构材料用于家具产品中或做成人造藤条（图 8－8）；低密度聚乙烯由于较低的密度、分子量、结晶度，因此质地柔韧，适用于制造轻包装薄膜和农业用薄膜等，在家具上很少使用。

图 8－8　聚乙烯家具

低密度聚乙烯软化点在120℃以上，其耐寒性良好，化学稳定性很高，不易被有机溶剂浸蚀，耐摩擦，吸水性极小，并有很突出的电绝缘性和耐辐射性，但是其机械强度不高，热变形温度不高，不能承受较高的载荷。

8.2.6 强化玻璃纤维增强塑料（GRP）

强化玻璃纤维增强塑料又称玻璃纤维增强塑料，俗称玻璃钢，通常是将玻璃纤维用合成树脂（大多为热固性树脂）浸渍后，藉层压或缠绕等方法成型。合成树脂经与玻璃纤维复合后，材料的机械强度大大提高，可达到甚至超过普通碳钢的强度。玻璃钢制品的性能基本上取决于所用的增强材料——玻璃纤维和树脂的性能。

玻璃钢与其他材料相比，具有其独特的优越性：成型工艺灵活，可实行工业化生产；力学性能优良，抗冲击；透光性及装饰性良好，易着色，可以制成各种透光或不透光的彩色制品，表面也可涂装各种涂料和彩色树脂糊；保温、隔热性能好，较传统的玻璃、金属等的隔热性要高得多；具有优良的绝缘性能；耐腐蚀、耐水、耐温。

玻璃钢由于具有上述优良性能，成为注塑家具的理想材料。它可以将家具的各个部件作为一个整体，一次注塑成型，毫无接合痕迹，在感觉上远比金属暖和轻巧；可直接制成家具构件进行组装（图8-9）；也常用作基础材料（图8-10），如沙发的靠背、坐面基层等，替代传统沙发的框架，表面加以海绵和纺织物面料作软垫处理。

但玻璃钢家具制品并非十全十美，也存在一点缺点。如刚性小，有较大的蠕变性；对火焰比较敏感，容易燃烧并发出浓烟；易老化，如表面不加以防护，则会发生表面光泽减退、变色、粉化、树脂脱落、纤维裸露等现象；价格比传统材料要高。

8.2.7 聚酰胺（PA）

聚酰胺俗称“尼龙”，通常由二元胺及二元酸相互缩聚而成，根据其合成单体的碳原子数命

图8-9　玻璃钢折叠桌

图8-10　玻璃钢基础材料

名，常用品种有尼龙6、尼龙66、尼龙610及尼龙1010等。

（1）聚酰胺（PA）的特点

①优点　无臭、无味、无毒，有自熄性；坚韧耐磨；抗拉强度高；表面硬度高；抗冲击韧性好；电绝缘性好；耐低温性好；有自润滑性，其零件制品有很好的消音性；并有较好的耐腐蚀性。

②缺点　吸水性较大，成型收缩率不太稳定。

（2）聚酰胺（PA）的应用

为了改进尼龙的某些性能，常在尼龙中加入减磨剂、润滑剂、防老化剂及填料等添加剂。

聚酰胺（尼龙）是在家具五金件上广泛使用的一种工程塑料，可制成抽屉滑轮、滑槽、连接件（图8-11）等制品；也可用于制作各种工业轴

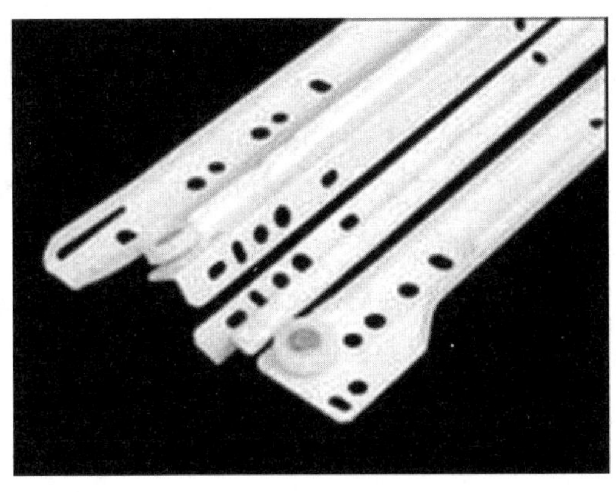

图 8－11　尼龙滑槽、滑轮

承、非润滑的静摩擦部位等。

8.2.8　聚碳酸酯（PC）

聚碳酸酯是用多种原料通过酯交换法或光气法生产的新型热塑性树脂。聚碳酸酯呈轻微淡黄色，透明。

（1）聚碳酸酯（PC）的特点

①优点　耐化学腐蚀性、耐油性优良；着色性好；吸水性低；尺寸高度稳定；机械加工性能优良；耐蠕变，收缩率低；抗冲击能力强；可以在较宽的温度范围和潮湿条件下使用。

②缺点　熔点低；亲水性及热稳定性差；机械强度低；耐碱性差；易产生应力开裂现象；其耐磨性不如尼龙。

（2）聚碳酸酯（PC）的应用

聚碳酸酯是塑料家具制品和室内塑料制品的后起之秀，主要用于高透明性及高冲击强度的领域。

8.2.9　聚氨酯（PU）

（1）聚氨酯（PU）的分类

聚氨酯材料性能优异，用途广泛，制品种类多，其制品可分为泡沫制品和非泡沫制品两大类，其中尤以聚氨酯泡沫塑料的用途最为广泛。聚氨酯泡沫塑料又称为聚氨基甲酸酯泡沫塑料，按主要原料不同分为聚醚型和聚酯型两种，其中聚醚型价格低廉，应用广泛；按产品软硬程度不同分为硬质、半硬质和软质三类。

（2）聚氨酯（PU）的特点

硬质聚氨酯泡沫塑料是一种质轻、强度高的新型结构材料，具有刚性和韧性好，黏附性好和易加工等特点。它在家具上被应用于制作椅类的骨架、三维弯曲度的整体模塑部件（图 8－12），以及具有浮雕装饰图案的零部件等，也可进行板式部件的封边。

软质聚氨酯泡沫塑料具有弹性和柔软性好，压缩变形与导热系数小，透气性和吸水性良好等特点。它在家具上主要作为软垫材料使用，能制成多种型式，不同厚度的软垫，使软家具的外部能随受力部位的变化而发生变化。这类软家具的造型稳重，线条简明，轮廓极为柔美、高雅和大方，可以有效地支撑人体的重量，具有良好的舒适感。

图 8－12　聚氨酯泡沫填充的马蹄莲椅

此外，聚氨酯泡沫塑料软垫还可以和面料一次模压成型，改变了传统生产软椅需进行面料裁剪、缝制等工作，提高了生产效率。

8.2.10 丙烯腈—丁二烯—苯乙烯三元共聚树脂（ABS）

ABS 塑料是由丙烯腈、丁二烯和苯乙烯三种单体共聚而成的。A 为丙烯腈、B 为丁二烯、S 为苯乙烯。

ABS 为不透明的塑料，呈浅象牙色。它具有综合机械性能良好，硬而不脆，尺寸稳定，耐腐蚀性好，易于成型和机械加工，表面能镀铬等优点。ABS 塑料的缺点是不耐高温、易燃、耐候性差。

ABS 塑料可染成各种颜色，色彩鲜艳美观，已广泛应用于家具零件及表面装饰件上，如图 8－13 所示。ABS 树脂如经发泡处理还可替代木材制作高雅耐用的家具。

8.2.11 各种塑料装饰板材

（1）热固性层压装饰板

热固性层压装饰板是以热固性树脂为黏结剂，以平面成张（如纸、布等）的基材增强、复合，然后经热压成型制成的特种板材。可用的热固性树脂有酚醛树脂、三聚氰胺树脂、环氧树脂、有机硅树脂等。充当填料的基材为纸或布。装饰板一般以树脂和填料来分类和命名，如以纸为填料，三聚氰胺为树脂的就称为纸基三聚氰胺装饰板，全称为热固性树脂浸渍纸高压装饰层积板（代号为 HPL），通常又被称为热固性层压装饰板，高压装饰板、塑料贴面板、防火装饰板，俗称防火板。

热固性层压装饰板有很高的强度，防火性能优良，耐腐蚀性、耐热和耐冻性均很好，还有特别好的绝缘性，是特种机械与电气工业建筑中广泛应用的家具用材。热固性层压装饰板的图案、色调丰富多彩，可复贴在基材板上制作各种柜、橱成品，应用前景十分广阔。

（2）铝塑板

铝塑板又称铝塑复合板，主要由多层材料复合制成的，如图 8－14 所示。铝塑板上下两层为高强度铝合金板，中间层为无毒低密度聚乙烯塑料芯板，经高温、高压处理而成，品种十分丰富。

铝塑板采用优质防锈铝，耐腐蚀、强度高、抗冲击能力强，且具有极强的自清洁性。铝塑板面板一般采用氟碳树脂面漆，色泽美观，豪华气派。

铝塑板广泛应用于制作家具、广告标识牌等物件，也可用于宾馆、酒楼等室内外墙面、柱面、天花板装饰装修。

（3）覆塑装饰板

覆塑装饰板是以塑料贴面板为面层，以胶合板、纤维板、刨花板等板材为基层，采用胶合剂

图 8－13　ABS 塑料家具

图 8－14　铝塑板

热压而成的一种装饰板材。主要品种有覆塑胶合板、覆塑中密度纤维板和覆塑刨花板等。

覆塑装饰板具有基层板的厚度、刚度，因此加工性能优良，安装简便，不易变形和开裂；覆塑板又具有塑料贴面板和薄膜的外观效果，色泽美观、耐热耐烫、易清洗。

覆塑装饰板的颜色和品种十分丰富，主要有银白、金黄、深蓝、粉红、海蓝、瓷白、银灰、咖啡、石纹、木纹等花色系列，广泛应用于家具制作以及高级建筑的内装修。

（4）塑料装饰条

塑料装饰条具有美丽的色彩、花纹和图案，是贴饰在木质家具或其他材料边角的窄条形制品，它既能保护家具制品的边角，又起到了装饰的作用，是一种兼具功能性和装饰性的辅助装饰材料。

塑料装饰条采用的原料十分广泛（图 8－15），包括 ABS 塑料、改性 PVC、CAB（醋酸丁酯纤维素）等。

①ABS 塑料装饰条　ABS 塑料装饰条的花纹图案美丽，表面光洁程度好，尺寸稳定性和韧性都很好。

②改性 PVC 塑料装饰条　改性 PVC 塑料装饰条通常用抗冲击改性剂（MBS 或 CPE）改性，其表面可烫印金属箔和木纹等，装饰性能较好，价格较 ABS 装饰条经济，但它的综合性略低于 ABS 装饰条。

③CAB 塑料装饰条　CAB 塑料装饰条的透明度较好，也可印花或烫金属箔，但材料价格较贵。

8.2.12　塑料软装饰制品

目前用于制作沙发的芯层材料一般要用泡沫塑料，而面料则有皮、布与合成材料等几种，沙发用材的聚氨酯合成革与内衬泡沫均属于塑料软装饰制品。合成革面料在单元 7 中介绍，这里重点介绍沙发用内衬泡沫。

沙发质量好坏除了与工艺水平、面料、款式有关以外，弹性与舒适感也是很重要的因素。沙发内衬弹性体目前多采用软质泡沫塑料来加工成型。目前市场上用于制作沙发与坐垫的泡沫塑料材料有聚乙烯树脂和聚氨酯树脂。

聚乙烯软质沙发内衬泡沫塑料是以低密度聚乙烯树脂加上添加剂，利用发泡工艺制得的，具有质轻、价廉的特点，可作为沙发及各种坐垫的内衬材料。

8.2.13　塑料整体式卫生间

用塑料制造整体式卫生设施，近年来非常流行，如图 8－16 所示。塑料整体式卫生间采用片状玻璃纤维毡作填料，由不饱和聚酯树脂玻璃钢模压而成。一间卫生间分为两个半间成型，盥洗台、浴盆、抽水马桶、地面和四面 1m 高的墙壁等

图 8－15　塑料装饰条

图 8－16　塑料整体式卫生间

一次整体成型为半间屋子，然后再一次成型上面连同顶的另半间卫生间。在加工过程中，事先留好灯孔、排风孔、地漏及可挂小五金的位置。

塑料整体卫生间大多为淡雅的浅色系列，如白色、黄色、米色等，也可设计成带有各种写意、写实的花纹与图案，具有民族风情的卫浴设施等。

塑料整体卫生间洁净、美观、易清洁、防虫、防霉，且现场安装方便，是家具制品及卫浴建筑的一次革新。

8.2.14　塑料的简易鉴别方法

（1）外观鉴别方法

通过观察塑料制品的形状、透明度、光泽、颜色、硬度、弹性等外观特征来鉴别塑料的所属类型见表 8－2。

（2）燃烧鉴别方法

塑料在燃烧时根据其结构、燃烧特征的不同可以有效地鉴别塑料的种类，见表 8－3 主要塑料的燃烧特性。

表 8－2　主要塑料品种的外观

塑料种类	外观性状
PS	未着色时为无色透明，无延展性，似玻璃状材料，制品落地或敲打时具有似金属的清脆声，光泽与透明度都胜于其他通用塑料，性脆，易断裂，沉于水底，改性聚苯乙烯则不透明
PE	未着色时呈乳白色半透明，蜡状，有油腻感，柔而韧，稍能伸长，浮于水面，低密度聚乙烯较软，高密度聚乙烯较硬
PP	未着色时呈白色半透明，蜡状，但比聚乙烯轻，透明性也较好，比低密度聚乙烯硬，浮于水面
PVC	本色为微黄色透明状，透明度胜过聚乙烯，聚丙烯，次于聚苯乙烯，柔而韧，有光泽，沉于水底

表 8－3　塑料燃烧特性

塑料种类	燃烧难易程度	离开火焰后是否继续燃烧	火焰的特征	表面状态	气味
PS	易燃	继续燃烧	橙黄色，冒浓黑烟	软化起泡	芳香气味
PE	易燃	继续燃烧	上端黄色，底部蓝色，无烟	熔融滴落	石蜡气味
PP	易燃	继续燃烧	上端黄色，底部蓝色，少量黑烟	熔融滴落	石蜡气味
PVC	难燃	离火即灭	黄色，外边绿色，冒白烟	软化，能拉出丝	苦辣刺激味（氯化氢气味）
ABS	易燃	继续燃烧	黄色	软化烧焦，冒黑烟	特殊气味
尼龙 6	不燃	生成晶珠	无焰	熔化，滴落有泡沫	焦毛味

单元实训　塑料家具产品（设计与制作）认识实习

1. 实训目标

通过技能实训，认识和理解塑料的各种组分以及它们在塑料家具中的作用，并能运用所掌握的材料知识设计一组塑料家具产品。

2. 实训场所与形式

实训场所为塑料家具车间、家具商场、计算机房或制图教室。以4~6人为实训小组，到实训现场进行观摩调查后进行设计。

3. 实训材料与设备

设备：制图工具或电脑。

4. 实训内容与方法

（1）材料识别

①学生了解相关的车间安全防护知识后，由实训指导老师带领进入塑料制品车间。

②通过参观学习，认识各种塑料组分，增加对树脂、填料、着色剂等组分的感性认识。比较不同配方的塑料性能及在塑料家具中的应用。

（2）塑料家具设计

①学生分组深入家具商场，参观各种塑料家具制品，观摩各种塑料材料在不同家具制品中如何运用。

②各实训小组结合相关专业知识，设计一组塑料家具制品，制图方式不限。要求能够体现塑料材料家具的风格。

5. 实训要求与报告

（1）实训前，学生应认真阅读实训指导书，明确实训内容、方法及要求。

（2）在整个实训过程中，每位学生均应做好实训记录。

（3）实训完毕，及时整理好实训报告，做到准确完整、规范清楚。

6. 实训考核标准

（1）能深入车间进行参观学习，认真做好观察笔记和分析报告。

（2）能熟练使用各种制图工具，操作规范，设计新颖。

（3）对于能达到上述两点标准要求，实训报告规范完整的学生，可酌情将成绩评定为合格、良好或优秀。

思考与练习

1. 填空题

（1）塑料按使用性能和用途可分为________和________两类；按热性能不同可分为________和________两类。

（2）塑料中加入________着色剂，制得的塑料制品多呈透明性，加入________着色剂制得的塑料制品呈半透明或不透明性。

（3）有机玻璃是由单一的合成树脂________组成。

（4）聚乙烯由于聚合路线不同，可以分为________、________和________三种。

（5）俗称“尼龙”的塑料是________，它可以在五金配件上广泛使用。聚碳酸酯是塑料家具制品的后起之秀，但是________性不如尼龙。

（6）硬质聚氨酯泡沫塑料在家具上应用于制作椅类的骨架、三维弯曲度的整体模塑部件，以及具有浮雕装饰图案的零部件，也可进行________部件的封边；软质聚氨酯泡沫塑料在家具上主要作为________材料使用。

（7）ABS 塑料是由________、________和________三种单体共聚而成。

（8）目前市场上用于制作沙发与坐垫的泡沫塑料有________树脂和________树脂。

（9）塑料整体式卫生间采用________作填料，由________模压而成。

2. 问答题

（1）塑料制品有哪些优缺点？

（2）家具上常用哪几种聚氯乙烯材料？ 分别简述。

（3）有机玻璃装饰板主要有几种类别？ 分别简述。

（4）用玻璃钢制作家具有哪些优缺点？

（5）家具上常用塑料装饰板材有哪几种，分别有什么特点？

（6）简述塑料的简易鉴别方法。

推荐阅读书目

1. 梅启毅. 家具材料[M]. 北京：中国林业出版社，2006.

2. 邓旻涯. 家具与室内装饰材料手册[M]. 北京：人民出版社，2007.

3. 林金国. 室内与家具材料应用[M]. 北京：北京大学出版社，2011.

4. 李栋. 室内装饰材料与应用[M]. 南京：东南大学出版社，2005.

5. 马眷荣. 建筑材料辞典[M]. 北京：化学工业出版社，2003.

6. 张玉龙，石磊. 塑料品种与选用[M]. 北京：化学工业出版社，2011.

模块 3
家具辅助材料

单元 9
胶黏剂

知识目标

1. 了解胶黏剂的组成与分类。
2. 掌握常用胶黏剂的性能。
3. 熟悉胶黏剂的合理选择与应用。

技能目标

1. 认识和理解胶黏剂的各种组分以及它们在黏结过程中的作用。
2. 深入了解各种胶黏剂的性能及用途。
3. 掌握家具及木质人造板生产过程中胶黏剂的选用。

9.1 胶黏剂的组成与分类

胶黏剂是一类古老而又年轻的材料，早在数千年前人类的祖先就会用黏土、淀粉、动物胶等来黏结生活用品、器具、生产工具等。20 世纪初，合成树脂和合成橡胶的相继出现开创了胶黏剂的现代发展史，胶黏剂向着胶合强度高，耐水性能好，综合性能优良的方向迅速发展。

胶黏剂是指在一定条件下，通过黏合作用，能使被黏物结合在一起的工程材料，又称胶合剂或黏合剂，简称为“胶”。胶黏剂的应用领域非常广泛，涉及建筑、包装、航天航空、电子、医疗卫生等各个领域。家具与木材工业是使用胶黏剂最大的领域，在家具生产中胶黏剂用于各种实木方材的拼接、板材的胶合、零部件间的结合、饰面材料的胶贴等，胶黏剂对于家具生产的质量起着举足轻重的作用。

9.1.1 组成

（1）黏料

黏料又称为主剂、基料，是胶黏剂的主要成分，也是区别胶黏剂类别的重要标记。主料在胶黏剂中起黏合作用并赋予胶层一定机械强度，要求具有良好的黏附性和湿润性。它既可以是天然高分子化合材料，如淀粉、蛋白质等，也可以是合成树脂（包括热固性树脂、热塑性树脂），合成橡胶以及合成树脂与合成橡胶的混合。

黏料根据其种类的不同，可分别以固体、液体或胶体等形态供给用户，用户再根据使用要求，加入其他各种组分自行配制胶黏剂。

（2）固化剂

固化剂是某些胶黏剂的主要添加成分。它可直接参与胶黏剂的化学反应，使树脂 pH 值快速下降，使其反应速度大大加快，最终达到固化。

固化剂的种类和用量，直接关系到胶黏剂的

活性期、固化条件及固化后的机械性能等。所以固化剂是很重要的组分，特别是对结构型胶黏剂。大多数固化剂都要求有严格的用量配比，用量过多或过少都会影响黏接质量。

固化剂有中性、碱性和酸性之分。木材胶黏剂最好是选用中性或微碱性固化剂。酸性固化剂在胶黏剂固化后的残存酸分子会使木材产生慢性水解破坏，因而耐久性差。

按固化条件，固化剂又分为常温固化用、中温固化用和高温固化用三类。

（3）填充剂（填料）

胶黏剂中应用填料的目的是改善胶黏剂的某些特性、降低成本或赋予它一些新的功能。通常填料为中性或弱碱性化合物。一般情况，它是不与胶料、固化剂等组分发生化学反应的。

木材胶黏剂所用的填料主要是有机物的粉末，如果壳粉、木粉、豆粉、面粉及短纤维等。对于木材胶黏剂，加入填料的目的，主要是为了提高胶黏剂的黏度及改善充填性。如在配制脲醛等木材胶黏剂时，常以大豆粉和面粉作填料。采用此类填料的主要目的是提高胶黏剂的黏度、增加数量，以节省树脂和降低成本。所以有时也把豆粉和面粉叫做“增量剂”，而把向胶黏剂中加入增量剂的这种方法称作“增量”。

（4）溶剂或稀释剂

胶黏剂只有液态才能产生黏接作用。对固体或黏稠的黏料，为了将其配制成适当黏度的液体，必须使用溶剂或稀释剂。溶剂是指能溶解黏料的低黏度液体。木材胶黏剂用得最多的溶剂是水，其次是有机溶剂。稀释剂是指那些稀释作用大于溶解作用的溶剂，它能分散黏料，降低胶黏剂黏度。稀释剂分活性稀释剂和非活性稀释剂两类。活性稀释剂是指含有反应基的低分子量化合物，它能参与固化反应；非活性稀释剂主要是指水和有机溶剂，它不参与固化反应。

（5）增韧剂

增韧剂是一种单官能团或多官能团的化合物，能与胶黏剂的黏料起反应成为固化体系的一部分。它们大都是黏稠液体，如低分子量的环氧树脂、不饱和聚酯树脂、聚酰胺、橡胶等。

（6）增塑剂

增塑剂是能够增进固化体系塑性的物质，能提高胶黏剂的弹性和耐寒性。

（7）偶联剂

在胶接过程中，使胶黏剂和被胶黏物表面之间形成一层牢固的界面层，使原来不能直接胶接或难胶黏的材料之间通过这一界面层使其胶接力提高，这一界层面的成分称之为偶联剂。

（8）其他助剂

胶黏剂除了具有上述一些主要组分外，有的还需要分别加入下列各种组分，以赋予或改善胶黏剂的某些性能。

①防老剂　提高胶黏剂对光、热、氧的化学稳定性。

②防腐剂、防霉剂　用于蛋白质类等胶黏剂，防止其由于细菌作用发生腐败变质。

③着色剂　用于调整胶黏剂的颜色，以使其与被黏材料具有相同或相近的颜色。如用于黏贴表面装饰材料的胶黏剂。

④阻聚剂　是用来延缓固化反应，延长活性期和贮存期。

⑤固化促进剂　用于加速黏料与固化剂反应、或促进黏料自身反应、缩短固化时间、降低固化温度。

9.1.2 分类

家具和木制品生产中所用的胶黏剂按其化学成分、黏结性能、固化方式、物理形态、胶液调制类型等分类，可分为以下几种。

（1）按黏料的化学组成分类

按胶黏剂黏料的化学组成及性能，胶黏剂的分类见表 9－1。

①天然胶（蛋白质类）　凡黏料物质来源于动、植物体的胶黏剂均属于蛋白质类胶黏剂。其中又分为动物胶和植物胶两种，属动物胶的有皮胶、骨胶、鱼胶和干酪素胶等；植物胶有豆胶、糊

表 9－1　胶黏剂的分类

<table>
<tr><th colspan="4">分类</th><th>胶种</th></tr>
<tr><td rowspan="5">化学组成</td><td>天然胶</td><td colspan="2">蛋白质型</td><td>豆胶、血胶、皮胶、骨胶、鱼胶、干酪素胶等</td></tr>
<tr><td rowspan="4">合成胶</td><td rowspan="2">树脂型</td><td>热固性</td><td>脲醛树脂胶、酚醛树脂胶、三聚氰胺树脂胶、环氧树脂胶等</td></tr>
<tr><td>热塑性</td><td>聚醋酸乙烯酯乳液胶、聚乙烯醇胶、聚氨酯胶、聚酰胺胶等</td></tr>
<tr><td colspan="2">橡胶型</td><td>氯丁橡胶、丁腈橡胶等</td></tr>
<tr><td colspan="2">复合型</td><td>酚醛－聚乙烯醇缩醛胶、酚醛－氯丁橡胶、酚醛－丁腈橡胶等</td></tr>
</table>

精淀粉等。蛋白质类胶黏剂具有原料来源广泛、价格比较便宜、使用方便等优点，但是其耐水性差，不耐菌虫腐蚀。

②合成高分子类胶黏剂　凡以合成高分子材料作黏料的胶黏剂统称作“合成高分子类胶黏剂”。其中又分为树脂型、橡胶型和复合型。

树脂型胶黏剂：有热固性胶黏剂和热塑性胶黏剂两种。热固性胶黏剂是以热固性树脂为黏料。这类胶黏剂多需要在加热的条件下固化，也可以在常温条件下进行固化。热固性胶黏剂黏接强度和黏接性都很优异，属于这一类的胶黏剂有酚醛胶黏剂和脲醛胶黏剂等。

热塑性胶黏剂是以热塑性树脂作黏料。该类胶黏剂价廉，容易配制，但其黏接层受热时容易软化或熔化，耐热性和耐溶剂性差，受外力作用时容易产生蠕变和塑性流动，黏接性能不如热固性胶黏剂，属于热塑性胶黏剂的有聚醋酸乙烯酯乳液胶等。

橡胶类胶黏剂：以橡胶为黏料的胶黏剂，包括氯丁橡胶胶黏剂、丁苯橡胶胶黏剂、丁腈橡胶胶黏剂三个品种，其中以氯丁橡胶胶黏剂为主，产量最大，用途最广。氯丁橡胶胶黏剂又分为溶剂型、乳液型和无溶剂液体型三类，目前以溶剂型占据主导地位，它具备性优价廉、实用性强的优点，但因其存在一定的毒害性和易燃性，正在逐渐被更加环保、安全的乳液型和无溶剂液体型所取代。

复合型胶黏剂：为了提高黏接强度，改善胶黏剂的性能，将热固性树脂、热塑性树脂和橡胶类等两种或两种以上黏料混合构成的胶黏剂，一般称为“复合型胶黏剂”。它兼有两种或两种以上黏料的优点。一般混合方法是将少量热塑性树脂或橡胶类胶黏剂，加入热固性胶黏剂中。一般改性胶黏剂多属于复合型胶黏剂。

（2）按黏接强度和性能分类

①结构型胶黏剂　凡具有持久的高黏接强度，有良好的物理化学性能，能承受很高的外加荷载，能在露天、潮湿等恶劣的环境中工作，并具有高寿命和高可靠性等优良性能的胶黏剂，一般称为“结构型胶黏剂”。木质材料用结构型胶黏剂有间苯二酚甲醛胶黏剂和酚醛胶黏剂等。

②非结构型胶黏剂　非结构型胶黏剂，其黏接强度、物理化学性能比结构型胶黏剂要低，用于受力小或受力中等的结构。木质材料用非结构型胶黏剂有皮胶、酪素胶及聚醋酸乙烯酯乳液胶等。

（3）按物理形态分类

按物理形态，可分为液态型、固态型和胶带型。

①液态型　主要有溶液型胶黏剂、乳液型胶黏剂、无溶剂型胶黏剂和热熔型胶黏剂。

溶液型胶黏剂：将树脂或其他黏料溶解在水或其他溶剂中构成的溶液或胶体称为溶液型胶黏剂。属于这一类的胶黏剂有脲醛胶黏剂、皮胶、酪素胶及氯丁橡胶胶黏剂等。

乳液型胶黏剂：将树脂或橡胶类黏料，以水为分散剂，经乳化制成（或用单体直接乳液聚合而成）的乳液，就是乳液型胶黏剂。如聚醋酸乙烯酯乳液胶等。

无溶剂型胶黏剂：该胶黏剂是由液态树脂加

固化剂及其他有关组分构成，如环氧胶黏剂等。

热熔型胶黏剂：将热塑性树脂、增塑剂或蜡等能够热熔的固态黏料，按一定配方混合在一起即构成热熔型胶黏剂。它既不含固化剂也不含溶剂，是一种瞬间黏接的高分子胶黏剂，常温时为固体，在黏接时将其加热熔融成流体，冷却时迅速固化而实现黏接。

②固态型　主要有块状、片状、颗粒状、粉末状和薄膜状等。

③胶带型　是以纸、布、薄膜为基材，再把胶黏剂均匀涂布在上述基材上制成纸质胶黏带、布质胶黏带或薄膜胶黏带。

（4）按固化方式分类

①溶剂蒸发型　在黏接时凡是由于溶剂蒸发而固化的胶黏剂，称为“溶剂蒸发型胶黏剂”。这类胶黏剂适于黏接木材等容易吸收胶黏剂中水分的材料，而不适于黏接金属等。属于此类胶黏剂的有骨胶、酪素胶、聚醋酸乙烯酯乳液胶及橡胶类胶黏剂等。

②化学反应型　通过加热或加入固化剂，使其内部产生化学反应而固化的胶黏剂，称为“化学反应型胶黏剂”。此类胶黏剂，黏接性能一般都很好。结构型胶黏剂多属于此类。属于此类胶黏剂用于木质材料的有酚醛、脲醛、间苯二酚甲醛及环氧胶黏剂等。

③冷却固化型　即热熔型胶黏剂。如 EVA 热熔胶、聚酰胺热熔胶、聚氨酯热熔胶和聚酯热熔胶等。

（5）按胶液调制类型分类

①单组分型　这种胶黏剂的主成分（黏料）和辅助成分在制造时（或调配时）就全部混合在一起，是一种单一包装的胶黏剂。在使用时无需加入固化剂等其他组分，故使用方便，但性能不如双组分型胶黏剂。一般溶液型、乳液型胶黏剂多属于此类。

②双组分型　两种组分分别包装和贮存，其中一种组分是黏料和辅助成分的混合物；另一种组分是固化剂（或促进剂、交联剂），在使用前将两种组分按一定比例混合调配。双组分型属于化学反应型胶黏剂，黏接性能好。结构型胶黏剂多属于此类。

9.2　常用胶黏剂

9.2.1　脲醛树脂胶黏剂（UF）

（1）概述

脲醛树脂胶黏剂是尿素与甲醛在催化剂作用下，经加成和缩聚反应生成的低分子量初期树脂。使用时，加固化剂和助剂调制成脲醛树脂胶，固化后形成不溶不熔的末期树脂。由于其价格低廉，原料易得，自 20 世纪 20 年代商品化以来得到了迅速普及和推广，是目前用量最大的氨基树脂之一。

尿素和甲醛的缩聚产物在 1896 年就已获得，1929 年英国首先使其工业化。我国脲醛树脂胶 1957 年开始工业生产，1962 年后成为胶合板生产的主要胶黏剂。脲醛树脂胶已成为世界各国木材工业，尤其是人造板行业的主要胶种，我国人造板 80% 以上使用脲醛树脂胶。

这类胶外观有液态、粉末状以及膜状三种。液状脲醛树脂胶黏剂为乳白色或微黄色透明或半透明黏稠液体，贮存不稳定，一般贮存 2 ~ 6 个月；粉末状脲醛树脂胶黏剂由液体树脂胶经喷雾干燥而成，贮存期可达 1 ~ 2 年，使用时加入适量水分和助剂即可制成胶液，但贮存时必须放置在低温干燥的环境中，否则容易结块；膜状脲醛树脂胶黏剂是将纸张浸渍在脲醛树脂胶液中，经干燥而成胶膜纸，对改进涂胶工艺，改善工人劳动条件提供了有利条件。缺点是成本较高。

脲醛胶属于热固性树脂，根据其固化温度，可分为冷固性胶（常温固化）和热固性胶（加热固化）两种。

（2）优缺点及用途

①优点　原料易得，成本低廉，是家具工业、人造板工业用得最多的胶种；干状胶结强度高，耐热，耐腐蚀，电绝缘性好，可用于室内家具；树脂本身为无色透明或乳白色黏液，对家具表面不产生污染；热压温度低，冷压热压均能固化，使用方便。

②缺点　属于中等耐水性胶，耐水性一般；胶层在固化时收缩性大，易发生裂缝，尤其胶层较厚或者固化速度较快时更容易产生这一现象；胶层易老化；使用过程中释放游离甲醛，味道刺激，污染环境。

③用途　木材工业中一般用于木制品和木质人造板的生产及木材胶接、单板层积、薄木贴面等。

（3）脲醛树脂的改性

①提高固化速度　在加热或常温状态下，脲醛树脂胶虽然能够把木材胶合在一起，但固化的时间较长，胶合质量差。实际应用时，需加入酸性固化剂［如氯化铵（NH_4Cl），加入量为胶液的0.1%～2.0%］，将脲醛树脂胶的pH值降到4～5之间，使其快速固化，保证胶合质量，提高生产效率。

②提高耐水性　脲醛树脂胶不耐沸水，为一般耐水性胶，在合成脲醛树脂时加入苯酚、间苯二酚、三聚氰胺树脂、异氰酸酯、合成乳胶等与脲醛树脂胶共聚或共混，以提高其耐水性能。如苯酚改性脲醛树脂胶、三聚氰胺改性脲醛树脂胶（MUF）等。

③改善老化性　脲醛树脂的老化（即固化后的胶层逐渐产生龟裂、开胶脱落的现象）严重影响胶接制品的使用寿命。加入热塑性树脂，如加入聚乙烯醇形成聚乙烯醇缩醛、加入聚醋酸乙烯酯乳液形成两液胶，以及加入各种填料（如豆粉、小麦粉、木粉、石膏粉等）可以改善脲醛胶的老化性，提高其柔韧性。

④降低甲醛释放　脲醛树脂中的甲醛刺激气味，来自于合成反应时没有参加反应的游离甲醛、固化时释放的甲醛、固化且树脂水解释放的甲醛。加入甲醛结合剂，如尿素、三聚氰胺、间苯二酚、各种过硫化物等，可以降低甲醛释放量。

9.2.2　酚醛树脂胶黏剂（PF）

（1）概述

酚醛树脂胶黏剂是酚类与醛类在催化剂作用下反应而得到的合成树脂的总称。在合成胶黏剂中，酚醛树脂胶黏剂是生产量较大的品种之一。用于木工胶黏剂的酚醛树脂属于热固性树脂，在室温条件下固化时必须加入苯磺酸、对甲苯磺酸等固化剂。

酚醛树脂胶的外观为棕色透明黏稠液体，有醇溶性和水溶性两种。醇溶性酚醛胶是苯酚与甲醛在氨水或有机胺催化剂作用下进行的缩聚反应，并以适量乙醇为溶剂制成的液体（固含量为50%～55%）；水溶性酚醛胶是苯酚与甲醛在氢氧化钠催化剂作用下进行缩聚反应，并以适量水为溶剂制成的液体（固含量为45%～50%）。在胶合板及热压胶接部件黏结时使用水溶性酚醛胶，木制品室温固化时常使用醇溶性酚醛胶。

（2）优缺点及用途

①优点　与脲醛树脂相对比，其耐水性、耐老化性、耐热性、耐化学药品性都好，胶合强度高。

②缺点　成本高，胶层颜色深，胶层脆性大，易龟裂，固化时间长。

③用途　主要用于纸张或单板的浸渍、层积材、耐水木质人造板，可用于制造室外家具，属于室外用胶黏剂。

（3）酚醛树脂胶的改性

酚醛树脂胶的优点，使其成为生产耐候、耐热木材制品的首选胶黏剂；但它的缺点也使其应用受到了一定的限制。因此，对酚醛树脂进行改性，可以获得综合性能更加优良的酚醛类胶黏剂。改性酚醛树脂主要有以下几种：

①三聚氰胺改性　调节反应条件，利用三聚氰胺与苯酚、甲醛反应可生成耐候、耐热、耐磨、高强度及稳定性好的满足不同要求的三聚氰胺－苯酚－甲醛（MPF）树脂胶黏剂。通过利用三聚氰胺还可以大大改善树脂的色调及光泽。

②尿素改性　廉价的尿素可以降低酚醛树脂的成本，以苯酚为主的苯酚－尿素－甲醛（PUF）树脂胶黏剂，不但降低酚醛树脂的价格，而且游离酚和游离醛都可以降低。

③间苯二酚改性　利用间苯二酚改性酚醛树脂，可以提高其固化速度，降低固化温度。间苯二酚－甲醛树脂胶黏剂胶接性能好，耐气候老化性强，并且有抗水蒸气与化学蒸汽的作用，是优良的木材胶黏剂。

④环氧树脂改性　用酚醛树脂和环氧树脂混合物制成的复合材料可以兼具两种树脂的优点，改善它们各自的缺点，从而达到改性的目的。这种混合物具有环氧树脂优良的黏结性，改进了酚醛树脂的脆性，同时具有酚醛树脂优良的耐热性，改进了环氧树脂耐热性较差的缺点。

⑤二甲苯改性　是在酚醛树脂的分子结构中引入疏水性结构的二甲苯环，由此改性后的酚醛树脂的耐水性、耐碱性、耐热性及电绝缘性能得到改善。

⑥聚乙烯醇缩醛改性　向酚醛树脂中引入高分子弹性体可以提高胶层的弹性，降低内应力，克服老化龟裂现象，同时胶黏剂的初黏性、黏附性及耐水性也有所提高。常用的高分子弹性体有聚乙烯醇及其缩醛、丁腈乳胶、丁苯乳胶、羧基丁苯乳胶、交联型丙烯酸乳胶。

9.2.3　三聚氰胺树脂胶黏剂（MF）

（1）概述

三聚氰胺甲醛树脂胶黏剂通常简称为三聚氰胺树脂胶。它是由三聚氰胺与甲醛在催化剂的作用下缩聚反应而得到的一种高分子化合物。外观呈无色透明黏稠液体，胶接性能优良。

（2）优缺点及用途

①优点　有很高的胶合强度，较高的耐沸水能力（能经受沸水 3h 的煮沸）；熔点高，产品的热稳定性好；胶层硬度高、耐磨性好，在高温下保持极好颜色和光泽的能力；有较大的化学活性，低温固化能力强，固化速度快，不需加固化剂即可加热固化或常温固化；具有较强的耐化学药剂污染能力。

②缺点　固化后的胶层易开裂，影响装饰板表面的质量；三聚氰胺比较活泼，因此树脂稳定性较差，造成使用困难；价格较贵，阻碍了它的大量使用。

③用途　可作为室外型胶合板和层积材的胶黏剂。在家具生产和木材加工中，主要用于树脂浸渍纸、树脂纸质层压板（装饰板或防火板）、人造板直接贴面等。

（3）三聚氰胺树脂的改性

①改善脆性　减少树脂的交联度，以增加其柔韧性，使脆性下降。如用醇类（乙醇）对树脂进行醚化；加入蔗糖、对甲苯磺酰胺、硫脲、氨基甲酸乙酯以及热塑性树脂（如聚酰胺等）进行改性。另外在合成三聚氰胺树脂过程中，加入聚乙烯醇和甲醛进行共聚，也可以增加树脂的韧性，降低脆性。

②增加树脂的贮存稳定性　喷雾干燥制成粉末状，其保存期至少在一年以上；加入稀释剂，使树脂含量降低，黏度下降，减少分子间的碰撞机会，增加稳定性。实践证明，加与不加稀释剂，稳定性可相差几倍；用双氰胺改性，使树脂水溶性得到改善，提高贮存稳定性。

③降低成本　最常用的方法是用尿素取代一定量的三聚氰胺进行共缩聚，但作为表层用浸渍树脂，尿素加入量是有限的，加量多了会影响装饰板表面的光亮度、耐磨性、耐水性等性能。

9.2.4　聚醋酸乙烯酯乳液胶黏剂（PVAC）

（1）概述

聚醋酸乙烯酯乳液胶黏剂是由醋酸乙烯单体

在分散介质水中，经乳液聚合而得到的一种热塑性树脂，俗称白胶或乳白胶。聚醋酸乙烯酯乳液胶黏剂是美国在1945年为弥补动物胶的不足而发展起来的，主要用于木制品加工方面。在我国也是先作为动物胶的代用品而用于木器家具制造。由于这种乳液胶的性质优于动物胶，因此在家具工业中已取代了动物胶，同时其应用范围也日益扩大。它是非耐水性胶，可直接使用，常温固化。

聚醋酸乙烯酯乳液胶黏剂为乳白色的黏稠液体，具有微酸性，略带醋酸味，能溶于有机溶剂，并能耐稀酸稀碱，但遇强酸强碱会发生水解，而形成聚乙烯醇。

（2）优缺点及用途

①优点　具有良好而安全的操作性。它无毒、无臭、无腐蚀性，无火灾和爆炸的危险，可用水洗涤；使用简便，不用加热或添加固化剂，可直接使用；胶层不易产生缺胶或透胶，硬化后无色透明，对被胶接材无污染；常温胶接速度快，干状胶合强度高；胶层韧性好，加工时对刀具磨损小；贮存期一般可达1年或更长。

②缺点　耐水、耐湿性差，对冷水有一定的耐水性，但对温水的抵抗性差，在空气中易吸湿，当空气湿度为65%时吸湿率为1.3%，当空气湿度为96%时吸湿率为3.5%；耐热性差，因为它是热塑性胶，软化点为60～80℃，当受热温度超过软化点胶层就软化，使胶合强度明显下降；在长时间的静载荷作用下，胶层会产生滑移，即出现蠕变现象；在冬季低温条件下，乳液有可能冻结而影响使用。乳白胶有上述缺点，因此只能用于室内制品的胶接。

③用途　应用范围较广，如木材加工的榫结合，细木工板的拼接、单板的修补与胶拼等，也常用于将单板、布、塑料、纸等黏贴在木质人造板上。

聚醋酸乙烯酯乳液胶黏剂的干燥固化是靠水分的挥发来实现的。用于木材胶合时，要求木材含水率在5%～12%；若含水率在12%～17%时会使固化时间延长；当含水率超过17%时，胶合强度会显著下降。

聚醋酸乙烯酯乳液胶黏剂的涂胶量一般为150～220g/m^2，压力为0.5MPa。加压时间与室内温度有关，夏季一般为2～4h，冬季需4～8h。如温度在12℃时，胶压时间为2～3h，而在25℃，胶压时间只需20～90min。若采用热压胶接，则以80℃为宜，胶接单板只需要数分钟即可。常温胶压后需放置一定时间（通常夏季需放置6～8h，而冬季则需24h）才能达到较为理想的胶接强度。

聚醋酸乙烯酯乳液胶黏剂应贮存在玻璃容器、瓷器、塑料制品内，外用铁桶或木桶保护，也可直接放在塑料桶内。容器必须密闭，以防自然结皮，浪费胶液。亦可在表面浇一层很薄的水层作为水封，避免结皮，待使用时再搅匀。

（3）聚醋酸乙烯酯乳液胶的改性

聚醋酸乙烯酯乳液胶价格低廉，生产容易，使用方便，尤其以水为分散介质，安全无毒，广泛适用于多孔性材料的胶合，其用量仅次于脲醛树脂胶黏剂，但其本身固有的缺点，如耐热和耐水性差，需要对其进行改性。其方法主要有共混、共聚和交联。

①共混的方法　是向聚醋酸乙烯酯乳液中加入另一种树脂，使混合体系同时兼有两种聚合物的优点。如：聚醋酸乙烯酯乳液胶与酚醛树脂胶或三聚氰胺树脂胶混用可达到Ⅰ类胶合板用胶的要求，使胶的耐热、耐水性大大提高；若与脲醛树脂胶混用，可达到Ⅱ类胶合板用胶的要求，使胶具有良好的耐温水性。这两种胶混用可以取长补短：脲醛树脂胶脆性大、耐老化性差，但耐水性比聚醋酸乙烯酯乳液胶好，而聚醋酸乙烯酯乳液胶的柔韧性相对好些，但耐水性又相对差。

②共聚的方法　是在聚醋酸乙烯酯乳液合成的过程中加入其他的烯类单体，生成共聚物。如通过适量引入丙烯酸酯类单体和羟基官能团，乳液的耐水性、耐热性得到了改善，且综合性能良好。

③交联的方法　分为内交联与外交联。所谓

内交联剂就是在制造聚醋酸乙烯酯乳液胶黏剂时，加入一种或几种能与醋酸乙烯共聚的单体使之反应而得到可交联的热固性共聚物，在胶合过程中分子进一步交联，最后固化形成一种不溶不熔的树脂，其胶合强度、耐水、耐热、耐蠕变性能大为提高。能与醋酸乙烯单体共聚的单体有丙烯酸、甲基丙烯酸、丙烯酸甲酯、甲基丙烯酸甲酯、N-羟甲基丙烯酰胺等。

所谓外交联剂，即在聚醋酸乙烯酯乳液胶中加入能使大分子进一步交联的物质，使聚醋酸乙烯酯乳液胶的热塑性性质向热固性性质转化。常用作外加交联剂的物质多为热固性树脂胶，如酚醛树脂胶、间苯二酚树脂胶、三聚氰胺树脂胶、脲醛树脂胶、异氰酸酯等。

9.2.5 热熔树脂胶黏剂

（1）概述

热熔树脂胶黏剂简称热熔胶，常温下为固体，是一种无溶剂的热塑性胶，通过加热熔化，把熔融的热熔胶涂布在被黏物上冷却、固化，从而把被黏物胶合在一起。它通常是以热塑性聚合物为黏料，并添加各种助剂而制成。因其具有快速胶接的独特优点，近年来被广泛用于家具及木材加工工业中。

（2）优缺点及用途

①优点

胶合迅速：胶层在几秒钟内就能硬化而达到较高的初胶接强度，有利于生产的自动化、高速化和连续化。

能胶合多种材料、用途广：它除了能胶接木材、纸等多孔性材料外，对一些非多孔性材料如塑料、玻璃、金属等也能进行胶接。在家具工业中主要用于板式家具封边和单板拼接上。

能进行再胶接：有时涂在被黏物上的热熔胶因冷却已硬化而不能进行胶接时，可以重新加热熔融来完成胶接。

不含溶剂，无毒性：热熔胶对人体无害，没有中毒和发生火灾的危险。不会因胶中溶剂引起被胶合物的变形、收缩和错动。运输、包装、保管方便，贮存无限期。

耐水性、耐化学药品性和耐霉菌性强：它对水、盐水、动植物油、酸碱、汽油等的抵抗性强。

②缺点

耐热性差：因热熔胶的主要成分是热塑性树脂，故其耐热性就取决于所用热塑性树脂的软化点的高低。如用于端面胶贴的热熔胶只能耐低于100℃的温度，所以封边后的产品不宜长期曝晒或接近高温场所。

热稳定性不高：有的热熔胶加热至200℃以上几小时就会降解而失去胶接性能。所以在配制熔化时所采用的温度以100～200℃为宜。

必须加热熔融才能使用，需要配置专用设备：热熔胶在使用过程中始终处于加热熔融状态，时间长易产生表面结皮或变色等而影响胶接质量。

不适宜大面积胶接：热熔胶的熔融黏度较高，且熔融黏度随温度的降低而迅速提高，对于大的胶接面难以涂布均匀，只宜用于小面积的胶接。

使用性能受季节和气候的影响较大：冬季气温低，胶液的润湿性差，常需将胶接工件预热；夏季气温高，胶液冷却硬化慢；风大，熔融黏度上升也快。

③用途　在木材和家具工业中，主要用于单板拼接、薄木拼接、板件装饰贴面、板件封边、榫结合、“V”型槽折叠胶合等。

（3）热熔胶的常用品种

热熔胶因其所用基本聚合物的种类不同而有很多种，常用的热熔胶有以下几种：

①乙烯—醋酸乙烯酯共聚树脂热熔胶（EVA）是目前用量最大、用途最广的一类，主要用于胶接纸类材料、聚丙烯和其他塑料，以及木材、金属、皮革和织物等，在家具制造中用于人造板封边，拼接单板，或用作拼接单板胶线。

②乙烯—丙烯酸乙酯共聚树脂热熔胶（EEA）使用温度范围较宽，热稳定性较好，耐应力、

耐开裂性比 EVA 好。目前，EEA 广泛用于人造板封边，尼龙、聚丙烯包装薄膜，纸板，纤维等方面。

③聚酰胺树脂热熔胶（PA） 其突出的优点是软化点的范围窄，没有逐渐软化或硬化的过程，当温度接近或稍低于软化点时，能快速熔化和固化；具有良好的耐化学药品性，优良的耐热、耐寒性等；是高性能热熔胶，具有较高的胶接强度。

④聚酯树脂热熔胶（PES） 耐热性和热稳定性好，对柔韧性材料具有较高的胶接温度。在木材工业中用于浸涂玻璃纤维，制造热熔胶线，用于单板拼接，也可用于人造板封边及木制品加工。

⑤聚氨酯系反应型热熔胶（PU－RHM） 是熔融后通过吸湿产生交联而固化的一种热熔胶（湿固化型）。它同时具有一般热熔胶的常温高速胶接和反应型胶的耐热性，具有高初黏性、低污染性。这种具有端异氰酸酯基预聚体的聚氨酯类反应型热熔胶特别适用于木材的胶接，因木材是含水分的多孔性材料，水分容易向表面散发，湿润性好、反应程度大、胶接强度高。

9.2.6 橡胶类胶黏剂

橡胶类胶黏剂是以各种橡胶为基料配制而成的胶黏剂，几乎所有的天然橡胶和合成橡胶都可以用于配制胶黏剂。

橡胶是一种弹性体，不但在常温下具有显著的高弹性，而且能在很大范围内具有这种性质，变形性可达数倍。利用橡胶这一性质配制的胶黏剂，柔韧性优良，具有优异的耐蠕变、耐挠曲及耐冲击震动等特性，适用于不同线膨胀系数材料之间及动态状态使用的部件或制品的胶接。

按橡胶基料的组成，可分为天然橡胶胶黏剂和合成橡胶胶黏剂两大类。在家具工业中应用较多的是氯丁橡胶胶黏剂与丁腈橡胶胶黏剂这两类合成橡胶胶黏剂。

（1）氯丁橡胶类胶黏剂

氯丁橡胶胶黏剂是以氯丁二烯聚合物为主，加入其他助剂而制成。

①优点 用途广泛，对极性物质的胶接性能良好；在常温下不硫化也具有较高的内聚强度和黏附强度；具有优良的阻燃性、耐臭氧、耐候、耐溶剂和化学试剂的性能；胶层弹性好，胶接体的抗冲击强度和剥离强度高；初黏性好，只需接触压力便能很好的胶接，特别适合于一些形状特殊的表面胶贴；涂覆工艺性能好，使用简便。

②缺点 耐热性、耐寒性差；贮存稳定性较差，容易分层、凝胶和沉淀；多数溶剂型氯丁橡胶胶黏剂固含量低、溶剂量大，成本高，污染环境，易发生火灾危险。

③用途 广泛用于木材及人造板的装饰贴面和封边黏结，也用于木材与沙发布或皮革等柔性黏接和压敏黏接。

（2）丁腈橡胶胶黏剂

丁腈橡胶胶黏剂是由丁二烯和丙烯腈经乳液聚合并加入各种助剂而制成。丁腈橡胶胶黏剂是近年来得到广泛应用的一种非结构型橡胶胶黏剂，可配置成单组分和双组分，溶剂型和乳液型或室温固化和高温固化等多种品种。

①优点 具有良好的耐油性；对极性表面有较好的黏接强度；良好的耐热、耐磨、耐化学介质和耐老化的性能。

②缺点 初始黏接力不高；单组分胶需要加温、加压固化，胶接后需加压 24h 才能胶接牢固；耐寒性、耐臭氧性和电绝缘性较差；在光和热的作用下易变色；硫化时间长。

③用途 在木材和家具工业中，主要用于把饰面材料、塑料、金属及其他材料胶贴到木材或人造板材上进行二次加工，提高基材表面的装饰性能。

9.2.7 环氧树脂胶黏剂

环氧树脂胶黏剂是由含两个以上环氧基团的环氧树脂和固化剂两大组分组成。为改善某些性能，满足不同用途还可以加入增韧剂、稀释剂、促进剂、偶联剂等辅助材料。由于环氧胶黏剂的黏接强度高、通用性强，曾有“万能胶”之称。

①优点　与多种极性材料（如金属、玻璃、水泥、木材、塑料等）尤其是表面活性高的材料具有很强的黏结力；收缩率小，胶层稳定性好；耐腐蚀，电绝缘性好；环氧树脂、固化剂及改性剂的品种多，可通过合理配方设计，使胶黏剂具有所需要的工艺性及使用性能。

②缺点　韧性较差，胶层较脆，抗剥离、抗开裂、抗冲击性能差；对极性小的材料（如聚乙烯、聚丙烯、硅树脂等）黏接力小，必须先进行表面活化处理；有些原材料如活性稀释剂，固化剂等有不同程度的毒性和刺激性。

③用途　环氧树脂常用于黏接金属材料，也用于黏接陶瓷、玻璃、硬塑料、木材、混凝土和石材等家具材料。

9.2.8　聚氨酯胶黏剂

聚氨酯胶黏剂是以聚氨基甲酸酯（简称聚氨酯）和多异氰酸酯为主体材料的胶黏剂的总称。由于聚氨酯胶黏剂分子链中含有氨基甲酸酯基（—NHCOO—）和异氰酸酯基（—NCO），因而具有高度的极性和活性，对多种材料具有极高的黏附性能。

①优点　可以黏结多种材料，不仅可以胶接多孔性的材料，如泡沫塑料、陶瓷、木材、织物等，而且也可以胶接表面光洁的材料，如铝、钢、不锈钢、玻璃以及橡胶等；聚氨酯胶黏剂能与被黏合材料之间产生氢键作用，使分子内力增强，黏合更加牢固；具有高弹性、良好的耐疲劳和耐振动性，适合不同材料的胶接及柔软性材料的胶接；耐低温性非常优异；既可加热固化，也可室温固化；操作性能良好，黏合工艺简便。

②缺点　耐热和耐水性差，在高温、高湿下易水解，黏合强度降低。

③用途　在家具和木材工业中应用广泛，用于制造木质人造板、单板层积材、集成材、各种复合板和表面装饰板等。

聚氨酯胶黏剂按其组成的不同，可分为四类：多异氰酸酯胶黏剂、封闭型异氰酸酯胶黏剂、预聚体型聚氨酯胶黏剂和热塑性聚氨酯胶黏剂。其中预聚体型聚氨酯胶黏剂应用较多，它有单组分与双组分两类。单组分预聚体型聚氨酯胶主要用于软包材料，如皮革、海绵和泡沫塑料的黏接。双组分预聚体型是使用最多的聚氨酯胶，它的特点是初黏力高，弹性大，主要用于金属、塑料、橡胶、皮革、织物的黏接。

9.2.9　蛋白质胶黏剂

蛋白质胶黏剂是以含蛋白质的物质作为主要原料的一类天然胶黏剂。按所用蛋白分为动物蛋白（骨胶、皮胶、鱼胶、血胶等）和植物蛋白（豆胶等）。它们一般在干燥时有较高的胶接强度，用于家具制造、木制品生产。但是，其耐热性和耐水性较差，大多已被合成树脂胶所取代。目前一般用于木质工艺品以及特殊用途，如乐器、模型等。

（1）骨胶与皮胶

骨胶与皮胶是由动物的皮、骨、腱和其他结缔组织为原料加工成胶黏剂。这两种胶性能和外观基本相同，可混合在一起销售、使用，统称为动物胶或骨皮胶。由于外观多呈棕黄色柔韧块状，跟牛皮相似，习惯上又称“牛皮胶”。现木材工业中所用多为骨胶，并多呈颗粒状。骨胶与皮胶属于热塑性胶，熔点一般为 18～32℃。

①优点　对木材的胶接强度大（如对水曲柳木块的胶接强度可达 10^6 MPa）；胶层固化快，胶合过程一般只需几分钟，在 2h 内可完全固化；调制方便，胶层弹性好，对刀具磨损小，胶合中压力较低（一般为 0.5～0.7MPa），无污染。

②缺点　容易被微生物和菌类寄生霉变；胶层固化时收缩明显，胶层厚时引起内应力而降低胶合强度；耐水性、耐热性差；胶液在整个使用过程中需加热保温到 60～70℃，才能涂胶均匀获得最佳胶接强度，故需增加胶液加热保温设施。

③用途　用于木材、家具、乐器和体育用品的胶接。

（2）鱼胶

用鱼头、鱼骨、黄鱼鱼肚等为原料经加水蒸

煮、浓缩制得。其成分及使用性能与皮胶骨胶相似。鱼胶工艺性能好，适于黏接多孔材料，容易干燥。黏接非多孔性材料时，需作再湿性处理，即在两被黏物表面分别涂胶，并干燥，再用水润湿胶层之后将两面贴合黏接。黏接多孔性材料时，涂胶后需晾置1～1.5h，黏接后停放一天以上才能使用。主要用于制造乐器和红木家具。

（3）血胶

主要采用牛、猪和其他家畜的血液为原料制成的胶黏剂。血胶的胶合强度在蛋白质类胶中也是最好，耐水性能好，原料来源广泛，价格便宜，无毒性，使用方便。但固化后胶层较硬，易磨损刀具，易受菌类腐蚀，颜色深黑，并有特殊臭味。血胶曾在胶合板制造中使用过，但随着合成树脂的发展，目前使用较少。

（4）豆胶

豆胶是以豆饼提取的大豆蛋白质制备的胶黏剂。其调制及使用方便，无毒、无臭，适用期长，成本低廉，但固化后胶层耐水性和耐腐性差，因此常需要进行蛋白改性以改善其性能。如用碱、胰蛋白酶、尿素、酰化和磷酸化改性的大豆蛋白胶黏剂的强度和耐水性都比未改性的大豆蛋白好。国内豆胶主要用于包装胶合板或包装盒。

9.3 合理选用木材胶黏剂

胶黏剂的种类不同、特性不同，使用条件也不同。在家具生产中，为了获得良好的胶合效果，达到预期的胶接目的，必须合理使用胶黏剂。

9.3.1 根据被胶接材料的种类和性质

被胶接材料的种类繁多、性质各异，木材加工中，单板胶合、实木方材胶拼、板材胶接、饰面材料装饰贴面与封边胶结合等被胶合材料种类、材性、含水率、纤维方向、表面状态等都影响着胶黏剂的选用。

木材是家具的主要材料之一，能黏结木材的胶黏剂很多。如木质人造板与单板层积可选用脲醛或酚醛树脂胶、聚氨酯树脂胶等；指接材、集成材可以使用间苯二酚树脂胶等。

目前木材加工工业中的胶合，已不仅限于木材与木材之间，还有木材与塑料、木材与金属、木材与织物、塑料与金属之间的胶合。如木材或人造板材基材与塑料、金属、皮革的黏结可使用对多种材料都能胶接的橡胶类胶黏剂；板件装饰贴面可使用聚醋酸乙烯酯乳液胶、热熔树脂胶、三聚氰胺树脂胶等；金属由于强度高，表面结构致密且极性大，应该选用酚醛、环氧、丙烯酸酯等能承受较大动、静负荷并能长期使用的结构胶黏剂。对于容易被腐蚀的金属，不应该选用酸、碱性较大的胶黏剂。

不同性质的被胶接材料，应选用不同的胶黏剂。现简要地列于表9－2中，供选择时参考。

表9－2　木材与其他材料胶合用胶黏剂

被胶接材料	胶黏剂
金属材料	1，4，6，8，13
热固性塑料	1，3，4，6
热塑性塑料	4，6
橡胶制品	6，7
玻璃，陶瓷	1，2，7，8
木材，纸张	3，6，8，9，10，11，12，13
织物，皮革	1，4，5，6，7，8，13
泡沫塑料	1，3，6，8

注：1. 环氧树脂胶黏剂；2. 环氧－聚硫橡胶胶黏剂；3. 酚醛树脂胶黏剂；4. 聚氨酯胶黏剂；5. 丙烯酸酯类胶黏剂；6. 氯丁橡胶胶黏剂；7. 丁腈橡胶胶黏剂；8. 聚醋酸乙烯酯胶黏剂；9. 脲醛树脂胶黏剂；10. 间苯二酚甲醛树脂胶黏剂；11. 动物胶黏剂；12. 植物胶黏剂；13. 热熔胶黏剂

应用于重要用途和大批量生产，为了综合各方面性能选出最优秀的胶黏剂品种，还需要做些黏接性能试验、小型对比试验和模拟试验等。并且在以后，在实际使用黏接成品时，还要对所选择的胶黏剂不断进行考核和验证。一般在对黏接件无特殊要求时，宜优先选择那些大宗使用的胶黏剂品种。在选择出胶黏剂的种类之后，还需要进一步选出胶黏剂的牌号和配方。

9.3.2 根据胶黏剂的特性

各种类型的胶黏剂，由于配方不同其特性也各有差异，如状态、固体含量、pH 值、黏性、适用期、固化条件、胶合强度、收缩率、线膨胀系数、耐水性和耐老化性等，这些性能都是选用胶黏剂时必须予以考虑的。

（1）胶液固体含量和黏度

胶液的固体含量和黏度，不但影响施胶量、施胶方法、胶液的流动性及施胶设备，而且还影响胶合质量等。一般来说，对于需要冷压胶合的木材制品或胶压周期较短的木材制品，选择固体含量和黏度大的胶黏剂；对黏接强度要求较低的木材制品或要求渗胶量较大的制品，可选择固体含量较低和黏度小的胶黏剂。

（2）胶液的活性期

胶液的活性期是胶液制成后，在室温条件下，从液状变成凝胶状的时间即为该温度下的活性期。例如加入固化剂的脲醛树脂，在 20℃下，从液状变成凝胶状的时间称为在 20℃下的活性期。胶液存放的时间超过胶液活性期，胶液就会变为凝胶状，失去胶合作用。所以，胶应在胶液活性期内使用。胶液的活性期对人造板的施胶、成型、排芯等工艺也有重要的影响。一般说来，人造板及木材胶合部件的生产周期长的，应选择活性期较长的胶黏剂；生产周期短的，应选择活性期较短的胶黏剂。

（3）胶液的固化条件及固化时间

胶黏剂的固化条件及固化时间因胶种不同而异，即使同种胶黏剂，由于原料的配比和生产工艺的不同，胶液的固化条件及固化时间也有很大的差别。

胶液的固化条件主要有温度、压力及被胶合材料的含水率等。

在应用胶黏剂胶合木材时，都需要施加一定的压力，使胶合的界面紧密接触，以达到良好的胶合效果。一般胶黏剂如酚醛树脂胶、脲醛树脂胶等，在胶合过程中需在施加较高的压力条件下，才能达到良好的胶合效果。而有的胶黏剂不需要施加很高的压力，即可完成胶合作用，如压敏型胶黏剂，只需施加较低的压力即可胶合。

任何一种胶黏剂，在固化完成过程中，对温度都有一定的要求，有的胶黏剂不需加热，仅在常温条件下即可固化胶合，这种胶黏剂称为冷固化胶，如聚醋酸乙烯酯乳液胶等。有的胶黏剂必须在加热至一定温度下固化，这种胶黏剂称为热固化胶黏剂，如血胶等。还有的胶黏剂在固化剂的作用下，既可加热固化，也可在常温下固化，如脲醛树脂胶等。所以制造胶黏剂时，应该考虑胶液固化对温度的要求。

胶黏剂对被胶合木材的含水率也有一定的要求。一般来说，蛋白质胶黏剂如豆胶，对木材含水率的要求不十分严格，若含水率偏高，对胶合质量影响不大，特别是血胶，湿单板或干单板均可胶合。而合成树脂胶如脲醛树脂胶等则不然，对木材的含水率有一定的要求，若含水率超过要求的范围，胶合质量就会明显下降。

胶液的固化时间指的是胶液制成后，在一定温度下，从液状变为凝胶状的时间，即为在该温度下的固化时间。如含有固化剂的脲醛树脂胶，在 100℃时，胶液从液状变成凝胶状的时间称为在 100℃下的固化时间。胶液的固化时间是影响人造板及木材胶合部件的质量、生产率及成本等的重要因素。一般说来，合成树脂胶的固化时间较短，蛋白质胶的固化时间较长。

9.3.3 根据胶接制品的使用要求

胶合制品的用途不同，其受力情况与使用环

境不同，对于胶黏剂的要求也不同。

在选择胶黏剂时，需根据胶接制品的受力情况考虑胶黏剂的强度特性，另外还需考虑受力的大小、频率和时间等。对长时间受力较大的部件，应该选用能承受较大动、静负荷的结构胶黏剂，如环氧—酚醛胶黏剂等，受力不大的情况下，各种通用胶黏剂均可选用。

不同胶黏剂对环境的耐受性是不同的，常见的环境因素主要是温度、湿度、介质、辐射、老化等。胶黏剂在高温下强度急剧下降，并且产生热老化。湿度增大黏结强度也会降低。因此要根据胶接制品的使用环境合理地选用胶黏剂。如生产室外家具用胶合板必须选择高耐水性和高强度的酚醛树脂胶黏剂，而生产室内家具用胶合板则可选用脲醛树脂胶黏剂。

9.3.4 根据工艺可行性

要获得理想的胶合效果，除选用适当的胶黏剂外，还要考虑是否具备所要求的工艺条件。如生产规模、施工设备、工艺规模（涂胶量、陈化与陈放时间、固化压力及温度与时间等）。

工艺上最简单的是室温固化和单组分的胶黏剂，例如聚醋酸乙烯酯乳液胶黏剂、氯丁橡胶胶黏剂、室温固化型环氧树脂胶黏剂。

在自动化生产线上不允许固化时间过长，就要选用快速固化的胶黏剂如热熔胶。

9.3.5 根据胶接经济成本

确定胶接成本的因素较多，包括胶黏剂的用量、胶接接头的加工和胶接工艺的难易、胶接工时的长短以及胶接效果的检测成本等。但是，胶黏剂的价格仍然是选择胶黏剂要考虑的重要因素，特别是在大面积胶接时更是如此。应在保证胶接制品质量的前提下提高工作效率，降低胶接成本。

单元实训　木材胶黏剂的选用

1. 实训目标

通过技能实训，认识和理解胶黏剂的各种组分以及它们在黏接过程中的作用，深入了解各种胶黏剂的性能及用途，掌握家具及木质人造板生产过程中胶黏剂的选用，对胶接工艺有一定的了解。

2. 实训场所与形式

实训场所为材料实训室，家具材料市场，人造板或家具生产现场。以 4～6 人为实训小组，到实训现场进行观摩调查。

3. 实训材料与设备

各种胶黏剂。

4. 实训内容与方法

（1）材料识别

① 以实训小组为单位，到家具材料市场对木材胶黏剂的品种、性能、价格进行调查，尤其是对教材中未介绍的新型胶黏剂的性能特点关注，做好相关的资料收集与记录。

② 实训前由教师准备各种胶黏剂样品，实训过程中，先由学生观察胶黏剂的外观，并相互交流讨论每种胶黏剂性能特点以及自己进行市场调查的结果，提出问题，最后由实训教师做总结，并解答各组的问题。

（2）了解木材胶黏剂的选用

① 学生了解相关的车间安全防护知识后，由实训指导老师带领进入人造板或家具生产使用胶黏剂的各个车间，如单板胶合、实木方材胶拼、板材胶接、饰面材料装饰贴面与封边胶结等。

② 认真听取现场工作人员讲解，做好记录，并仔细观察每一处胶黏剂的使用情况，包括胶黏剂的类型和组分，胶接的材料，工艺要求等，对木材胶黏剂的选用的原则有感性的认识。

5. 实训要求与报告

（1）实训前，学生应认真阅读实训指导书，明确实训内容、方法及要求。

（2）在整个实训过程中，每位学生均应做好实训记录。

（3）实训完毕，及时整理好实训报告，做到准确完整、规范清楚。

6. 实训考核标准

（1）能深入市场进行材料的调查，认真做好专业调查和笔记。

（2）能深入车间进行参观学习，认真做好观察笔记和分析报告。

（3）对于能达到上述两点标准要求，实训报告规范完整的学生，可酌情将成绩评定为合格、良好或优秀。

思考与练习

1. 填空题

（1）脲醛树脂胶外观为____________，同时也可制成粉末状，使用时加入适量水分和助剂即可制成胶液。脲醛胶属于____________树脂，根据其固化温度可分为____________和__________两种。

（2）与脲醛树脂胶相对比，酚醛树脂胶耐水性、耐老化性、耐热性、耐化学药品性更____________，胶合强度更________，因此酚醛树脂胶适合在____________使用。

（3）三聚氰胺树脂的改性一般是进行________、________、________三方面。

2. 问答题

（1）胶黏剂的组成部分有哪些？

（2）简述脲醛树脂胶和酚醛树脂胶的优缺点及用途。

（3）简述聚醋酸乙烯酯乳液胶的性能及应用。

（4）简述热熔胶的特点。

（5）怎样合理地选择木材胶黏剂？

推荐阅读书目

1. 邓旻涯. 家具与室内装饰材料手册[M]. 北京：人民出版社，2007.

2. 王恺. 木材工业实用大全（胶黏剂卷）[M]. 北京：中国林业出版社，1996.

3. 王孟钟，黄应昌. 胶黏剂应用手册[M]. 北京：化学工业出版社，2002.

单元 10
饰面材料与封边材料

知识目标

1. 了解各种饰面材料的种类、标准与规格。
2. 掌握各种饰面材料的特点。

技能目标

熟悉各种饰面材料的应用。

10.1 饰面材料

随着人造板工业的迅速发展，各种木质人造板在家具上得到了广泛应用。用人造板制造家具时，多数都需要用饰面和封面材料做表面装饰和周边封边处理。饰面材料又称贴面材料，贴面装饰是采用胶黏剂将具有装饰效果的饰面材料牢固胶贴在基材及其家具表面上的装饰方法。饰面材料依据其材质可分为多种类型，如木质类（有天然薄木、人造薄木、单板等）、纸质类（有印刷装饰纸、合成树脂浸渍纸、装饰板等）、塑料类（有聚氯乙烯薄膜、聚乙烯薄膜、聚烯烃薄膜等）等，其他的还有纺织物、合成革、金属箔等。饰面材料主要是对家具板件的表面和周边起保护和装饰作用。一般表面覆贴饰面材料的人造板均可称为饰面板（或贴面板），如薄木饰面板、装饰纸饰面板、塑料薄膜饰面板等。

10.1.1 薄木

（1）薄木的分类及特点

薄木是一种具有珍贵树种特色的薄型（片状或带状）木质饰面材料。用薄木装饰家具表面，可以使家具具有美丽的木纹和新颖的色调，具有自然清新的色泽和天然木质感。这种装饰方法既节省了珍贵树种木材和优质资源，又使人们能享受到真正的自然美。这是一种历史悠久的传统装饰方法，至今仍是现代板式家具最为理想的装饰材料。

薄木主要用于高级家具的装饰贴面。薄木的种类较多，目前，国内外还没有统一的分类方法。具有代表性的分类方法一般是按薄木的厚度、制造方法、材料来源及构成、树种和花纹等进行分类。

①按薄木厚度分类　分为厚薄木、薄型薄木和微薄木 3 类。

薄木的厚度范围比较大，厚的可达 3mm，最薄的却只有 0.05mm，家具装饰用薄木厚度一般选取 0.1～1mm 的厚度。

厚薄木：厚度＞0.5mm，一般指 0.5～3mm 厚的普通薄木。

薄型薄木（也属于普通薄木）：厚度＜0.5mm，一般指 0.2～0.5mm 厚的薄木。

微薄木：厚度＜0.2mm，是一种极薄的高级表面装饰材料。它通常是由两层材料组成的，一

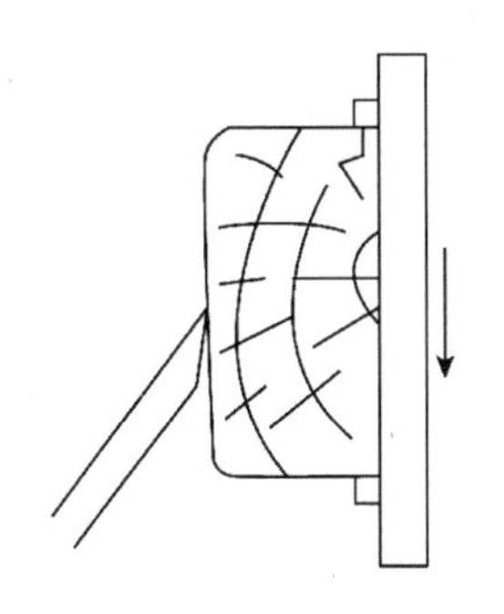
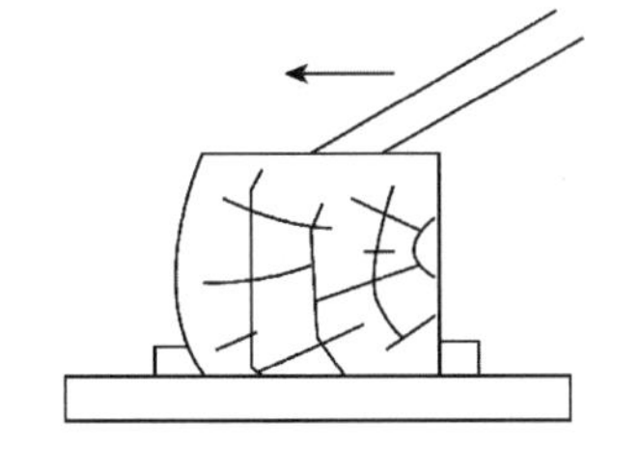
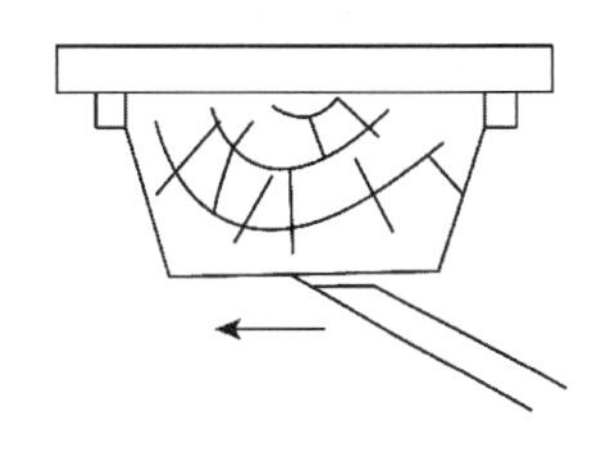

图 10－1　刨切薄木的方法

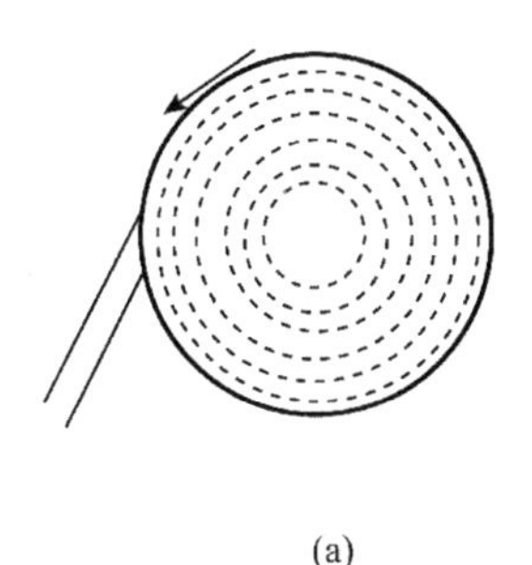
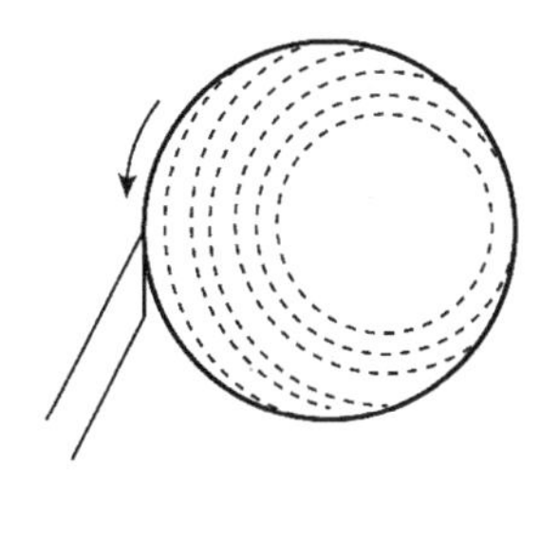
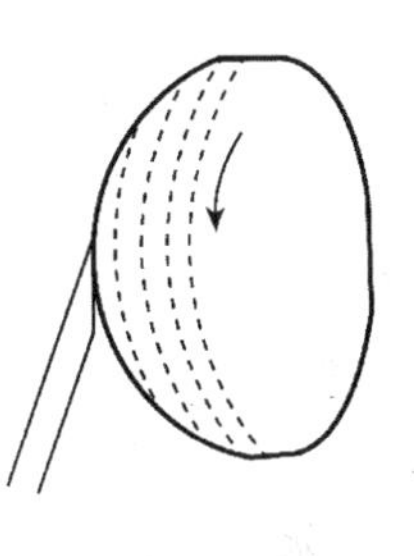

(a)　　　　(b)

图 10－2　旋切和半圆旋切薄木的方法

(a)旋切薄木　(b)半圆旋切薄木

层是用珍贵木材旋切成的极薄的带状单板，其厚度为 0.05～0.2mm；另一层是用光滑的而强度又很高的特种纸（厚度为 0.05～0.07mm）作基材，将这两种材料胶合在一起，再经干燥处理而制成的连续卷状薄木或成卷薄木。

②按薄木制造方法分类　分为锯切薄木、刨切薄木、旋切薄木和半圆旋切薄木 4 类。

锯切薄木：是用锯切方法得到的，即采用锯片（或锯条）将木方或木板锯解成的片状薄板（根据板方材纹理和锯解方向的不同又有径向薄木和弦向薄木之分）。锯切方法制取薄木时，由于锯路损失较大致使木材利用率低，因此生产中很少采用锯切薄木。

刨切薄木：是将原木先剖成木方并进行蒸煮软化处理，然后再在刨切机上刨切成的片状薄木（根据木方剖制纹理和刨切方向的不同又有径向薄木和弦向薄木之分，图 10－1）。刨切薄木花纹通直，适于拼成各种图案，厚度一般为 0.2～0.25mm，刨切时一般要求多出径向薄木，少出弦向薄木。

旋切薄木：是将原木进行蒸煮软化处理后，再在精密旋切机上旋切成的连续带状薄木，如图 10－2 所示。旋切薄木又专称为单板，厚度范围一般为 0.5～1mm，主要用于生产胶合板，也可直接用于基材为刨花板、纤维板等板式家具的表面贴面装饰，其纹理为弦向，表面易产生裂纹。

半圆旋切薄木：也称偏心旋切薄木，是介于刨切与旋切法之间的一种旋切薄木。可在普通精密旋切机上将木方偏心装夹进行旋切，或在专用的半圆旋切机上进行旋切，如图 10－2 所示。半圆旋切根据木方夹持方法的不同可得到径向薄木或弦向薄木，其宽度由大逐渐变小，用于拼贴相同规格的花纹时利用率较低，工作效率很差，应用较少。

③按薄木材料来源及构成分类　分为天然薄木、人造薄木、集成薄木、染色薄木和复合薄木 5 类。

天然薄木：是由天然珍贵木材经过水热处理

后刨切或半圆旋切而制得的薄木。它具有美丽宜人的颜色和纹理，质地精美。

人造薄木：是用普通树种、速生树种的单板经染色（或漂白）、组坯、层压胶合制成木方（即单元 2 所介绍的科技木方），再从这种人造木方上刨切下来的薄木，薄木花纹系人工组合而成，故又称人工组合薄木或组合薄木。人造薄木可仿制各种珍贵树种的薄木，纹理也可做成径向纹理或弦向纹理，还有树瘤纹、波浪纹、雀眼纹等。人造薄木与天然薄木比较有许多优点，它可根据设计所需的幅面尺寸做成整张薄木，使贴面装饰工艺简化；其纹理及色调可自行控制，不仅可模仿各种天然薄木，还可创造出天然薄木不可能具有的纹理和色调，如彩色薄木；它可以大量生产纹理相同的薄木。

集成薄木：是先将珍贵树种或一般树种（经染色）制成小方材或单板，再按设计图案胶拼成集成木方，如图 10－3 所示，然后再从集成木方上刨切下来的整张拼花薄木。集成薄木对木材的质地有一定要求，色泽与花纹的变化依赖天然木材，自然真实。大多用于家具部件、木门等局部装饰，一般幅面不大，但制作精细，图案比较复杂。

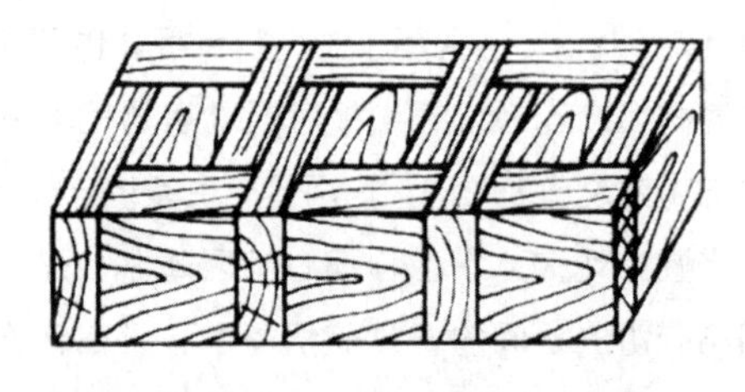

图 10－3　集成木方

一般常将人造薄木和集成薄木等统称为科技薄木（参见单元 2）。

染色薄木：是将一般树种的薄木按照人们所喜爱的色调漂白或染色的薄木。但这仅仅是色调上的调整，薄木的质感不会因漂白或染色发生变化。如果要模仿某种珍贵树种，则需选择材质相近的普通树种的薄木进行染色来仿制。

复合薄木：是将薄木与纸、塑料薄膜、金属薄膜、无纺布等材料复合制得的薄木，柔性好，可包覆曲面。可以用于高级家具、建筑物内部、特殊制品的表面装饰，因其具有柔软、质轻、可弯曲特性而被广泛应用。

④按薄木树种分类　分为阔叶材薄木和针叶材薄木。

阔叶材薄木：由阔叶材或模拟阔叶材制成的薄木，常用树种有水曲柳、榉木、柚木、核桃木、樱桃木等。

针叶材薄木：由针叶材或模拟针叶材制成的薄木，常用树种有红松、花旗松、落叶松、云杉等。

⑤按薄木花纹分类　分为径切纹薄木、弦切纹薄木、波状纹薄木、鸟眼纹薄木、树瘤纹薄木和虎皮纹薄木 6 类。

径切纹薄木：由木材早晚材构成的相互大致平行的条状纹理薄木，如图 10－4（a）所示。

弦切纹薄木：由木材早晚材构成的大致呈山峰状花纹的薄木，如图 10－4（b）所示。

波状纹薄木：由波状或扭曲纹理产生的花纹薄木，又称琴背花纹、影纹，常出现在槭木（枫木）、桦木等树种。

鸟眼纹薄木：由纤维局部扭曲而形成的似鸟眼状的花纹，常出现在槭木（枫木）、桦木、水曲柳等树种。

树瘤纹薄木：由树瘤等引起的局部纤维方向极不规则而形成的花纹，常出现在核桃木、槭木（枫木）、法桐、栎木等树种。

虎皮纹薄木：由密集的木射线在径切面上形成的片状泛银光的类似虎皮的花纹，木射线在弦切面上呈纺锤形，常出现在栎木、山毛榉等木射线丰富的树种。

（2）刨切薄木的标准与规格

刨切薄木（又称刨切单板）的分类、要求、试验方法、检验规则等，以及薄木贴面后的人造板材的技术指标和要求，可分别参见国家标准《刨切单板》(GB/T 13010—2006)和国家标准《装饰单板贴面人造板》(GB/T 15104—2006)中的相关规定。

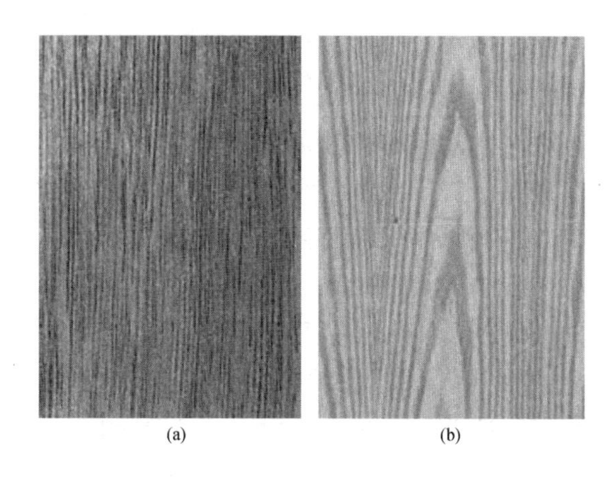

图 10－4 薄木花纹
(a)径切纹薄木 (b)弦切纹薄木

10.1.2 印刷装饰纸

印刷装饰纸是印刷有木纹或其他图案的、没有浸渍树脂的纸（原纸），又常称木纹纸。它适合于中低档家具的表面装饰，使用时直接覆贴在家具基材表面上，然后再用树脂涂料涂饰，或用透明塑料薄膜再贴面。印刷装饰纸饰面，可用手工进行覆贴包边，特别适合异形边部的板件。其特点是工艺简单、能实现自动化和连续化生产；表面不产生裂纹，具有木纹感、温暖感和柔软感；成本低、装饰性能良好；如采用透明涂料（如聚氨酯或聚酯涂料）涂饰，可使家具表面具有一定的光泽以及耐热、耐磨、耐候、耐化学药剂腐蚀等性能。下面介绍用印刷装饰纸贴面装饰的两种典型产品——宝丽板与预涂饰装饰纸。

宝（保）丽板（俗称）是一种常见的饰面人造板，它一般是以Ⅱ类胶合板为基材，在其表面覆贴一层印刷装饰纸，然后再在纸面上涂饰一层不饱和聚酯树脂经固化而成的产品。因此宝丽板即为不饱和聚酯贴面板或不饱和聚酯树脂装饰胶合板。

宝丽板可直接使用，它主要用于家具板件的外表面，也常作室内装饰材料。它的特点是手感好，表面装饰性好，可以制成亮光（镜面板）和柔光（柔光板）两种装饰效果。亮光的宝丽板板面有光泽，强度高，表面耐水性好，耐热、耐烫性能优于一般涂料的涂饰面，耐化学药品性能、耐污染性能好；柔光的宝丽板耐烫和耐擦洗性能相对要差一些。

预涂饰装饰纸（也称浸渍装饰纸）是以高质量的装饰纸浸渍热固性树脂，再涂上各种面漆而制成的。它可制成各种装饰色彩、纹理和图案，还可以模拟木纹以及压制成导管孔等立体花纹，产品品种选择范围大。经预涂饰装饰纸饰面的产品不需再进行涂饰，简化工艺、提高生产效率，而且给五金配件的安装、维护、延长寿命带来好处。这种装饰纸是一种耐用的多用途材料，特别适用于板式拆装家具的贴面。适用于家具外表面、内表面、部件的软成型、后成型及各种封边装饰。可采用多种胶黏剂（如脲醛胶、乳白胶和热熔胶），使用单层或多层热压机、冷辊或热辊压机、软包边机、后成型机等，对刨花板、中密度纤维板等基材进行覆贴胶压。

10.1.3 合成树脂浸渍纸

合成树脂浸渍纸是将原纸浸渍热固性合成树脂后，经干燥使溶剂挥发而制成的树脂浸渍纸（也称浸渍胶膜纸、浸渍纸、胶膜纸或树脂胶膜纸）。合成树脂浸渍纸贴面是将浸渍纸直接覆盖在已经加压成型的人造板基材表面进行热压胶贴。常用的合成树脂浸渍纸贴面，不用涂胶，浸渍纸干燥后合成树脂未完全固化，贴面时加热熔融，贴于基材表面，由于树脂固化，使得浸渍纸在与基材胶合的同时，形成表面保护膜，表面不需再用涂料涂饰即可制成饰面板。对于一些树脂含量低（50%～60%）的浸渍纸，干燥后树脂已完全固化，因此贴面时还需要在人造板基材表面涂胶，贴面后表面可用透明涂料再涂饰（此时涂饰的渗透性较小），以增强保护性能。

合成树脂浸渍纸一般可根据所浸渍的树脂来分类，这里介绍 4 类。

（1）三聚氰胺树脂浸渍纸

其制造工艺流程为：装饰纸原纸→浸渍（低压三聚氰胺树脂）→干燥→三聚氰胺树脂浸渍纸，主要包括低压短周期三聚氰胺树脂浸渍纸和低压（改性）三聚氰胺树脂浸渍纸 2 种类型。

低压短周期三聚氰胺树脂浸渍纸是在低压三聚氰胺树脂中加入热反应催化剂的一种浸渍纸。使用低压短周期三聚氰胺树脂浸渍纸贴面时，树脂反应速度加快，热压时间可缩短到 1～2min 以内。为了降低成本，低压短周期三聚氰胺树脂浸渍纸可采用两次浸渍法，即原纸先浸改性脲醛树脂并干燥，再浸改性三聚氰胺树脂再次干燥而制成浸渍纸，贴面时采用低压热——热法胶压工艺。

低压（改性）三聚氰胺树脂浸渍纸是用聚酯等树脂对三聚氰胺树脂进行改性的一种浸渍纸。它在低压下也能有足够的流动性，不需冷却，即采用低压热——热法胶压贴面，光泽较好。

三聚氰胺树脂浸渍纸常用于刨花板、中密度纤维板的表面饰贴，这类饰面人造板广泛用于办公家具、厨房家具及民用家具柜类产品等。

（2）酚醛树脂浸渍纸

其成本低，强度高，耐热、耐水、耐化学药品腐蚀性能都很好，但色泽深，性能脆，适用于只要求表面物理性能好而不要求美观的场合，一般专用作底层纸（如常用于三聚氰胺树脂装饰板的底层纸）和部件背面平衡纸。酚醛树脂浸渍纸（即利用原纸浸渍经三聚氰胺树脂改性的酚醛树脂而制成的浸渍纸）具有一定的装饰性，可用作深色表面装饰贴面。

（3）邻苯二甲酸二丙烯酯树脂浸渍纸

常被称为 DAP 树脂，兼具有热固性树脂的坚牢性及热塑性树脂的易加工性。DAP 树脂浸渍纸柔软，可制成卷，取用方便；装饰质量好，表面光泽高，真实感强；表面具有优良的电绝缘性；耐热性超过三聚氰胺树脂浸渍纸及酚醛树脂浸渍纸；耐化学药品性好，不易受酸、碱和有机溶剂的腐蚀；吸湿性小，尺寸稳定性好；耐候性好，不产生龟裂；耐磨性好，即使是在湿润条件下耐磨性也好；耐冲击性好。

由于邻苯二甲酸二丙烯酯树脂浸渍纸贴面时加工性能好，可用低压热——热法胶压贴面，贴面后表面物理性能良好，因此可以说是一种最适合于人表板表面装饰的合成树脂浸渍纸，可直接贴在家具零部件平面和侧边。缺点是成本较高。

（4）鸟粪胺树脂浸渍纸

常用于进行人造板表面装饰。它化学稳定性好、贮存期长、表面有良好的光泽、柔性好、不开裂、可制成卷；耐热、耐水、耐候、耐化学药品腐蚀；机械加工性能好，可用低压热——热法胶压。

采用浸渍胶膜纸贴面装饰后的人造板材的技术指标和要求可参见国家标准《浸渍胶膜纸饰面人造板》(GB/T 15102—2017)中的相关规定。

10.1.4 热固性树脂浸渍纸高压装饰层积板

（1）热固性树脂浸渍纸高压装饰层积板的概念

热固性树脂浸渍纸高压装饰层积板属于装饰板中的一个类型，习惯上的称呼很多，如塑料贴面板、装饰性塑胶板、贴面板、纸质装饰板、高压三聚氰胺装饰板、热固性树脂层压装饰板等。热固性树脂浸渍纸高压装饰层积板是用氨基树脂（主要是三聚氰胺树脂）浸渍的表层纸、装饰纸和用酚醛树脂浸渍的底层纸，层积后在高压下热压而成的一种装饰材料，简称高压装饰板（HPL），俗称防火板、装饰板。它的主要成分是纸张，纸张约占 80%，其余 20% 是树脂。其基本结构如图 10－5 所示。

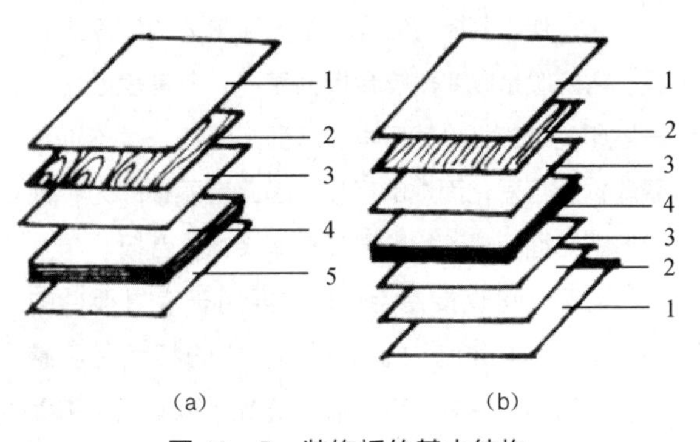

图 10－5　装饰板的基本结构
(a)单面装饰板　(b)双面装饰板
1.表层纸　2.装饰纸　3.覆盖纸
4.底层纸(若干层)　5.脱模纸

（2）高压装饰板的原料与生产工艺

①原料　合成树脂、表层纸、装饰纸、覆盖纸、底层纸和脱模纸。

合成树脂：装饰板主要应用三聚氰胺树脂和酚醛树脂。

表层纸：是放在装饰板最上层（第一层），在板中的作用是保护装饰纸上的印刷木纹，并使板面具有优良的物理化学性能。表层纸是由表层纸原纸浸渍高压三聚氰胺树脂经干燥制成，热压后具有高度透明性与坚硬性。一般要求表层纸原纸细薄、洁白、干净、完全透明，并能被树脂完全浸透。

装饰纸：是放在表层纸下面（第二层），在板中主要起装饰作用，装饰板的颜色花纹由装饰纸提供，其次起防止底层胶液渗现的覆盖作用。装饰纸是由装饰纸原纸（钛白纸）浸渍高压三聚氰胺树脂经干燥制成。一般要求装饰纸原纸表面平滑，有良好的吸收性和适应性，有很好的印刷性能，对素色纸要求色调均匀，对彩色纸要求颜色鲜艳纯正；并要求有一定的遮盖能力，能盖住深色的底层纸并防止下层的酚醛树脂渗透到表面。常用加有5%～20%钛白粉的钛白纸作装饰纸原纸。

覆盖纸：夹在装饰纸与底层纸之间（第三层），用以遮盖深色的底层纸并防止酚醛树脂渗透过装饰纸。如装饰纸有足够的遮盖性可不用于覆盖纸。覆盖纸原纸与装饰纸一样都是钛白纸，浸渍的树脂也一样。

底层纸：是放在覆盖纸下面用来做装饰板的基材，主要作用是使板材具有一定的厚度和机械强度。它是制造装饰板的重要材料，占用纸量的80%以上（其层数可根据板厚而定）。一般要求原纸具有一定的渗透性，常用不加防水剂的牛皮纸做底层纸的原纸。原纸浸渍酚醛树脂经干燥而制成底层纸。

脱模纸：原纸与底层纸的原纸相同，浸渍油酸胶配置在底层纸的下面，以防止酚醛树脂胶在热压过程中黏在铝垫板上，生产中常使用聚丙烯膜包覆铝垫板，可省去脱模纸。

②生产工艺　将表层纸、装饰纸、覆盖纸、底层纸分别浸渍树脂干燥后组坯，经热压后即为装饰板。其生产工艺如下：

表层纸原纸→浸渍（高压三聚氰胺树脂）→干燥→表层纸浸渍纸
装饰纸原纸→浸渍（高压三聚氰胺树脂）→干燥→装饰纸浸渍纸
覆盖纸原纸→浸渍（高压三聚氰胺树脂）→干燥→覆盖纸浸渍纸
底层纸原纸→浸渍（酚醛树脂）→干燥→底层纸浸渍纸
} 组坯→热压→装饰板

（3）高压装饰板的分类

装饰板品种繁多，除较厚的双面装饰板有时直接使用外，一般均将装饰板覆贴在其他基材上使用。装饰板可以根据不同角度分类。

①按材料类型分　分为S型、P型、F型。

S型：普通高压装饰板。

P型：后成型高压装饰板。

F型：有一定滞燃性能的高压装饰板。

②按板材类型分　分为抗倍特普通型板、抗倍特阻燃普通型板、平面承重型板等11类。

CGS——抗倍特（compact）普通型板。

CGF——抗倍特（compact）阻燃普通型板。

HDS——平面承重型板。

HDF——平面承重阻燃型板。

HGS——平面普通型板。

HGF——平面普通阻燃型板。

HGP——平面普通后成型板。

VGS——立面普通板。

VGF——立面普通阻燃板。

VGP——立面普通后成型板。

VLS——立面非承重型板。

③按表面耐磨程度分　分为高耐磨型、平面

型、立面型和平衡面型 4 类。

高耐磨型：耐磨转数一般为 900 ~ 6 500r，具有高耐磨性，常用于台面、地板等场合。

平面型：耐磨转数在 400r 以上，具有较高的耐磨性，常用于家具的表面等。

立面型：耐磨转数在 100r 以上，具有一般的耐磨性，常用于家具的立面、建筑室内装饰等。

平衡面型：具有一定的物理力学性能，仅作平衡材料使用。

④按表面性状分　分为有光型、柔光型和浮雕型 3 类。

有光型：其表面光泽度大于 85，表面光亮，经久耐用。

柔光型：光泽柔和自然，不产生反射眩光，能保护视觉机能和减少视觉疲劳，具有较好的装饰效果，光泽度一般在 5 ~ 30。

浮雕型：采用模具进行模压制成具有立体效果的浮雕图案。

⑤按产品性能分　分为滞燃型、抗静电型、后成型型和普通型 4 类。

滞燃型：具有一定的防火性能，氧指数在 37 以上（普通型的约为 32）。

抗静电型：具有一定的消静电能力，主要用于机房及手术室家具。

后成型型：受热后可软化、弯曲成一定弧度，便于曲面的装饰，可进行异型包边。

普通型：不具有以上特殊性能要求的普通装饰板。

⑥按板材厚度分　分为薄型板和厚型板。

薄型板：厚度在 2mm 以下，只有一个装饰面，与基材复合后使用的装饰板。

厚型板：厚度在 2mm 以上（含 2mm），单饰面或双饰面，可单独使用或支撑后使用的装饰板。

装饰板除上述类型外，还可以根据用途要求加入一些增强材料如玻璃纤维、金属等提高其强度。

（4）高压装饰板的类别与典型应用

高压装饰板的类别与典型应用见表 10 - 1。

（5）高压装饰板的特点与应用

装饰板在制造过程中可以仿制各种人造材料和天然材料的花纹图案，如桃花心木、花梨木、

表 10 - 1　高压装饰板的类别与典型应用

按特性要求	材料类型	等级			按板材类型	主要用途
		耐磨性	抗冲击性	耐划痕性		
在特殊环境中立面或平面使用的厚板，需要有特别高的抗冲击强度和耐磨性	S 或 F 型	3	—	3	CGS 和 CGF	门、隔段、墙、各类建筑用和运输用自承重部件
很高的表面耐磨性、高抗冲击性、很高的耐划痕性能	S 或 F 型	4	3	4	HDS 或 HDF	实验室台面、电脑房地板
高表面耐磨性、高抗冲击性、高耐划痕性	S、F 或 P 型	3	3	3	HGS，HGF 或 HGP	厨房工作台面、餐馆桌、酒店桌、承重门、墙面装饰、公共交通工具内墙
高表面耐磨性、中等抗冲击性、高耐划痕性	S、F 或 P 型	3	2	3	—	办公室平面用板（电脑桌）和浴室家具
中等表面耐磨性、中等抗冲击性、高耐划痕性	S、F 或 P 型	2	2	2	VGS，VGF 或 VGP	厨房、办公室立面、浴室家具、墙面装饰、架子
低表面耐磨性、中等抗冲击性和耐划痕性	S、F 或 P 型	—	2	2	—	厨房、展厅等需要特殊装饰效果的立面
低表面耐磨性和耐划痕性、中等抗冲击性	S 型	1	2	1	VLS	橱柜可见板面

图 10－6　热固性树脂浸渍纸高压装饰层积板

水曲柳、核桃木、大理石、孔雀石、橘皮、皮革、纤维织物等纹理或设计其他图案，如图 10－6 所示。因此装饰板表面平滑光洁、光泽度高、花色图案十分丰富多彩、且不褪色；具有良好的耐水、耐火、阻燃性；化学稳定性好，能耐一般酸、碱、油脂及酒精等溶剂的浸蚀；具有良好的物理力学性能，质地坚硬、耐磨。装饰板表面耐久性优于涂料装饰，其使用寿命比涂料装饰能延长 4～5 倍，保养简单，表面极易清洗，是一种良好的装饰材料。装饰板广泛用于家具制造，常用于厨房、机房、办公室、实验室、学校等场所的家具制造，还广泛用于车辆、船舶等交通家具及建筑物内部装修等。

随着家具业、装饰业的发展，目前装饰板的用量大得惊人，同时也在持续创新，向个性化、高性能、高科技方向发展。随着印刷技术的进步，装饰板表层装饰纸的色彩度、个性化、仿真性有了进一步发展。现在有生产商把字画等艺术作品、甚至个人的写真印制在装饰纸上，进一步提高了装饰板的装饰效果。装饰纸的卡通化也是一个发展趋势。装饰板的表面完全依赖模板，其表面处理方案也越来越丰富。传统的表面有亮面、绒面、油漆面、亚光面、皮革面、木纹面等，现已向浮雕式全仿真发展。装饰板的综合性能正朝着更高的方向发展，如耐紫外线的户外板，抗化学试剂、抗硬物磨刮、抑制有害细菌生长、超强耐火型装饰板等，都是新型装饰板的研发方向。

（6）高压装饰板的标准与规格

装饰板规格，长度通常为 1 830mm 和 2 440mm，宽度通常为 915mm 和1 220mm，厚度通常为 0.5mm、0.8mm、1.0mm、1.2mm、2.0mm、12.0mm 和 18.0mm 等。经供需双方协议可以生产其他规格的热固性树脂浸渍纸高压装饰层积板。

根据一些国家的划分范围，厚度 0.8～1.5mm

的为通用产品（家具表面装饰常用厚度）；厚度2 mm以上的为特殊用途产品或作为双饰面装饰板；厚度0.5mm的装饰板或卷材，主要用作封边或曲面胶贴材料。

国家标准《热固性树脂浸渍纸高压装饰层积板(HPL)》(GB 7911—2013)理化性能的检验项目主要有：表面耐磨性能、耐沸水性能、耐干热性能、耐湿热性能、耐水蒸气、尺寸稳定性、抗小球冲击、抗大球冲击、耐开裂性能（薄板）、耐划痕性能、耐污染性能、耐光色牢度、耐香烟灼烧性能、后成型性能、耐龟裂性能、弯曲强度、弯曲弹性模量、抗拉强度、甲醛释放量、防静电性能、耐老化性能、滞燃性能等。

装饰板的分类、分等、规格尺寸及偏差、理化性能、外观质量等技术指标可参见国家标准《热固性树脂浸渍纸高压装饰层积板(HPL)》(GB/T 7911—2013)的相关规定。

10.1.5 塑料薄膜

家具表面装饰用的塑料（参见单元8）主要是热塑性塑料薄膜。目前板式家具部件贴面常用的塑料薄膜主要有聚氯乙烯薄膜、聚乙烯薄膜、聚烯烃薄膜、聚酯薄膜等。

（1）聚氯乙烯薄膜

聚氯乙烯薄膜（简称PVC薄膜）是一种经过压制而成的热塑性树脂薄膜。随着科学技术的发展，PVC薄膜的生产技术和贴面工艺都有较大进步，特别是无增塑剂PVC薄膜的生产以及凹版印刷、表面压纹技术的应用，使得PVC薄膜的装饰性更强。PVC薄膜表面可制成模拟木材的色泽和纹理以及其他各种花纹图案，可制成透明的或不透明的，可制成色调柔和的或色泽鲜艳悦目，有的还模拟木材构造压印出导管沟槽和孔眼，具有逼真的木质感和立体感，能与天然木材媲美，表面无色差，不存在木材节疤等缺陷。PVC薄膜具有较好的物理、化学性能，伸缩性小，透气性小，贴面装饰后可减少空气湿度对家具基材的影响。它具有一定的防水、耐磨、耐污染的性能，但表面硬度低、不耐阳光照晒、耐热性差、受热后变软，一般只适用于室内普通家具中不受热和不受力部件的饰面和封边，尤其适宜板式家具部件的浮雕模压贴面，即采用真空覆塑加工技术对经雕刻、铣型的异型表面进行覆贴（即真空异型面覆膜或软成型贴面）。

PVC薄膜是成卷供应的，普通家具常用厚度为0.1~0.6mm，厨房家具需采用0.8~1.0mm厚的薄膜，真空异型面覆膜一般也需用较厚的薄膜。在背面涂刷压敏性胶黏剂可制成各种自黏胶黏膜，用于家具和室内装饰贴面。

PVC薄膜的技术指标和要求参见国家标准《软聚氯乙烯压延薄膜和片材》(GB/T 3830—2008)中的有关规定；PVC薄膜贴面装饰人造板材的技术指标和要求可参见林业行业标准《聚氯乙烯薄膜饰面人造板》(LY/T 1279—2008)中的有关规定。

（2）聚乙烯薄膜

聚乙烯薄膜（简称PVE薄膜）是由聚乙烯和赛璐珞（明胶）加入纤维素构成的一种合成树脂薄膜。其表面涂有防老化液，压印有木材纹理、管孔沟槽和各种花纹图案。PVE薄膜有较好的加工性能，具有耐高温、耐老化、耐腐、耐磨、耐水、耐化学药品和永不变色等特性，许多性能均优于PVC薄膜，适用于室内中、高档家具的饰面和封边处理。

（3）聚烯烃薄膜

聚烯烃薄膜（常称奥克赛Alkorcell）是由聚烯烃和纤维素制成的一种薄膜。由于高级印刷技术的应用，使奥克赛薄膜具有清晰可见的浮雕纹理（彩墨嵌进纹理中的效果），具有天然木材纹理真实立体的感觉。奥克赛能长期贮存，具有较好的耐水、耐光、耐热、耐磨、耐酸碱、耐溶剂等性能。它可用作室内家具及装修等饰面材料，装饰效果较好。

奥克赛薄膜背面具有不同化学药剂的涂层，适用于脲醛胶、聚醋酸乙烯酯乳液胶和热熔胶等不同胶黏剂的胶贴，贴面装饰时可以采用冷辊压、热辊压、冷平压、热平压、包贴及真空成型等加工方式胶压。胶压时，奥克赛薄膜表面的浮雕花纹不会因加压而变形或消失。奥克赛表面有一层热固性涂膜，所以在一般情况下，贴面后不需再涂饰涂料，特殊情况下可以使用质量好的聚氨酯漆进一步装饰。

10.1.6 热转印箔

热转印箔（也称高温转印膜或烫印膜）是由聚乙烯薄衬纸、脱模层、表面保护层、装饰木纹印刷层、底色层和热熔胶层等构成。通过高温硅酮橡胶印辊将压力和温度施加于转印箔上，使表面保护层、装饰木纹印刷层和底色层构成的转印层与聚乙烯薄衬纸脱离，转印到家具部件表面上就形成了家具表面的装饰层。此装饰方法工艺简单，不需另外使用胶黏剂，无污染。其转印装饰层色调稳定，具有较好的耐光、耐热、耐磨、耐洗涤性能，易于修补，可在其表面采用各种清漆进行涂饰处理（通常称为热膜转印涂饰、贴膜转印木纹涂饰或烫印木纹涂饰等）以增强装饰和保护功能。

常用热转印箔的总厚度为 0.035～0.05mm，热转印装饰层厚度为 0.01～0.015mm。转印的纹理和颜色即制品的纹理和颜色，其转印的装饰层能完全遮盖基材的材质、颜色及缺陷。它适用于由中密度纤维板、刨花板及普通木材直接制成的家具部件的表面装饰。

10.1.7 金属箔与金属薄板

将厚度为 0.015～0.2mm 的金箔、铝箔等金属薄片作饰面材料，贴于家具基材表面，具有仿金、仿银等装饰效果，其耐热性和力学强度高。家具表面还常用不锈钢板或薄铝板等金属薄板进行贴面。金属薄板贴面强度大，热传导系数较纯金属板小，耐冲击，能吸收一部分冲击能，可有效保护家具基材不受损伤，防火、防虫、防菌性能好，表面易于清洗。因此金属薄板贴面常用于医疗卫生和厨房家具。

10.1.8 其他饰面材料

家具表面除用薄木、印刷装饰纸、合成树脂浸渍纸、装饰板、塑料薄膜等材料饰面以外，还可以用纺织品、皮革、竹材等进行贴面包覆处理，以适应特殊要求的用途。

10.2 封边材料

封边材料与饰面材料应协调一致，上述饰面材料基本上都可以用于封边。生产中的后成型工艺就是将饰面、封边一次性连续饰贴完成。许多封边材料都预先制成条状或卷材，背面可以预先带胶或不带胶。此外，近些年还大量用塑料（如聚丙烯、聚酰胺、丙烯腈-丁二烯-苯乙烯三元共聚物等，参见单元 8）、合金等材料制成 T 形、L 形、F 形、半圆形等各种形状的封边条，使用时直接嵌在家具板件侧边，如图 10－7 至图 10－10 所示。

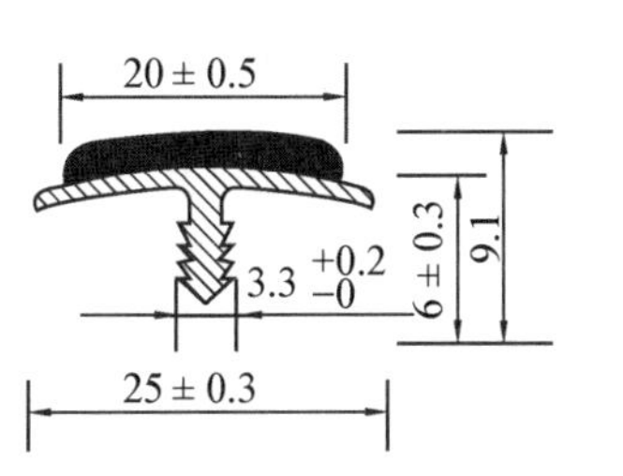

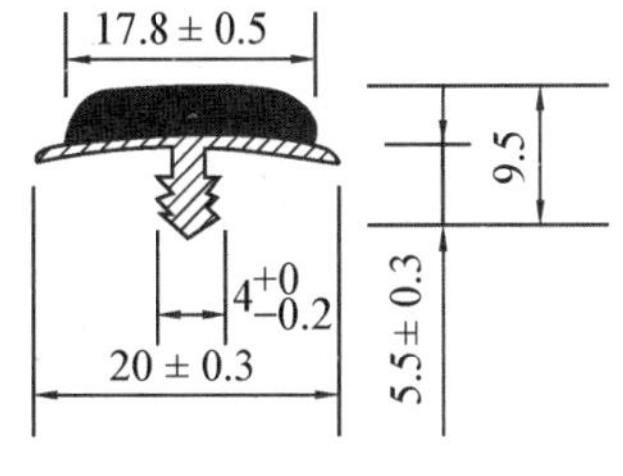

图 10－7　T 形软质装饰边

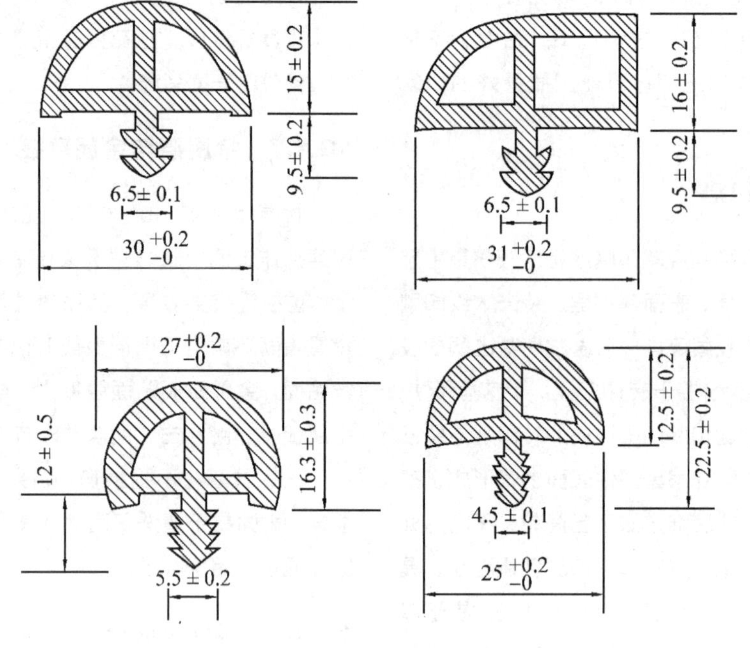

图 10－8　半圆形软质或半软质装饰边

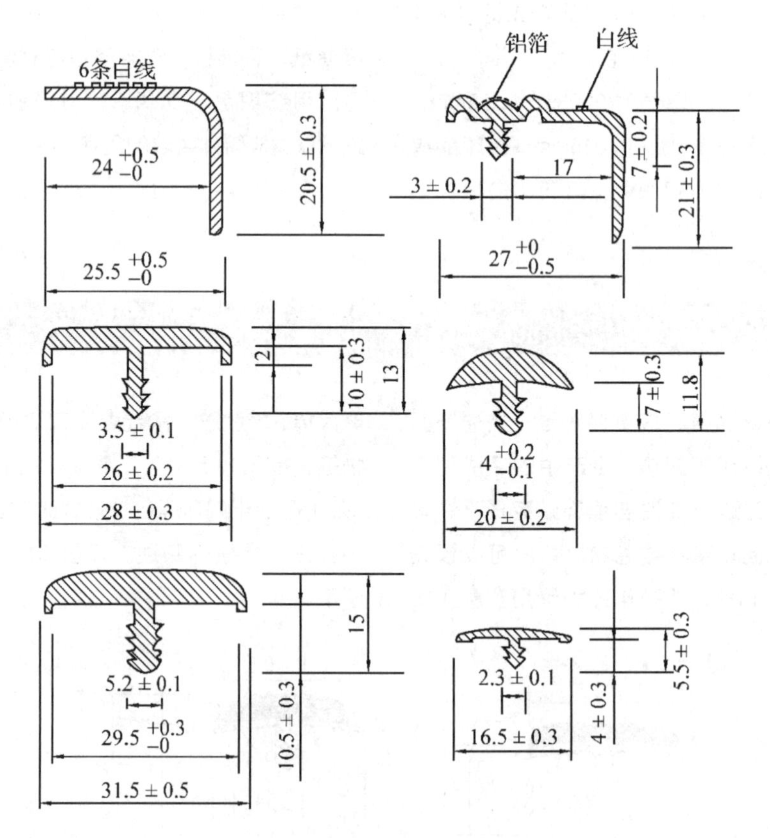

图 10－9　各种形状硬质装饰边

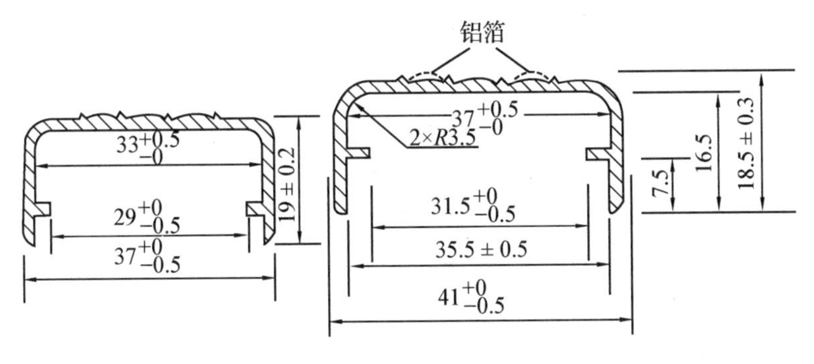

图 10－10　计算机桌硬质装饰边

单元实训　饰面材料与封边材料认识实习

1. 实训目标

通过实训实习，了解各种饰面与封边材料的规格、形状、性能特点及应用。

2. 实训场所与形式

①实训场所为材料实训室、家具材料市场和家具商场。以 4～6 人为实训小组，到实训现场对材料进行观察识别、专业调查等。

②实训场所为多媒体实训室、图书馆，要求每位学生查询相关图书资料和互联网。

3. 实训材料与设备

各种饰面材料、封边材料。

4. 实训内容与方法

（1）材料识别

以实训小组为单位，到家具材料市场和家具商场观察识别各种材料，观察材料在家具上的应用效果。了解教材中未介绍而市场上已有销售的新材料的性能特点等，并进行有关材料规格、品质、价格的调查及样品收集。

实训前由教师筹备多种饰面与封边材料，同时将各实训小组收集的样品集中。实训过程中，先由学生分组观察识别各种材料，并相互交流讨论，以小组为单位，做好观察识别笔记，提出问题。最后由实训教师综合总结，并解答各组的疑问。

（2）资料查询

每位学生查阅相关图书资料和网站，对书中未介绍的有关饰面与封边的新材料的知识进行整理，并以小组为单位相互交流。

5. 实训要求与报告

（1）实训前，学生应认真阅读实训指导书，明确实训内容、方法及要求。

（2）在整个实训过程中，应做好实训记录，数据要详实准确。

（3）实训完毕，及时整理好实训报告，做到准确完整、规范清楚。

6. 实训考核标准

（1）能深入市场进行材料的观察识别，并能收集到较好较多的样品，认真做好专业调查和笔记。

（2）能熟练利用网络等资源查询和规范整理专业资料。

（3）能达到上述两点标准，实训报告完整的学生，可酌情将成绩评定为合格、良好或优秀。

思考与练习

1. 填空题

（1）饰面与封边材料依据其材质可分为多种类型，如______类、______类、______类等，其他的还有________、________等。

（2）目前板式家具部件贴面常用的塑料薄膜品种主要有________、________和________等。

2. 问答题

（1）薄木有哪些种类？ 简述薄木的分类及特点。

（2）了解宝丽板和预涂饰装饰纸的特点及应用。

（3）了解合成树脂浸渍纸的应用。

（4）了解装饰板的品种，简述装饰板的特点及应用。

（5）简述聚烯烃薄膜的特点及应用。

推荐阅读书目

1. 梅启毅．家具材料[M]．北京：中国林业出版社，2007.
2. 吴智慧．木家具制造工艺学[M]．3 版．北京：中国林业出版社，2019.
3. 张勤丽．人造板表面装饰[M]．北京：中国林业出版社，1986.
4. 赵立．人造板装饰[M]．北京：中国林业出版社，1982.
5. 朱毅，孙建平．木质家具贴面与特种装饰技术[M]．北京：化学工业出版社，2011.

单元 11
涂料

知识目标

1. 了解涂料的组成。
2. 熟悉涂料的分类。
3. 掌握家具常用涂料品种、性能特点及应用。

技能目标

1. 掌握涂料黏度的测定。
2. 掌握漆膜附着力及耐热性的测定。

11.1 涂料的基础知识

涂料，在过去通常被称为“油漆”，是一种黏稠液体或粉末状物质。将其涂于物体表面经过干燥会形成一层膜，这层膜称为涂膜或漆膜，对物体有一定防护和装饰作用。人类对涂料的使用有着悠久的历史，中国是世界上最早发明和使用涂料的国家，早在 7 000 多年前就开始使用大漆涂饰木制品。传统的涂料是用植物油（如桐油、亚麻油等）和漆树上采下的漆液制成的，所以称作“油漆”。现代涂料大部分品种已经不用植物油、漆液和天然树脂做原料，而是用合成树脂、橡胶、石油化工原料等来制造。这样，传统的“油漆”概念就不能涵盖现代所有的产品，因此改称为“涂料”。

涂料是家具制造业中的重要材料之一。随着我国家具制造业的飞速发展，我国的涂料工业也得以长足进步，并发展成为一个独立的工业部门。同时，与涂料有关的国家标准和规范也相继出台。现代涂料总体发展趋势是朝着节省能源、绿色环保方向发展。

11.1.1 涂料的组成

一般的液体涂料都由两部分组成，即挥发分和固体分两部分。挥发分是指当我们将液体涂料涂在制品表面形成涂膜时，涂料中变成蒸汽挥发掉的部分，这一部分的成分就是溶剂；而留下不挥发的成分经干燥会结成膜，这种形成涂膜的不挥发分物质叫作涂料的固体分。涂料通常是由主要成膜物质、次要成膜物质和辅助成膜物质三部分组成，详见表 11－1。

（1）主要成膜物质

主要成膜物质是组成涂料的基础物质，是涂料能够牢固附着在物体表面形成漆膜的主要成分。最主要成膜物质大体可以分为两类：一类是油脂，主要是植物油，包括各种干性油（如桐油、亚麻油等）、半干性油（如豆油、葵花油等）和不干性油（如蓖麻油、椰子油等）；另一类是树脂，包括天然树脂（如大漆、虫胶等）、人造树脂（如松香衍生物、硝化纤维等）和合成树脂（如酚醛

表 11－1　涂料的基本组成

主要成膜物质	油脂	干性油	桐油、亚麻油、苏子油等
		半干性油	豆油、葵花油、棉籽油等
		不干性油	蓖麻油、椰子油等
	树脂	天然树脂	虫胶、大漆、松香等
		人造树脂	松香衍生物、硝化纤维等
		合成树脂	酚醛树脂、醇酸树脂、氨基树脂、丙烯酸树脂、聚氨酯树脂、聚酯树脂等
次要成膜物质	颜料	着色颜料	白色：钛白、锌白、锌钡白；红色：铁红、甲苯胺红、大红粉、红丹；黄色：铁黄、铅铬黄；黑色：铁黑、炭黑、墨汁；蓝色：铁蓝、酞菁蓝、群青；绿色：铅铬绿、络绿、酞菁绿；棕色：哈巴粉；金属色：金粉、银粉等
		防锈颜料	氧化铁红、云母氧化铁、石墨、氧化锌、铝粉等； 红丹、锌粉、铅粉、锌铬黄、铬酸钙、磷酸锌、铬酸锶等
		体质颜料	碳酸钙、硫酸钙、硅酸镁、硫酸钡、高岭土等
	染料	酸性染料	酸性橙、酸性嫩黄、酸性红、酸性黑、金黄粉、黄钠粉、黑钠粉等
		碱性染料	碱性嫩黄、碱性黄、碱性品红、碱性绿等
		分散性染料	分散红、分散黄等
		油溶性染料	油溶浊红、油溶橙、油溶黑等
		醇溶性染料	醇溶耐晒火红、醇溶耐晒黄等
辅助成膜物质	溶剂		松节油、松香水、煤油、苯、甲苯、二甲苯、苯乙烯、醋酸乙酯、醋酸丁酯、醋酸戊酯、乙醇、丁醇、丙酮、环己酮、水等
	助剂		催干剂、增塑剂、固化剂、防潮剂、引发剂、消光剂、消泡剂、光敏剂等

树脂、环氧树脂等）。作为涂料主要成膜物质的原料，早年是用天然树脂（如大漆）与植物油（桐油、梓油、亚麻仁油、苏籽油、豆油等），现代主要是用人造树脂与合成树脂（酚醛树脂、醇酸树脂、聚氨酯树脂、聚酯树脂等）。大量使用各种合成树脂是涂料生产的发展方向。

涂料中主要成膜物质具有的最基本特性是它涂布于制品表面后能形成薄层的涂膜，并使涂膜具有制品所需要的各种性能，它还能与涂料中的其他组分混合，形成均匀的分散体。具备这些特性的化合物都可作为涂料的主要成膜物质。主要成膜物质可以单独成膜，也可以黏结颜料等物质共同成膜。它们的形态有液态，也有固态。

①油脂　在涂料工业中用的最多得是植物油，如桐油、亚麻油等，是一种主要的原料，用来制造各种油类加工产品、清漆、色漆、油改性树脂以及用作增塑剂等。

植物油作为涂料的主要成膜物质都有干结成膜的性能，但是由于不同的油脂中不饱和脂肪酸的含量不同，导致不同的植物油脂成膜的时间长短不同。在涂料工业中，常按干性快慢将植物油分为干性油、半干性油与不干性油三类。涂于物体表面干燥较快的油脂称作干性油；涂于表面干燥很慢的油脂称作半干性油；涂于表面不能干燥的油脂称作不干性油。

干性油能明显吸收空气中的氧，在空气中能很快干结成膜，多用于油性漆的主要成膜物质；半干性油吸收氧较慢，其涂层需要较长时间才能干结成膜，多用于制造浅色漆或油改性醇酸树脂；不干性油不能自行吸收空气中的氧干结成膜，一般不直接用于成膜物质，需经改性再作主要成膜物质或者用于制造增塑剂等，比如蓖麻油经过脱水后会变成干性油。

植物油在涂料工业中占有一定的比重。植物油的涂膜柔韧耐久，附着力强，耐候性好，但是干燥缓慢，并且涂膜的光泽和硬度也不如含树脂涂料。

单独用植物油作主要成膜物质制成的漆就是油脂漆，如清油、厚油、油性调合漆等；也有用植物油与树脂共同作成膜物质制成的漆，如酯胶漆、酚醛漆等。

②树脂　树脂是一种透明或半透明的黏稠液体或固体状态的有机物质。涂料中的树脂根据来源不同可分为天然树脂、人造树脂与合成树脂三类。天然树脂来源于自然界的动植物，如虫胶、松香等；人造树脂是用高分子化合物加工所得，如松香衍生物、硝化纤维等；合成树脂是用各种化工原料经过一定的化学反应合成所得，如酚醛树脂、醇酸树脂等。

用树脂制漆比单纯用植物油制成的漆，能明显地改善油漆的硬度、光泽、耐水性、耐磨性、干燥速度等性能，所以现代涂料工业大量应用树脂为主要原料制漆，有些涂料完全使用合成树脂。合成树脂涂料在涂料生产中是产量最大、品种最多、应用最广的涂料。合成树脂已成为现代木质家具涂料的主要做成膜物质。

（2）次要成膜物质

涂料中的次要成膜物质包括颜料和染料。它不能离开主要成膜物质而单独构成涂膜。

①颜料　颜料一般为细微的粉末状有色物质，一般不溶于水、油或溶剂中，在涂料生产过程中经过搅拌、研磨等加工过程均匀地分散在成膜物质及其溶液中，形成不透明的色漆。

按照颜料在涂料中的作用不同我们把颜料分为着色颜料、防锈颜料和体质颜料。着色颜料是指具有一定的着色力与遮盖力，在色漆中主要起着遮盖和装饰作用，用于调制各种着色剂。着色颜料有红、黄、蓝、黑、白五种基本色，通过这五种基本色可以调配各种所需的颜色。着色颜料还有防止紫外线穿透的作用，可以提高涂膜的耐老化性及耐候性。通常使用的着色颜料详见表11－1。体质颜料又称填料，是指没有着色力与遮盖力的白色或无色颜料粉末。其遮光率低，几乎不能遮住光线照射，也不能给漆膜增加色彩，所以没有遮盖力和着色力。但体质颜料能增加漆膜的厚度和体质，增强漆膜的耐久性，故称体质颜料。常用碳酸钙、硅酸镁、石膏、石英粉等。防锈颜料是一种能够延滞或防止金属发生化学或电化学腐蚀的一类颜料。根据其防锈作用机理可以分为物理防锈颜料和化学防锈颜料两种。物理防锈颜料借助其细微颗粒的填充提高漆膜的致密度，防止空气和水的渗透，起到防锈的作用。比如氧化铁红、云母氧化铁、石墨、氧化锌、铝粉等。化学防锈颜料主要是借助电化学的作用，或是形成阻蚀或缓蚀络合物以达到防锈的作用。如红丹、锌粉、铅粉、锌铬黄、铬酸钙、磷酸锌、铬酸锶等。

②染料　染料是一些能使纤维或其他物料牢固着色的有机物质。大多数染料的外观形态是粉状的，少数有粒状、晶状、块状、浆状、液状等。染料一般可溶解于水中，或者溶于其他溶剂（醇类、苯类或松节油等），或借助适当的化学药品使之成为可溶性，因此也称作可溶性着色物质。染料溶于水或有机溶剂后变成透明的有色溶液，涂在家具表面即可着色又透明而不遮盖家具表面的纹理。

我国染料按产品性质和应用性能分类共有十二种，其中木质家具产品涂饰常用染料有直接染料、酸性染料、碱性染料、分散性染料、油溶性染料和醇溶性染料。染料一般不作为涂料的组成部分，只在少数透明着色清漆中放入。但是在木质家具涂饰施工过程中却广泛使用染料溶液进行木材表层着色、深层着色以及涂层着色。

（3）辅助成膜物质

辅助成膜物质包括溶剂和助剂。

①溶剂　溶剂是一种可以溶化固体、液体或气体溶质的液体，继而成为溶液。涂料中的溶剂是一些能够溶解和分散成膜物质，在涂料涂饰的

时候处于液体状态，能促进漆膜形成的易挥发材料。溶剂是液态涂料的主要成分，一般在50%以上（少数挥发性漆中能占到70%～80%，如虫胶漆、硝基漆等），将涂料涂于制品表面后，溶剂会逐渐蒸发到空气中，涂料逐渐干燥结成涂膜。溶剂最后并不留在涂膜中，因此称为辅助成膜物质。

溶剂在涂料中主要起着分散作用，主要是溶解与稀释固体或高黏度的主要成膜物质，使其成为有适宜黏度的液体，以便能更容易涂饰于家具表面，并使它形成平整均匀的漆膜。同时我们可以通过改变溶剂在涂料中的比例来调整涂料的黏稠度，使涂料的黏稠度适合施工和贮存。

在选用溶剂及判断溶剂对涂料的适用性时，需要了解溶剂的溶解力、沸点与挥发速度、安全性、颜色、气味、化学稳定性与价格等。因为涂料的毒性、气味、易燃等性质均主要取决于溶剂，因此在选择适用溶剂时一定要谨慎。

有机溶剂多为易燃品且大部分有机溶剂有毒性，因此溶剂的安全使用非常重要。对于溶剂品种的选用要根据涂料和涂膜的要求来确定。一种涂料可以使用一个溶剂品种，也可以使用多个溶剂品种，实践证明，混合使用溶剂比单独使用一种溶剂好，可得到较大的溶解力、较缓慢的挥发速度，能获得良好的涂膜。理想的适宜溶剂应具有以下特点：溶解力强；挥发速度适宜，能形成良好的漆膜；闪点宜高以降低引发火灾的可能性；黏稠度适宜便于施工作业；无毒、无刺激性气味，化学性质稳定，价格便宜。

②助剂　在涂料的组成成分中，除了主要成膜物质、颜料、染料和溶剂以外，还有一些用量很小，但对涂料有重要作用的辅助材料，统称助剂。助剂也称为涂料的辅助成膜物质，它是涂料的一个组成部分，但它不能单独形成漆膜。它在涂料成膜后可作为涂料中的一个组分而在涂膜中存在，助剂的用量很少，一般只占涂料的百分之几或千分之几，但作用很显著，对改变性能、延长储存期、扩大应用范围和便于施工等有着很大作用，是涂料生产与施工中不可缺少的一种辅助材料。

涂料助剂的种类很多，我们通常按其功效来命名和分类。比如在涂料生产过程发生作用的助剂有消泡剂、润湿剂、分散剂和乳化剂等；在涂料储存过程发生作用的助剂有防沉剂、稳定剂、防结皮剂等；在涂料施工过程发生作用的助剂有流平剂、催干剂、防流挂剂等；对涂料性能产生作用的助剂有增塑剂、消光剂、阻燃剂、防霉剂等。每种助剂都有其独特的作用，有时一种助剂又能同时发挥几种作用。各种涂料所需的助剂是不一样的，因此，正确地选择使用助剂才能达到最佳效果。

随着涂料工业的不断发展，涂料助剂的种类和品种日益增多，用途各异，正是由于涂料助剂的应用，为涂料生产品种的扩大，质量的提高，成本的降低创造了条件，更促进了涂料工业的良性发展。

11.1.2　涂料的分类、命名与型号

（1）涂料的分类

①习惯分类　长期以来，人们习惯按涂料的组成、性能、用途、施工、固化原理、成膜顺序等来划分涂料的类型。虽然有些分类方法不够准确，但对涂料种类描述得比较直观，比较能符合涂料的特点，在一些技术资料和涂料的使用过程中经常被人们所采用。下面就对一些习惯分类作简单的介绍。

按贮存组分数分类：涂料按贮存组分数分类可以分为单组分漆和多组分漆。

单组分漆只有一个组分，不用分装，也不需要调配。比如硝基漆、醇酸漆等。

多组分漆有两个或两个以上的组分。贮存时需分装，使用前需要将几个组分按一定的比例进行调配。按比例调配后有使用期限，所以在使用过程中为了避免不必要的浪费，一般是现用现配，用多少配多少。比如双组分聚氨酯漆、多组分的不饱和聚酯漆等。

按组成特点分类：根据成膜物质中油脂和树脂的含量不同可以把涂料分为油性漆和树脂漆；根据溶剂的特点可以分为溶剂型漆、无溶剂型漆和水性漆。

油性漆，指涂料组成中含大量植物油或油改性树脂的漆类。其主要特点是干燥慢、漆膜软，比如酚醛漆、脂胶漆等。

树脂漆，指涂料组成中成膜物质主要是合成树脂的漆。其主要特点是干燥较快、漆膜硬、性能好。比如聚氨酯漆、聚酯漆等。

溶剂型漆，指涂料组成中含有大量的有机溶剂，涂饰后需从涂层中全部挥发出来的漆。这类漆在施工和干燥过程中对环境有一定的污染。比如硝基漆、聚氨酯漆等。

无溶剂型漆，指涂料在成膜过程中没有溶剂挥发的漆类。比如聚酯漆，其成膜物质中的固体分接近 100%。

水性漆，指以水作溶剂或分散剂的漆类。其特点是环保、安全、卫生、节省有机溶剂。

按漆膜透明度和颜色分类：根据漆膜透明度和颜色，涂料可以分为清漆、有色透明清漆和不透明色漆。

清漆，指涂料组成中不含颜料和染料等着色材料的漆类，涂于家具表面可形成透明的漆膜，展现家具表面固有的颜色和纹理。比如醇酸清漆、硝基清漆、聚氨酯清漆等。

有色透明清漆，指组成中含有染料、能形成带有颜色的透明漆膜的清漆，可用于涂层着色或面着色涂饰。

不透明清漆，即实色漆，指涂料组成中含有颜料，涂于家具表面可形成不透明的漆膜，可以遮盖住基材的颜色和纹理，可呈现出各种各样的色彩效果。色漆一般包括调和漆和磁漆。比如醇酸调和漆、硝基磁漆等。

按施工功用分类：根据涂料在施工过程中的不同作用，涂料可以分为腻子、填孔剂、着色剂、头度底漆、二度底漆、面漆等。

腻子，是指木材涂饰过程中专用于腻平木材表面局部缺陷的较稠厚的涂料，或用于全面填平的略稀薄的涂料。含有大量体质颜料，过去多由油工自行调配，现已有成品销售，也称透明腻子或填充剂等。

着色剂，主要由颜料、染料等着色材料，用溶剂或水、油类以及树脂漆等调配成便于喷或擦的材料，专用于底着色或者涂层着色。

头度底漆（封闭底漆），专用于头遍底漆涂饰，主要起封闭作用，可防止木材吸湿、散湿，减缓木材变形，防止木材含有的油脂、树脂、水分的渗出，可改善整个涂层的附着力，有利于均匀着色和去木毛等。头度底漆不含粉剂，固体分与黏度都比较低，有利于渗入木材，市场成品销售也称底得宝。硝基漆和聚氨酯漆用得多，以后者效果更好。

二度底漆，是整个涂饰过程中的打底材料，在涂饰面漆前一般需涂饰 2～3 遍二度底漆构成漆膜的主体，二度底漆中含有一定数量的填料能部分渗入管孔内起填充作用。二度底漆应干燥快、附着力好、易于打磨。常用的二度底漆有硝基漆、聚氨酯漆和聚酯漆类。现代木材涂饰中以后两者应用居多。

面漆，是在整个涂饰过程中用于最后 1～2 遍罩面的涂料，对制品涂饰外观（色泽、光泽、视觉、手感等）形象起着重要作用。现代木制品涂饰常用硝基漆和聚氨酯漆。

按光泽分类：按光泽分类，涂料可分为亮光漆、亚光漆，后者又分为半亚、全亚等。

亮光漆也称高光漆、全光漆等，涂于制品表面适当厚度，干后的漆膜便呈现出很高的光泽，多用于木制品的亮光装饰。大多数漆类均有亮光品种。

亚光漆是指涂料组成中含有消光剂的漆类，涂于制品表面，干后漆膜只具有较低的光泽或基本无光泽。按亚光漆的消光程度可分为半亚与全亚等。现代大多数漆类也均有亚光品种，尤以聚氨酯漆居多。

按固化机理分类：按固化机理，涂料可分为

挥发型漆、非挥发型漆、光敏漆、电子束固化型漆等。

挥发型漆是指涂料涂于制品表面之后，涂层中的溶剂全部挥发完毕涂层即干燥成膜的漆类，成膜过程中没有成膜物质的化学反应，如硝基漆、挥发型丙烯酸漆等。

非挥发型漆是指成膜固化不是靠溶剂挥发，而主要是成膜物质经化学反应而成膜的漆类，如聚氨酯漆等。该类漆涂饰后也有溶剂挥发，但溶剂挥发完涂层不一定固化，需成膜物质的化学反应才成膜。

电子束固化型漆与光敏漆同属辐射固化型漆，该类漆的涂层必须经电子射线辐射才能固化。电子束固化型漆固化速度比光敏漆要快，因固化设备（电子加速器）过于昂贵，国内外实际应用甚少。

上述的分类方法是人们过去习惯上对涂料的一些分类方法，这些分类方法不科学也不够准确。为此，在二次修订的基础上，2003 年正式颁布了新国家标准《涂料产品分类和命名》(GB/T 2705—2003)，统一了涂料的分类和命名。

②标准分类　《涂料产品分类和命名》(GB/T 2705—2003)中对涂料的分类标准是以涂料组成中的成膜物质为基础来划分的，若涂料中含有多种成膜物质，则按在漆膜中起主要作用的一种树脂为基础作为分类依据，见表 11－2。

表 11－2 中第 1～16 类涂料都以油脂或树脂为主要成膜物质，如植物油、酚醛树脂、脲醛树脂、环氧树脂等。此外也有少数涂料的成膜物质既不是油脂，也不是树脂。这些涂料归入“其他漆类”。该标准对涂料的分类方法是我国统一的分类方法，在涂料制造与涂料装饰施工中都必须遵循。

（2）涂料的命名

根据《涂料产品分类和命名》(GB/T 2705—2003)中对涂料的命名规定，涂料的命名原则一般是由颜色或颜色名称加上成膜物质名称，再加上基本名称组成。

颜色名称通常由红、黄、蓝、黑、白、灰、绿、紫等，有时再加上深、中、浅等词构成。如果颜料对漆膜性能起明显作用，则可用颜料的名称代替颜色的名称，如铁红、锌黄、红丹等。

成膜物质名称有时可适当简化。例如环氧树脂简化成环氧、硝酸纤维素简化成硝基、聚氨基酸酯简化成聚氨酯等。漆基中含有多种成膜物质时，选取起主要作用的一种成膜物质名称在后，例如环氧煤沥青防锈底漆。

基本名称表示涂料的基本品种、特性和专业用途，例如清漆、磁漆、底漆、垂纹漆、罐头漆、甲板漆、汽车修补漆等。在标准中仅作为一种资料性材料供参阅。

在成膜物质名称和基本名称之间，必要时可插入适当词语来标明专业用途的特性等，例如白硝基球台漆、铁红环氧聚酯酚醛烘干绝缘漆。如名称中无“烘干”词，则表面该漆是自然干燥，或自然干燥、烘干均可。

凡双（多）组分的涂料，在名称后应增加“（双组分）”或“（三组分）”等字样，例如，

表 11－2　涂料按成膜物质分类

序号	代号	涂料类别	序号	代号	涂料类别	序号	代号	涂料类别
1	Y	油脂漆	7	Q	硝基漆	13	H	环氧漆
2	T	天然树脂漆	8	M	纤维素漆	14	S	聚氨酯漆
3	F	酚醛漆	9	G	过氯乙烯漆	15	W	元素有机漆
4	L	沥青漆	10	X	烯树脂漆	16	J	橡胶漆
5	C	醇酸漆	11	B	丙烯酸漆	17	E	其他漆类
6	A	氨基漆	12	Z	聚酯漆			

聚氨酯木器漆（双组分）。

（3）涂料的型号

为了区别同一类型的各种涂料，须在涂料名称的前面再标注涂料的型号。涂料型号由三部分组成，第一部分是成膜物质，用汉语拼音字母表示；第二部分是基本名称，用两位数字表示；第三部分是序号，以表示同类品种间的组成、配比、性能和用途的不同。这样组成的一个型号就只表示一个涂料品种而不会重复。

也就是说，涂料型号只表示某一具体的涂料品种，而涂料名称是一种类型的涂料总称。因此，购买涂料时，一定要记清楚涂料的型号，才能保证购回的涂料是你需要的那种。

辅助材料的型号分两个部分，第一部分是辅助材料种类，第二部分是代号。其名称和代号见表 11－3。

表 11－3　辅助材料的名称代号

序号	材料名称	代号	用途
1	稀释剂	X	溶解和稀释涂料，调节施工黏度
2	防潮剂	F	用于挥发性漆中防止漆膜泛白
3	催干剂	G	能促进油性漆涂层的干燥
4	脱漆剂	T	除去表面的旧漆膜
5	固化剂	H	利用酸、胺、过氧化物与树脂反应使其固化

11.1.3　涂料的性能

涂料的性能即代表涂料品质的一些特性、性能，例如液体涂料的黏度、固体份含量以及涂于家具干结后涂膜的硬度、耐磨性、光泽等。涂料涂于何种制品上，要求涂料和涂膜应具备哪些性能，所选用的具体牌号的涂料是否能达到相关性能要求，这些在选择使用涂料时必须要有所了解。涂料的性能直接影响涂料的使用并在很大程度上决定涂装质量。

（1）液体涂料的性能

①清漆透明度　清漆应具有足够的透明度，清澈透明，没有任何杂质和沉淀物。清漆是胶体溶液，在生产过程中由于各种物料的纯净度差、混入杂质、物料局部过热、树脂的相容性差、溶剂对树脂的溶解性低、催干剂的析出、水分的渗入等都会影响清漆的透明度。浑浊不透明的涂料成膜后直接影响涂膜的透明度、颜色和光泽。

根据有关国家标准规定检测清漆透明度，首先需要配制各级透明度的标准溶液，将试样涂料倒入比色管，放入暗箱，在暗箱的透射光下与一系列不同浑浊程度的标准溶液比较，选出与试样接近的一级标准溶液的透明度，以此表示实验涂料的透明度。

关于检测清漆透明度的方法，还可以采用目测的方法，直接用眼睛观察出试样的透明度。

②颜色　家具外观的颜色是其表面装饰效果的重要因素，其色彩效果受所用涂料（透明清漆、有色透明清漆、色漆、着色剂等）颜色的影响。

涂料颜色测定有两种情况，即透明清漆、PU 硬化剂和稀释剂等用比色计测定；而含染料或颜料的色漆则用目视比色法或用光度计、色度计等仪器测定色差。

清漆的颜色用铁钴比色法或罗维朋比色法测定，测定方法详见国家标准《清漆、清油及稀释剂颜色测定法》（GB/T 1722—1992）。

③固体分含量　涂料的固体分也称为不挥发分，是涂料涂饰后除了挥发溶剂以外的在家具上留下来干结成固体涂膜的部分。固体分的含量也称固含量，是指固体分在涂料组成中的含量比例，用百分比表示。它代表液体涂料的转化率，即一定量的液体涂料涂于家具表面干燥后能转化成多少涂膜。如果说某涂料的固体分含量为 40%，即 100g 的涂料中含有 40g 的固体分，含 60g 的溶剂。

一般聚氨酯漆固体分含量为 40%～50%，涂饰后约一半的溶剂要挥发到空气中去；挥发型硝基漆施工稀释后固体分含量为 15%～20%，涂饰后大部分溶剂要挥发到空气中去；无溶剂型不饱和聚酯漆和光敏漆可认为固含量为 100%，涂饰后其组成中的溶剂基本不挥发。这样看来很明显，选用涂料应尽量选用固含量高的。为了保护环境，减少有机溶剂挥发形成的有害气体对大气的污染，国际上提倡研制生产高固体分涂料，即原漆固含量在60%甚至70%以上。

涂料的固体分含量对涂装工艺、溶剂消耗与环境污染等均有影响，涂料的固体分含量越高，一次涂饰成膜厚度越厚，可减少涂饰遍数与溶剂消耗，从而提高生产效率，降低有害气体的挥发，减轻环境污染。

④黏度　黏度是指流体流动时来自其内部的一种阻碍其相对流动的一种特性，是用来描述液体流动难易程度的一种物理量。涂料的黏度是在人们使用涂料时感觉到涂料稀薄与黏稠的程度。黏度大的涂料流动困难，不便涂饰，涂于家具表面的湿涂层流平性差。采用空气喷涂法很难将黏稠的涂料喷涂均匀，涂层容易产生涂痕，影响涂装质量。黏度低的涂料每次涂饰的涂层较薄，需要多次涂饰才能达到预期效果。刷涂或喷涂时容易造成流挂。

涂料的黏度可用溶剂调节。涂料黏度的高低与涂料中溶剂含量的多少有关。如果涂料中溶剂的含量高，那么该涂料的黏度就低；如果涂料中溶剂的含量低，那么该涂料的黏度就高。涂料的黏度还跟温度有关：当环境气温高或者涂料被加热时，涂料的黏度就会降低。另外，施工的过程中溶剂的挥发也会导致涂料黏度增强。

不同黏度涂料的涂饰方法是不同的。黏度高的涂料一般采用手工刷涂、高压无气喷涂与淋涂、辊涂等；黏度低的涂料一般采用空气喷涂的方式。针对不同的涂装方法，涂料在生产过程中要经过试验确定合适的黏度，确保日后的涂装质量。涂料黏度是制订涂饰工艺规模的重要技术参数。

涂料黏度可用涂－1黏度计、涂－4黏度计（图11－1）及落球黏度计测定，具体测定方法详见国家标准《涂料粘度测定法》（GB/T 1723—1993）中的规定。

图11－1　涂－4黏度计

⑤干燥时间　干燥时间是指液体涂料涂于制品表面，由能流动的湿涂层转化成固体干漆膜所需的时间，它表明涂料干燥速度的快慢。在整个涂层干燥过程中经历了表面干燥（也称表干）、重涂时间、实际干燥（实干）与可打磨时间、干硬和完全干燥等阶段。对于具体的涂料品种，这些干燥阶段所需时间都在涂料使用说明书中有所说明，但在用漆厂家的具体施工工艺条件下，这些过程究竟需要多少时间有时需要经过测试来确定，因为影响其变化的因素很多，如南方北方、冬夏不同季节的环境温湿度、涂层厚度、通风条件、不同涂料品种等。上述各阶段的干燥时间对涂装施工的效率、涂装质量、施工周期等均有很大影响。

表面干燥：刚涂饰过的还能流动的湿涂层一般经过短暂的时间便在表面形成了微薄漆膜，此时手指轻触已不黏手，灰尘落上也不再黏住，涂层干燥至此时即已达到表干阶段。表干快的涂料品种可减少灰尘的影响，干后较少有灰尘颗粒，表面平整，涂饰制品立面也较少流挂。具体表干时间因涂料品种而异，早年使用的油性漆表干常需几小时，而现代涂饰常用的聚氨酯漆表干一般在15min左右。

重涂时间：聚氨酯漆、硝基漆等，当采用“湿碰湿”工艺连续喷涂时，需确定允许重涂的最短时间间隔即重涂时间。有的漆表干即可连涂，有的漆表干不能连涂，因为过早重涂可能咬起下层涂膜，这需由试验确定。

实际干燥：是指手指按压漆膜已不出现痕迹，这时涂层已完全转变成固体漆膜，已干至一定程度，有了一定硬度但不是最终硬度。有些漆干至此时，用砂纸打磨可能糊砂纸，不爽滑，即还未到可打磨的程度。

可打磨时间：面漆有时需要打磨，有时不需要打磨（如原光装饰的只涂一遍的面漆层），底漆层多数都必须打磨。因此，底漆层允许打磨的干燥时间，对整个涂饰工艺过程是很重要的，涂层干至可打磨时，此时涂层易于打磨，爽滑方便，否则打磨可能糊砂纸，无法打磨。

干硬：是指漆膜已具备相当的硬度，对于面漆干至此时已经可以包装出货，产品表面不怕挤压。此阶段的时间不很准确，上述两个阶段也可称为干硬。

完全干燥：也称彻底干燥，是指漆膜确已干透，已达到最终硬度，具备了漆膜的全部性能，木器家具产品可以使用。但是漆膜干至此种程度往往需要数日或数周甚至更长时间，此时的油漆制品早已离开车间，可能在家具厂的仓库、商场柜台或已到了用户手上。

根据我国有关标准规定可用专门的干燥时间测定器或棉球法、指触法等测定涂层的表干与实干时间。

吹棉球法：在漆膜表面放一个脱脂棉球，用嘴沿水平方向轻吹棉球，如能吹走且涂层表面不留有棉丝，即认为达到表面干燥。

指触法：用手指轻触漆膜表面，如感到有些发黏，但并无漆黏在手指上（或没有指纹留下），即认为达到表面干燥或指触干燥。当在涂膜中央用指头用力地按，而涂膜上没有指纹，且没有涂膜流动的感觉，又在涂膜中央用指尖急速反复地擦时，涂层表面上没有痕迹即认为达到实际干燥阶段。

压棉球法：在漆膜上用干燥试验器（200g的砝码）压上一片脱脂棉球，经30s后移去试验器与脱脂棉球，若漆膜上没有棉球痕迹及失光现象即认为达到实际干燥。

⑥施工时限　施工时限也称配漆使用期（时）限，是指多组分漆当按规定比例调配组合混合后能允许使用的最长时间。因为多组分漆的几个组分一经混合，交联固化成膜的化学反应便已开始，黏度逐渐增大，即使没有使用也照样干固，便不能再使用了。能够允许正常使用的时限长短，对于方便施工影响很大，如果这个时限太短，有时便来不及操作或黏度增加而影响流平，成膜出现各种缺陷等。例如一般聚氨酯漆的配漆使用期限为4～8h，聚酯漆的使用期限为15～20min，聚氨酯漆使用就比聚酯漆方便多了。

检测配漆使用期限可将几个组分在容器中按比例混合后，按规定条件放置，在达到规定的最低时间后，检查其搅拌难易程度、黏度变化和凝胶情况；并将涂饰样板放置一定时间（如24h或48h）后与标准样板对比，检查漆膜外观有无变化或缺陷（如孔穴、流坠、颗粒等）产生。如果不发生异常现象则认为合格。

⑦贮存稳定性　贮存稳定性是指涂料在一定贮存期限内不发生变化不影响使用的性能。一般从生产日算起，至少有一年以上的使用贮存期（有特殊性能者除外），生产厂应在涂料产品技术条件上注明，以便用户在贮存到期前及时使用。否则超过一定的贮存期往往会胶化、变质造成损失。涂料超过规定的贮存期限后，若按产品技术条件规定的项目进行检验，其结果仍能符合要求时，可允许继续使用。

涂料是由有机高分子胶体、颜料和有机溶剂等组成的悬浮体。当它在包装桶内贮存时，可能发生化学或物理变化，导致变质。例如，增稠、分层、变粗、絮凝、沉淀、析出、结块、变色、干性减退、干固硬化或成膜后失光等。如果这些变化超过了允许的限度，很可能影响到涂层的质量，甚至成为废品。

涂料贮存稳定性与外界的贮存环境、温度、日光直接照射等因素有关。某些特殊涂料（如金属闪光漆、耐高温铝粉漆等）如果贮存不当，甚至会使密闭的包装桶发生爆裂。

某些涂料（如油性漆）在密闭桶内贮存时便开始结皮（漆液表层干结成一层薄皮），在开桶后的使用过程中会很快结皮。当取漆倾倒时必须先捅破漆皮，用金属筛或几层纱布过滤，除去破碎的漆皮（破碎的漆皮混入涂层会使漆膜出现粗糙颗粒）。

质量好的涂料，制造完毕包装之前，先在漆液表面添加少量抗结皮剂（如丁酮酚、双戊烯等）。这样在桶内长期贮存不会有严重的结皮现象。

（2）固体漆膜的性能

涂料涂于家具表面形成漆膜后要保护家具能使用多年，所以优质涂料所形成的漆膜应具备一系列保护性能：附着性、硬度、柔韧性、具备较高的机械强度与冲击强度，并能耐水、耐热、耐寒、耐候、耐温差变化以及耐酸碱溶剂等化学药品的腐蚀。

①附着性　附着性也称附着力，是指涂层与基材表面之间或涂层之间相互牢固地黏结在一起的能力。它是漆膜的重要性能之一，是涂料一系列保护装饰性能的基础条件。附着性好的漆膜才能经久耐用，对家具起到长久的保护装饰作用。相反，附着性差的漆膜就比较容易开裂、脱皮、掉落。所以固体漆膜良好的附着性是涂料具有装饰保护功能的首要前提条件。

附着性既与涂料组成有关，也与涂饰施工工艺有关（如基材表面处理状况等）。当基材表面灰尘多或有其他脏污以及木材含水率过高时，都会影响漆膜的附着力。另外，在施工过程中一次涂饰的涂层太厚也会对漆膜的附着性产生不利的影响。要保证漆膜良好的附着性，用漆者在选漆的时候和施工过程中一定要慎重。

漆膜的附着性常采用直角网格图形切割漆膜穿透至基材时，评定漆膜从基材上脱离抗性的方法测定。具体测定方法详见国家标准《家具表面漆膜理化性能试验 第4部分：附着力交叉切割测定法》（GB/T 4893.4—2013）。

②硬度　漆膜的硬度是指漆膜干燥后具有的坚实性，即漆膜表面对作用其上的另一个硬度较大的物质所表现的阻力，这个阻力可以通过一定重量的负荷作用在比较小的接触面积上，通过测定漆膜抗变形的能力而表现出来，因此硬度是表示漆膜机械强度的重要性能之一。漆膜硬度取决于涂料组成中成膜物质的种类、颜料与漆料的配比、催干剂的种类与多组分漆配漆的比例等。一般含树脂较多的漆膜较硬，油性漆膜则较软。漆膜的硬度还会随其干燥程度而增大，完全干燥的漆膜才具有特定的最高硬度。

作为家具的最外表面，漆膜直接经受外部环境的各种作用力，可能经常会受到外界摩擦与撞击。所以，为了能更好地保护装饰家具，漆膜一定要有较高的硬度。漆膜硬度高，表面机械强度就高，耐磨性就好。采用抛光装饰的漆膜需要修饰研磨时漆膜的硬度才可以研磨出很高的光泽，较软的漆膜打磨抛光性差。但漆膜的硬度并非越硬越好，过硬的漆膜柔韧性差，容易脆裂，影响附着力，抗冲击强度低。

漆膜硬度的测试方法可采用国家标准《色漆和清漆 摆杆阻尼试验》（GB/T 1730—2007）规定的摆杆硬度计来测定，也可以采用国家标准《色漆和清漆　铅笔法测定漆膜硬度》（GB/T 6739—2006）规定的用已知硬度标号的铅笔刮划涂膜，以铅笔的硬度标号表示涂膜硬度的测定方法。

③耐热性　耐热性是指漆膜经受了高温作用而不发生任何变化的性能。耐热性差的漆膜，遇热可能变色、失光、皱皮、印痕、鼓泡、起层、开裂等。不同类型的家具对漆膜耐热性的要求也不同。多数家具在使用过程中遇热的机会不多，而橱柜、台面类家具（如餐桌、茶几、写字台等）可能会经常遇到高温的情况，这些家具的漆膜耐热性要求比较高。

家具在使用过程中遇热的情况有两种，一种是干热，另一种是湿热。两种情况相比较而言，湿热的情况对漆膜的耐热性要求更高一些。所以在检测漆膜耐热性时分耐干热和耐湿热两种方法。

漆膜耐热性的测定，可参照国家标准《家具表面耐湿热测定法》(GB/T 4893.2—2005)和《家具表面耐干热测定法》(GB/T 4893.3—2005)的规定。

④耐液性　耐液性是指漆膜接触各种液体（水、酸、碱、盐、溶剂、饮料及其他化学药品等）时的稳定性，即指漆膜对某些溶液浸蚀作用的抵抗性能。其中包括耐水性、耐酸性、耐碱性、耐溶剂性等。当耐液性差的涂料漆膜接触到上述液体时可能会出现失光、变色、起皱、鼓泡、痕迹等现象；而耐液性好的涂料漆膜遇到液体时则不会发生任何变化。

有些家具接触液体的机会比较多，比如橱柜、台面类家具（如餐桌、茶几、写字台）等。这些家具可能会经常接触到茶水、酒、醋等液体，这就要求家具表面漆膜的耐液性足够稳定，不会发生任何变化。

测定漆膜的耐液性可将浸透试液的滤纸放置到试验表面，并用钢化玻璃罩罩住该表面。经过规定的时间后移开滤纸，洗净并擦干表面，检查其损伤情况（变色、光泽变化、鼓泡等）。根据描述的分级标准评结果。具体方法详见国家标准《家具表面耐冷液测定法》(GB/T 4893.1—2005)中的规定。

⑤耐磨性　耐磨性是指涂层对摩擦机械作用的抵抗能力，是漆膜的硬度、附着力和内聚力综合效应的体现，并与基材性质、施工时基材表面处理情况、涂层干燥过程中的温湿度有关。耐磨性好的漆膜经受多次摩擦后均无损伤。

有些需要承受摩擦的家具，其表面漆膜的耐磨性要求很高。比如桌子、椅子、写字台等的表面，一般都要求漆膜坚硬，耐磨性好。如果耐磨性差，其表面很快就被磨损坏了。

漆膜的耐磨性采用漆膜磨耗仪（图 11－2）进行测定，具体方法详见国家标准《家具表面漆膜理化性能试验 第 8 部分：耐磨性测定法》(GB/T 4893.8—2013)中的规定。

图 11－2　漆膜磨耗仪

⑥耐温变性　耐温变性（或称耐冷热温差性）是指漆膜能经受温度突变的性能，即能抵抗高温与低温的异常变化。漆膜耐温变性好，在使用中不易变化、脆裂和脱落，否则可能出现变色、失光、鼓泡与开裂等。

检测漆膜的耐温变性时，要将干透的漆膜样板连续放入 40℃高温恒温恒湿箱和－20℃的低温冰箱，观察漆膜变化，以不发生损坏变化的周期次数表示。具体测试详见国家标准《家具表面漆膜理化性能试验 第 7 部分：耐冷热温差测定法》(GB/T 4893.7—2013)中的相关规定。

⑦耐冲击性　漆膜耐冲击性是指漆膜在承受高速的重力作用下可能发生变形但漆膜不出现开裂、脱落的能力。它是漆膜柔韧性和附着力的一种体现。耐冲击力强的漆膜在遭受重大冲击的情况下也不会开裂损坏脱落。影响漆膜耐冲击性的因素有很多，比如漆膜厚度、基材种类、涂饰前基材表面的处理情况等。

根据国家标准《家具表面漆膜理化性能试验 第 9 部分：抗冲击测定法》(GB/T 4893.9—2013)，采用冲击试验器（图 11－3）检测漆膜的抗冲击性：一个钢质圆柱形冲击块，从规定的高度沿着垂直导管跌落，冲击到放在待测验物品表面的具有规定直径和硬度的钢球上，根据待测验

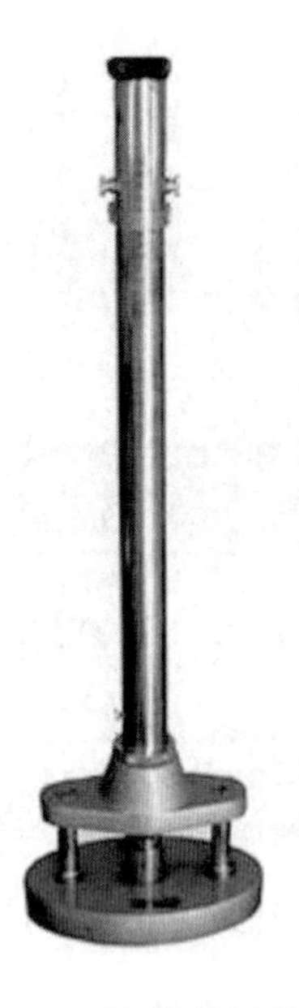

图 11－3　漆膜冲击试验器

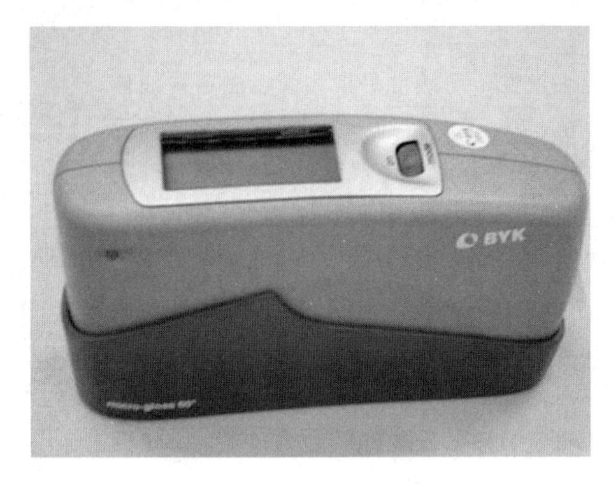

图 11－4　光电光泽仪

物品表面受冲击部位漆膜的损坏程度，以数字表示的等级来评定漆膜抗冲击的能力。

⑧光泽　光泽是物体表面对光的反射特性。当物体表面被光照射时，光线朝一定方向反射的性能即为光泽。漆膜光泽是涂料的重要装饰性能之一，也关系到漆膜的使用性能，当漆膜出现微缝、下陷和老化时，就开始失去光泽。

漆膜的光泽与涂料本身性能有关，同时也需要采取正确的施工方法才能获得高光泽。

亮光装饰的漆膜，应具有极高的光泽并能长久保持。亮光装饰应选用很好的亮光漆，且流平性要好，要求漆膜硬度高，以便能经研磨抛光获得高光泽。当选用各种亚光漆（半光漆、无光漆等）涂饰制品时可以获得程度不同的亚光漆膜。

影响漆膜光泽的因素很多。漆膜光泽不仅与涂料品种、性能有关，也与施工工艺有关。例如，一般喷涂、淋涂比刷涂光泽高。手工涂饰时，揩涂挥发性漆要比刷涂效果好。此外，漆膜必须有足够的厚度，涂漆前的基材要求平整光滑，对于粗孔木材应满填管孔，每个中间涂层都要修饰研磨，这样，表面漆膜才能获得高光泽并能长久保持。

根据国家标准《家具表面漆膜理化性能试验　第 6 部分：光泽测定法》（GB/T 4893.6—2013）中的规定，测定家具表面漆膜光泽使用光电光泽仪（图 11－4），光泽值是以漆膜表面的正反射光量与同一条件下标准板表面正反射光量之比的百分数表示。

11.2　常用涂料品种及应用

我国涂料品种繁多，本节主要介绍木质家具表面涂饰常用的涂料品种，并按一般习惯分类叙述。

11.2.1　油脂漆

油脂漆也称油性漆，是指以植物油为主要成膜物质的一种涂料。它的优点是涂刷方便、渗透性好、价格低、气味小，有一定的保护和装饰作用；缺点是干燥慢、漆膜软、不易打磨抛光，耐水、耐候、耐化学性差。一般只适用于质量要求不太高的低档家具涂饰，不作面层涂料使用。

油脂漆以干性油为主要成膜物质，主要包括清油、厚漆、油性调和漆。

（1）清油

清油又叫熟油，是用精制植物油经高温炼制后加入催干剂制成的一种低级透明涂料，如桐油。清油可单独涂饰木质材料或金属表面作防水防潮涂层。在木质家具涂饰中清油多用于调配厚油、腻子与油性填孔着色剂等。由清油、石膏粉和水调制成的油性腻子极易硬化，调配时应注意少量多配，随配随用。

（2）厚油

厚油也称铅油，是由着色颜料、大量体质颜料与少量精制油料（一般只占总质量的 10%～20%）经研磨而制成的稠厚浆状混合物。它不可直接使用，需调配适量清油再用。清油加入量越多漆膜光泽就越高。厚油是一种价格最便宜、品质很差的不透明涂料，由于厚油漆膜软，光泽低，干燥速度慢，耐久性差，一般不直接用于高品质木制品涂饰，只适用于打底或用作调配腻子等配色时使用。

（3）调和漆

调和漆是由着色颜料、体质颜料与干性油经研磨后加入溶剂、催干剂等制成具有各种颜色的一种不透明涂料。与厚漆相比，其性能较好，可以直接涂刷。调和漆涂饰比较简单，漆膜附着力好，耐久性、耐水性较好，不易粉化、龟裂、脱落。但耐酸性、硬度、光泽都比较差，干燥也很慢，适用于一般涂饰使用。

11.2.2 天然树脂漆

天然树脂漆是以干性油与天然树脂混合作为主要成膜物质，或直接以天然树脂作为主要成膜物质的一种涂料。它是以干性油和天然树脂经过热炼之后制得的，品种很多。木质家具中常用漆种有虫胶漆、大漆与油基漆。

（1）虫胶漆

虫胶漆是将虫胶溶于酒精（乙醇）后调配而制成的一种涂料，俗称洋干漆、泡力水。虫胶是一种天然树脂，是由热带的寄生虫——紫胶虫分泌的一种胶质，也称紫胶树脂、紫胶片、虫胶片或漆片。紫胶树脂是热塑性树脂，熔点（77～90℃）和软化点（40～50℃）低，因而虫胶漆膜的耐热性很差（甚至放置热茶杯也能在漆膜表面留下白印）。

虫胶漆广泛应用于木家具的涂饰中，主要用作透明涂饰的封闭底漆、调配腻子等。早年木家具曾揩涂虫胶漆作为面漆能获得光亮的漆膜，但其综合性能仍不及新型的多种合成树脂漆。虫胶漆的优点是施工方便，可以刷漆、揩漆、喷漆、淋漆，干燥迅速。漆膜平滑，光泽均匀，隔离和封闭性好。缺点是漆膜耐水耐热性差，容易吸潮发白甚至剥落。

调制虫胶漆时最常应用的溶剂是酒精，酒精适用浓度为 90%～95%，虫胶含量一般在 10%～40%。调制虫胶漆时，应将虫胶片尽量弄成细碎散状，然后放入酒精中不断搅拌。虫胶片一般需要 5～6h 才能充分溶解。要加快溶解可不时搅拌或摇晃。要坚持常温溶解，切忌着急加热，否则容易凝胶变质。盛装虫胶漆的容器与搅拌器应是瓷、玻璃、木质、塑料或不锈钢，不宜使用铁器（虫胶易与铁发生化学反应，而使漆液的颜色加深）。

虫胶漆不宜久存，因虫胶中的有机酸可与酒精起酯化反应而生成酯。这种带酯的虫胶漆会导致漆膜发黏、干燥缓慢，故配好的虫胶漆贮存不宜超过 6 个月。

虫胶漆的品种主要有虫胶底漆、着色用虫胶底漆、抛光用虫胶漆、漂白虫胶。

（2）大漆

大漆即天然漆，又称中国漆、金漆、生漆和土漆等。它是一种天然树脂涂料。

大漆是在生长着的漆树上，割开树皮从韧皮

内流出的一种白色黏性乳液经加工制成。大漆对木材的附着力强。大漆漆膜光泽好、硬度高，具有独特优良的耐久性、耐磨性、耐水性、耐热性（耐热温度可达到 250℃）、耐酸性、耐油性、耐溶剂性以及耐各种盐类、耐土壤腐蚀性，漆膜具有良好的电绝缘性能和一定的防辐射性能等。大漆的缺点是颜色深，对显露木纹的透明涂饰或浅色涂饰就受到了限制；对强碱、强氧化剂的防腐性差，漆膜较脆；黏度高，施工不方便，不适宜机械化涂饰，对干燥条件比较苛刻，干燥时间长；毒性大，易使人皮肤过敏；天然大漆价格较贵，成本较高。大漆的某些性能也可以通过对它的精制和改性而得到改善。

我国应用大漆有悠久的历史，数千年来一直使用大漆涂饰木器家具、建筑物、车船以及制作精美的漆器等，在家具制造行业主要是用于高级硬木（红木类）家具的表面涂饰。用大漆做成的家具、工艺品，如福州脱胎漆器、北京雕漆、扬州漆器，不仅具有我国独特的民族风格，而且经历千百年后仍然不失光彩，因此享有“漆中之王”的美誉。

我国是大漆的最主要出产国，现有漆树 5 亿多株，主要分布于甘肃南部至山东一线的南方地区，这些地区湿润，温度和环境非常适应漆树的生产。主要产地有湖南、湖北、广东、广西、四川、云南、贵州、陕西、河南等省。占全世界漆树总资源的 80% 左右，不但产量最大，而且漆质最佳，国际上泛称大漆为“中国漆”。大漆一般可分为生漆、熟漆、广漆和彩漆。生漆（又称提庄、红贵庄），是从漆树上采集的液汁经过滤和除去杂质、脱去部分水分所制成的浓液（新鲜生漆本是乳白色或灰黄色黏稠液体，当接触空气后便渐渐转变为黄红、紫红、红黑至黑色）。熟漆（又称推光漆、精制漆），是生漆经日晒或低温烘烤处理再去除部分水分所制成的一种黑色大漆。广漆（又称金漆、笼罩漆），是在生漆中加入桐油或亚麻油后经加工成为紫褐色半透明的漆。彩漆（又称朱红漆），是在广漆中加入颜料调和制成的各种颜色的彩色漆。

（3）油基漆

油基漆是由精制干性油与天然树脂经加热熬炼后，加入颜料、催干剂、稀释剂等制得的涂料。其中含有颜料的为磁漆（起初，人们把漆膜坚硬而光亮的涂料称作瓷漆或瓷油，因其漆膜像瓷器或搪瓷上的瓷一样坚硬光亮，后来通称为磁漆），不含颜料的为清漆。木家具常用的品种为酯胶清漆（俗称凡立水）和酯胶磁漆，其漆膜光亮、耐水性较好，有一定的耐候性，用于一般普通家具表面的涂饰。

油基漆兼有油类能使漆膜柔韧耐久、树脂能使漆膜坚硬光亮等特点，因此油基漆与油脂漆比较，其干燥速度、漆膜光泽、硬度、耐水性、耐化学药品性等方面均有所提高。

11.2.3 酚醛树脂漆

酚醛树脂漆（或酚醛漆）是以酚醛树脂或改性酚醛树脂与干性植物油为主要成膜物质的一类涂料。

酚醛树脂漆的性能取决于酚醛树脂的含量，酚醛树脂含量越高，酚醛树脂的性能越明显，质量越好。酚醛树脂给涂料增加了硬度、光泽、耐水、耐酸碱及绝缘性能，同时也带来了缺点，即油漆的颜色深，漆膜在使用过程中容易泛黄，因此酚醛清漆不适宜用于木质家具的浅色或本色透明涂饰，色漆则很少有白漆品种。

虽然它的性能比一般的油基漆好，但是仍然有油基漆的通病：涂层干燥慢；质软，不耐打磨、抛光；涂层干燥后不爽手，仍有黏性；光滑度差等。酚醛清漆或色漆多用于木器的罩面涂饰，由于酚醛漆性能较好、价格便宜，其仍广泛用于涂饰质量要求不高的普通家具。常用酚醛漆的品种有酚醛清漆、酚醛调和漆和酚醛磁漆等。如普档家具的表面罩光。往往与虫胶漆配套使用，先涂饰 2～3 遍虫胶漆打底，干燥打磨后再涂 1～2 道酚醛漆。

11.2.4 醇酸树脂漆

醇酸树脂漆（或醇酸漆）是以醇酸树脂为主要成膜物质的一类涂料。醇酸树脂是由多元醇、多元酸和脂肪酸经酯化缩聚反应制得的一种树脂。

醇酸树脂是重要的涂料用树脂。根据加入各类油的不同，醇酸树脂可分为自干型（加入亚麻油或脱水蓖麻油）和不干型（加入蓖麻油、棉籽油或椰子油等）两类树脂。自干型醇酸树脂可作为一种独立涂料制成自干型与烘干型的清漆及磁漆。不干型醇酸树脂则不能直接用于涂料，而是与其他各类树脂混合使用，如硝基纤维素、氨基树脂、聚氨酯树脂等，称为硝基漆、氨基漆、聚氨酯漆等。

木质家具涂饰应用较多的是醇酸清漆与醇酸磁漆。醇酸清漆一般由醇酸树脂加入适量溶剂与催干剂制成。磁漆是在清漆组成成分的基础上加入着色颜料与体质颜料。

醇酸漆的性能优异，综合性能优于酚醛漆，其漆膜的光泽度好，柔韧，附着力好，耐候性高，不易老化，保光保色性好，并有一定的耐热性与耐液性。它的主要缺点是流平性、耐水性、耐碱性差。

醇酸漆由于含有植物油，干燥缓慢，漆膜软，不易打磨抛光，一般只应用于普级家具以及户外车辆、建筑物等。醇酸漆的应用与酚醛漆类似，多用于制品的罩面，即木家具表面处理（砂光、腻干、着色等）后经打底（多用虫胶漆），再罩以醇酸漆，一般罩 2～3 遍，每遍干后用砂纸轻磨，最后一遍干后不磨，作原光装饰。

醇酸漆涂饰施工可用手工刷涂，也可以喷涂、淋涂或浸涂。它一般都能在常温下自干，也可以经过 60～90℃ 烘烤干燥。在加热烘烤前，湿涂层放置 15～30min，使溶剂挥发，涂层流平，然后再烘干。浅色漆应在较低温度下烘烤，以防漆膜变黄，深色漆可在稍高温度条件下烘烤干燥。醇酸漆膜经烘烤干燥比常温干燥的坚固、耐久、耐磨，耐水性也有所提高。

醇酸漆的品种很多，一般按漆膜的外观可以分成清漆、各色磁漆、各色半光磁漆、各色无光磁漆等。按配套涂层分为底漆和面漆。通常清漆、各色磁漆、半光磁漆以及无光磁漆都是面漆，为了简化，不加面漆字样，而各色磁漆均为有光漆。木制品涂饰过去相当长一段时间应用较多的是醇酸清漆和醇酸磁漆。

11.2.5 丙烯酸树脂漆

丙烯酸树脂漆是以丙烯酸树脂为主要成膜物质的涂料，通常简称丙烯酸漆。丙烯酸树脂又称阿克力树脂或压克力树脂，是由丙烯酸及其酯类、甲基丙烯酸及其酯类和其他乙烯基单体经共聚而生成的一类树脂。

（1）丙烯酸漆的种类

根据丙烯酸树脂分子结构的不同，丙烯酸漆可以分为热塑性和热固性两大类。

①热塑性丙烯酸漆　热塑性丙烯酸漆是以热塑性丙烯酸树脂为主要成膜物质并添加增塑剂而制成的；也可以加入一些其他树脂如醇酸树脂、氨基树脂、硝化棉等用以改善漆膜性能。这是一类挥发性涂料，其固体含量一般在 15% 左右。热塑性丙烯酸漆膜在常温下 1h 即可干燥。漆膜耐水性与耐热性好，也有较好的光泽及硬度。这一类漆通常制成清漆、磁漆、底漆等。

②热固性丙烯酸漆　热固性丙烯酸漆是以热固性丙烯酸树脂为主要成膜物质的烘干型漆（相当于烘漆）。它具有上述热塑性丙烯酸漆的特点，而且由于固体含量高（约 40%～45%），因此涂膜厚实丰满坚韧，耐化学药品、耐溶剂与耐热性更好，作为装饰性涂料性能更好。此类漆广泛用于金属家具的表面涂饰。

（2）丙烯酸漆的性能及应用

丙烯酸漆是一大类性能优异的高级涂料。

丙烯酸漆的综合性能特点为：涂料本身的色泽浅，可制成水白色的清漆及纯白色的磁漆。漆膜丰满坚硬、光亮如镜，且具有良好的保光保色性能。耐紫外线照射，在大气中长期暴露漆膜稳定。漆膜耐热性、耐酸碱性及耐化学药品性能好，还有突出的防湿热、防霉、防盐等性能。

丙烯酸漆的缺点是：热塑性丙烯酸漆固体含量低，需多次喷涂；耐溶剂性也比较差。热固性丙烯酸漆如施工不当，高温固化后容易发生漆膜脆裂。

丙烯酸漆属于高级木器用漆，适用于高级家具、钢琴、缝纫机台板、高级建筑的大门及楼梯扶手等制品的涂饰，其保护性能与装饰性能都很突出，是我国高级木质家具的重要用漆品种之一。由于丙烯酸树脂漆具有优良的保色、保光以及耐热、耐化学药品等性能，还被广泛用于汽车、航空、医疗器械、仪器仪表等。

11.2.6 硝基漆

硝基漆原称硝酸纤维素漆（又称 NC 漆、蜡克、喷漆），是以硝化棉为主要成膜物质的一类涂料。约于 1930 年问世，原本为汽车用漆而发明，后来成为世界性木器用漆的主要品种。

硝基漆是以硝化棉（硝化纤维素酯）为主体，加入合成树脂、增塑剂与专用稀释剂（俗称香蕉水或天那水，即酮、酯、醇、苯等类的混合溶剂）就组成了硝基清漆，如再加入染料可制成有色透明硝基漆；如再加入着色颜料与体质颜料可制成有色不透明的色漆。硝基漆是由上述成分冷混调配的，其中硝化棉与合成树脂作主要成膜物质，增塑剂可提高漆膜的柔韧性，颜料则使色漆具有某种色调及遮盖性。上述四种成分构成硝基漆的不挥发分，其重量比例占硝基漆的 10%～30%左右。上述专用稀释剂用于溶解硝化棉与合成树脂，使其成为液体涂料，是硝基漆中的挥发分，占 70%～90%的质量比。

（1）硝基漆的种类

根据木材涂饰施工过程中的功用，硝基漆品种可以构成独立的涂装体系，它包括硝基腻子（透明腻子和有色腻子）、着色剂与修色剂、硝基填孔漆、头度底漆、二度底漆、面漆等。根据透明度与颜色可分为透明硝基清漆、有色透明清漆与不透明色漆。根据光泽则可分为亮光硝基漆和亚光硝基漆。

（2）硝基漆的性能

①硝基漆的优点　干燥快。硝基漆属于挥发型漆，涂层干燥快，一般涂饰一遍常温下 10min 或十几分钟可达表干，因此可采用表干连涂工艺，在间隔时间不长的情况下，可连续涂饰几遍。其干燥速度一般比油性漆能快许多倍。但是尽管涂层表干快，如连续涂饰数层之后，涂层下部完全干透也需要相当长的时间。

单组分漆，施工方便。与现代流行使用的聚氨酯漆、不饱和聚酯漆等多组分漆相比，硝基漆为单组分漆，不必分装贮存，也不必按比例配漆，也没有配漆使用期限，因而施工方便。

装饰性好。硝基清漆颜色浅，透明度高，可用于木器的浅色与本色涂饰，充分显现木材花纹与天然质感。硝基漆漆膜坚硬，打磨抛光性好，当涂层达到一定厚度，经研磨抛光修饰后可以获得较柔和的光泽。近些年兴起的显孔（全开放）装饰最适于选用硝基漆涂饰。特别是用硝基漆制作显孔亚光涂层，具有独特韵味，是其他漆种难以替代的。美式涂装工艺多采用硝基漆。

漆膜坚硬耐磨，机械强度高。但有时硬脆易裂，尤其是如果涂饰过厚，有的硝基漆漆膜在使用一段时间后就会出现顺木纹方向的裂纹。

具有一定的耐水性、耐油性、耐污染性与耐稀酸性。

②硝基漆的缺点　固体分含量低、漆膜丰满度差。由于施工时需要使用大量稀释剂来降低黏度，因此涂饰硝基漆时，施工漆液的固体分含量一般只有百分之十几。每涂饰一遍的涂层很薄，当要求达到一定厚度的漆膜时，需涂饰多遍，过去手工擦涂常需几十遍，致使施工工艺烦琐，手工施工周期长，劳动强度高。

挥发分含量高，施工过程中将挥发大量有害气体，易燃、易爆、有毒，污染环境，需增加施工场所的通风设施与动力消耗。

施工环境受湿度影响严重，特别是在高温、高湿环境中，容易出现漆膜发白的现象。

漆膜耐碱性、耐溶剂性差，耐热性、耐寒性都不高。硝化棉是热塑性材料，在较高温度下使用容易分解，漆膜在低温下容易冻裂。开水杯和烟头能使漆膜发白、鼓泡。

（3）硝基漆的应用

硝基漆是涂料中比较重要的一类，是一种传统高级装饰涂料，在我国应用历史较久，至今仍广泛用于中高级（尤其是出口）木质家具涂饰，同时还广泛用于缝纫机台板、木质乐器等木制品的涂饰。硝基漆可采用刷涂、揩涂、空气喷涂、无气喷涂、静电喷涂、淋涂、浸涂、抽涂等方法涂饰，现代涂饰多以空气喷涂为主。

硝基漆在施工中的注意事项：

①利用硝基漆涂饰不当经常会造成漆膜泛白的缺陷，尤其是在环境湿度大、温度高的地方，要避免漆膜泛白，尽量不在潮湿天气施工。如果一定要施工的话，可在漆中加入一些中、高沸点的溶剂，如乙酸、丁酯、环己酮等或化白水，以减慢溶剂的挥发速率。当涂膜表面已经出现轻微泛白的现象时，可喷涂乙酸丁酯、乙二醇丁醚来消除。

②由于漆膜喷涂过厚、溶剂挥发过快、油水分离器中的水带入漆膜、木材管孔中的空气逸出等原因，容易造成漆膜气泡、针孔等缺陷，此时需要向硝基漆中酌加消泡剂、降低涂膜厚度、定期排放油水分离器中的水，如果施工环境潮湿，酌加化白水。

③由于溶剂挥发过快，涂层淌水流平就失去了流动性，常常会造成漆膜橘皮的缺陷。此时可以适当增加挥发慢的溶剂，如环己酮等高沸点溶剂；也可适应添加涂膜流平剂。

④当硝基漆涂饰在醇酸漆、酚醛漆或油脂漆上时，会产生咬底的现象，即平整的底涂层上会出现起皱凸起的状况。解决办法是合理选择配套底漆，避免选择不耐强溶剂的油性漆。

⑤冬季施工往往由于气温过低，造成漆膜慢干的现象。这时可以改用含低沸点溶剂较多的冬用稀释剂。

11.2.7 聚氨酯树脂漆

聚氨酯树脂漆（或聚氨酯漆，又称 PU 漆）是聚氨基甲酸酯树脂漆的简称，是指在涂膜分子结构中含有氨酯键的一类涂料品种。这种高分子化合物就叫聚氨基甲酸酯树脂，简称聚氨酯树脂或聚氨酯。

聚氨酯漆是当前国内外许多行业普遍使用的涂料品种，也是目前我国木质家具表面涂饰中使用最为广泛、用量最多的涂料品种之一。在制漆中由于所用原料不同，制得的聚氨基甲酸酯树脂的结构和性能也不一样，因此制成的聚氨酯漆性能也不同。聚氨酯漆有多种类型，木器涂饰用聚氨酯漆主要可以归为四类：单组分潮气固化型聚氨酯漆、催化固化型聚氨酯漆、羟基固化型双组分聚氨酯漆、氧固化单组分聚氨酯漆（氨酯油）。其中用量最多的属羟基固化异氰酸酯型的双组分聚氨酯漆，并可分为两类：一类是含羟基聚酯与含异氰酸酯预聚物的甲乙双组分聚氨酯漆（常见“685”聚氨酯漆）；另一类是含羟基的丙烯酸酯共聚物与含异氰酸酯基的氨基甲酸酯树脂的甲乙双组分聚氨酯漆（俗称 PU 聚酯漆）。

我国从 20 世纪 60 年代以来便开始用聚氨酯涂饰木质家具。到 20 世纪 90 年代，绝大多数木家具涂饰已经均使用聚氨酯漆，目前已发展为 75%～80% 的家具涂饰都选用聚氨酯漆。

（1）聚氨酸漆的性能特点

①聚氨酯漆的优点　聚氨酯漆漆膜硬度高，耐磨性强，是各类涂料中最为突出的。漆膜的打磨性好，经抛光修整后的漆膜平整光滑，丰满厚实，透明度高，具有优良的保护性能兼具很高的装饰性，因而被广泛用于中高档家具、木质乐器等涂装。

漆膜的韧性好、附着力强。聚氨酯漆对多种物面如木材、金属、橡胶及某些塑料等均具有优良的附着力。因此很适宜作木质材料的封闭漆与底漆，其固化不受木材内含物以及节疤、油分的影响。

聚氨酯漆膜具有优良的耐化学腐蚀性能，耐酸、碱、盐类、水、石油产品与溶剂等。它还具有较高的柔韧性、耐热耐寒性，可以在 -40 ~ 120℃条件下使用。其柔韧性与耐热性还可在一定程度上通过制漆组分与工艺得到调整。

聚氨酯漆可制成溶剂型、液态无溶剂型、粉末、水性、单组分、双组分等多种形态，满足不同要求。

②聚氨酯漆的缺点　有的聚氨酯木器漆硬化剂中含有游离的甲苯二异氰酸酯（TDI），游离的TDI对人体会造成危害，表现为疼痛流泪、结膜充血、咳嗽胸闷、气急哮喘、红色丘疹、斑丘疹、接触性过敏性皮炎等症状，因此施工中应加强通风，放置新家具的室内也应经常通风换气。国际上对于游离 TDI 的限制标准是控制在 0.5% 以下。

双组分聚氨酯漆的缺点是两液型，施工比较麻烦，必须按比例调配，配漆后有使用时限，需要现用现配，用多少配多少，否则会造成浪费。

施工中需精细操作，注意控制层间涂饰间隔时间，如果间隔时间过短，会引起针孔、气泡；过长会引起层间剥离等。

（2）聚氨酸漆的应用

家具生产用聚氨酯漆一般为双组分漆，反应性很强，对环境的温度、湿度敏感，成膜过程与所成漆膜性能均与施工有密切关系，因此施工时应严格执行正确的操作规程。具体注意事项如下：

①配漆要依据涂料活性期的长短来决定配漆量，做到在活性期内用多少配多少，现用现配，一次不宜配过多，并且要严格按产品说明书中规定比例配漆。双组分漆必须充分搅匀，放置 15 ~ 25min，待气泡消失后再使用。配料一定要准确，如果甲组分（常称固化剂）过多，则漆膜脆；太少则漆膜偏软，干燥慢，甚至长时间不干，漆膜耐水、耐化学腐蚀差。

②配漆与涂饰过程中忌与水、酸、碱、醇等类接触，木材含水率也不可过高，底层的水性材料（水粉子、水色等）与底漆必须干透再涂聚氨酯漆。空气喷涂时压缩空气中不得带入水、油等杂质。配漆时取完料罐盖要密闭，以免吸潮、漏气、渗水，最好贮存在低温而且干燥的环境中。

③聚氨酯漆原液黏度可能因不同厂家、具体型号而异，夏季与冬季也可能不一样，施工时黏度高易发生气泡，要用专用稀释剂，针对具体施工方法调配成最适宜的黏度。可用刷涂、淋涂和喷涂（由于干燥快，多用喷涂）施工。由于聚氨酯漆通常用乙酸丁酯、二甲苯等强溶剂，所以用聚氨酯作面漆时，应注意底层涂料的抗溶剂性。通常酚醛底漆、醇酸底漆等油性底漆不能作为聚氨酯漆的底漆使用，否则会使底漆产生皱皮脱落。

④聚氨酯漆涂层一次不宜涂厚，否则易产生气泡与针孔，可分多次薄涂。涂饰时可采取“湿碰湿”方式施工，即表干接涂。重涂间隔时间需依据说明书而定，间隔时间不宜过长或过短。如果间隔时间长干燥过分，则层间交联很差，影响层间附着力。对固化已久的漆膜需用砂纸打磨或用溶剂擦拭后再涂漆。间隔时间如果过短可能会出现气泡、橘纹和流平性差等病态漆膜。

⑤聚氨酯漆涂饰施工温度过低，涂饰干燥慢；温度过高，可能出现气泡与失光。此外含羟基组分的用量不当或涂层太厚也可能造成干燥慢。溶剂含水、被涂表面潮湿、催化剂用量过多、树脂存放过久等均可使涂层暗淡无光。

由于聚氨酯有毒，施工时要特别注意劳动保护，必须加强通风与换气。已固化的聚氨酯漆膜不含游离异氰酸基，对人体无害，也不怕水，因此涂饰聚氨酯漆的家具使用性能是安全的。

11.2.8　聚酯树脂漆

聚酯树脂漆（或聚酯漆、不饱和聚酯漆，又称PE漆）是以不饱和聚酯树脂作为主要成膜物质的一类涂料，简称聚酯漆。聚酯树脂是多元醇与多元酸的缩聚产物，选用不同的多元醇和多元酸以及其他改性剂，能制成各种不同类型的聚酯树脂，例如，饱和聚酯与不饱和聚酯等，木家具应用的主要是以不饱和聚酯（由不饱和的二元酸和二元醇经缩聚而成）为基础的聚酯漆（即不饱和聚酯漆）。聚酯漆是一种多组分漆，它主要由不饱和聚酯树脂、苯乙烯、引发剂（过氧化环己酮或过氧化甲乙酮）与促进剂（环烷酸钴）组成，此外还有阻聚剂、颜料，有时还加入石蜡。聚酯漆主要用于木质表面，是目前国内高级木质家具和木制品涂饰的主要漆种之一。在世界涂料发展历史中，聚酯漆是十分重要的漆类，它不仅具有优异的综合理化性能，而且独具特点，属于无溶剂型涂料的代表品种，漆膜硬度高，丰满度好，亮度高，装饰性能优异，综合性能良好，价格适宜，钢琴用漆至今仍非它莫属。

（1）聚酯漆的品种

我国木质家具生产中应用的聚酯漆根据是否含蜡可分为蜡型与非蜡型聚酯漆；根据是否含有颜料可分为清漆与色漆（磁漆、腻子等）；根据是否能在空气中固化可分为气干型和非气干型两类。目前，木家具广泛使用的主要有非气干型和气干型两种聚酯漆。

①非气干型聚酯漆　非气干型（又称隔氧型）聚酯漆是指不饱和聚酯树脂与苯乙烯溶剂的聚合反应会受到空气里氧的阻聚作用而不能在空气中完全固化，里干外不干——即下层先固化，固化得很坚硬，而表面由于接触氧而发黏，这种发黏的表面层，极易被各种溶剂洗去，因而需要隔氧施工。目前主要采用浮蜡法和覆膜法来隔氧。浮蜡法（蜡型）是在涂料中加入少量高熔点（熔点为54℃左右）石蜡，涂漆后在固化成膜时，蜡液析出浮在涂层表面，形成一层薄薄的蜡膜隔离空气，从而防止了氧的阻聚作用，使涂层充分固化成膜。浮蜡法涂层固化后表面留有无光泽的蜡层，须经抛光磨掉蜡层才能显现聚酯漆的光泽。此法常采用刷涂、喷涂和淋涂进行涂饰施工。覆膜法（或蜡封法）是在木质家具平表面上经涂漆（不加蜡的聚酯漆）后，用涤纶薄膜、玻璃或其他适当纸张覆盖，使涂层与空气隔离，待涂层固化后揭去涤纶薄膜、玻璃等覆盖物，即可得到表面极光亮的漆膜。覆膜法常采用倒模施工（故俗称倒模聚酯漆或玻璃钢漆），施工比较麻烦，需要有专门的模具等，且只适用于平表面。

②气干型聚酯漆　气干型聚酯漆是指聚酯漆通过改进配方，不需隔氧施工，在空气中就能正常固化成膜。这种漆常采用喷涂方法（又称喷涂聚酯漆），施工方便，性能优异，涂层不经抛光便可获得丰满光亮的漆膜，且不受部件曲面（异型面）的限制，在家具工业中广泛应用。

（2）聚酯漆的性能特点

聚酯漆是一种独具特点的高级涂料，漆中的苯乙烯既能溶解不饱和聚酯，又能和它发生共聚反应，共同成膜，在涂料中起溶剂与成膜物质的双重作用，故常称苯乙烯为活性稀释剂或可聚合溶剂。在固化过程中由于没有溶剂挥发，因此称聚酯漆为无溶剂型漆。它的固体含量高（可达100%），涂饰一遍可形成较厚的涂膜，这样可以减少施工的涂饰遍数。施工过程中基本没有有害气体的挥发，有利于环境保护。

①聚酯漆的优点　聚酯漆漆膜的综合性能优异，坚硬耐磨，并具有较高的耐热、耐寒和耐温变性，也具有很好的耐水、耐酸、耐油、耐溶剂与耐多种化学药品的性能，还具有绝缘性。

漆膜对制品不仅有良好的保护性能，而且具有很高的装饰性能，聚酯漆漆膜有极高的丰满度，很高的光泽与透明度，清漆颜色浅，漆膜具有保光保色性，经抛光的聚酯漆漆膜可达到十分理想的装饰效果。

②聚酯漆的缺点　漆膜性能脆、抗冲击性差、附着力不强、难以修复。多组分漆（一般有3~4个组分）使用麻烦，使用方法复杂，配漆后有使用期限，使用活性期极短（一般15~20min）。

（3）聚酯漆的使用

聚酯漆主要用作中高级木制品的面漆材料等，应用施工过程中需注意以下一些技术问题。

①引发剂与促进剂相遇反应非常剧烈，要十

分当心！ 绝对不可直接混合，否则可能燃烧或爆炸，贮存、运输都要分装，配漆也不宜在同一工作台上挨得很近，以免无意碰洒遇到一起。

②引发剂与促进剂不能与酸或其他易燃物质在一起储运，引发剂也不能与钴、锰、铅、锌、镍等的盐类在一起混合。

③不可把用引发剂浸过的棉纱或布在阳光下照射，可保存在水中。使用过的布或棉纱应在安全的地方烧掉。不能把引发剂和余漆倒进一般的下水道。

④如促进剂温度升至 35℃以上或突然倒进温度较高的容器时可能发泡喷出，与易燃物质接触可能引起自燃。

⑤引发剂应在低温黑暗处保存，在光线作用下它可能分解，聚酯漆也应在暗处存放，受热或曝光也易于变质。

⑥要按供漆涂料生产厂家提供的产品使用说明书进行贮存与使用，按其规定比例配漆，也须视环境气温试验调整比例。一般现用现配，用多少配多少。配漆应搅拌均匀，但搅拌不宜急剧或过细，以免起泡，使涂层产生气泡，破裂则变成针孔，故需缓慢搅拌。

⑦已放入引发剂、促进剂的漆或一次未使用完的漆不宜加进新漆，因旧漆已发生胶凝，黏度相当高，新漆即将开始胶凝，新旧漆存在胶化时间的差异，故新旧漆不能充分混溶而形成粒状涂膜。已经附着了旧漆的刷具、容器、喷枪、搅拌棒等用于新漆也有类似情况，故需洗过再用。

⑧可以选择或要求供漆厂家提供适于某种涂饰法（刷、喷、淋等）黏度的聚酯漆，直接使用聚酯漆原液涂饰而不要稀释。要降低黏度最好加入低黏度的不饱和聚酯，尽量不加苯乙烯或其他稀释剂，否则不能一次涂厚，如增加涂饰次数，干燥后涂膜收缩大，产生收缩皱纹而得不到良好的涂膜。若加入丙酮则可能产生针孔，附着力差。

⑨当涂饰细孔木材（导管孔管沟小或没有管孔的树种如椴木、松木等）时，如不填孔直接涂饰时，应使用黏度略低的聚酯漆，使其充分渗透，有利于涂层的附着；当涂饰粗孔木材（如柳桉、水曲柳等）时，如不填孔直接涂饰，应选用黏度略高的聚酯漆，以免向粗管孔渗透而产生收缩皱纹。

⑩如连续涂饰几遍可采用湿碰湿工艺，重涂间隔以 25min 左右为宜，如喷涂后超过 8h 再涂，必须经砂纸彻底打磨后再涂，否则影响层间附着性。

■ 采用刷涂与普通喷枪喷涂，配漆量宜在施工时限内用完；如采用双头喷枪、双头淋漆机涂饰，两部分漆没有混合，应无使用时限的限制，但宜注意已放入引发剂那部分聚酯漆，如发现其黏度突然增加很快（证明已开始反应），如夏季气温 28～30℃，超过 55s，则必须停止涂饰，并将漆从淋头中取出倒掉，由于这个组分存放时间有限（只有几个小时），最好在涂漆前短时间内制备，剩余部分可放在 5～10℃冰箱中。

■ 涂饰聚酯漆前，要把木材表面处理平整、干净，去除油脂、脏污，木材含水率不宜过高，染色或润湿处理后必须干燥至木材表层含水率在 10%以下，底漆不宜用虫胶漆，可以用硝基漆、聚氨酯漆等。最好用同类配套底漆。如用聚氨酯漆作底漆涂饰之后必须在 5h 之内罩聚酯漆，否则可能附着不牢。

■ 施工用的刷具、容器、工具等涂漆后都应及时用丙酮或洗衣粉（也可以用 PU 或 NC 的稀料）洗刷，否则很快硬固无法洗除。但是刷子上的丙酮与水要甩净，否则带入漆中将影响固化。

■ 涂饰过程中如反复多次涂刷，急剧干燥（引发剂与促进剂加入过多或急剧加温）则易起气泡、针孔；干燥过程中涂层被风吹过，涂膜易变粗糙，延迟干燥，因此车间要求无流动空气，气流速度最大不超过 1m/s。干燥过程中也应避免阳光直射，光的作用也有可能引起涂层出现气泡和针孔。当自冷库取出较冷的漆在较暖的作业场地涂于较暖的材面上，则因温度急剧上升而易产生气泡、针孔等。硝基漆漆尘落在聚酯漆涂层上有可能引起针孔，所以不宜在硝基漆喷涂室内喷涂聚酯漆。

■许多因素都可能会影响聚酯漆的固化，如某些树种的不明内含物（浸提成分），贴面薄木透胶，木材深色部位（多为芯材）、节子、树脂囊等含有大量树脂成分，都可能使聚酯漆不干燥、变色或涂膜粗糙。

■车间应有很好的排气抽风的通风系统，并应从车间下部抽出空气，因苯乙烯的蒸气有时会分布在不高的位置上。砂光聚酯漆漆膜的漆尘磨屑也应排除。当聚酯漆漆膜经砂纸研磨时，易产生静电，而造成研磨粉屑不易除去的情形，致使无法得到良好的漆膜表面，此时可以利用静电去除枪吹尘或用静电去除剂擦拭后吹干，或以树脂布轻轻擦拭均可。

■使用引发剂应戴保护镜和橡皮手套，如引发剂刺激了眼睛，可用2%的碳酸氢钠（俗称小苏打）溶液或用大量的水清洗并及时请医生检查，不可自用含油药物，否则可能加剧伤情；引发剂落到皮肤上必须擦掉，并用肥皂水洗净，不可用乙醇或其他溶液；引发剂落在工作服上应立刻用清水洗去。

■聚酯漆膜干燥时会收缩，故仅涂单面会反翘，尤其是涂大面积薄板时情况更严重，所以板材应加固或同时涂饭反面使其平衡。

11.2.9 光敏漆

光敏漆也称光固化涂料（又称 UV 漆），是指涂层必须在紫外线（ultraviolet）照射下才能固化的一类涂料，所以光敏漆也称紫外光固化涂料或光固化涂料。它是由反应性预聚物（也称光敏树脂，如不饱和聚酯、丙烯酸改性聚氨酯、丙烯酸改性环氧树脂等）、活性稀释剂（如苯乙烯等）、光敏剂（如安息香及其醚类，常用安息香乙醚）以及其他添加剂（如流平剂、增塑剂等）组成的一种单组分涂料。光敏漆经过一定波长的紫外线照射后，光敏剂首先分解出游离基，起引发作用，使涂料树脂和稀释剂中的活性基因产生连锁反应，迅速交联而固化成漆膜。光能越强，光化学反应越快，涂层固化越快。离开光的照射，漆膜将长期不干。

光敏漆是当前国内外木器用漆的重要品种，由于它快干、节能、无溶剂挥发、环保、性能优异，深受大家的欢迎。无论从漆膜性能上，还是从节省能源、节省时间、保护环境来说，均是一种极有发展前途的品种。

（1）光敏漆的特点

①光敏漆的优点　光敏漆涂层干燥快。涂层受紫外线辐射，由光敏剂（也称紫外线聚合引发剂或光引发剂）引发的共聚反应迅速而彻底，其涂层固化是以分、秒计（在几秒至 3～5 分钟之内）。我国应用的光敏漆，一般都在几分钟内即达实干。它为木制品组织流水线机械化涂饰创造了极为有利的条件，大大提高了木制品涂饰的生产效率。

光敏漆属于无溶剂型漆。涂料不含溶剂或含很少量的溶剂，涂层固化过程中没有溶剂挥发，除涂饰前与贮存调配过程中有少量苯乙烯挥发外，基本上是一种无污染的涂料。因此，施工卫生条件好，对人体、对环境基本无危害。

施工方便，没有施工时限的制约。光敏漆是在紫外线的照射下固化的，因此在没有紫外线直接照射的情况下它是很稳定的。在存放过程中，只要没有阳光直接照射，它就不会胶化变质，所以光敏漆使用时不受可使用时间的限制。

漆膜质量好。光敏漆的性能决定于所用光敏树脂的性能，在各类树脂中光敏树脂的综合性能比较完善，漆膜具有优异的保护及装饰性能。由于没有溶剂挥发，涂层在固化过程中收缩小，干后的漆膜平整，几乎不需修饰。

②光敏漆的缺点　光敏漆涂层不吸收光的部分不能固化，因此只能用于可拆装木制品平表面零部件（如板式家具部件、柜门板等）的涂饰，不适于复杂形状表面（异型表面）或整体装配好的木制品的涂饰。

光敏漆涂装需慎选着色剂，紫外线照射可能产生褪色以及涂层变黄。制造和使用含有着色颜料的光敏漆比较困难。

光敏漆生产成本比其他漆类高，而且需要紫外线固化装置的投资，由于紫外线灯管还有使用寿命问题，需经常更换。

有紫外线泄漏的危害。光敏漆接触人体会有刺激，紫外线长期直接照射人体会受到伤害。

光引发剂残留在漆膜中会加速漆膜老化，影响漆膜耐久性。

（2）光敏漆的应用

光敏漆的涂饰与传统油漆涂饰大体相同，原则上可采用辊涂、淋涂、刷涂和喷涂等方法。实际生产中常用辊涂和淋涂。涂饰前对基材的处理与一般木家具涂饰生产大致相同，要保证家具表面达到规定的砂光精度标准，可用毛刷或高压气流彻底除尘。

木家具表面着色是通过着色剂与木材细胞壁成分的物理化学作用而产生的。着色有家具白坯素板着色和涂层着色两种方法。涂层着色是将着色剂混入涂料中使漆膜着色，由于涂料中的着色剂对紫外线有吸收作用，会与光引发剂产生竞争，降低光引发剂产生游离基的效率，影响漆膜固化；若着色剂为颜料，还会对紫外线产生散射，更会严重影响涂料固化，给生产带来麻烦。对家具白坯素板进行着色，由于着色剂不在涂膜中，不会吸收进入涂膜的紫外线，不会影响涂层固化。家具生产中的光敏涂料多数为清漆。

光敏涂料涂饰施工分为底涂和面涂，均为连续作业。底涂一般只需进行一次，面涂则需根据产品质量要求，分两次或多次进行。不论底涂或面涂，每涂一遍板件均需经紫外线照射固化，并进行砂光打磨、除尘。底涂主要是填缝打底，可采用辊涂法。面涂的目的是要能得到比较厚的涂层，使家具表面的漆膜呈现饱满厚实的感觉，因此常采用淋涂法。

用光敏漆涂饰家具时，反应性预聚物、活性稀释剂、光敏剂和紫外光源的选择、组合及合理匹配是技术关键。

根据人们的消费观念及实际生产情况，我国当前涂料品种总体趋势是向无污染、无公害、节省资源、高固体含量、辐射固化、水性化方向发展。

单元实训

本单元技能实训包括两个部分，第一部分是涂料施工性能的测定，即测定涂料黏度；第二部分是固体漆膜性能的测定，即漆膜附着力、耐热性的测定。

木家具及其他家具木制件漆膜理化性能包括：漆膜耐液性、漆膜耐干热性、漆膜耐湿热性、漆膜附着力、漆膜厚度、漆膜光泽、漆膜耐冷热温差性、漆膜耐磨性、漆膜抗冲击性以及漆膜硬度、漆膜耐光性、漆膜耐干湿变化性能等。前 9 项性能及漆膜硬度的测定法我国已制订了相应的标准。

上述前 9 项测定法国家标准中，对试样作了如下规定，以保证测定值的可比性、可靠性。

（1）试样规格为 250mm × 200mm，测耐磨性的试样是直径为 100mm，在中心开 8.5mm 小孔的圆板。

（2）试样涂饰完工后至少存放 10d，并达到完全干燥后方可检测。

（3）送试样时，应附送报告，内容包括涂料名称、简要涂饰工艺、制作时间。

（4）试样表面应平整，漆膜无划痕、鼓泡等缺陷。

（5）样板试验区域不小于 3 个，每个区域离边缘不小于 40mm，3 个试验区域中心相距不小于 65mm。

下面根据国家标准介绍有关性能的测定实训。

实训项目 1　测定涂料黏度

1. 实训目标

根据有关标准，学会测定涂料黏度。并针对生产中的具体情况，尤其针对所用具体涂料与涂饰方法，经过实验能确定最适宜的施工黏度，并用黏度计测出具体秒数。

2. 实训场所与形式

实训场所为涂饰实训室或实训工厂。以 4～6 人为实训小组，到实训现场进行涂料黏度测定。

3. 实训材料与设备

温度计、秒表、水平仪、永久磁铁、涂－4 黏度计、150ml 搪瓷杯、50ml 量杯、试样及有关标准。

4. 实训内容与方法

将学生分成 4～6 人的实训小组，选定组长 1 人，由组长向实训教师领取实训所需设备与材料。

生产与科研中，根据有关标准规定，黏度是用涂－4 黏度计测定的。涂－4 黏度计就是一支盛漆杯，也叫 4 号黏度杯。架在一个支架上的盛漆杯，上部为圆柱形，下部为圆锥形，有金属和塑料制的两种。盛漆杯中的容量为 100ml，盛漆杯下部有孔，孔径为 4mm。用涂－4 黏度计测定涂料黏度时，用秒表示涂料黏度的大小。涂－4 黏度计用于测定黏度在 150s 以下（以本黏度计为标准）的涂料，其测定方法如下。

测定前后需用纱布蘸溶剂将黏度计擦拭干净，并干燥或用冷风吹干。对光检查，黏度计漏嘴等应保持洁净。使用水平仪，调节水平螺钉，使黏度计处于水平位置。在黏度计漏嘴下放置 150ml 搪瓷杯。用手指堵住漏嘴，将 23℃ ± 1℃或 25℃ ± 1℃试样倒满黏度计中，用玻璃棒或玻璃板将气泡和多余试样刮入凹槽。迅速移开手指，同时启动秒表，待试样流束刚中断时立即停止秒表。秒表读数即为试样的流出时间（s）。按上述方法重复测试，两次测定值之差不应大于平均值的 3%。取两次测定值的平均值为测试结果。

5. 实训要求与报告

（1）实训前，学生应认真阅读有关标准及实训指导书，明确实训内容、方法、步骤及要求。

（2）在整个实训过程中，每位学生均应做好实训记录，数据要详实准确。

（3）实训完毕，及时整理好实训报告，做到准确完整、规范清楚。

6. 实训考核标准

对于能熟练使用涂－4 黏度计，按照规定的方法、步骤准确地测定涂料黏度，且实训报告规范完整的学生，可酌情将成绩评定为合格、良好或优秀。

实训项目 2　漆膜附着力的测定

1. 实训目标

根据国家标准规定，掌握漆膜附着力的测定方法，并能根据漆膜附着力分级标准对测定结果进行准确评级。

2. 实训场所与形式

实训场所为涂饰实训室。以 4～6 人为实训小组，进行漆膜附着力的测定，并讨论分析测定结果，进行准确评级。

3. 实训材料与设备

单刀刃切割工具（刀刃角度为20°～30°，刀刃厚度为0.43mm±0.03mm）、双刀刃切割工具（应具有六个切割刀，刀刃之间间隔为1mm，2mm，或者3mm）、导向与刀刃间隔装置、软毛刷、透明的压敏黏胶带［黏着力为(10±1)N/25mm，宽度至少为50mm］、2～3倍的目视放大镜。

4. 试样

①基材　试样应该平整无变形。试样尺寸应能使试验在三个不同的位置进行，三个位置的相互间距以及与试样的边距均不得小于5mm。当试样是由一些较软的材料制成时最小厚度应为10mm。当试板由硬质材料制成时最小厚度为0.25mm。

②试样要求　试样尺寸至少为150mm×100mm。试样涂饰后，应在温度不低于15℃且空气流通的环境里放置7d后进行试验。也可在完全干燥后的成品家具上制取试样直接进行试验。

试样表面应平整，无鼓泡、划痕、褪色、皱皮等缺陷。

③漆膜厚度　按照国家标准《家具表面漆膜理化性能试验 第5部分：厚度测定法》(GB/T 4893.5—2013)测定干燥漆膜的厚度，以μm计。

测定时，尽可能在靠近要进行切割试验的位置。测定厚度的次数视所用的方法而定。

5. 试验条件及要求

试验在20～25℃的试验条件下进行。试验应该在30min之内完成。在现场测试时，采用现场环境条件。在试验前试样应在温度为20℃±2℃，相对湿度为60%～70%的环境中预处理24h。

切割图形在每个方向上的切割数应为6。每个方向上的切割间距应相等。至少在3个不同位置对试样进行试验。

6. 实训内容与方法

将学生分成4～6人的实训小组，选定组长1人，由组长向实训教师领取实训所需设备与材料。

漆膜附着力是根据国家标准《家具表面漆膜理化性能试验 第4部分：附着力交叉切割测定法》(GB/T 4893.4—2013)中的规定测定的，既可以采用手动法切割漆膜，也可以采用电动驱动的刀具切割漆膜。具体测试步骤如下：

将试样放置在坚硬、平直的表面上，以防止其变形。刀具垂直于试样表面，对刀具均匀施力并使用适宜的间距导向装置。以均匀的切割速率在漆膜上形成规律的切割数。所有切割应划透至基材表面。重复上述操作，再作相同数量的平行切割线，与原先切割线呈90°角相交，形成网格图形。用软毛刷沿网格图形每一条对角线轻轻扫几次。如果是硬基材还需另外使用压敏黏胶带，从黏胶带卷上取下2圈完整的卷带并丢弃，然后以均匀速度取出另一段黏胶带并切下约75mm的长度。将该胶带中心置于网格上方，方向与一组切割线平行，然后用手指把黏胶带在网格上方的部位压平，黏胶带长度至少超过网格20mm。在贴上黏胶带5min之内，拿住黏胶带悬空的一端，并在尽可能接近60°角度，在0.5～1s内平稳地撕去黏胶带。

在良好的照明环境下用正常或校正过的视力，或用目视放大镜仔细检查试验漆膜的切割区。在观察过程中，转动试样，使试验面的观察与照明不局限于一个方向。从各个方向观察漆膜损伤情况，按附表11-1分级标准评级。

附表 11－1　试验结果分级

分级	说明	发生脱落的十字交叉切割区的表面外观（以六条平行切割线为例）
0	切割边缘完全光滑，无一格脱落	—
1	在切割交叉处有少许漆膜脱落。交叉切割面积受影响不能大于 5%	
2	切割边缘和/或交叉处有漆膜脱落。受影响的切割面积大于 5%，但小于 15%	
3	漆膜沿切割边缘部分或全部以大碎片脱落。且/或在格子不同部位部分或全部脱落，受影响的切割面积大于 15%，小于 35%	
4	漆膜沿切割边缘大碎片脱落。且/或在一些格子部分或全部脱落。受影响的切割面积大于 35%，小于 65%	
5	超过等级 5 的任何程度的脱落	—

7. 实训要求与报告

（1）实训前，学生应认真阅读有关国家标准及实训指导书，明确实训内容、方法、步骤及要求。

（2）在整个实训过程中，每位学生均应做好实训记录，数据要详实准确。

（3）实训完毕，及时整理好实训报告，做到准确完整、规范清楚。

8. 实训考核标准

（1）能熟练使用仪器和工具测定漆膜的附着力，操作规范；并能依据漆膜附着力分级标准对测定结果进行准确分级。

（2）对于能达到上述标准要求，实训报告规范完整的学生，可酌情将成绩评定为合格、良好或优秀。

实训项目 3　漆膜耐热性的测定

1. 实训目标

根据国家标准规定，掌握漆膜耐热性的测定方法，并能根据漆膜耐热性分级标准对测定结果进行准确评级。

2. 实训场所与形式

实训场所为涂饰实训室。以 4 ~ 6 人为实训小组，进行漆膜耐热性的测定，并讨论分析测定结果，进行准确评级。

在实训目标、实训场所与形式相同的条件下，下面将漆膜的耐热性按国家标准 GB/T 4893. 2—2005 和 GB/T 4893. 3—2005 分为漆膜耐湿热和耐干热两种方法测定。

（1）漆膜耐湿热测定法

①实训材料与设备　温度计（符合 JB/T 9262—1999 和 JB/T 9263. 4—1999 的要求，精确度为 ± 1℃）、热源［采用 GB/T 3190—1996 中表 1 规定的材料 AlMgSi（合金 6060）制造的铝合金块，板底机械磨平］、烘箱、软湿布、白色聚酰胺纤维布（平织，经纬方向上的针织数约为 40 支/cm，克重为 50g/m²，切割成为边长 120mm ± 3mm 的正方形）、蒸馏水或纯净水（温度为 23℃ ± 2℃）、隔热垫（采用无机材料制成，厚度约 25mm，大小约 150mm × 150mm）、漫射光源（在试验区域上提供均匀漫射光。可采用亮度至少为2 000lx具有良好漫射效果的自然光，也可以采用符合 GB/T 9761—2008 的比色箱的人造光）、直射光源（60W 的磨砂灯泡，经磨砂处理后，保证光线只照射到试验区域，而不会直接射入实验者的眼中。光线投射到检查区域与水平呈 30° ～60° ）、试样及有关标准。

②实训试验条件　实训室温度根据实验要求从 55℃、70℃、85℃、100℃中选择。

试验样板应近乎平整，其大小应足够满足容纳所需进行的试验数目。相邻的试验区域周边之间，试验区域周边与样板边沿之间，至少应留有 15mm 的间隔。在试验同时开展处，试验区域的周边最少应隔开 50mm。

除非另有规定，在试验开始前，应将涂层干透的试样放在温度为 23℃ ± 2℃、相对湿度为 50% ± 5% 的环境中至少放 48h。

③实训内容与方法　将学生分成 4 ~ 6 人的实训小组，选定组长 1 人，由组长向实训教师领取实训所需设备与材料。

试样经调制处理后，立即放入温度为 23℃ ± 2℃的环境中开展试验。将温度计插入热源中心孔。打开烘箱，将热源升温到至少高于规定的试验温度 10℃。用软湿布揩净试验部位，然后将聚酰胺纤维布放在试验区域中央，在布面上均匀喷涂 2cm³ 的蒸馏水或纯净水。当热源温度高于规定的试验温度至少 10℃时，将热源移到隔热垫上。当热源温度达到规定的试验温度 ± 1℃时，立即将热源放在聚酰胺纤维布面上。20min 后，移开铝合金块，用软湿布揩净试验部位。在样板表面靠近试验区域外，采用任何合适的方法，标注试验温度。试验后样板至少单独放置 16h。用软湿布揩净并检查每一个试验区域的损伤情况，例如变色、变泽、鼓泡或其他正常视力可见的缺陷。为此采用两种光源中的任意一种单独照亮试验表面，使光线从试验表面反射进入观察者眼中，从不同角度包括角度间进行检查。观察距离为 0. 25 ~ 1m。根据附表 11 - 2 分级标准进行评定。

附表 11 - 2　分级评定表

等级	说明
1	无可见变化（无损坏）
2	仅在光源投射到试验表面，反射到观察者眼中时，有轻微可视的变色、变泽或不连续的印痕
3	轻微印痕，在多个方向上可视，例如近乎完整的圆环或圆痕
4	严重印痕，明显可见，或试验表面出现轻微变色或者轻微损坏区域
5	严重印痕，试验表面出现明显变色或明显损坏区域

（2）漆膜耐干热测定法

①实训材料与设备　与耐湿热测定法相同。

②实训内容与方法　将学生分成4～6人的实训小组，选定组长1人，由组长向实训教师领取实训所需设备与材料。

试验温度在70℃、85℃、100℃、120℃、140℃、160℃、180℃、200℃中选择。检测步骤大致与耐湿热测定法相同，最后在光源下观察试样变化情况，对照分级评定表进行分级。分级评定表见附表11－2。

3. 实训要求与报告

（1）实训前，学生应认真阅读有关国家标准及实训指导书，明确实训内容、方法、步骤及要求。

（2）在整个实训过程中，每位学生均应做好实训记录，数据要详实准确。

（3）实训完毕，及时整理好实训报告，做到准确完整、规范清楚。

4. 实训考核标准

（1）能熟练使用实训设备测定漆膜的耐热性，操作规范；并能依据漆膜耐热性分级标准对测定结果进行准确分级。

（2）对于能达到上述标准要求，实训报告规范完整的学生，可酌情将成绩评定为合格、良好或优秀。

思考与练习

1. 填空题

（1）涂料通常是由________物质、________物质和________物质组成。

（2）涂料用树脂按其来源可分为________树脂、________树脂与__________树脂，其中________树脂在涂料生产中应用最广。

（3）涂料中的次要成膜物质是________和________，它们________离开主要成膜物质而单独构成涂膜。

（4）涂料中的固体分含量系指液体涂料中能干结成膜的________占涂料含量的百分比。一般涂料的黏度与固体分含量相互________。

（5）油脂漆常用主要品种有________、________与________。

2. 问答题

（1）简述溶剂的作用与性质。

（2）涂料如何分类？ 有哪些习惯分类方法？

（3）区别下列概念：单组分漆与多组分漆；清漆与色漆；亮光漆与亚光漆；溶剂型漆与无溶剂型漆；挥发型漆与反应型漆；底漆与面漆。

（4）涂料黏度对施工有何影响？

（5）涂料的附着力对涂饰质量有何影响？

（6）漆膜的耐热性与耐液性对家具的保护性能有何影响？

（7）何谓油脂漆？ 它的性能及应用如何？

（8）虫胶性状如何？ 虫胶漆的应用性能如何？

（9）大漆的性能及应用如何？

（10）油基漆组成性能如何？ 它与油脂漆比较有何区别？

（11）酚醛漆的性能及应用如何？

（12）醇酸漆的性能及应用如何？

（13）丙烯酸漆的性能特点及应用如何？

（14）简述硝基漆的性能。

（15）简述聚氨酯漆的性能特点。它的应用如何？ 应用时需注意什么？

（16）非气干型聚酯漆与气干型聚酯漆有何区别？ 简述聚酯漆的性能特点。

（17）聚酯漆应用施工过程中需注意哪些技术问题？

（18）简述光敏漆的特点。它如何固化？

推荐阅读书目

1. 梅启毅. 家具材料[M]. 北京：中国林业出版社，2007.

2. 朱毅，韦双颖. 家具表面涂饰技术[M]. 北京：化学工业出版社，2011.

3. 李晓红. 家具涂料与实用涂装技术[M]. 北京：中国轻工业出版社，2013.

单元 12
家具配件

知识目标

1. 了解常用家具配件的功能。
2. 掌握铰链、连接件和抽屉滑道的特点及其在家具中的应用。

技能目标

1. 深入了解各种家具配件的性能。
2. 熟练运用各种工具组装小型家具。

家具中起连接、活动、紧固、支承等作用的结构件称为家具配件（或五金配件）。随着现代化工业生产的不断发展，传统家具的榫卯结构已不能满足工业化生产的要求，五金配件越来越多地应用于家具中，产品部件化生产已成为家具工业化生产的主流。板式家具的发展更是为现代五金配件产业化的形成与发展奠定了坚实的基础，五金配件从侧面代表了新材料、新结构及新工艺的发展水平，不断了解和掌握新型五金配件的发展对家具的设计是至关重要的。

板式家具五金件的品种十分繁多，据不完全统计品种多达上万余种，按照功能可分为装饰五金件，结构五金件和特殊功能五金件等。按照结构分有铰链、连接件、抽屉滑道、移门滑道、拉手、锁、插销、门吸、滚轮、脚套、支脚、螺栓、木螺钉、圆钉等。其中，铰链、连接件和抽屉滑道是现代家具中最普遍使用的三类五金件。

12.1 铰链

铰链主要是用于各种柜类家具柜门的转动开合。铰链品种很多，常用的有明铰链、杯状暗铰链、门头铰等。

12.1.1 明铰链

明铰链通常称为合页，安装时合页部分外露于家具表面。主要有普通合页、抽芯与脱卸合页、轻型合页、T 型合页等（图 12－1）。

（1）普通合页

用于对美观要求不高的普通家具的各种门及箱盖等的安装。

（2）抽芯型合页

用于要求拆装方便的门窗等的安装，只要抽出合页的抽芯，即可将门窗取下。

（3）轻型合页

主要用于家具门的安装，其表面多经过电镀处理或铜质材料制造，较为美观，在家具行业中应用较为广泛。

（4）T 型合页

在家具行业中多用于沙发活动部件的安装，

(a)普通合页

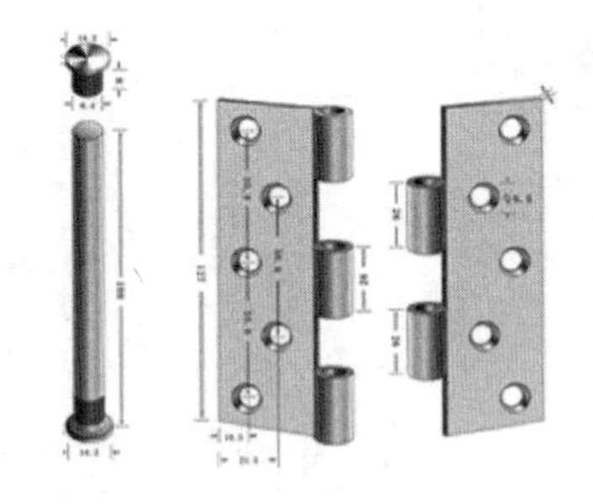

(b)抽芯型合页

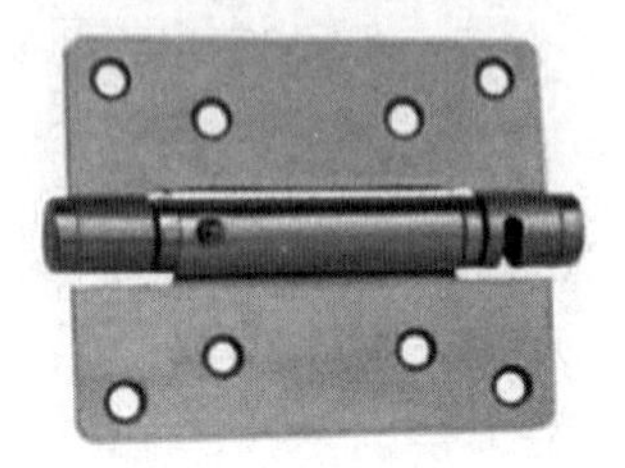

(c)轻型合页

(d) T型合页

图 12－1　明铰链

如将长沙发的坐垫或靠背翻转作床使用。

12.1.2　杯状暗铰链

杯状暗铰链（图 12－2）主要用于家具中各种门的安装，其特点是使安装的门能紧密关闭，不影响家具的外观美。杯状暗铰链由铰杯、铰连杆、铰臂及底座组成。铰杯、铰连杆及铰臂预装成一体，即杯状暗铰链的成品由铰链本体和底座两大部分组成。板式家具 32mm 系统约定，铰杯安装在门板上，底座安装在旁板上。安装底座时，是用两个螺钉分别拧入相隔 32mm 的两个系统孔内，并将其固定在旁板上。

杯状暗铰链的种类繁多，按连接的材料可分为木质门暗铰链、玻璃门暗铰链、铝合金门暗铰链；按门与旁板的角度可分直角型暗铰链、锐角型暗铰链、平行型暗铰链、钝角型暗铰链；按门的最大开启角度可分为小角度(95° 左右)型暗铰链、中角度(110° 左右)型暗铰链、大角度(125° 左右)型暗铰链、超大角度(160° 左右)型暗铰链；按承载的重量可分为轻载荷型暗铰链、普通载荷型暗铰链、中等载荷型暗铰链、大载荷型暗铰链；按装配速度可分为普通型暗铰链、快装型暗铰链；按门的装卸方便度可分为需工具型暗铰链、免工具型暗铰链；按工作噪音可分为普通型暗铰链和静音型暗铰链；按铰杯和底座的材料可分为塑料暗铰链和金属暗铰链；按底座的位置微调能力可分为不可调型暗铰链、单向可调型暗铰链、多向可调型暗铰链。常用的杯状暗铰链有以下几种：

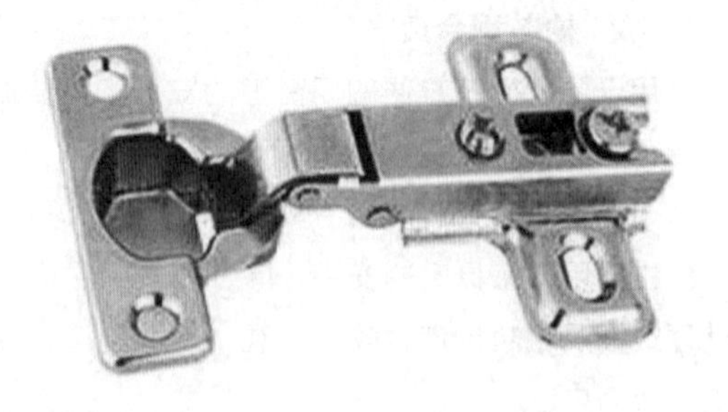

图 12－2　杯状暗铰链

（1）直角型暗铰链

木质门用直角型暗铰链是最常用的一种暗铰链，有 F 型、H 型、L 型三种类型。F 型采用直臂铰链，应用于门板覆盖住旁板全部或大部分边缘的场合，所以也称全盖型暗铰链。H 型采用小曲臂铰链，应用于门板覆盖住旁板一半或小部分边

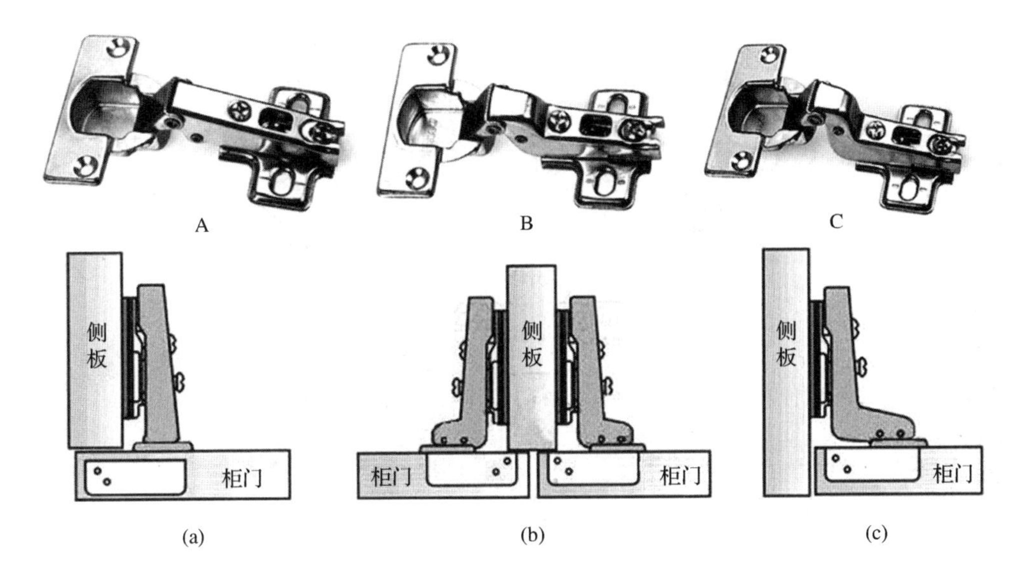

图 12－3 直角型暗铰链的三种类型
(a)F 型(直臂) (b)H 型(小曲臂) (c)L 型(大曲臂)

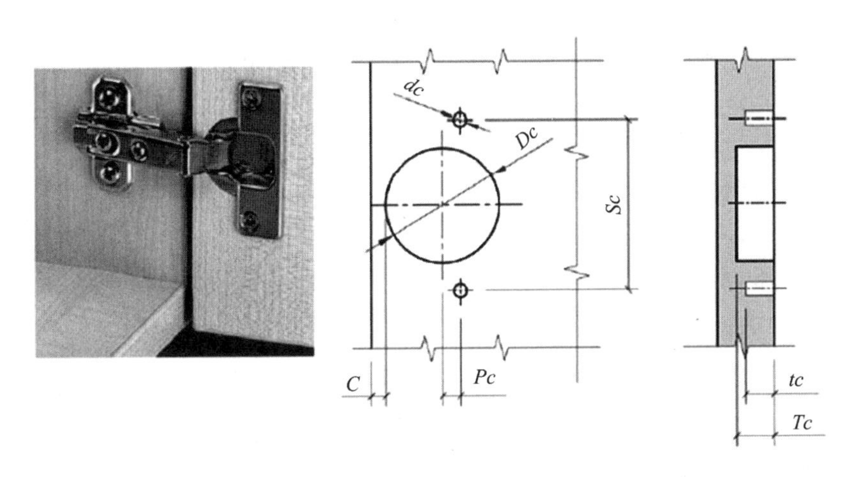

图 12－4 铰杯安装尺寸

缘的场合，所以也称半盖型暗铰链。L 型采用大曲臂铰链，应用于门板嵌入柜体内的场合，所以也称嵌入型暗铰链。三种类型铰链装配关系如图 12－3 所示。

板式家具 32mm 系统约定，铰杯安装在门板上，底座安装在旁板上。如图 12－4 左所示，用两个螺钉分别拧入相隔 32mm 的两个系统孔内，将底座固定在旁板上。图 12－4 右所示的是铰杯的安装尺寸，铰杯孔直径 Dc 一般为 35mm，铰杯孔深度 Tc 通常在 11.5～14mm，螺钉孔直径 dc 应小于选用的螺钉的直径，螺钉孔的位置 Pc、Sc 目前无统一规范，具体数值参见铰链厂商的产品手册。

（2）异角度杯状暗铰链

①钝角型杯状暗铰链　应用于门板与旁板的夹角超过 90° 的场合，典型的规格有 20°、30°、45° 等，如图 12－5（a）所示。

②平行型杯状暗铰链　应用于旁板前有与门板平行的挡板的场合，如图 12－5（b）所示。

③锐角型杯状暗铰链　应用于门板与旁板的夹角小于 90° 的场合，典型的规格有 －30° 和 －45°，如图 12－5（c）所示。

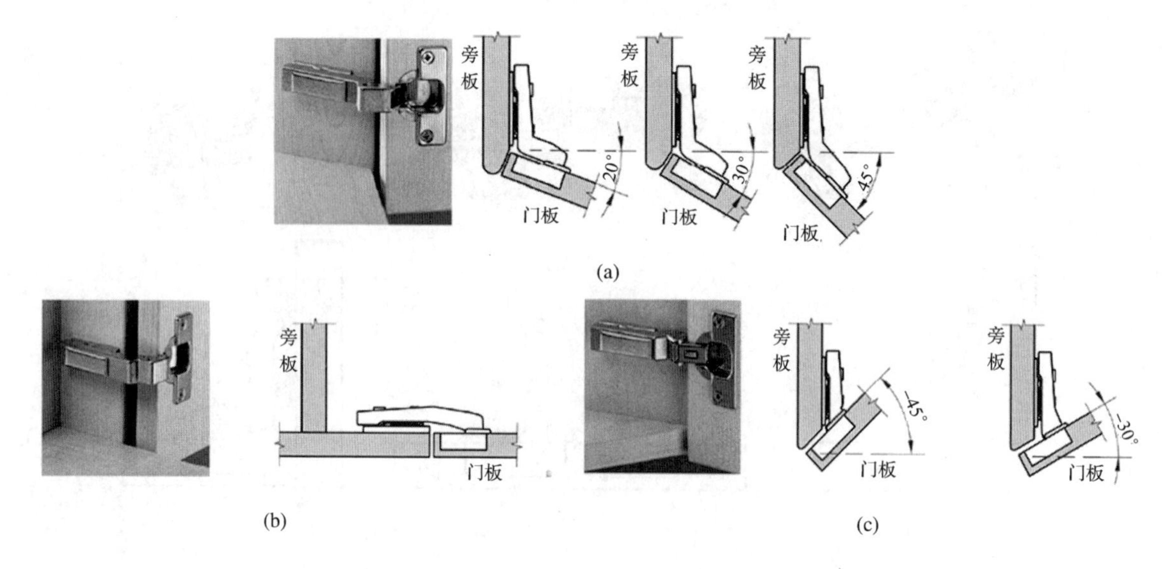

图 12－5　异角度杯状暗铰链

(a)钝角型　(b)平行型　(c)锐角型

(3) 铝合金门杯状暗铰链和玻璃门杯状暗铰链

安装在铝合金和玻璃门上，有多个品种和规格。他们各自按门板的材料特点，用特殊形式的铰杯安装到门板上，如图 12－6 与图 12－7 所示。

(4) 下翻门杯状暗铰链

用一个扭转 90° 的特殊铰臂将下翻门与旁板连接在一起，如图 12－8 所示。

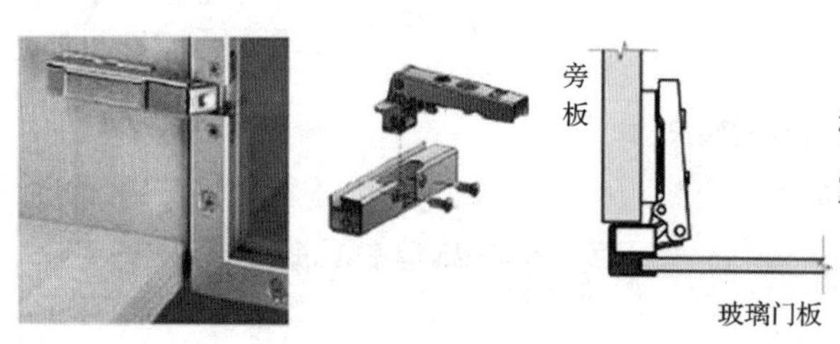

图 12－6　铝合金门杯状暗铰链

图 12－7　玻璃门杯状暗铰链

12.1.3　翻板铰

翻板铰，又称百叶暗铰链、叠片杆头铰、暗铰链。如图 12－9 所示，用于主柜门、折叠桌面、屏风等的安装。其特点是当门打开时，底板和翻板部分是齐平的，没有凸起、凹槽和高低不平，不影响制品的外观美。

12.1.4　门头铰

门头铰用于家具柜门的安装，将铰链安装在柜门上下两端与柜体的顶底结合处，使用时不外露，可保持家具正面的美观，如图 12－10 所示。

图 12－8　下翻门杯状暗铰链

图 12－9　翻板铰

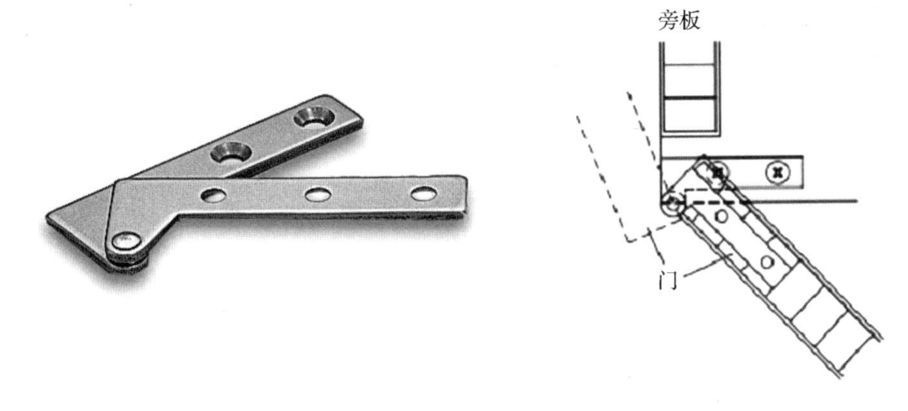

图 12－10　门头铰

12.2　连接件

连接件又称紧固连接件，是指板式部件之间、板式部件与功能部件间、板式部件与建筑构件等家具以外的物件间紧固连接的五金连接件，其特征是被连接的构件间不产生宏观上的位移。紧固连接五金件的品种较多，典型的品种有偏心连接件、螺钉连接件、背板连接件、外露直角连接件等。

12.2.1　偏心连接件

偏心连接件是由偏心锁杯与连接拉杆钩挂形成连接。用于家具板式部件的连接，是一种全隐蔽式的连接件，安装后不会影响产品的外观，可反复拆装。偏心连接件的种类有一字型偏心连接件、异角度偏心连接件。

（1）一字型偏心连接件

可分为三合一偏心连接件［图 12－11（a）］、二合一偏心连接件［图 12－11（b）］和快装式偏心连接件［图 12－11（c）］三种。

①三合一偏心连接件　由偏心体、吊紧螺钉及预埋螺母组成［图 12－11（a）］，安装形式如图 12－12 所示。由于这种偏心连接件的吊紧螺钉不直接与板件接合，而是连接到预埋在板件的螺母上，所以吊紧螺钉抗拔力主要取决于预埋螺母与板件的接合强度，拆装次数也不受限制。

②二合一偏心连接件　如图 12－11（b）所示，一种是由偏心体、吊紧螺钉组成的隐蔽式偏心连接件，第二种是由偏心体、吊紧杆组成的显露式二合一偏心连接件。显露式二合一偏心连接件的接合强度高，但吊紧杆的帽头露在板件的外表，在有些场合会影响装饰效果。隐蔽式二合一偏心连接件的吊紧螺钉直接与板件接合，吊紧螺

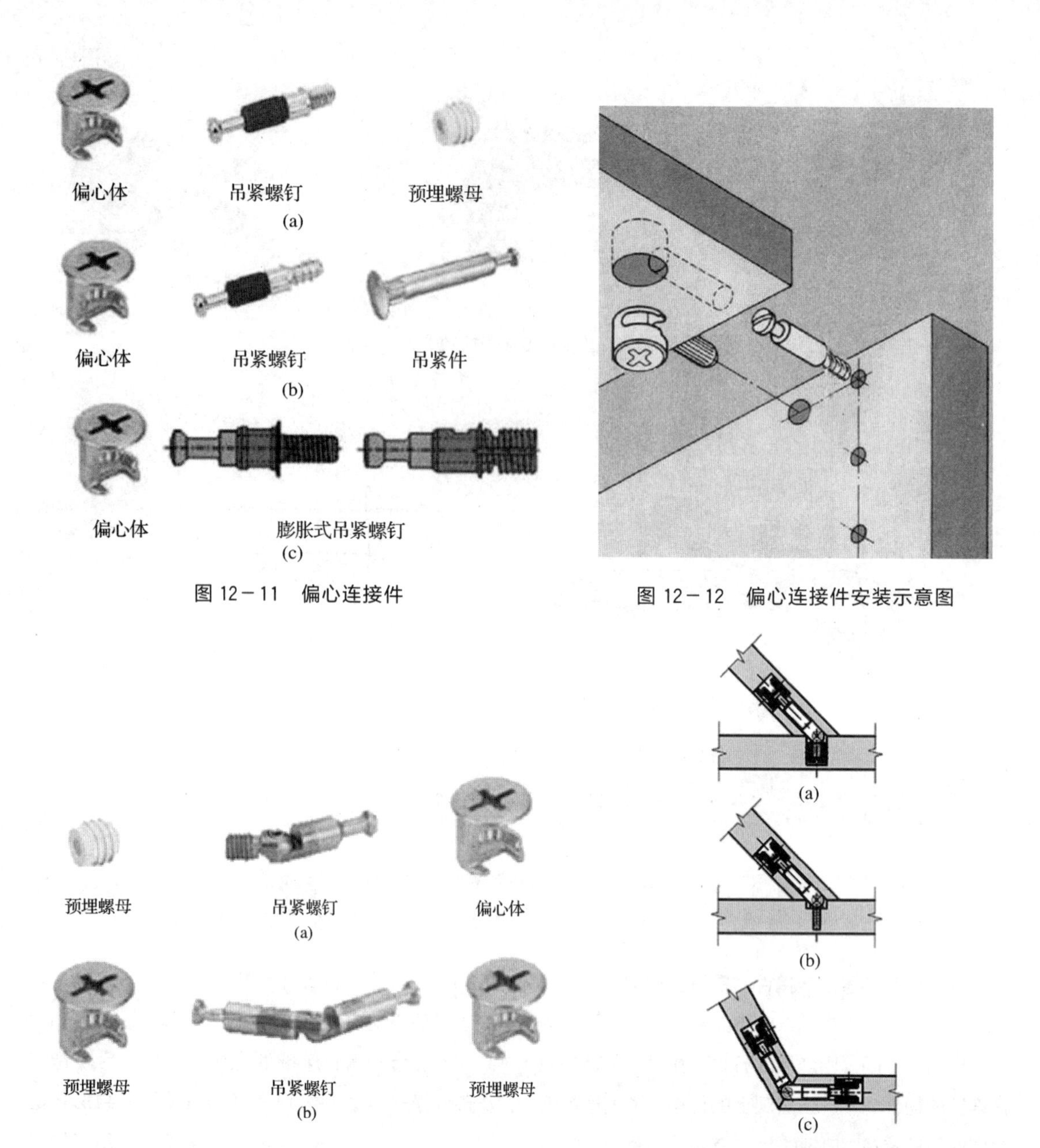

图 12－11　偏心连接件

图 12－12　偏心连接件安装示意图

图 12－13　异角度偏心连接件

图 12－14　异角度偏心连接件安装图

钉抗拔力与板件本身的物理力学特性直接相关。根据有关研究，这种接合的吊紧螺钉抗拔力略大于三合一偏心连接件吊紧螺钉的抗拔力，但拆装次数受限制，一般拆装次数在 8 次以内时，对吊紧螺钉抗拔力影响不大。

③快装式偏心连接件　由偏心体、膨胀式吊紧螺钉组成［图 12－11（c）］。快装式偏心连接件是借助偏心体锁紧时拉动吊紧螺钉，吊紧螺钉上的圆锥体扩粗倒刺膨管直径，从而实现吊紧螺钉与旁板紧密接合。安装吊紧螺钉用孔的直径精度、偏心体偏心量的大小直接影响接合强度。

（2）异角度偏心连接件

异角度偏心连接件用来实现两块板件的非90°接合，分为 Y 型和 V 型。Y 型偏心连接件［图12－13（a）］，由偏心体、铰接式吊紧螺钉及预埋螺母组成，或是由偏心体与铰接式吊紧螺钉组成，安装形式如图 12－14（a）、（b）所示。V 型偏心连接件［图 12－13（b）］，由偏心体与铰接式吊紧螺杆组成，安装形式如图 12 - 14（c）所示。

12.2.2 螺钉连接件

螺钉连接件由各种螺栓或螺钉与各种形式的螺母配合连接（图 12 - 15），用于五金件与木制家具构件之间的拆装式连接。

木螺钉可分为普通木螺钉和空心木螺钉。普通木螺钉适用于非拆装零部件的固定连接（图 12 - 16），这种接合的特点是成本低、接合方便、接合强度中等、不能拆装、螺钉头暴露。按其头部槽形不同，有一字槽和十字槽之分。按其头部形状不同，有沉头、半沉头、圆头之分。空心木螺钉适用于拆装式零部件的紧固，经常拆装不会破坏木材和产生滑牙现象。

12.2.3 背板连接件

背板连接件主要用于板式家具后背板的安装，连接方式如图 12 - 17 所示。

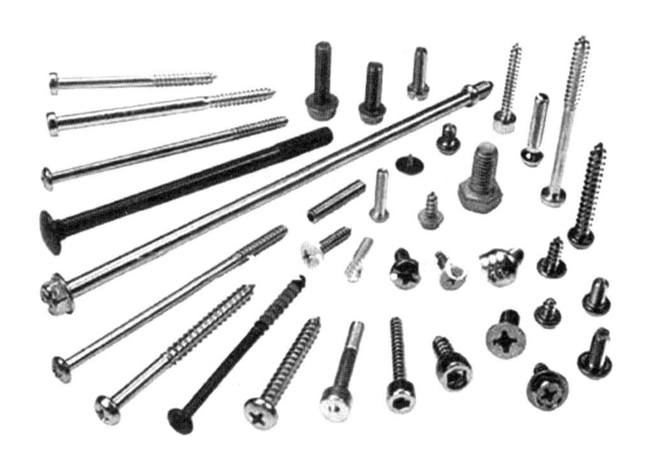

图 12－15 螺钉连接件

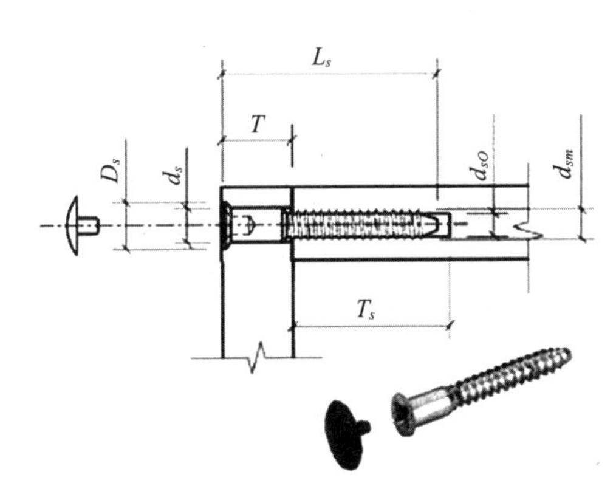

图 12－16 直角接合螺钉安装图

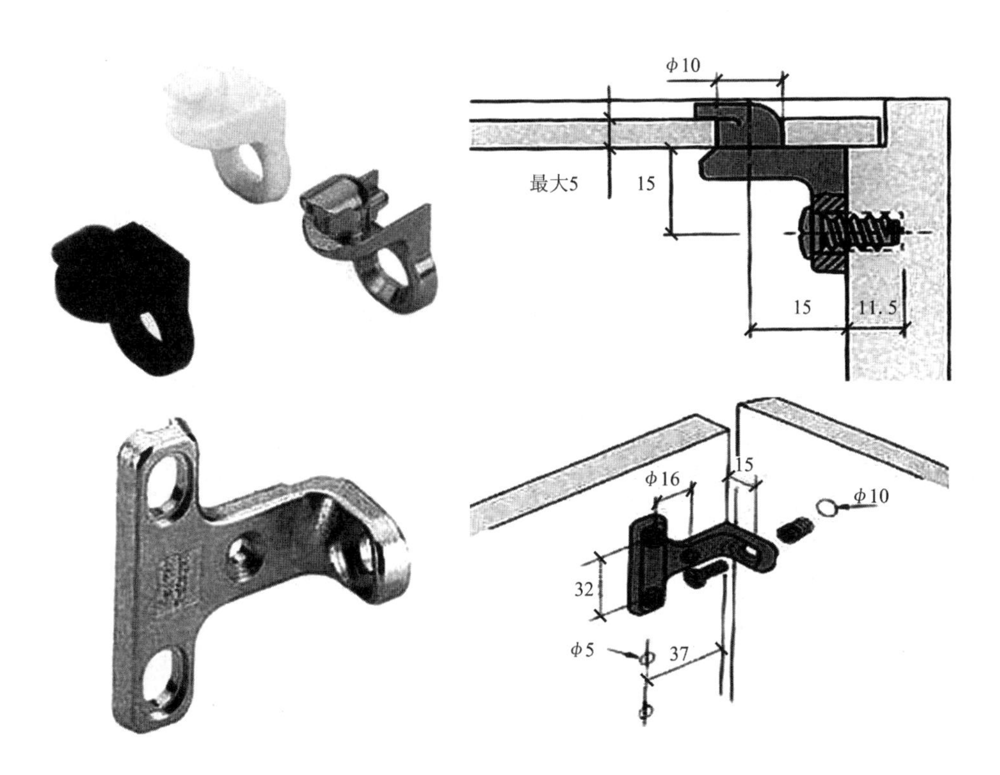

图 12－17 背板连接件及安装示意图

12.2.4 外露直角连接件

可配合木螺钉用于柜类家具的顶、底、搁板与旁边的连接，也可用于椅、凳、台的脚架与面板的连接，是一种比较经济的连接件，但拆装次数不可过多，否则会降低接合强度，如图 12－18 所示。

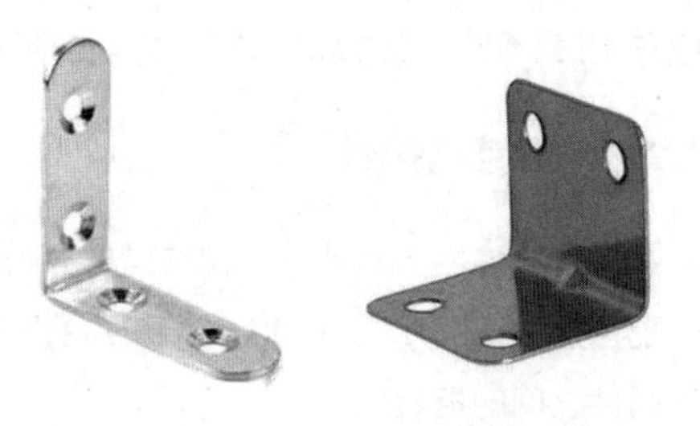

图 12－18　直角连接件

12.3　抽屉滑道

抽屉滑道主要用于使抽屉推拉灵活方便，不产生歪斜或倾翻。目前，抽屉滑道的种类很多，常用的分类如下：

（1）按滑动方式

可分为滚轮式或滚珠式（图 12－19）。当抽屉承载不太大时可采用滚轮式滑道，当抽屉承载较大时可采用滚珠式滑道。

（2）按安装位置

可分为托底式、侧板式、槽口式、搁板式等。

（3）按滑道拉伸形式

可分为单行程滑道和双行程滑道（图 12－20）。单行程滑道为单节拉出，一般两个轨道配合。双行程滑道为两节拉出，每边三个轨道配合。单行程滑轨只能将抽屉拉出柜体 3/4～4/5 左

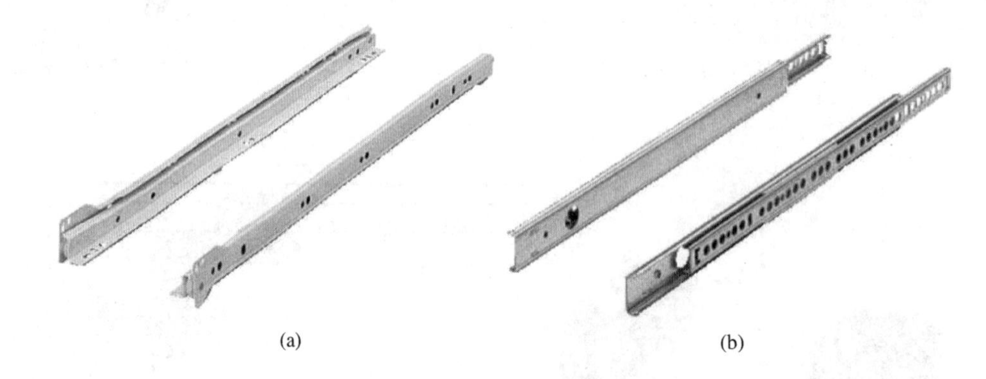

(a)　(b)

图 12－19　滚轮式与滚珠式滑道
(a)滚轮式　(b)滚珠式

(a)　(b)

图 12－20　单行程和双行程滑道
(a)单行程滑道　(b)双行程滑道

右，1/5～1/4 左右仍停留在柜体内，这对某些物品的取放可能会带来不便。而双行程滑道则能将抽屉全部拉出柜体，取放物品无障碍。

（4）按抽屉关闭方式

可分为自闭式与非自闭式。自闭功能使抽屉不受重量影响自行平缓关闭，非自闭式需外力推入才能关闭。

滚轮式滑道的安装：滚轮式滑道的正面安装图如图 12－21 所示，一副滑道分左右两个部分，两侧的滑道基本对称但略有差异，一侧的滑道在侧向对滚轮有导向作用，如图 12－21 中两个图的右侧所示，而另一侧的滑道在侧向对滚轮无导向作用，滚轮在滑道上可作侧向微小位移，即有浮动功能，如图 12－21 中两个图的左侧所示。右侧滑道的导向作用可确保抽屉平稳灵活工作，左侧的浮动功能可以适应因板件厚度偏差、加工误差等引起的柜体内宽尺寸的误差。

每侧滑道有独立的两个部分组成，一部分安装在旁板上，另一部分安装在抽屉的侧板上。A_W、B_W、C_W 是确定抽屉与柜体尺寸关系的重要参数。抽屉与柜体高度方向的位置关系通过 A_W 参数来计算，B_W 则是表示抽屉正常工作时下部必须留出的空间尺寸，C_W 是确定抽屉宽度与柜体宽度尺寸关系的参数。一般同一品牌的滚轮式滑道，单行程与双行程滑道的 A_W、B_W、C_W 是相同的，能依赖 32mm 的系统孔实现单行程与双行程滑道的互换，便于板式家具标准化、模块化设计的实施。

图 12－22 是滚轮式滑道的侧面安装孔位图。R_W 是为了隐藏滑道、避免因安装误差引起滑道与抽屉面板冲突等而余留的安装间隙，一般为 2mm。滑道上有两组孔，第二组孔的第一个孔离抽屉面板内侧表面的尺寸分别为 28mm 和 37mm，他们分别适用于 28mm 型和 37mm 型的五金件，我国普遍采用 37mm 五金件。S_{W1}、S_{W2}、S_{W3}、S_{W4}是固定滑道用孔的孔距，孔距的大小为 32mm 的倍数，具体尺寸参见滑道供应商的产品手册。有些柜子滑道的第一个固定孔的位置要被抽屉锁

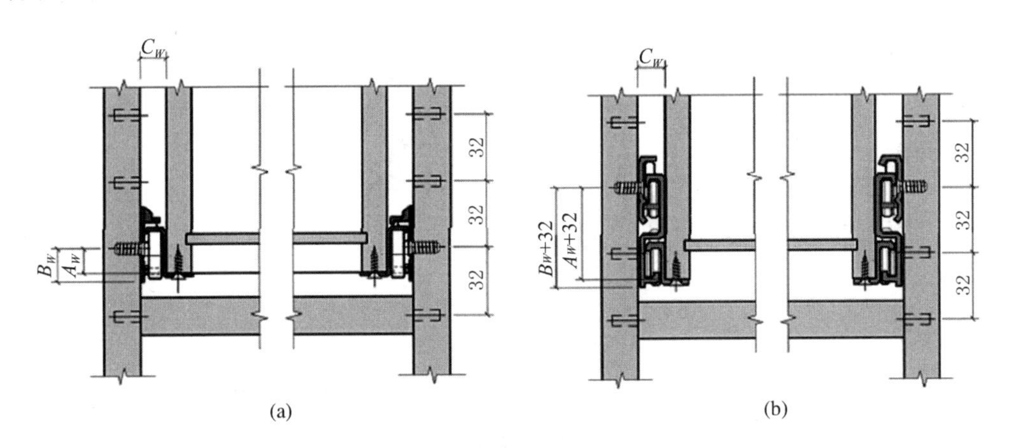

图 12－21　滚轮式轨道的正面安装图

（a）单行程滑道　（b）双行程滑道

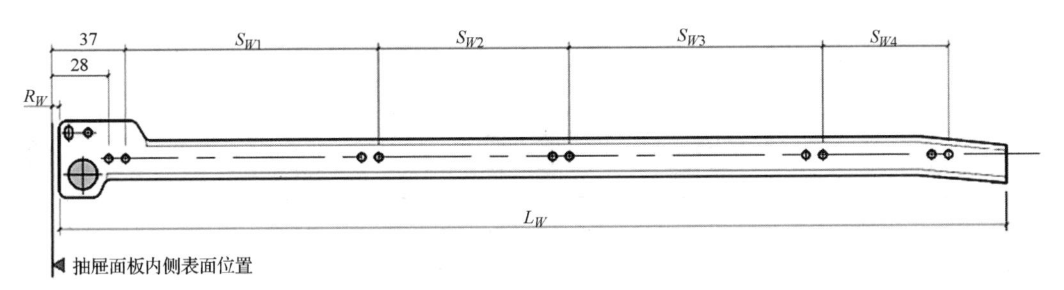

图 12－22　滚轮式滑道的侧面安装孔位图

的滑杆占用，此时应使用滑道端头(左上角)的两个孔固定滑道。L_W 是抽屉滑道的长度，通常长度规格有 200mm、250mm、300mm、350mm、400mm…，级差为 50mm。

滚珠式滑道的安装：图 12－23 是侧装双列滚珠式滑道的正面安装图，安装在柜子旁板与抽屉侧板上的两个螺钉在同一条轴线上。图 12－24 是托底双列滚珠式滑道的正面安装图，抽屉与柜体高度方向的位置关系通过 A_W 参数来计算，B_W 则是表示抽屉正常工作时下部必须留出的空间尺寸。C_W 是确定上述两类滑道的抽屉宽度与柜体宽度尺寸关系的参数。目前有部分五金件企业生产的单行程与双行程两种双列滚珠式滑道的 C_W 值不一致，若选用这种 C_W 值不一致的单行程和双行程的双列滚珠式滑道，则不利于产品的标准化设计，应尽可能避免。图 12－25 是双列滚珠式滑道的侧面安装孔位图。R_W、S_{W1}、S_{W2}、S_{W3}、S_{W4}、L_W 的含义和规则同滚轮式滑道。

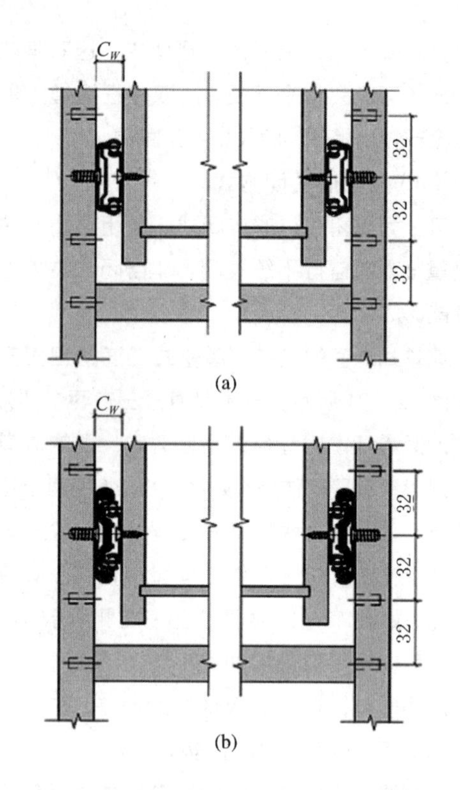

图 12－23 侧装双列滚珠式滑道正面安装图
(a)单行程滑道 (b)双行程滑道

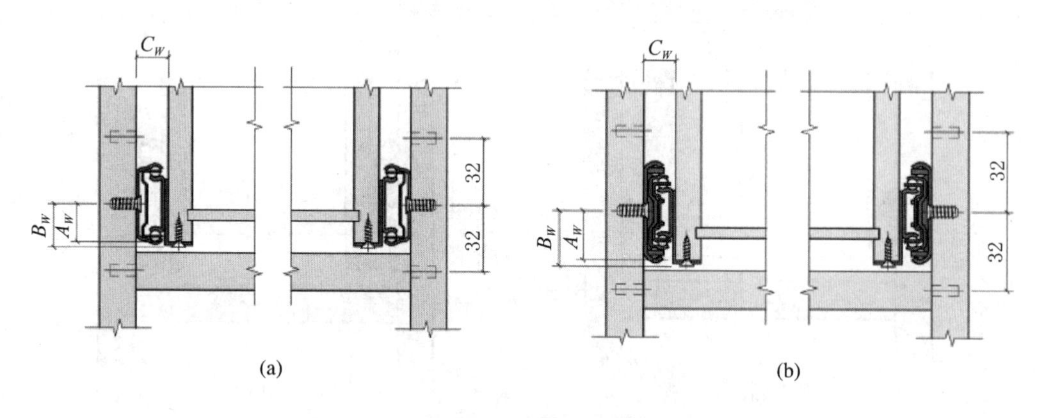

图 12－24 托底双列滚珠式滑道正面安装图
(a)单行程滑道 (b)双行程滑道

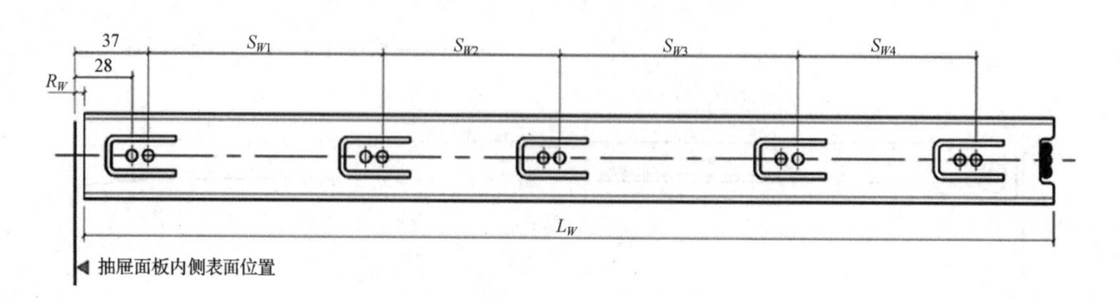

图 12－25 双列滚珠式滑道的侧面安装孔位图

12.4 其他配件

12.4.1 移门配件

移门配件用于各种移门、折叠门的滑动开启，主要由滑动槽、导向槽、滑动配件和导向配件组成。根据滑动装置可分为重压式和悬挂式。重压式为下面滑动，上面导向（图 12－26）；悬挂式为上面滑动，下面导向。

12.4.2 支撑件

支撑件用于支承家具部件。如搁板撑，主要用于柜类轻型搁板的支承和固定，木质搁板支撑件可分为简易支撑件，平面接触支撑件和紧固式支撑件。玻璃板件支撑件可分为吸盘式支撑件、弹性夹紧支撑件、螺钉夹紧支撑件。

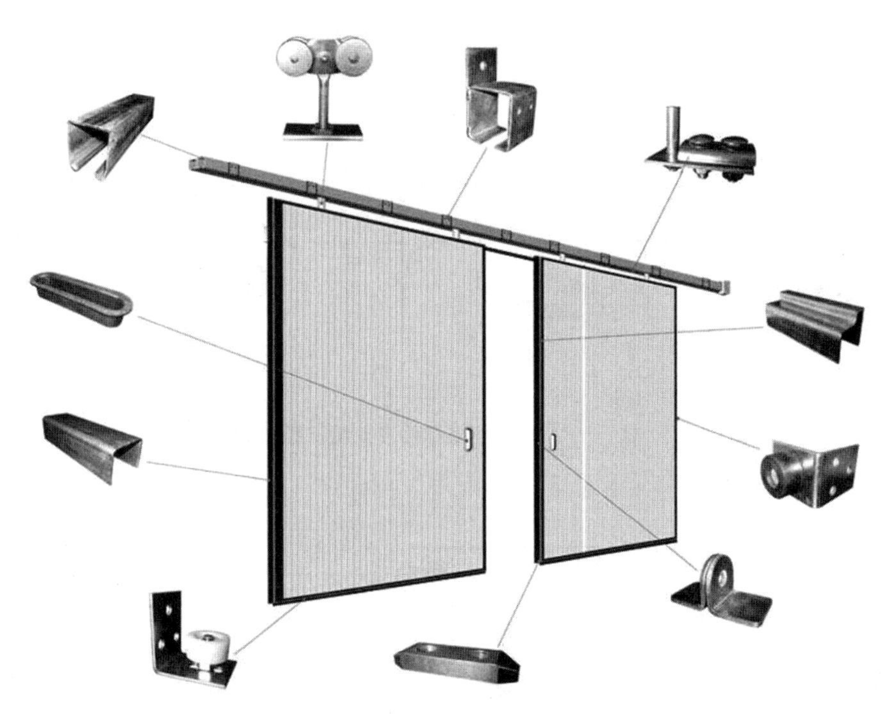

图 12－26　移门配件

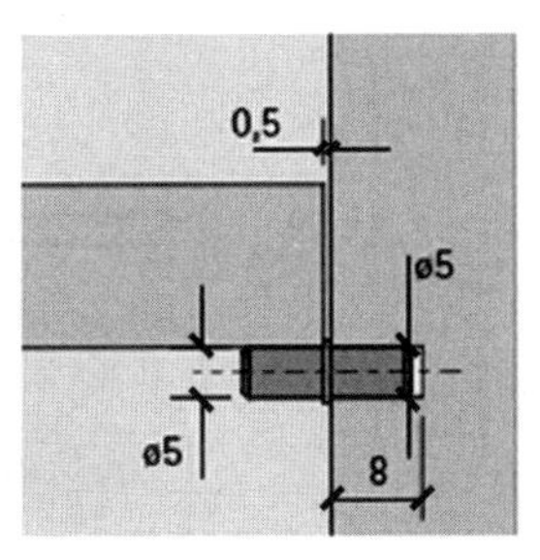

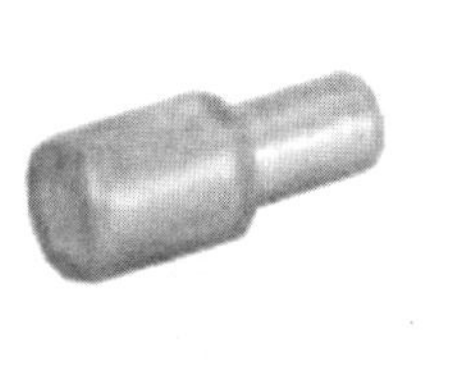

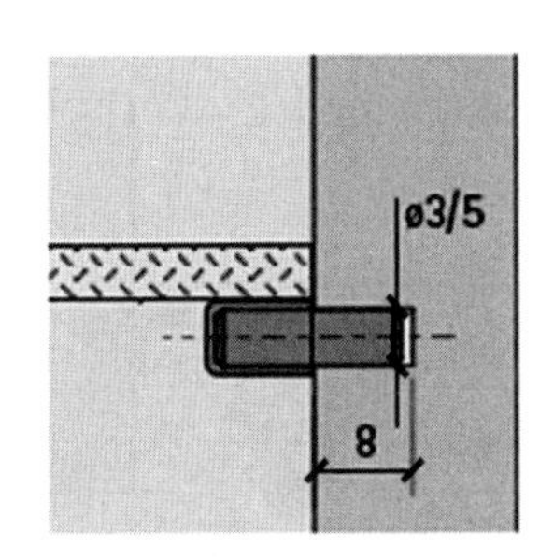

图 12－27　简易支撑件及安装示意图

（1）简易支撑件

简易支撑件(图 12－27)的接合特点是接合简单、成本低廉、但搁板与旁板之间在水平方向上无力的约束，且当搁板承载大时支撑件有可能压溃系统孔或搁板表面。

（2）平面接触支撑件

平面接触支撑件（图 12－28）的接合特点是除了具有简易支撑件的优点外，由于增大了支撑件与搁板的接触面积，克服了支撑件可能会压溃搁板表面的缺陷。此外，增大了支撑件与旁板的接触面积。缺点是搁板与旁板之间在水平方向上没有力的约束。

（3）紧固式支撑件

紧固式支撑件（图 12－29）接合的最大特点是搁板与旁板之间在水平方向上有力的约束。这种约束力对减少旁板的变形、增强柜体的刚度有作用。但是应用紧固式支撑件时搁板上要打孔，增加了加工成本，同时支撑件本身的成本也相对较高，因此，可以与以上两种支撑件配合使用，达到最佳的综合效果。

（4）吸盘式支撑件、弹性夹紧支撑件和螺钉夹紧支撑件

吸盘式支撑件是通过真空吸盘的吸着力防止玻璃板件的滑动，如图 12－30（a）所示。弹性夹紧支撑件是通过弹性夹的夹紧力防止玻璃板件的滑动，如图 12－30（b）所示。而螺钉夹紧支撑件则是通过 U 型夹的夹紧力防止玻璃板件的滑动，如图 12－30（c）所示。

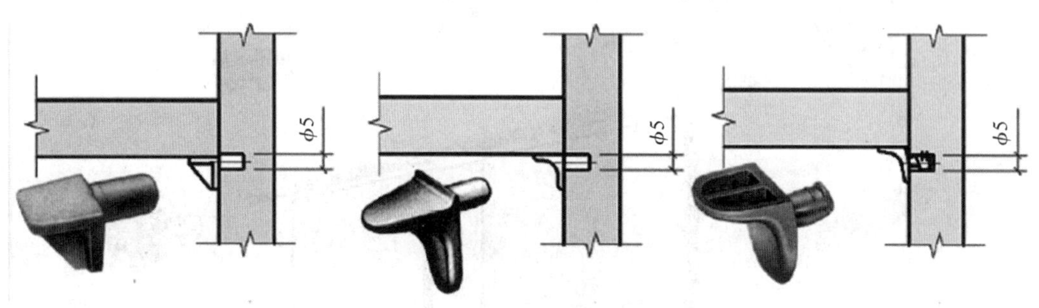

图 12－28　平面支撑件及安装示意图

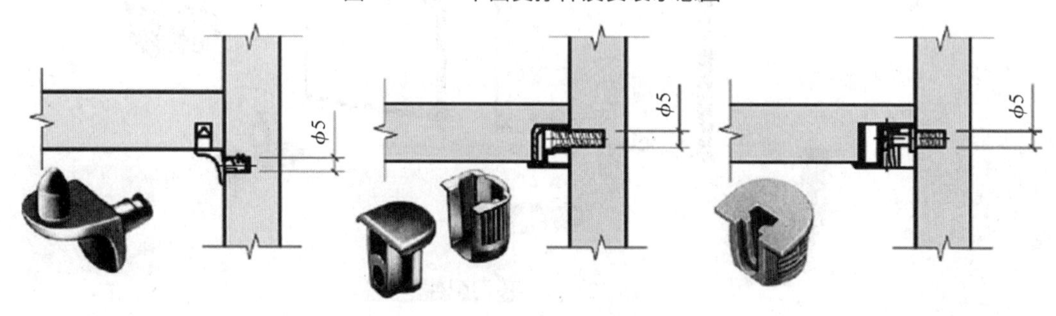

图 12－29　紧固式支撑件及安装示意图

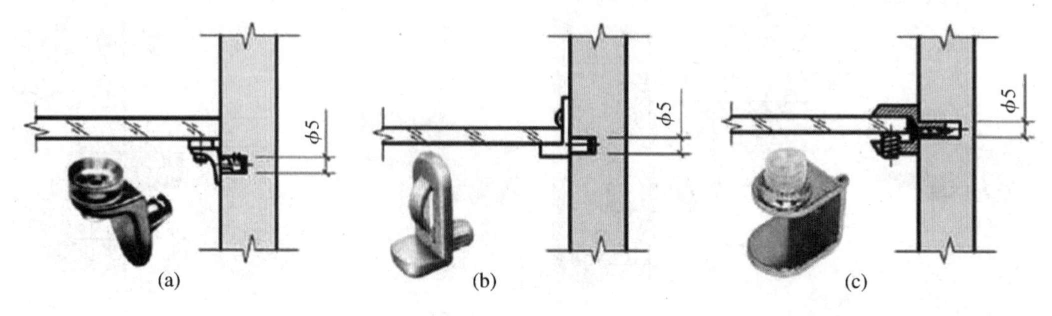

图 12－30　吸盘式、弹性夹紧和螺钉夹紧支撑件及安装示意图

12.4.3 锁具

锁具是常见的五金配件，它起到定位、安全和美观的作用。锁的种类很多，有普通锁、拉手锁、写字台连锁、玻璃门锁，玻璃移门锁、移门锁、密码锁等。家具上最常用的锁是普通锁（图 12－31）。它又有抽屉锁和柜门锁之分。

现代办公家具，尤其是写字台中常用连锁（又称转杆锁），可以同时锁住一组抽屉。锁头的安装与普通锁无异，安装在抽屉的正面或侧面。有一通长的锁杆嵌在旁板上所开的专用槽口内，或安装在抽屉的后部，与每个抽屉配上相应的挂钩装置（图 12－32）。

12.4.4 拉手

拉手的功能是用于家具门与抽屉的开关，同时具有装饰家具的重要作用。现代家具中拉手的造型十分讲究，种类和规格繁多，应有尽有。就其制作材料不同，有木质拉手、陶瓷拉手、塑料拉手、金属拉手等（图 12－33）。可根据家具的风格来选择不同款式的拉手。

12.4.5 脚轮与脚座

（1）脚轮

脚轮俗称转脚，可以 360° 旋转，故有万向轮之称。多安装在沙发、床、餐车、柜类家具的底部，使之能方便灵活的移动。根据安装方式可分为方盘式脚轮、插入式脚轮、螺纹式脚轮。

方盘式脚轮：脚轮上方有一个方形托盘，在方形托盘的四角均钻有能穿过木螺钉的圆孔，以便用于木螺钉与家具的底架或底板牢固的连接，如图 12－34（a）所示。

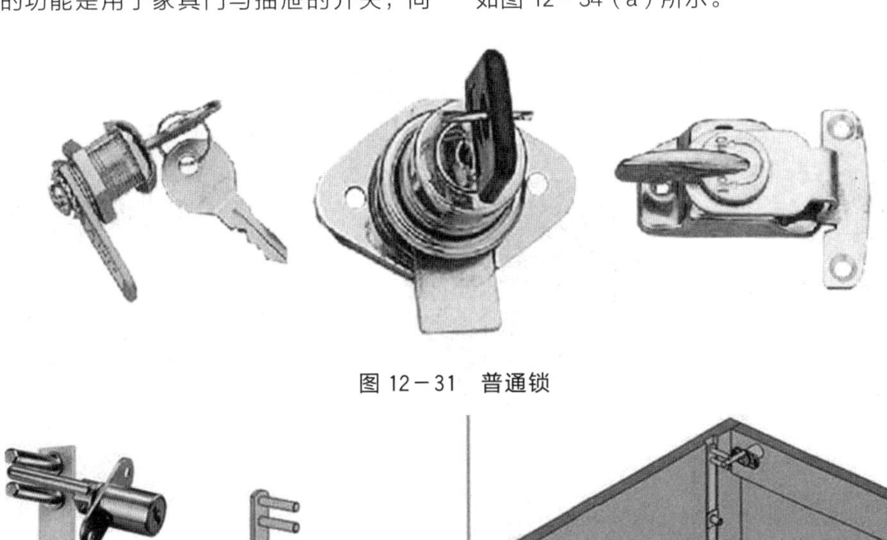

图 12－31　普通锁

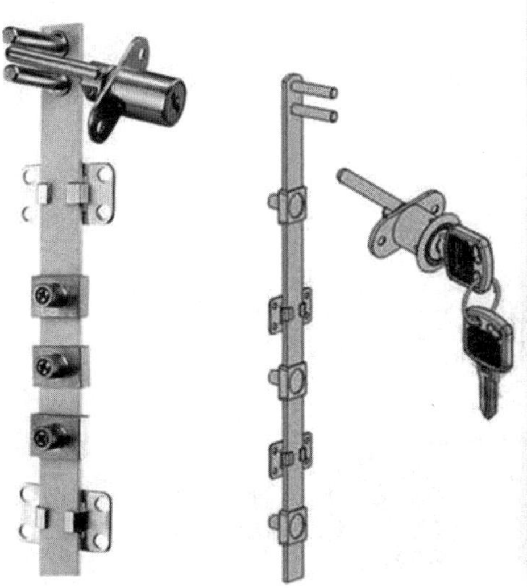

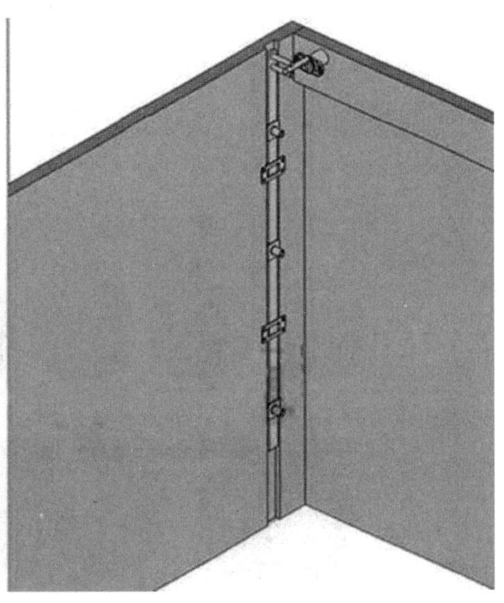

图 12－32　抽屉连锁

插入式脚轮：在脚轮上方有一根钢轴，在钢轴外装上轴套，以方便插入预先在家具底架或底板上加工好的孔眼中，即可使用，如图 12－34（b）所示。

螺纹式脚轮：在脚轮上有一根螺丝以方便拧入预先嵌入在家具底架或底板上的螺母中，可以与家具进行牢固地结合，拆装方便，如图 12－34（c）所示。

（2）脚座

脚座（图 12－35）又称脚垫或地脚，它起着支承、保护和水平调节家具的作用。在家具摆放不平时可调节脚座，也可调节高度。

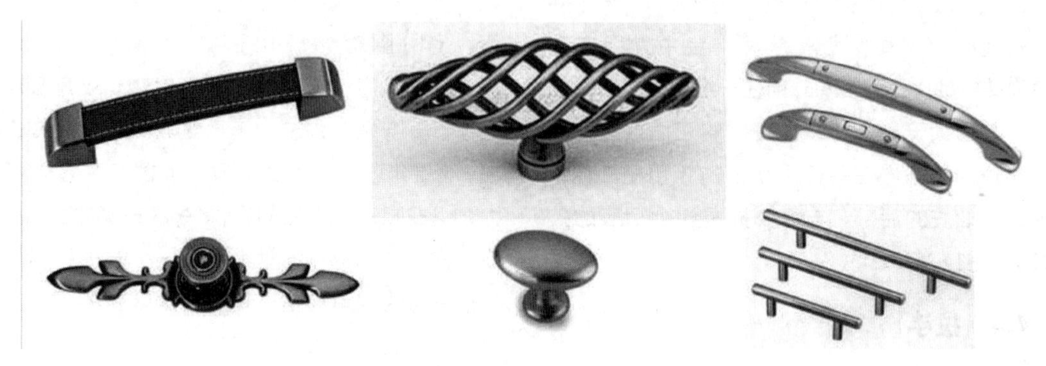

图 12－33　各式拉手

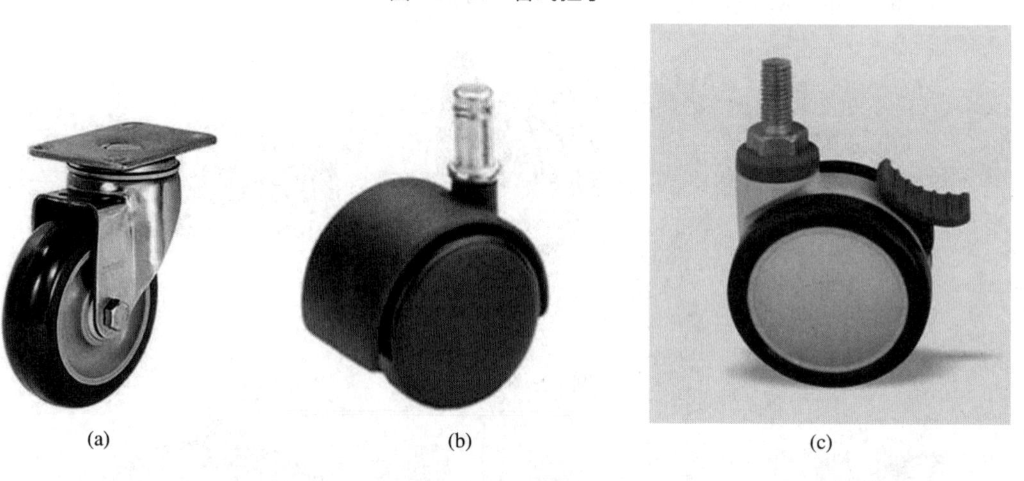

(a)　(b)　(c)

图 12－34　脚轮

(a)方盘式脚轮　(b)插入式脚轮　(c)螺纹式脚轮

图 12－35　各式脚座

单元实训　家具配件认识实习

1. 实训目标

（1）了解各种家具配件的功能，比较各种品牌配件的工艺及价格。

（2）通过组装小型家具，加深对家具配件的理解和认识。

2. 实训场所与形式

实训场所为家具材料市场、材料实训室。以4～6人为实训小组，到五金市场进行调查、观察；在材料实训室进行小型家具的组装。

3. 实训材料与设备

材料：各种常用的家具配件、小型家具组件。

仪器及工具：螺丝刀、卡尺、夹钳等。

4. 实训内容与方法

（1）家具配件的识别与比较

①以实训小组为单位，到家具材料市场对五金配件进行调查。了解五金配件的高质量品牌产品品质及价格；针对国内优劣不一、品牌繁多的五金配件，从产品外观、灵活性、质量、结构、价格等方面进行比较、鉴别。

②小组成员相互交流讨论，列表分析各种品牌的五金配件质量优劣及价格，并上网进行产品调查，做出分析报告。

（2）小型家具的组装

①在材料实训室，每个小组组装一件小型家具。重点了解家具配件的结构、功能和安装过程。

②小组成员讨论交流，将配件组装的步骤写成实习报告，各组之间互相交流心得。

5. 实训要求与报告

（1）实训前，学生应认真阅读实训指导书，明确实训内容、方法及要求。

（2）在整个实训过程中，每位学生均应做好实训记录。

（3）实训完毕，及时整理好实训报告，做到准确完整、规范清楚。

6. 实训考核标准

（1）能深入市场进行材料的调查，认真做好专业调查和笔记。

（2）能熟练使用各种组装工具，操作规范、安全。

（3）对于能达到上述两点标准要求，实训报告规范完整的学生，可酌情将成绩评定为合格、良好或优秀。

思考与练习

1. 填空题

（1）直角型暗铰链是最常用的一种暗铰链，有________、________、________三种类型，分别适用于全盖门、半盖门和嵌门。

（2）三合一偏心连接件由________、________及________组成。

（3）抽屉滑道根据滑动方式不同，可分为________和________等。

2. 问答题

（1）偏心连接件如何进行安装，试画出安装示意图。

（2）家具常用的连接件有哪几种？ 试述之。

推荐阅读书目

1. 邓昊涯. 家具与室内装饰材料手册[M]. 北京：人民出版社，2007.
2. 吴智慧. 木家具制造工艺学[M]. 3 版. 北京：中国林业出版社，2019.
3. 彭亮. 家具设计与制造[M]. 北京：高等教育出版社，2004.

模块 4
家具材料应用综合实训

单元 13　家具材料应用分析及实训

单元 13
家具材料应用分析及实训

知识目标

1. 熟悉当地材料市场上家具材料的种类、品牌、性能、用途等。
2. 熟悉材料市场上的新材料，并对普通家具材料的规格和基本属性做调查。
3. 掌握家具材料的基本性能和使用规律。
4. 掌握家具的一般用材要求及施工工艺。
5. 考察不同档次、不同风格家具的材料使用情况，观察其成型后的效果，增强自己的感性认识。

技能目标

1. 能够准确识别各种家具材料。
2. 能够根据材料的性质与特点合理选择和应用各种家具材料。
3. 能够对家具材料的质量进行品质评定和质量管理。
4. 能够根据设计要求，结合加工工艺合理选用及搭配家具辅材。

13.1 实木家具材料应用分析实训

1. 实训目标

（1）熟悉家具用木材的构造特征，能够正确识别家具用实木材料。

（2）熟悉家具用木材的性质与特点，能够根据设计要求进行实木材料的选用和搭配。

2. 实训场所与形式

（1）以3~5人为一个实训小组，走访材料市场、家具生产企业及家具商场进行参观调查。

（2）查询图书资料和家具网站。

（3）实训室现场讨论，交流和总结。

3. 实训材料与设备

材料：若干种常用实木家具材料。

设备及工具：5~10倍的放大镜，凿刀等。

4. 实训内容与方法

（1）走访实木家具企业，现场认知实木家具常用材料的宏观构造、纹理、颜色，花纹、气味等特征。

（2）考察家具商场，了解实木家具产品的材料种类及应用。

（3）实木家具材料识别。实训前由教师准备好若干种常用实木家具材料样板，供学生按组依次轮流对宏观构造、纹理、颜色、花纹、气味等特征进行识别，就其有何鉴别进行交流讨论。最后由教师进行总结，讲解实木家具材料的构造特征，识别方法和选用搭配原则，并进一步阐述实木家具材料质量鉴别方法及注意事项。

（4）根据家具设计效果图或家具产品进行材料选用搭配训练。

图 13－1　实木家具图样

（5）根据图 13－1 所示家具图片，进行家具材料综合分析。分析用材种类、性能及特点、结构特征以及工艺要求。

5. 实训要求与报告

（1）实训过程要有效利用时间，注意实训质量，做好实训记录。

（2）通过小组讨论、交流、总结出图 13－1 所示明清家具各部位的材料要求、种类、结构特征及工艺要求。

（3）实训结束后提交详细实习报告一份。报告内容要写所调查的实木家具材料的有关内容，并详细列出图 13－1 所示家具的材料种类及材质概况。

6. 实训考核标准

（1）在了解实木家具的结构及各类材料属性的前提下，结合实际能够掌握在不同生产环节中材料的使用原则。

（2）能够准确识别实木家具常用材料的结构与特征。

（3）能够正确列出图 13－1 所示家具材料种类和要求。不局限于图 13－1 所示图片，可以根据实际情况任选其他类型实木家具或图片进行材料分析和实训。

（4）能达到上述三点标准，实训报告完整的学生，可酌情将成绩评定为合格、良好或优秀。

13.2 板式家具材料应用分析实训

1. 实训目标

通过实训，掌握板式家具的用材要求，了解板式家具的一般结构，熟悉各种人造板的选材、取料方法及制作工艺。

2. 实训场所与形式

实训场所为实训室、实训工厂或家具厂。以 8～10 人为一个实训小组，依据设计图纸到实训现场进行生产分析、测量和制作。

3. 实训材料与设备

材料：各种常用人造板、五金连接件、其他辅助材料。

设备及工具：五金工具套装组合，圆锯，钢卷尺，直角尺，手电钻等。

4. 实训内容与方法

在相关专业课程的基础上，依据设计图纸进行板式家具的制作，掌握板式家具的用材及合理使用材料。了解板式家具构成的各部件及连接件的接合方法。板式家具结构简单、拆装方便、种类较多，在此仅以胶合板、细木工板、中密度纤维板为主材料，进行家具的选料、加工及装配制作实训。

学生以实训小组为单位，由组长向实训教师领取实训所需材料与工具。

（1）材料质量识别

实训前由教师准备好各种质量的样板，供学生按组依次轮流进行识别，就其外观表现、形成原因、如何辨别优劣等内容可相互交流讨论。最后由教师总结，讲解胶合板、细木工板、中密度纤维板等板材的国家质量标准要求及对产品质量的影响，并进一步讲解生产中一般选材注意事项。

（2）幅面规格尺寸的测量

根据设计图纸的尺寸要求，利用钢卷尺、钢角尺对板材进行长度、宽度、厚度尺寸的测量。为在实训制作中能合理取料做好准备。

（3）对各类板材进行适用范围的分析

①在对各类板材进行表面质量分析的基础上，根据材料的自身属性确定其适用范围。

②剖析各类板材，对它们的组成方式及胶合质量进行评析。

③根据家具设计要求比较不同结构对材料的要求。

（4）了解连接件的选用

根据连接件种类和使用方法的不同，了解板式家具的固定结构和拆装结构两种形式。熟悉不同形式连接所使用的连接件属性及特点。

（5）进行板式家具的生产

板式家具生产工艺：下料，根据设计要求将板材锯成各种所需的尺寸规格；封边处理，根据使用条件和外形要求来进行；钻孔；磨光；表面装饰（贴面或涂饰）；装配。

根据图 13－2 所示办公桌，分析其组成结构及用材要求，并列出辅材及五金件的类型与数量。

5. 实训要求与报告

（1）实训前，学生应认真阅读实训指导书及有关国家标准，明确实训内容、方法及要求。

（2）在整个实训过程中，应做好实训记录，数据要详实准确。

（3）实训完毕，及时整理好实训报告，做到准确完整、规范清楚。

6. 实训考核标准

（1）在了解板式家具的结构及各类材料属性的前提下，结合实训能够掌握板式家具材料的使用原则。

（2）熟练使用各种设备工具及操作规范，掌握各类人造板、五金连接件、其他辅助材料在施工中的应用。

（3）能够正确列出图 13－2 办公桌的材料种类，用材要求，五金件及辅材的明细。

（4）能达到上述三点标准，实训报告完整的学生，可酌情将成绩评定为合格、良好或优秀。

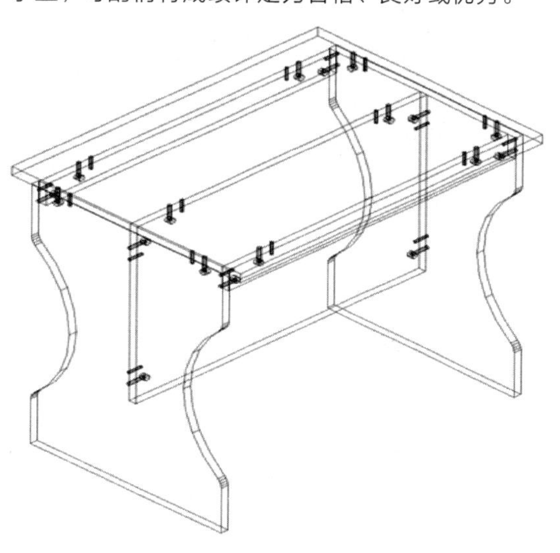

图 13－2　办公桌

13.3　竹藤家具材料应用分析实训

1. 实训目标

通过实训，掌握竹藤家具的用材要求，了解竹藤家具的一般结构、选材、取料方法及制作工艺。

2. 实训场所与形式

实训场所为实训室、实训工厂、家具厂或家具商场。以 8～10 人为一个实训小组，依据设计图纸到实训现场进行结构分析和材料识别。

3. 实训材料与设备

材料：竹篾、竹片、藤条、藤芯、皮藤等。

设备及工具：火枪、高压空气冷却枪，操作台，电钻、气动螺丝刀、5 号钻头，5 号螺丝钉等。

4. 实训内容与方法

（1）竹藤材的特点与应用

竹材、藤材同木材一样，都属于自然材料。竹材坚硬、强韧；藤材表面光滑，质地坚韧、富于弹性，且富有温柔淡雅的感觉。竹、藤材既可以单独用来制作家具，也可以同木材、金属材料配合使用。

（2）竹藤家具的构造识别

竹藤家具的构造可以分为两部分：骨架和面层。

①骨架　竹藤家具的骨架类型主要有：

全部用竹材或藤材单独组成，如图 13－3（a）所示；由竹材与藤材混合组成，可以充分利

(a)

(b)

(c)

(d)

图 13－3 竹藤家具

用材料的特点，便于加工，如图 13－3（b）所示；金属框架，在框架上编织坐面和靠背，如图 13－3（c）所示；木质框架，在框架上编织坐面和靠背，如图 13－3（d）所示。

②面层 竹藤家具的面层，一般采用竹篾、竹片、藤条、藤芯、皮藤编织而成。

（3）竹藤家具骨架结合方法

①弯接法 竹藤材的弯曲成型有两种方法：一种是用于弯曲曲径小的火烤法；另一种是适用直径较大的锯口弯曲法，即在弯曲部位挖去一部分形成缺口进行弯折，如图 3－17 所示。适用于框架弯接的小曲度弯曲法，是在弯曲部分挖去一小节的地方，夹接另一根竹藤材，在弯曲处的一边用竹针钉牢，以防滑动。

②缠接法 缠接法也称藤皮扎绕，是竹藤家具中最普通常用的一种结构方法，主要特点是在连接部分，用藤皮缠接，竹制框架应先在被接的杆件上打眼，如图 3－18 所示。

按其部位来说有三种缠接法：一是用于两根或多根杆件之间的缠接；二是用于两根杆件作互

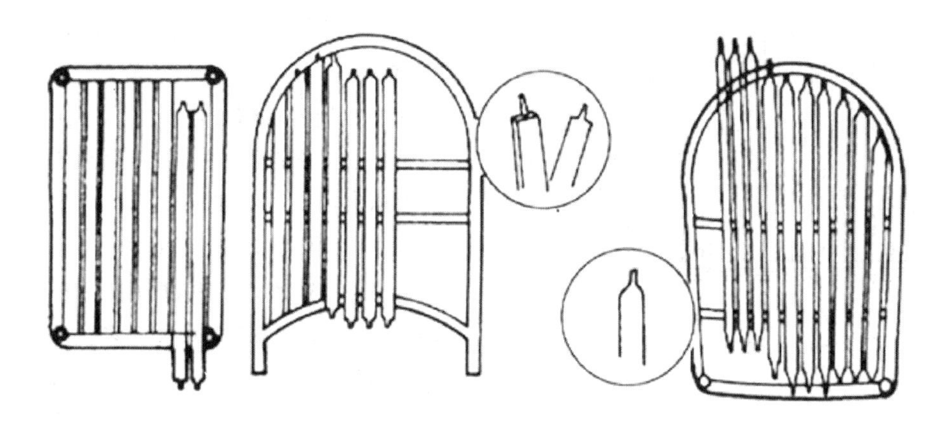

图 13－4　孔固板面

相垂直方向的一种缠接，分为弯曲缠接和断头缠接；三是中段连接，用在两根杆件近于水平方向的一种中段缠接法。除此之外，还有在单根杆件上用藤皮扎绕，以提高触觉手感和装饰效果。

③插接法　插接法是竹家具独有的接合方法，用在两个不同管径的竹竿接合，在较大的竹管上挖一个孔，然后将适当较小竹管插入，用竹钉锁牢，也可以用板与板条进行穿插，或皮藤与竹篾进行缠接，如图 3－19 所示。

（4）竹藤家具面层材料构造

①竹条板面　采用多根竹条、竹片并联排列组成一定宽度的竹排或竹条板面。竹条板面的结构主要有以下几种：

孔固板面：竹条端头有两种，一种是插榫头，另一种是尖角头。固面竹竿内侧相应地钻间距相等的孔，将竹条端头插入孔内即组成了孔固板面，如图 13－4 所示。

槽固板面：竹条密排，端头不做特殊处理，固面竹竿内侧开有一道条形榫槽。一般只用于低档的或小面积的板面，如图 13－5 所示。

压头板面：固面竹竿是上下相并的两根，因没有开孔和槽，安装板面的架子十分牢固，加上一根固面竹竿内侧有细长的弯竹衬作压条，因此外观十分整齐干净，如图 13－6 所示。

钻孔穿线板面：这是穿线（竹条中段固定）与竿端棒（竹条端头固定）相结合的处理方法，如图 13－7 所示。

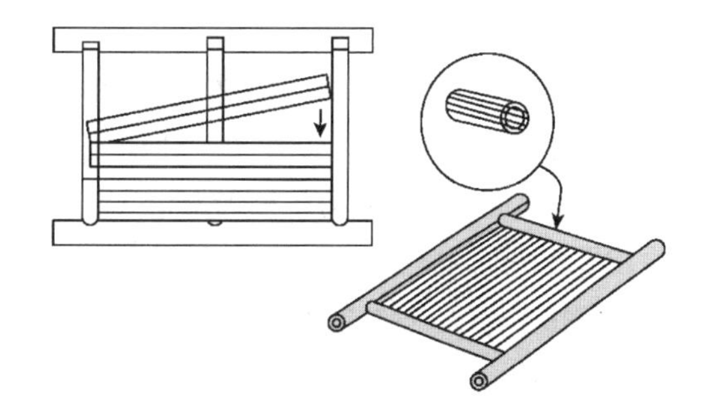

图 13－5　槽固板面

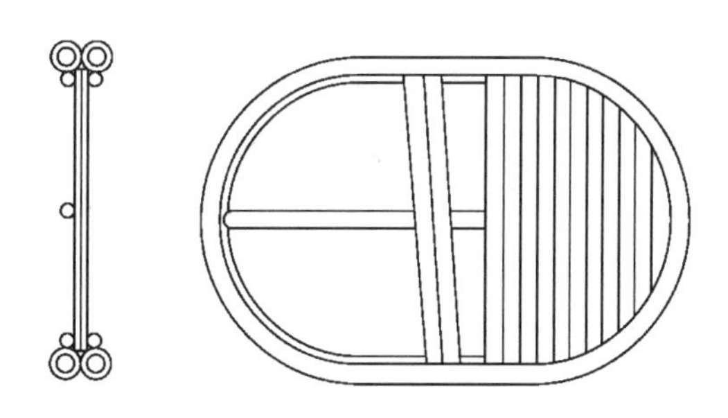

图 13－6　压头板面

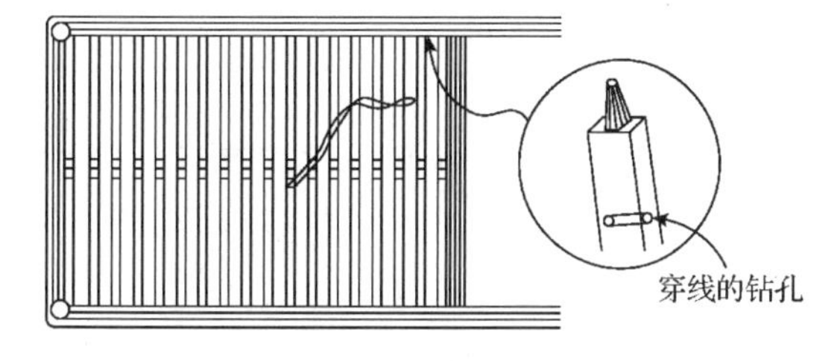

图 13－7　钻孔穿线板面

裂缝穿线板面：从锯口翘成的裂缝中穿过的线必须扁薄，故常用软韧的竹蒸片。竹条端头必

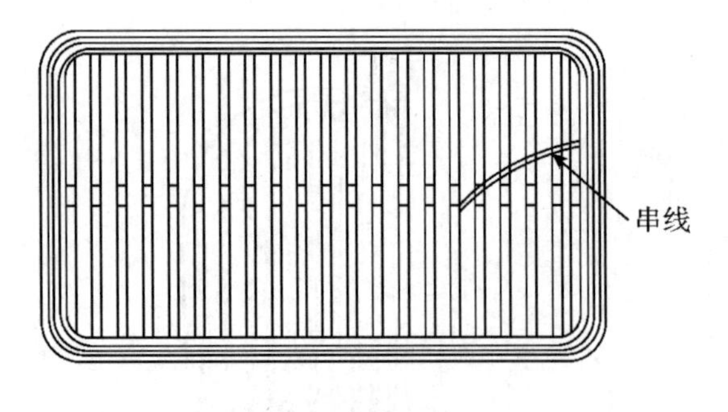

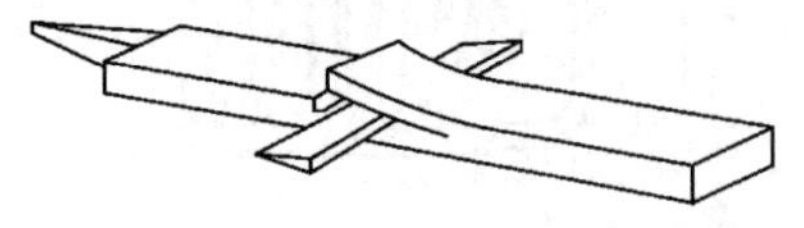

图 13－8　裂缝穿线板面

须固定在面竹竿上。竹条必须疏排，便于串篾，并缠固竹衬，使裂缝闭合，如图 13－8 所示。

②压藤板面　取藤条置于板面上，与下面的竹衬相重合，再用藤皮穿过竹条的间隙，将藤条与竹衬缠扎在一起，使竹条固定。

③编织藤面　藤面可采用藤皮、藤芯、藤条或竹篾等编织而成。

单独编织法：是用藤条编织成结扣和单独图案。结扣用于连接构件，图案用在不受力的编织面，参见第 3 单元图 3－20 及相关内容。

连续编织法：参见第 3 单元图 3－21 及相关内容。

图案纹样编织法：参见第 3 单元图 3－22 及相关内容。

5. 实训要求与报告

（1）实训前，学生应认真阅读实训指导书，明确实训内容、方法及要求。

（2）在整个实训过程中，应做好实训记录。

（3）正确理解竹藤家具骨架及面材的组装及编织方法，能够进行简单竹藤家具的制作，熟悉竹藤家具各组成结构对材料的要求及选用原则。

（4）实训完毕，及时整理好实训报告，做到准确完整、规范清楚。

6. 实训考核标准

（1）在了解竹藤家具的结构及材料属性的前提下，掌握竹藤家具各组成部分的材料使用原则及工艺要求。

（2）熟悉竹藤家具材料的特点，掌握各种材料在竹藤家具制作中的应用。

（3）能够进行简单竹藤家具的制作。由于材料的地域差异的影响，指导教师可根据实际情况或选择竹藤家具图片进行结构分析和材料选用练习。

（4）能达到上述三点标准，实训报告完整的学生，可酌情将成绩评定为合格、良好或优秀。

13.4　金属家具材料应用分析实训

1. 实训目标

通过实训，掌握金属家具的用材要求，了解金属家具的一般结构、选材、取料方法及制作工艺。

2. 实训场所与形式

实训场所为实训室、实训工厂、家具厂或家具商场。以 8～10 人为一个实训小组，依据设计图纸到实训现场进行结构分析和材料识别。

3. 实训材料与设备

材料：铁碳合金，铝合金，铜合金材料若干。

设备及工具： 五金工具套装组合。

4. 实训内容与方法

（1）金属家具的基本类别及用材

主要部件由金属所制成的家具称金属家具，如图 13－9 所示。根据所用材料来分，可分为：全金属家具（如保险柜、钢丝床、厨房设备、档案柜等）；金属与木结合家具；金属与非金属（竹藤、塑料）材料结合的家具。

金属家具制造所用材料以合金为主，很少使用纯金属，原因是合金一般具有更好的机械性能。

图 13－9　金属家具

合金是以金属元素为基础，加入其他金属或非金属元素制成。金属家具最常用的合金有铁碳合金、铝合金和铜合金等。

（2）金属家具的结构形式及连接特点

①金属家具的结构形式　按结构的不同特点，我们将金属家具的结构分为：固定式、拆装式、折叠式、套叠式、插接式。

固定式：通过焊接的形式将各零、部件接合在一起。此结构受力及稳定性较好，有利于造型设计，但表面处理较困难，占用空间大，不便运输。

拆装式：将产品分成几个大的部件，部件之间用螺栓、螺钉、螺母连接（加紧固装置）。有利于电镀、运输。

折叠式：又可分为折动式、叠积式家具。常用于桌、椅类。折动式是利用平面连杆机构的原理，以铆钉连接为主。存放时可以折叠起来，占用空间小，便于携带、存放与运输。使用方便。叠积式家具节省占地面积，方便搬运。越合理的叠积（层叠）式家具，叠积的件数也越多。

套叠式：套叠结构常见于座椅的设计上，它是运用固定、拆装、折叠的长处，加以演化而设计出来的。它不但具有外形美观、牢固度高等优点，而且可以充分利用空间，减少占地面积和包装运输容积，并可配置小推车搬动。

插接式：插接式又名套接式，是利用产品的构件之一管子作为插接件，将小管的外径插入大管的内径之中，从而使之连接起来。亦可采用压铸的铝合金插接头，如二通、三通、四通等。这类形式同样可以收到拆装的效果，而且比拆装式的螺钉连接方便得多。竖管的插入连接，利用本身自重或加外力作用使之不易滑脱。

②金属家具的连接形式　金属家具的连接形式主要可分为：焊接、铆接、螺钉连接、销连接。

焊接：可分为气焊、电弧焊、储能焊。焊接牢固性及稳定性较好，多应用于固定式结构。主要用于受剪力、载荷较大的零件。

铆接：主要用于折叠结构或不适于焊接的零件，如轻金属材料。此种连接方式可先将零件进行表面处理后再装配，给工作带来方便。

螺钉连接：应用于拆装式家具，一般采用来源广的紧固件，且一定要加防松装置。

销连接：销也是一种通用的连接件，主要应用于不受力或受力较小的零件，起定位和辅助连接作用。销的直径可根据使用的部位、材料适当确定。起定位作用的销一般不少于两个；起连接作用的销的数量以保证产品和稳定性来确定。

（3）金属家具材料外观质量要求

①注意家具的外观。市场上的金属家具一般为两类。电镀家具，保证电镀层不起泡，家具不起皮，不露黄，表面无划伤；烤漆类家具，要保证漆膜不脱落，无皱皮，无明显流挂，无疙瘩，无磕碰和划伤。

②钢管的管壁不允许有裂缝、开焊，弯曲处无明显皱褶，管口处不得有刃口、毛刺和棱角。

③管件之间的焊接部位不允许有漏焊、开焊、虚焊，不能出现气孔、焊穿和毛刺等缺陷。

④金属部件和钢管的铆接要牢固，不能出现松动现象。铆钉帽要光滑平坦，无毛刺，无锉伤。

⑤家具打开使用时，四脚落地平稳一致，折叠产品要保证折叠灵活，不能有自行折叠现象。

5. 实训要求与报告

（1）实训前，学生应认真阅读实训指导书及有关国家标准，明确实训内容、方法及要求。

（2）在整个实训过程中，应做好实训记录，数据要详实准确。

（3）能够进行金属家具组装与拆卸，熟悉金属家具加工工艺。

（4）能够根据设计要求，进行金属家具材料的选择与搭配。

（5）实训完毕，及时整理好实训报告，做到准确完整、规范清楚。

6. 实训考核标准

（1）在了解金属家具的结构及材料属性的前提下，掌握金属家具各组成结构的材料使用原则及工艺要求。

（2）熟悉金属家具材料的特点，掌握各种材料在金属家具制作中的应用。

（3）能够对金属家具外观质量进行评判与分析。

（4）能达到上述三点标准，实训报告完整的学生，可酌情将成绩评定为合格、良好或优秀。

13.5 钢木家具材料应用分析实训

1. 实训目标

通过实训，掌握钢木家具的用材要求，了解钢木家具的一般结构、选材、取料方法及制作工艺。

2. 实训场所与形式

实训场所为实训室、实训工厂、家具厂或家具商场。以 8 ~ 10 人为一个实训小组，依据设计图纸到实训现场进行结构分析和材料识别。

3. 实训材料与设备

材料：不同类型钢木家具若干套。

设备及工具：五金工具套装组合。

4. 实训内容与方法

（1）钢木家具材料与结构特点

钢木家具是指，主体结构以木材（包括人造板）为板面基材，以钢材为骨架基材，配合制成的各种家具，如图 13 - 10 所示。

钢木家具的特点：

风格：现代钢木家具追求极致简约，外形结构多为几何形状，能给人以无限想象空间。

舒适度：钢木家具给人凌厉的气质，适合后现代装修风格，舒适度与布艺家具和其他材质的家具相比，或许不尽如人意，不过钢木家具对人体工程学的研究也算是家具中的佼佼者，如果再能加入一些增加舒适度的软装饰，依然是一种高舒适度的家具。

（2）钢木家具工艺流程

钢木家具的加工工艺流程分为：切断（断料、精截）；弯管；冲床 （冲孔或缺口）；钻孔；焊接；抛光；酸洗（前处理）；喷粉或电镀（表面处理）。

（3）钢木家具材料外观质量要求

①看其电镀是否光亮、光滑，焊接处有无漏

图 13－10　钢木家具

焊现象，静电烤漆产品的漆膜是否饱满均匀，有没有起泡现象。

②对固定式产品，看其焊口是否有锈痕，金属架是否垂直方正。

③拆装式钢木家具，要注意连接件是否松动、失灵，有没有扭动现象。

④选择折叠式钢木家具，则应着重注意折叠部位是否灵活，各折动点是不是有损伤，铆钉是不是弯曲，尤其应注意受力部分的折动点必须安装牢固。

5. 实训要求与报告

（1）实训前，学生应认真阅读实训指导书及有关国家标准，明确实训内容、方法及要求。

（2）在整个实训过程中，应做好实训记录，数据要详实准确。

（3）能够进行钢木家具组装与拆卸，熟悉钢木家具加工工艺，能够根据设计要求，进行钢木家具材料的选择与搭配。

（4）实训完毕，及时整理好实训报告，做到准确完整、规范清楚。

6. 实训考核标准

（1）在了解钢木家具的结构及材料属性的前提下，掌握钢木家具各组成结构的材料使用原则及工艺要求。

（2）熟悉钢木家具材料的特点，掌握各种材料在钢木家具生产中的应用。

（3）能够对钢木家具外观质量进行判定与分析。

（4）能达到上述三点标准，实训报告完整的学生，可酌情将成绩评定为合格、良好或优秀。

13.6　软体家具材料应用分析实训

1. 实训目标

通过实训，掌握软体家具的用材要求，熟悉软体家具的一般结构，熟练掌握各种软体家具的选材、取料方法及鉴别方法。

2. 实训场所与形式

实训场所为实训室、实训工厂或家具商场。以 8～10 人为一个实训小组，对软体家具结构，用材要求进行综合分析，并对软体家具常用材料进行识别与鉴别。

3. 实训材料与设备

材料：软件家具常用结构材料，覆面材料，填充材料，五金配件等。

设备及工具：五金工具套装组合，酒精灯等。

4. 实训内容与方法

在相关专业课程的基础上，对软体家具的结构进行分析，了解用材要求，熟悉材料选用原则与方法，掌握常用软体家具主材鉴别方法。

学生以实训小组为单位，由组长向实训教师领取实训所需材料与工具。

（1）材料质量识别

实训前由教师准备好各种软体家具主材的样板，供学生按组依次轮流进行识别，就其外观表现、如何辨别优劣等内容可相互交流讨论。最后由教师总结，讲解软体家具常用结构材料，覆面材料，填充材料，五金配件的国家质量标准要求及对产品质量的影响，并进一步讲解生产中一般选材注意事项。

（2）软体家具覆面材料的识别

根据软体家具不同覆面材料的特性，使用燃烧法对覆面材料进行识别训练。

（3）软体家具类型分析

凡主要部件由软体材料构成或用软体材料进行表面装饰的家具，称为软体家具（简称软家具）。

软凳类：琴凳（梳妆凳）、方凳、圆凳、酒吧凳等。

沙发类：出木扶手椅、包木扶手椅、两用沙发、组合沙发等。

软椅类：房间椅、扶手椅、写字椅、酒吧椅、安乐椅、各种驾驶椅。

软垫类：弹簧软垫、棕丝垫、棉花垫、各种车垫等。

表面软体装饰的柜类：酒柜、装饰柜、组合家具等。

其他：各式高低床屏、手术椅台、席梦思床等。

（4）软体家具结构分析

软体家具一般用钢材、塑料、木材等材料作支架。软体家具由于其性质柔软，富有弹性，特别适宜作坐卧类家具。在此以沙发的传统结构与用材作实例分析（图 13 - 11）。

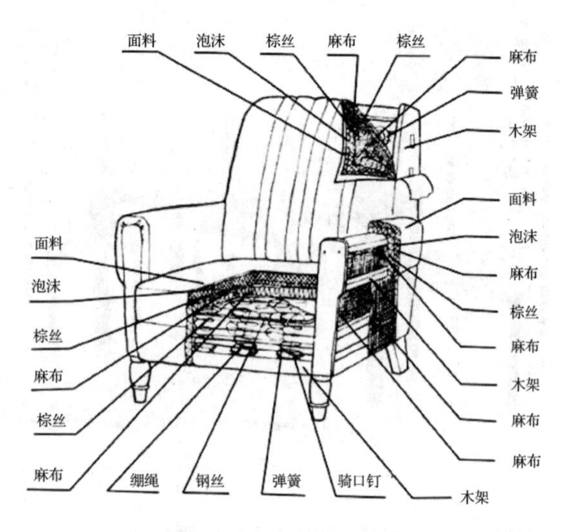

图 13－11　沙发结构图

①木架结构　一般采用木架结构。除柜类家具外，坐卧家具受力较大，它不仅承受静载荷，而且要承受动载荷，甚至于冲击载荷。因此，要求合理使用材料，保证使用强度，同时在结构上要特别注意木架的牢固度。

②软体结构　又分为传统结构、全塑结构、充气结构等。

传统结构：主要以盘弹簧、弓簧或拉簧等金属为主要材料，配上棕丝、棉花、泡沫塑料和海绵等制成。采用弓簧制作的软家具工艺比盘弹簧简单。坐卧类家具的结构为在弹簧档上放盘弹簧，弹簧用绷绳绷结、固定；弹簧上面覆盖头层麻布，头层麻布上面铺均匀的棕丝层；再复第二层麻布；为了使坐卧类家具表面更平整，在第二层麻布上还可以铺上少量的棕丝，然后再包覆泡沫塑料或海绵，最后蒙上表层面料即成。

全塑结构：以单纯的发泡塑料为主要材料。如柜类的表面装饰，可以选用一定厚度的聚氨酯泡沫塑料，用胶黏剂胶黏在所需要的框架表面，再用各色人造革或纤维面料包制。

充气结构：充气软家具一般由气垫和支架两部分组成（也有无支架空气垫式）。气垫内装有气囊，气囊采用塑料薄膜垫做成。气囊内附加数根分筋，用以增加强度和稳定性；并且采用双重气密装置，充气方便，存气性良好。气垫的外包面料有人造革或纤维织物。支架可采用木料、金属或塑料。

沙发结构质量要求如下：框架结构要牢固，不能有任何松动；触摸框架部分时，如果通过衬垫还能触及框架角，则说明罩面容易在短期内磨损，尤其是座位和扶手处，要注意控制；内部用材要合理；不得使用腐朽或有虫蛀的木材；弹簧要做防锈处理；衬垫材料要安全卫生，不能用旧料或霉烂变质的材料，须有足够的支撑力。

（5）软体家具材料分析

①木架材料　软家具的木架，一般用质地较硬的阔叶材为主要用材。常用于软家具的木材有水曲柳、榆木、柞木、桦木、柳安、柚木等。木材含水率一般低于当地的平衡含水率。

②软性材料　软家具的主要材料是软性材料。传统工艺的软家具采用多种软材料，由里及表逐层包制。因此它的材料比较复杂，选料也较讲究。软性材料有：棕丝、弹簧、泡沫、海绵、登边钢丝、藤等。

③紧固件　码钉、鞋钉等。

④绷结材料　绷绳、鞋绳、绷带、棉布、麻布等。

⑤表面材料　面料（棉、毛织品、尼龙、化纤织品、人造革、羊皮、牛皮）、漆泡钉、嵌线绳等。

⑥软体沙发面料质量要求控制

沙发面料：要整洁无破损、拼接图案要完整，无明显色差；嵌线应圆滑平直；做装饰用的线迹间隔要均匀整齐。真皮制作的沙发往往会有一些不明显的色差，甚至是小小的色斑，但要做好质量控制检测。

沙发表面：检查扶手和柱角是否平稳，其木制表面是否平滑；垫子不应悬空在座前边缘，垫子、扶手、靠背及它们之间不应有过大的缝隙；徒手重压沙发时，无明显凹陷，无弹簧音质磨擦和撞击声；外露木制部件的漆膜光滑、色泽均匀；罩面应平整，无被钩或撕裂的现象，不能有突出的钉子。

5. 实训要求与报告

（1）实训前，学生应认真阅读实训指导书及有关国家标准，明确实训内容、方法及要求。

（2）在整个实训过程中，应做好实训记录，数据要详实准确。

（3）实训完毕，及时整理好实训报告，做到准确完整、规范清楚。

6. 实训考核标准

（1）在了解软体家具的结构及各类材料属性的前提下，结合实训能够掌握软体家具材料的使用原则。

（2）熟悉软体家具各结构部位材料的使用原则与要求，掌握软体家具主材的简易识别与鉴别方法。

（3）能达到上述两点标准，实训报告完整的学生，可酌情将成绩评定为合格、良好或优秀。

13.7 组合类家具材料应用分析实训

1. 实训目标

通过实训，掌握组合类家具的用材要求，了解组合类家具的一般结构、选材、取料方法及制作工艺。

2. 实训场所与形式

实训场所为实训室、实训工厂、家具厂或家具商场。以 8～10 人为一个实训小组，依据设计图纸到实训现场进行施工分析、测量和制作。

3. 实训材料与设备

材料：组合类家具主材、五金连接件、其他辅助材料。

设备及工具：五金工具套装组合，手电钻。

4. 实训内容与方法

（1）组合类家具的特点

组合家具特点：占地面积小，节省材料，制作简单，拆装方便，便于搬运，多功能，能合能分，既能满足各种使用要求，又能产生不同的陈设效果。目前，组合家具比较多的是多功能组合家具，儿童组合家具，创意组合家具，自由组合家具、积木式组合家具等。

（2）组合类家具材料分析

组合类家具材料在选择时，应考虑到下列因素：

①加工工艺性　材料的加工工艺性直接影响到家具的生产。对于木质材料，在加工过程中，要考虑到其受水分的影响而产生的缩胀、各向异性变形及多孔性等。塑料材料要考虑到其延展性、热塑变形等。玻璃材料要考虑到其热脆性、硬度等。

②质地和外观质量　材料的质地和肌理决定了产品外观质量的特殊感受。木材属于天然材料，纹理自然、美观，木材质地手感好，且易于加工、着色，是生产家具的上等材料。塑料及其合成材料具有模拟各种天然材料质地的特点，并且具有良好的着色性能，但其易于老化，易受热变形，用于生产家具，其使用寿命和使用范围受到限制。

③经济性　家具材料的经济性包括材料的价格、材料的加工劳动消耗、材料的利用率及材料来源的丰富性。木材虽具有天然的纹理等优点，但随着需求量的增加，木材蓄积量不断减少，资源日趋匮乏，与木材材质相近的、经济美观的材料将广泛地用于家具的生产中。

④强度　强度方面要考虑其握钉力和抗劈性能及弹性模量。

⑤表面装饰性能　一般情况下，表面装饰性能是指对其进行涂饰、胶贴、雕刻、着色、烫、烙等装饰的可行性。

⑥环保　家具材料除考虑上述诸多因素外，还有一条不容忽视的因素，那就是家具材料对人体是否存在危害释放物。比如，现代板式家具选材时，所选用的各种人造板材甲醛含量的限量值，是否符合国家标准要求、胶黏剂及油漆有无有害气体的挥发等。随着全世界原木资源的日益减少，人类尝试采用其他诸多材料替代原木是无可厚非的，但无论是哪种材料，环保永远是选材的主题。

（3）组合类家具的质量要求

外观颜色是否一致，有无漏色和着色不均匀；油漆有无气泡、麻点儿、不匀或过薄（不饱满）现象，光泽效果好不好；材质的花纹对称性好不好；用料是否优化，材质是否好，如胶合板有没有开胶、开裂等；工艺是否先进，如木材经过热处理，其中水分蒸发程度、日后变形程度等；制作是否精良，有无开胶、裂缝现象，光洁度好不好，尤其是各个结合部是否牢固，门板是否平整，与柜体的间隙缝隙是不是美观、吻合等；是否便于使用，包括拉门抽屉等是否灵活、轻便、耐用；金属件是否生锈，电镀是否脱皮，有无划伤；造型是否美观、适用。

（4）组合类家具材料应用分析实例

根据图 13－12 所示，分析其结构组成；材料类别、性能要求、选用原则、并列出主要材料的规格和数量。

图 13－12　组合家具

5. 实训要求与报告

（1）实训前，学生应认真阅读实训指导书及有关国家标准，明确实训内容、方法及要求。

（2）能够对组合类家具进行组装和拆卸，熟悉各零部件的结构特点，材质属性及要求，能够根据设计风格，结合加工工艺，进行合理选择和搭配材料及辅材。

（3）在整个实训过程中，应做好实训记录，数据要详实准确。

（4）实训完毕，及时整理好实训报告，做到准确完整、规范清楚。

6. 实训考核标准

（1）在了解组合类家具的结构及各类材料属性的前提下，结合实训能够掌握组合类家具材料的使用原则。

（2）熟悉组合类家具各结构部位材料的使用原则与要求，掌握组合类家具主材的简易识别与鉴别方法。

（3）能达到上述两点标准，实训报告完整的学生，可酌情将成绩评定为合格、良好或优秀。

参考文献

陈建新，2004. 如何科学地选用石材养护产品[J]. 石材（10）：21－23.

陈于书，高维伟，2004. 家庭装饰材料选购指南[M]. 南京：江苏科学技术出版社.

程金树，李宏，等，2006. 微晶玻璃[M]. 北京：化学工业出版社.

邓旻涯，2007. 家具与室内装饰材料手册[M]. 北京：人民出版社.

符芳，1994. 建筑装饰材料[M]. 南京：东南大学出版社.

高笑，2012. 艺术玻璃在家具设计中的应用研究[D]. 长沙：中南林业科技大学.

郭甜，2007. 透明家具设计研究[D]. 上海：东华大学.

国家林业局科技司，2011. 林业标准汇编——人造板卷（上）[S]. 北京：中国质检出版社，中国标准出版社.

国家林业局科技司，2011. 林业标准汇编——人造板卷（下）[S]. 北京：中国质检出版社，中国标准出版社.

韩爱丰，1998. 石材养护——石材应用的新课题[J]. 装饰装修（11）：5－7.

何平，2002. 装饰材料[M]. 南京：东南大学出版社.

李栋，2005. 室内装饰材料与应用[M]. 南京：东南大学出版社.

梁启龙，2005. 家具设计[M]. 北京：中国轻工业出版社.

林金国，2011. 室内与家具材料应用[M]. 北京：北京大学出版社.

马眷荣，等，2006. 建筑玻璃[M]. 2版. 北京：化学工业出版社.

马眷荣，2003. 建筑材料辞典[M]. 北京：化学工业出版社.

马眷荣，2010. 玻璃辞典[M]. 北京：化学工业出版社.

梅启毅，2007. 家具材料[M]. 北京：中国林业出版社.

彭亮，2004. 家具设计与制造[M]. 北京：高等教育出版社.

孙浩，叶锦峰，2009. 装饰材料在设计中的应用[M]. 北京：北京理工大学出版社.

孙珺，2008. 室内设计中玻璃艺术表现语言研究[D]. 苏州：苏州大学.

王承遇，陶瑛，2008. 玻璃材料手册[M]. 北京：化学工业出版社.

王承遇，陶瑛，2009. 艺术玻璃和装饰玻璃[M]. 北京：化学工业出版社.

王承遇，陶瑛，谷秀梅，2011. 玻璃表面装饰[M]. 2版. 北京：国防工业出版社.

王恺，1996. 木材工业实用大全：胶黏剂卷[M]. 北京：中国林业出版社.

王孟钟，黄应昌，2002. 胶黏剂应用手册[M]. 北京：化学工业出版社.

吴悦琦，1998. 木材工业实用大全：家具卷[M]. 北京：中国林业出版社.

吴智慧，2018. 竹藤家具制造工艺 [M]. 2版. 北京：中国林业出版社.

吴智慧，2019. 木家具制造工艺学[M]. 3版. 北京：中国林业出版社.

向仕龙，张秋梅，张求慧，2003. 室内装饰材料[M]. 北京：中国林业出版社.
张勤丽，1986. 人造板表面装饰[M]. 北京：中国林业出版社.
张求慧，2018. 家具材料学[M]. 2 版. 北京：中国林业出版社.
张玉龙，石磊，2011. 塑料品种与选用[M]. 北京：化学工业出版社.
赵方冉， 2002. 装饰装修材料[M]. 北京：中国轻工业出版社.
赵立，1982. 人造板装饰[M]. 北京：中国林业出版社.
赵砺，2003. 家具用木材[M]. 西安：西北农林科技大学出版社.
郑宏奎，1997. 室内及家具材料学[M]. 北京：中国林业出版社.
朱毅，孙建平，2011. 木质家具贴面与特种装饰技术[M]. 北京：化学工业出版社.
庄启程，2005. 科技木——重组装饰材[M]. 北京：中国林业出版社.